高等学校土木工程学科专业指导委员会规划教材

（按高等学校土木工程本科指导性专业规范编写）

地下结构设计

（地下工程专业方向适用）

许　明　主编

吴曙光　卢　黎　副主编

罗济章　主审

中国建筑工业出版社

图书在版编目(CIP)数据

地下结构设计/许明主编. —北京:中国建筑工业出版
社,2014.8
高等学校土木工程学科专业指导委员会规划教材(地
下工程专业方向适用)
ISBN 978-7-112-16946-7

Ⅰ.①地… Ⅱ.①许… Ⅲ.①地下工程-结构设计-高
等学校-教材 Ⅳ.①TU93

中国版本图书馆 CIP 数据核字(2014)第 119046 号

本书以《高等学校土木工程本科指导性专业规范》为依据,按新修订的《地下结构设计》
课程教学大纲要求编写。本书编写过程中汲取了国内外地下建筑结构方向相关教材和文献编写
的经验,考虑了学科的最新发展,结合新规范,重点突出地下建筑结构设计的基本概念、基本
理论与基本方法的教学,注重工程实例分析。

本书共分8章,主要内容包括:土层地下建筑结构设计概要、防空地下室结构、矩形闭合框
架、地道式结构、沉井结构、盾构法装配式圆形衬砌结构、沉管结构、引道结构等地下建筑结构
形式。每章均附有本章知识点、本章小结及思考题与习题,同时列出了相关参考书籍或文献。

本书可作为土木工程专业地下工程方向、建筑工程、公路工程、铁路工程、桥梁与隧道工
程、水利水电工程等相关专业方向的本科生教材,也可作为高等学校相关专业的教师、科研院
所和工程部门的科研人员、工程技术人员的参考书。

责任编辑:王 跃 吉万旺
责任设计:陈 旭
责任校对:张 颖 赵 颖

高等学校土木工程学科专业指导委员会规划教材
(按高等学校土木工程本科指导性专业规范编写)
地下结构设计
(地下工程专业方向适用)

许 明 主编
吴曙光 卢 黎 副主编
罗济章 主审

*

中国建筑工业出版社出版、发行(北京西郊百万庄)
各地新华书店、建筑书店经销
北京科地亚盟排版公司制版
北京建筑工业印刷厂印刷

*

开本:787×1092毫米 1/16 印张:20½ 字数:432千字
2014年8月第一版 2014年8月第一次印刷
定价:**39.00**元
————————————————————
ISBN 978-7-112-16946-7
(25734)

本系列教材编审委员会名单

出 版 说 明

近年来，高等学校土木工程学科专业教学指导委员会根据其研究、指导、咨询、服务的宗旨，在全国开展了土木工程学科教育教学情况的调研。结果显示，全国土木工程教育情况在 2000 年以后发生了很大变化，主要表现在：一是教学规模不断扩大，据统计，目前我国有超过 400 余所院校开设了土木工程专业，有一半以上是 2000 年以后才开设此专业的，大众化教育面临许多新的形势和任务；二是学生的就业岗位发生了很大变化，土木工程专业本科毕业生中 90% 以上在施工、监理、管理等部门就业，在高等院校、研究设计单位工作的本科生越来越少；三是由于用人单位性质不同、规模不同、毕业生岗位不同，多样化人才的需求愈加明显。土木工程专业教指委根据教育部印发的《高等学校理工科本科指导性专业规范研制要求》，在住房和城乡建设部的统一部署下，开展了专业规范的研制工作，并于 2011 年由中国建筑工业出版社正式出版了土建学科各专业第一本专业规范——《高等学校土木工程本科指导性专业规范》。为紧密结合此次专业规范的实施，土木工程教指委组织全国优秀作者按照专业规范编写了《高等学校土木工程学科专业指导委员会规划教材（专业基础课）》。本套专业基础课教材共 20 本，已于 2012 年底前全部出版。教材的内容满足了建筑工程、道路与桥梁工程、地下工程和铁道工程四个主要专业方向核心知识（专业基础必需知识）的基本需求，为后续专业方向的知识扩展奠定了一个很好的基础。

为更好地宣传、贯彻专业规范精神，土木工程教指委组织专家于 2012 年在全国二十多个省、市开展了专业规范宣讲活动，并组织开展了按照专业规范编写《高等学校土木工程学科专业指导委员会规划教材（专业课）》的工作。教指委安排了叶列平、郑健龙、高波和魏庆朝四位委员分别担任建筑工程、道路与桥梁工程、地下工程和铁道工程四个专业方向教材编写的牵头人。于 2012 年 12 月在长沙理工大学召开了本套教材的编写工作会议。会议对主编提交的编写大纲进行了充分的讨论，为与先期出版的专业基础课教材更好地衔接，要求每本教材主编充分了解前期已经出版的 20 种专业基础课教材的主要内容和特色，与之合理衔接与配套、共同反映专业规范的内涵和实质。此次共规划了四个专业方向 29 种专业课教材。为保证教材质量，系列教材编审委员会邀请了相关领域专家对每本教材进行审稿。

本系列规划教材贯彻了专业规范的有关要求，对土木工程专业教学的改革和实践具有较强的指导性。在本系列规划教材的编写过程中得到了住房和城乡建设部人事司及主编所在学校和单位的大力支持，在此一并表示感谢。希望使用本系列规划教材的广大读者提出宝贵意见和建议，以便我们在重印再版时得以改进和完善。

高等学校土木工程学科专业指导委员会

中国建筑工业出版社

2014 年 4 月

前　言

　　本书主要作为高等学校土木工程专业地下工程专业方向"地下建筑结构设计"课程的教材，是高等学校土木工程学科专业指导委员会的规划教材之一，主编单位由专业指导委员会确定。本书以《高等学校土木工程本科指导性专业规范》为依据，按新修订的《地下结构设计》课程教学大纲要求编写，该课程为限定选修课，建议学时为48学时。

　　本书共分为8章，第1章为土层地下建筑结构设计概要，重点介绍了地下建筑结构的概念和特点、地下建筑结构的分类和形式、地下建筑结构的荷载、地下建筑结构的计算模型和设计方法等；第2~8章主要介绍了防空地下室结构、矩形闭合框架、地道式结构、沉井结构、盾构法装配式圆形衬砌结构、沉管结构、引道结构等地下建筑结构形式。

　　本书在汲取了国内外地下建筑结构方向相关教材和文献编写经验的基础上，力图考虑学科的最新发展，结合新规范，重点突出地下建筑结构设计的基本概念、基本理论与基本方法的教学，注重工程实例分析。每章均附有思考题及习题，同时列出了相关参考书籍或文献，供练习巩固用，在此感谢相关文献资料的作者、编者。

　　本书可作为土木工程、地下工程、公路工程、铁路工程、桥梁与隧道工程、水利水电工程等专业的本科生教材，也可作为高等学校相关专业的教师，科研院所和工程部门的科研人员、工程技术人员的技术参考书。

　　本书由重庆大学许明任主编，吴曙光、卢黎任副主编。参加编写工作的有刘先珊、王桂林、陈建功、文海家、谢强、杨海清等。在编写的过程中也得到了苏州市天地民防建筑设计研究院有限公司林蔚勋的帮助，为本书提供了部分工程算例。中国建筑工业出版社的领导、编辑、校审人员为本书出版付出了辛勤劳动。此外，张永荐、刘力生、周玉川、季希、胡东萍等研究生参加了资料整理、绘制插图、校对、编排等工作。鉴于此，在本书付梓之日，作者对于为本书编写出版给予支持和帮助的所有同仁表示衷心的感谢，并谨以本书纪念原主编张永兴教授。

　　在本书编写过程中，作者虽然力求突出重点，内容系统而精炼，兼顾科学性和实用性，但因时间和水平有限，书中必然存在一些缺点和错误，敬请读者批评指正。

编者
2014 年 2 月

目　录

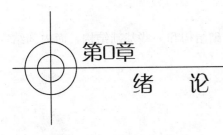

第0章

绪 论

0.1 地下建筑结构的概念

广义上讲，任何结构物都是修建在相应的介质中的，如上部结构是修建在空气介质中，地下建筑结构一般修建在土层、岩层或水中。传统地下建筑结构理论认为，地下建筑是修建在地层中的建筑物。而地下建筑结构工程新理论，如新奥法认为，地下建筑结构可以看成是建筑在岩土体内的人工结构与围岩（土）体结构共同构成的结构物。所以，现代理念的地下建筑结构应该是由地下支护结构与地层（或岩土体）结构组成。它可以分为两大类：一类是修建在土层中的地下建筑结构；另一类是修建在岩层中的地下建筑结构。地下建筑通常包括在地下开挖的各种隧道与洞室。铁路、公路、矿山、水电、国防、市政等许多领域都有大量的地下工程。随着科学技术和国民经济的发展，地下建筑将会有更为广泛的新用途，如地下储气库、地下储热库及地下核废料密闭储藏库等。

地下建筑结构，即在地面以下保留、回填或不回填上部地层，在地下空间内修建能够提供某种用途的建筑结构物。若在地面以下保留上部地层，修建地下建筑物时，首先按照使用要求在地层中挖掘洞室，然后沿洞室周边修建永久性支护结构——衬砌。为了满足使用要求，在衬砌内部尚需浇筑或修建必要的梁、板、柱、墙体等内部结构。所以，地下建筑结构包括衬砌结构和内部结构两部分，如图0-1所示。衬砌结构主要是起承重和围护两个方面的作用。承重，即承受岩土体压力、结构自重以及其他荷载的作用；围护，即

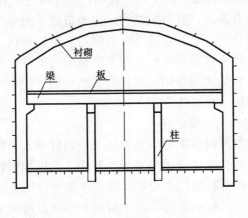

图0-1 地下建筑结构示意图

1

防止岩土体风化、坍塌、防水、防潮等。

本书所讲述的地下建筑结构主要指衬砌结构和一些基础结构，而内部结构与地上建筑的设计基本相同。

0.2 地下建筑结构的力学特性

与楼房、桥梁等地上建筑结构物一样，地下建筑结构物也是一种结构体系，但其受力机理、计算理论和施工方法与地上建筑结构体系有较大的差异，主要在于地下建筑结构是一种包括支护结构和地层结构的复合结构体。支护结构埋入地层中，承受的荷载来自于洞室开挖后周围地层的变形和坍塌区产生的压力，同时支护结构在荷载作用下发生的变形又受到地层的约束；地层结构承受自重的同时，也承受地层荷载的作用。由此可见，地下建筑结构的稳定性，首先取决于支护结构周围地层能否保持持续稳定。地层自承能力较强时，地下支护结构将少受地层压力的荷载作用，否则将承受较大的荷载，甚至几乎独立承受全部荷载作用，对地下建筑结构的稳定性造成极大的威胁。因此，在地下建筑结构设计中不仅要考虑外荷载对结构的作用效应，还要考虑地下建筑结构与周围岩土体的共同作用。这一点乃是地下建筑结构在计算理论上与地上建筑结构最主要的差别。

由于地下建筑结构埋置于地下，周围的岩土体不仅作为荷载作用于地下建筑结构，而且约束着结构的移动和变形。从力学角度来看，相比地上建筑结构，地下建筑结构具有如下特点：

1. 工程受力特点不同

（1）地上建筑结构是先有结构，后有荷载。

地上建筑结构是经过工程施工后形成结构，承受自重、风、雪及其他静力或动力荷载，这类工程是先有结构，后承担荷载。

（2）地下建筑结构是先有荷载，后有结构。

地下建筑结构是在自然岩土地质体内开挖形成的，而开挖之前的岩土体内形成了原始的地应力环境，由于开挖扰动，原有的地应力环境改变，因此，地下建筑结构是先有荷载，后形成结构。这就造成了地下建筑结构承受的荷载比地上建筑结构复杂，地下建筑结构周围的岩土体不仅是作用于结构的外荷载，还约束着结构的移动和变形，地下建筑结构设计中要充分考虑地下建筑结构与周围岩土体的共同作用。选择合适的衬砌支护刚度和施作时间，充分利用围岩的自承能力对工程的成功至关重要。

2. 工程材料特性的不确定性

地上建筑结构的材料多采用钢筋混凝土、钢材等人工材料，与岩土体相比，其材料的力学与变形性质等的变异性较小，可以加以控制和改变。虽然地下建筑结构的支护材料的性质可控，但岩土体是经历了漫长地质构造运动的地质体，其中存在的软弱结构面由于时间和空间分布的随机性，对地质体的力学性质影响较大。

（1）空间分布的不确定性

不同位置岩土体介质的地质条件（岩性、断层、节理、地下水条件、地应力等）存在差异，导致地下建筑结构的力学特性在空间分布上存在不确定性。在实际的地下工程岩土体介质的研究中，只能通过有限的地质勘察和取样试验来分析，很难全面掌握整个地下工程的岩土体介质的地质条件。

（2）时间上的不确定性

由于不同时期的地质构造作用，同一位置岩土体介质的岩性、地应力等也会有所不同。尤其是开挖后的岩土体，其力学特性除了随时间的变化外，还与开挖方式、支护类型、施工时间及工艺密切相关。

3. 工程荷载的不确定性

地上建筑结构的荷载比较明显，尽管某些荷载（如风荷载、雪荷载、地震作用等）也存在随机性，但荷载量值和变异性与地下工程的荷载相比较小。对于地下建筑结构，由于岩土体与支护之间相互作用，作用到支护结构的荷载难以估计，且荷载随着支护类型、支护时间与施工工艺的变化而变化。

4. 破坏模式的不确定性

地上建筑结构的破坏模式较容易确定，主要为强度破坏、变形破坏、旋转失稳等破坏模式。对于地下建筑结构，破坏模式不仅取决于岩土体结构、地应力环境和地下水条件等赋存环境，还与支护结构类型、支护时间和施工工艺密切相关。

0.3　地下建筑结构的工程特点

地下建筑结构设计不同于地上建筑结构设计，其设计的工程特点表现在：

（1）地下空间内建筑结构替代了原来的地层，建筑结构承受了原本由地层承受的荷载。在设计和施工过程中，要最大限度发挥地层自承载能力，以便控制地下建筑结构的变形，降低工程造价。

（2）在受载状态下构建地下空间结构物，地层荷载随着施工进程发生变化，因此，设计要考虑最不利的荷载工况。

（3）作用在地下建筑结构上的地层荷载，应视地层介质的地质情况合理概括确定。对于土体，一般可按松散连续体计算；而对岩体，首先查清岩体的结构、构造、节理、裂隙等发育情况，然后确定按连续或非连续介质处理。

（4）地下水状态对地下建筑结构的设计和施工影响较大。设计前必须弄清地下水的分布和变化情况，如地下水的静水压力、动水压力、地下水的流向、地下水的水质对结构物的腐蚀影响等。

（5）地下建筑结构设计要考虑结构物从开始构建到正常使用以及长期运营过程的受力工况，注意合理利用结构反力作用，节省造价。

（6）在设计阶段获得的地质资料，有可能与实际施工揭露的地质情况不一样，因此，在地下建筑结构施工过程中，应根据施工的实时工况，动态修改设计。

3

（7）地下建筑结构的围岩既是荷载的来源，在某些情况下又与结构共同构成承载体系。

（8）当地下建筑结构的埋置深度足够大时，由于地层的成拱效应，结构所承受的围岩垂直压力总是小于其上覆地层的自重压力。地下建筑结构的荷载与众多的自然和工程因素有关，它们的随机性和时空效应明显而且往往难以量化。

0.4 地下建筑结构的设计程序及内容

地下建筑结构的设计，应做到技术先进、经济合理、安全适用。地下建筑结构设计的主要内容包括：横向结构设计、纵向结构设计和出入口设计。

（1）横向结构设计

在地下建筑中，一般结构的纵向较长，横断面沿纵向通常都是相同的。沿纵向的荷载在一定区段上也可以认为是均匀不变的，相对于结构的纵向长度来说，结构的横向尺寸不大，可认为力总是沿横向传递的。计算时通常沿纵向截取1m的长度作为计算单元，即把一个空间结构简化成单位延米的平面结构按平面应变进行分析。

横向结构设计主要分为荷载确定、计算简图、内力分析、截面设计和施工图绘制等几个步骤。

（2）纵向结构设计

横断面设计后，得到结构的横断面尺寸和配筋，但是沿结构纵向需配多少钢筋，是否需要沿纵向分段，每段长度多少等，则需要通过纵向结构设计来解决。特别是在软土地基和通过不良地质地段情况下，如跨越活断层或地裂缝时，更需要进行纵向结构计算，以验算结构的纵向内力和沉降，确定沉降缝的设置位置。

工程实践表明：当隧道过长或施工养护注意不够时，混凝土会产生较大损伤，使其沿纵向产生环向裂缝；由于温度变化在靠近洞口区段也会产生环向裂缝。这些裂缝会使地下建筑渗水漏水，影响正常使用。为保证正常使用，就必须沿纵向设置伸缩缝。伸缩缝和沉降缝统称为变形缝。

从已发现的地下工程事故来看，较多的是因为纵向设计考虑不周而产生裂缝，故在设计和施工时应予以充分考虑。

（3）出入口设计

一般地下建筑的出入口，结构尺寸较小但形式多样。有坡道、竖井、斜井、楼梯、电梯等，人防工程口部则设有洗尘设施及防护密闭门。从使用上讲，无论是平时或战时，地下建筑的出入口都是很关键的部位，设计时必须给予充分重视，应做到出入口与主体结构承载力相匹配。

设计工作一般分为初步设计和技术设计（包括施工图）两个阶段。

初步设计中的结构设计部分，主要是在满足使用要求下，解决设计方案技术上的可行性与经济上的合理性，并提出投资、材料、施工等指标。

初步设计的内容主要包括：

（1）工程等级和要求，以及静、动荷载标准的确定；

（2）确定埋置深度与施工方法；

（3）初步设计荷载值；

（4）选择建筑材料；

（5）选定结构形式和布置；

（6）估算结构跨度、高度、顶底板及边墙厚度等主要尺寸；

（7）绘制初步设计结构图；

（8）估算工程材料数量及财务概算。

结构形式及主要尺寸的确定，一般可通过同类工程的类比法，吸取国内外已建工程的经验教训，提出设计数据。必要时可用近似计算方法求出内力，并按经济合理的含钢率初步配置钢筋。

将地下建筑的初步设计图纸附以说明书后，送交有关主管部门审定批准后，才可进行下一步的技术设计。

技术设计主要是解决结构的承载力、刚度和稳定、抗裂性等问题，并提供施工时结构各部件的具体设计尺寸及连接大样。

技术设计的主要内容是：

（1）计算荷载：按地层介质类别、建筑用途、防护等级、地震级别、埋置深度等求出作用在结构上的各种荷载值；

（2）计算简图：根据实际结构和计算的具体情况，拟出恰当的计算图式；

（3）内力分析：选择结构内力计算方法，得出结构各控制设计截面的内力；

（4）内力组合：在分别计算各种荷载内力的基础上，对最不利的可能情况进行内力组合，求出各控制界面的最大设计内力值；

（5）配筋设计：通过截面承载力和裂缝计算得出受力钢筋，并确定必要的分布钢筋与架立钢筋；

（6）绘制结构施工详图：如结构平面图、结构构件配筋图及节点详图，还有风、水、电和其他内部设备的预埋件图；

（7）材料、工程数量和工程财务预算。

0.5 地下建筑结构的设计特点

地下建筑结构的设计方法与地上建筑结构的设计方法相比，其设计特点有以下几个方面：

（1）基础设计

1）深基础的沉降计算要考虑土的回弹再压缩的应力-应变特性；

2）处于高水位地区的地下工程应考虑基础底板的抗浮问题；

3）厚板基础设计，如筏形基础的板厚设计，应根据建筑荷载和建筑物上部结构状况以及地层的性能，按照上部结构与地基基础协同工作的方法确定其厚度及配筋。

（2）墙板结构设计

地下建筑结构的墙板设计比地上建筑结构要复杂得多，作用在地下建筑结构外墙板上的荷载（作用力）分为垂直荷载（永久荷载和各种活荷载）、水平荷载（施工阶段和使用阶段的土体压力、水压力以及地震作用力）、变形内力（温度应力和混凝土的收缩应力等），设计工作应根据不同的施工阶段和最后使用阶段，采用最不利的组合和板的边界条件，进行结构设计。

（3）明挖与暗挖结构设计

地下建筑结构的明挖可采用钢筋混凝土预制件或现浇钢筋混凝土结构，而暗挖法施工一般采用现浇混凝土拱形结构。

（4）变形缝的设置

地下建筑结构中设变形缝最难处理的是防水问题，所以，地下建筑结构一般尽量避免设变形缝。即使在建筑荷载不均匀可能引起建筑物不均匀沉降的情况下，设计上也尽可能不采用沉降缝，而是通过局部加强地基、用整片刚性较大的基础、局部加大基础压力增加沉降或调整施工顺序等来得到整体平衡的设计方法，使沉降协调一致。地下建筑结构环境温差变化较地上结构小，温度伸缩缝间距可放宽，也可以通过采用结构措施来控制温差变形和裂缝，以避免因设置伸缩缝出现的防水难题。

（5）其他特殊要求

地下建筑结构设计还应考虑防水、防腐、防火、防霉等特殊要求的设计。

思考题

0-1 简述地下建筑结构的概念及其形式。

0-2 简述地下建筑结构设计程序及内容。

第1章
土层地下建筑结构设计概要

本章知识点

主要内容：地下建筑结构的基本结构形式，地下建筑结构的荷载
分类和组合，土层压力和围岩压力的计算理论和方法，
地下建筑结构弹性抗力的计算方法，地下建筑结构的
计算模型和设计方法。

基本要求：了解地下建筑结构的概念和作用，熟悉土层和岩石中
地下建筑结构的常见结构形式和结构设计的一般程序
与内容。了解土层和岩石地下衬砌结构的荷载，了解
结构弹性抗力的概念和计算理论，掌握常见荷载的计
算方法和弹性抗力的局部变形理论计算方法。了解地
层与地下建筑结构共同作用的概念、计算原则和工程
应用。

重　　点：地下建筑结构荷载的确定方法，它与上部结构本质上
的差别；地下建筑结构的设计模型；地下建筑结构计
算方法与具体地下建筑结构形式的结合，各种形式地
下建筑结构的相互作用计算与分析。

难　　点：地下建筑结构的形式和地下建筑结构设计的一般程序
与内容；地下建筑结构常见荷载的计算方法与地下建
筑结构常用的设计模型；地下建筑结构所面临的学科
领域非常广泛，实践性也很强，教学中需要学生首先
建立起地下建筑结构的工程概念，对缺乏实际工程背
景的本科生难度较大。

1.1 地下建筑结构的分类和形式

1.1.1 地下建筑结构的分类

根据地下空间的特点，地下建筑结构按用途、几何形状和埋深的分类见
表 1-1～表 1-3。

地下建筑结构按用途分类　　　　表 1-1

序　号	用　途	功　能
1	工业民用	住宅、工业厂房等
2	商业娱乐	地下商业城、图书馆等
3	交通运输	隧道、地铁、地下停车场等
4	水利水电	电站输水隧道、农业给排水隧道等
5	市政工程	给水、污水、管路、线路、垃圾填埋等
6	地下仓储	食物、石油及核废料存储等
7	人防军事	人防工事、军事指挥所、地下医院等
8	采矿巷道	矿山运输巷道和开采巷道等
9	其他	其他地下特殊建筑

地下建筑结构按几何形状分类　　　　表 1-2

几何形状	施工形式	方向	几何形状	施工形式	方向
	钻孔或竖井	挖掘	垂直或倾斜		洞室或洞穴	天然或挖掘	水平或倾斜
	微型隧道或隧道	天然或挖掘	水平或倾斜或螺旋		堑壕或露天矿	明挖	倾斜或垂直

地下建筑结构按埋深分类　　　　表 1-3

名　称	埋深范围（m）			
	小型结构	中型结构	大型运输系统结构	采矿结构
浅埋	0~2	0~10	0~10	0~100
中埋	2~4	10~30	10~50	100~1000
深埋	>4	>30	>50	>1000

1.1.2　地下建筑结构的形式

地下建筑结构的形式主要由使用功能、地质条件和施工技术等因素确定。要注意施工方法对地下建筑结构的形式会起重要影响。

结构形式首先由受力条件来控制，即在一定条件下的围岩压力、水土压力和一定的爆炸与地震等动载下求出最合理和经济的结构形式。地下建筑结构断面可以有如图 1-1 所示的几种形式：矩形隧道适用于工业、民用、交通等建筑物的使用限界，但直线构件不利于抗弯，故在荷载较小，即地质较好、跨度较小或埋深较浅时常被采用；拱形隧道包括直墙拱形和曲墙拱形，分别适用于顶部有较大围岩压力或顶部和两侧均有较大围岩压力的地层中；圆形隧道当受到均匀径向压力时，弯矩为零，可充分发挥混凝土结构的抗压强度，当地质条件较差时应优先采用。其他形式系介于以上几者的中间情况，按具体荷载和尺寸决定，例如大跨度结构需用落地拱，底板常做成仰拱式。

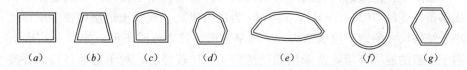

图 1-1　地下建筑结构的断面形式

(a) 矩形；(b) 梯形；(c) 直墙拱形；(d) 曲墙拱形；(e) 扁圆形；(f) 圆形；(g) 多边形

结构形式也受使用要求的制约，一个地下建筑物必须考虑使用需要。如人行通道，可做成单跨矩形或拱形结构；地铁车站或地下车库等应采用多跨结构，既减小内力，又利于使用；飞机库则中间部位不能设置柱，而常用大跨度落地拱；在工业车间中，矩形隧道接近使用限界；当欲利用拱形空间放置通风等管道时，亦可做成直墙拱形或圆形隧道。

施工方案是决定地下建筑结构形式的重要因素之一，在使用要求和地质条件相同情况下，由于施工方法不同而采取不同的结构形式。

本书着重介绍土层内的地下建筑结构形式，主要为防空地下室结构、矩形闭合框架结构、地道式结构、沉井（沉箱）结构、盾构结构、沉管结构和引道结构等结构形式。

1. 防空地下室结构

防空地下室结构是我国早期地下人防工事的产物，是根据一定的防护要求修建的附属于较坚固的建筑物的地下室，也称为附建式地下建筑结构。在工程实践中大量的附建式地下建筑是与上部地上建筑同时设计、施工的地下室，一般有承重的外墙、内墙（地下室作为大厅用时则为内柱）和板式或梁板式顶底板结构，如图 1-2 所示。

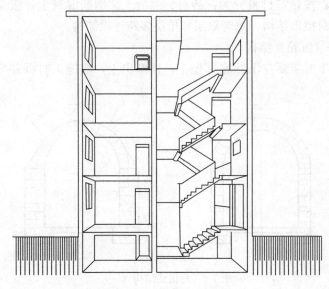

图 1-2　防空地下室结构

2. 矩形闭合框架结构

矩形闭合框架结构是浅埋式结构的一种，覆盖土层较薄，不满足压力拱成拱条件 $[H<(2\sim2.5)h_1$，式中 h_1 为压力拱高$]$ 或软土地层中覆盖层厚度小于结构尺寸的地下建筑结构。平面呈方形、长方形或条形，如图1-3所示。对于一般的地质环境，常采用明挖法施工，比较经济，对于地面环境条件要求苛刻的地段，也可采用管幕法、箱涵顶进法等暗挖法施工。

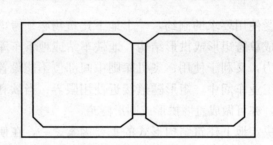

图1-3 双跨矩形闭合框架

浅埋式矩形框架结构具有空间利用率高，挖掘断面经济，且易于施工的优点，特别是车行立交地道、地铁通道、车站等最为适用。矩形闭合框架的顶、底板为水平构件，承受的弯矩较拱形结构大，一般做成钢筋混凝土结构。

3. 地道式结构

地道式结构指在土层中采用矿山法（人工或机械）开挖出所需的空间后，为保持这一空间修筑的永久性衬砌。它主要承受周围地层的变形或坍塌而产生的垂直土层压力和较大的侧向土层压力。按建造方法分为：整体式、混合式、装配式；按建筑材料分为：砖石、混凝土、钢筋混凝土；按结构形式分为：单层单跨拱形结构、单跨双层和单层多跨连拱结构。

4. 沉井（沉箱）结构

沉井施工时需要在沉井底部挖土，顶部出土，故施工时沉井为一开口的

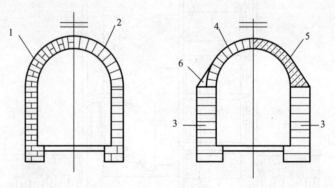

图1-4 地道式结构（一）

1—砖块；2—预制混凝土块；3—毛料石；4—混凝土块或砖块；5—预制钢筋混凝土拱；6—回填料

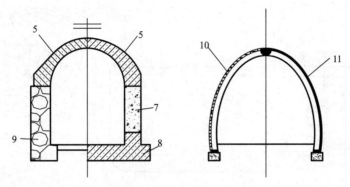

图 1-4　地道式结构（二）

7—混凝土墙或砖墙；8—钢筋混凝土基础板；9—浆砌毛石；
10—T形钢筋混凝土拱板；11—槽形钢筋混凝土拱板

井筒结构，水平断面一般做成方形，也有圆形，可以单孔也可以多孔，下沉到位后再做底顶板，如图 1-5 所示。与沉井施工不同的是，沉箱内部为一封闭结构，充满气压，以控制地下水的作用，其出土有专门的通道。

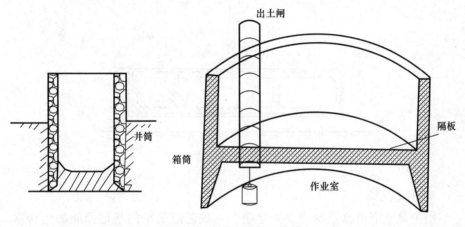

图 1-5　沉井（沉箱）结构

5. 盾构法装配式圆形衬砌结构

盾构隧道适用于软土地区埋深大的隧道工程，可穿越江河、湖泊、海底、地上建筑物和地下管线密集区的下部。盾构是这种施工方法中最主要的施工机具。它是一个既能支撑地层压力又能在地层中推进的钢筒结构体——隧道掘进机。目前，盾构法建造的隧道主要用于水底公路隧道、地铁区间隧道、电力电信隧道、市政管线隧道和进水排水隧道等地下工程。盾构推进时，以圆形为最宜，故常采用装配式圆形衬砌如图 1-6 和图 1-7 所示，也可做成方形和半圆形。

6. 沉管结构

先在隧址以外建造临时干坞，在干坞内制作钢筋混凝土的隧道管段，道路隧道用的管段每节长 60～140m，两端用临时封墙封闭。然后向临时干坞内

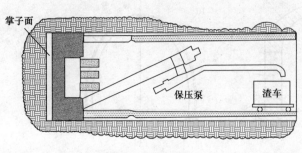

图 1-6　盾构结构

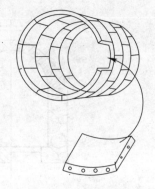

图 1-7　装配式衬砌

灌水，使管段逐节浮出水面，并用拖轮拖至预沉位置，定位后，将这些构件沉放在河床上预先挖好的一个水底沟槽中并连接起来，经覆土回填、拆除隔墙后，便筑成了隧道，如图 1-8 所示。

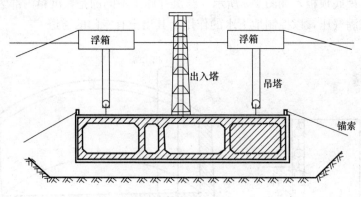

图 1-8　沉管式结构

7. 引道结构

引道是城市道路系统中立交地道、水底隧道的峒门与地面间的连接段，也是地下铁道车辆牵出线的重要组成部分。它实质上是一种沿着纵向变深度的堑壕。在软土地区中，为了保证行车安全，减少土方工程，必须在堑壕两侧建造适当形式的支挡结构，如图 1-9 所示。其主要任务是挡土、挡水（地下水）和防洪（地面水）。

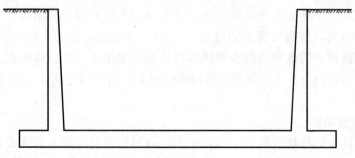

图 1-9　引道结构

1.2 地下建筑结构的荷载

地下建筑结构承受的荷载比较复杂，到目前为止，其确定方法还有待于进一步的完善。地下建筑结构的荷载作用机理与地上建筑结构或空中结构的荷载作用机理不同，主要在于地下建筑结构埋置于地下，其荷载来源于地层本身。在稳定地层中，作用在地下建筑结构上的压力荷载比较小，可忽略不计；在不稳定地层中，压力荷载就较大，且隧洞开挖后地层压力随时间变化，作用在地下建筑结构上的压力荷载也不同。因此，作用在地下建筑结构上的地层压力较复杂，与多种因素有关，如开挖和支护之间延续的时间、岩土体力学特性、原地层压力、开挖尺寸、地下水位和采用的施工方法等。

1.2.1 荷载种类和组合及荷载确定方法

1. 荷载种类
地下建筑结构在建造和使用过程中均受到各种荷载的作用，地下建筑的使用功能也是在承受各种荷载的过程中实现的。地下建筑的结构设计就是依据所承受的荷载及荷载组合，通过科学合理的结构形式，使用一定性能、数量的材料，使结构在规定的设计基准期内以及规定的条件下，满足可靠性的要求，即保证结构的安全性、适用性和耐久性。因此，进行地下建筑结构设计时，首先要准确地确定结构上的各种作用（荷载）。施加在结构上的集中力和分布力（直接作用）以及引起结构外加变形的原因（间接作用）统称为作用。

作用在地下建筑结构上的荷载，按其存在的状态，可分为静荷载、动荷载和活荷载三大类。

（1）静荷载

又称恒载，是指长期作用在结构上且大小、方向和作用点不变的荷载，如结构自重、岩土体压力和地下水压力等。

（2）动荷载

要求具有一定防护能力的地下建筑物，需考虑原子武器和常规武器（炸弹、火箭）爆炸冲击波压力荷载，这是瞬时作用的动荷载；在抗震设防地区进行地下建筑结构设计时，应按不同类型计算地震波作用下的动荷载作用。

（3）活荷载

是指在结构物施工和使用期间可能存在的变动荷载，其大小和作用位置都可能变化，如地下建筑物内部的楼面荷载（人群物件和设备重量）、吊车荷载、落石荷载、地面附近的堆积物和车辆对地下建筑结构作用的荷载以及施工安装过程中的临时性荷载等。

（4）其他荷载

使结构产生内力和变形的各种因素中，除有以上主要荷载的作用外，通常还有：混凝土材料收缩（包括早期混凝土的凝缩与日后的干缩）受到约束而产生的内力；温度变化使地下建筑结构产生内力，例如浅埋结构受土层温度梯度的影响，浇灌混凝土时的水化热温升和散热阶段的温降；软弱地基当结构刚度差异较大时，由于结构不均匀沉降而引起的内力。

材料收缩、温度变化、结构沉降以及装配式结构尺寸制作上的误差等因素对结构内力的影响都比较复杂，往往难以进行确切计算，一般以加大安全系数和在施工、构造上采取措施来解决。中小型工程在计算结构内力时可不计上述因素，大型结构应予以估计。

2. 荷载组合

上述几类荷载对结构可能不是同时作用，需进行最不利情况的组合。先计算个别荷载单独作用下的结构各部件截面的内力，再进行最不利的内力组合，得出各设计控制截面的最大内力。最不利的荷载组合一般有以下几种情况：

（1）静载；

（2）静载与活载组合；

（3）静载与动载的组合，动载包括原子爆炸动载、炮（炸）弹动载。

地上建筑下的地下室（即附建式结构），考虑动载作用时，地面部分房屋有被冲击波吹倒的可能，结构计算时是否考虑房屋的倒塌荷载需按有关规定确定。

3. 荷载确定方法

荷载的确定一般按所使用的规范和设计标准确定。

（1）使用规范

当前在地下建筑结构设计中试行的规范、技术措施、条例等有多种。有的仍沿用地上建筑的设计规范，设计时应遵守各有关规范。

（2）设计标准

1）根据建筑用途、防护等级、抗震设防烈度等确定作用在地下建筑物的荷载。此外，各种地下建筑结构均应承受正常使用时的静力荷载。

2）地下建筑结构材料的选用，一般应满足规范和工程实际要求。

3）地下衬砌结构一般为超静定结构，其内力在弹性阶段可按结构力学计算。考虑抗爆动载时，允许考虑由塑性变形引起的内力重分布。

4）截面计算原则：结构截面计算时，按总安全系数法进行，一般进行强度、裂缝（抗裂度或裂缝宽度）和变形的验算等。混凝土和砖石结构仅需进行强度计算，并在必要时验算结构的稳定性。

钢筋混凝土结构在施工和正常使用阶段的静荷载作用下，除强度计算外，一般应验算裂缝宽度，根据工程的重要性，限制裂缝宽度小于 0.10~0.20mm，但不允许出现通透裂缝。对较重要的结构则不能开裂，即需要验算抗裂度。

钢筋混凝土结构在爆炸动载作用下只需进行强度计算，不作裂缝验算，因在爆炸情况下，只要求结构不倒塌，允许出现裂缝，日后再修固。

5）安全系数：结构在静载作用下的安全系数可参照有关规范确定。

对于地下建筑结构，如施工条件差，不易保证质量和荷载变异大时，对混凝土和钢筋混凝土结构需考虑采用附加安全系数1.1。

静载下的抗裂安全系数不小于1.25，视工程重要性，可予提高。

结构在爆炸荷载作用下，由于爆炸时间较短，而荷载很大，为使结构设计经济和配筋合理，其安全系数可以适当降低。

6）材料强度指标：一般采用工业与民用建筑规范中的规定值，亦可根据实际情况，参照水利、交通、人防和国防等专门规范。

结构在动载作用下，材料强度可以提高，提高系数见有关规定。

1.2.2 土层压力的计算理论和方法

荷载的确定是工程结构计算的先决条件。地下建筑结构上所承受的荷载有结构自重、地层压力、弹性抗力、地下水静水压力、车辆和设备重量及其他使用荷载等。对于兼作上部建筑基础的地下建筑结构，上部建筑传下来的垂直荷载也是必须考虑的主要荷载。另外还可能受到一些附加荷载，如灌浆压力、局部落石荷载（对于岩石地下工程）、施工荷载、温度变化或混凝土收缩引起的温度应力和收缩应力；有时还需要考虑偶然发生的特殊荷载，如地震作用或爆炸作用。上述这些荷载中，有些荷载虽然对地下建筑结构的设计和计算影响很大（如上部建筑自重），但计算方法比较简单明确；有些荷载（例如温度和收缩应力）虽然分析计算比较复杂，但对地下建筑结构的安全并不起控制作用；结构本身的自重尽管必须计算在内，但等直杆件，如墙、梁、板、柱的自重，计算简单，拱圈结构为等截面或变截面时，计算稍复杂，后面将作简单介绍。

而其中的地层压力（包括土压力和围岩压力）对大多数地下工程而言，是至关重要的荷载。一是因为地层压力往往成为地下建筑结构设计计算的控制因素；二是因为地层压力计算的复杂性和不确定性，使得岩土工程师对其不敢掉以轻心。作用于地下建筑结构的地层压力包括竖向压力和水平压力。

1. 土压力及其分类

土压力是土与挡土结构之间相互作用的结果，它与结构的变位有着密切关系。以挡土墙为例，作用在挡土墙墙背上的土压力可以分为静止土压力、主动土压力（往往简称土压力）和被动土压力（往往简称土抗力）三种，其中主动土压力值最小，被动土压力值最大，而静止土压力值介于两者之间，它们与墙的位移关系如图1-10所示。

如果墙体的刚度很大，墙身不产生任何移动或转动，这时墙后土对墙背所产生的土压力称为静止土压力，其值可以根据弹性变形体无侧向变形理论或近似方法求得，土体内相应的应力状态称为弹性平衡状态。

如刚性墙身受墙后土的作用绕墙背底部向外转动（图1-11a）或平行移动，作用在墙背上的土压力从静止土压力值逐渐减小，直到土体内出现滑动面，滑动面以上的土体（滑动楔体）将沿着这一滑动面向下向前滑动。在这个滑动楔体即将发生滑动的一瞬间，作用在墙背上的土压力减小到最小值，称为主动土压力，而土体内相应的应力状态称为主动极限平衡状态。相反，

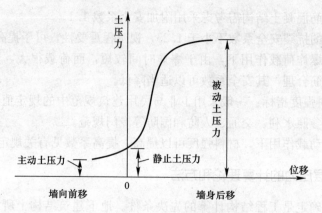

图 1-10　墙身位移与土压力的关系

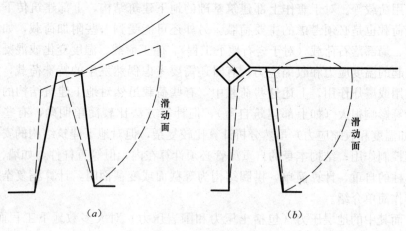

图 1-11　土体极限平衡状态

(a) 主动土压力；(b) 被动土压力

如墙身受外力作用（图 1-11b）而挤压墙后的填土，则土压力从静止压力逐渐增大，直到土体内出现滑动面，滑动楔体将沿着某一滑动面向上向后推出，发生破坏。在这一瞬间作用在墙背上的土压力增加到最大值，称为被动土压力，而土体内相应的应力状态称为被动极限平衡状态。所以，主动土压力和被动土压力是墙后填土处于两种不同极限平衡状态时作用在墙背上的两种土压力。

2. 土压力计算理论的发展

土压力的精确计算是相当困难和复杂的，在引入一定的简化假定后，可以计算得到两种极限平衡状态的土压力值。但对介于这两个极限平衡状态间的情况，若按经典土压力理论，仅用静力平衡条件还无法计算其相应的土压力值，因为这是一个超静定问题。土压力计算的复杂性还在于土体是由土骨架、孔隙水和气体三相组成，不同矿物成分、不同骨架结构以及不同孔隙水成分的组合，使得不同地区的土体具有千差万别的物理力学性质。由于天然土体的不均匀性、各向异性，应力-应变关系的非线性以及变形随时间变化的黏滞性，使得土体本身的性质非常复杂。现在工程界常用的库仑土压力理论和朗肯土压力理论是从属于荷载-结构法的理论体系。所谓荷载-结构法，即为已知外荷载前提下进行结构内力分析和截面计算的方法。这里的结构是指隧道的衬砌结构、挡土的支护结构等。所谓荷载主要为地层压力，当然还包括其他荷载，在已知外荷载的前提下，用结构力学的方法分析结构的内力，并以此进行截面配筋或截面验算。显然这一计算方法与计算地上建筑结构时所习惯采用的方法一致。然而，作为土层地下建筑结构上最主要的荷载——土压力是变化的，是不确定的。用荷载-结构法的思想，把土压力看作是与结构无关的和不变的荷载，这是一种近似的解法。虽然如此，库仑理论和朗肯理论至今仍然是使用最广泛、最实用的侧向土压力计算方法，受到工程界的青睐。

随着计算机技术的发展和计算手段的改进，矩阵位移法、有限元法等数值计算方法得到了长足的发展，地下工程的计算理论也从原先的荷载-结构法向前迈了一大步，进入了地层-结构法理论阶段。地层-结构法与荷载-结构法不同，它不再把地层仅仅看作是荷载，而是把地层作为结构的一部分，地层本身也能承受一部分荷载。地下建筑结构安全与否不仅取决于结构本身的承载力和刚度，而且还与地下建筑结构周围地层的稳定情况有关。作用于地下建筑结构上的土层压力，与结构-地层之间的相对刚度有关。例如在黄土高原地区，开挖隧洞后即使不做衬砌，洞室也不一定会倒塌。如果施筑衬砌结构，作用于衬砌结构上的土层压力一定也是很小的，这说明土层本身具有自承能力。

软土地区浅埋的地下工程，作用于结构上的竖向土压力的计算是比较容易的，可采用"土柱理论"计算。竖向土压力即为结构顶盖上整个土柱的全部重量。

侧向土压力经典理论主要是库仑（Coulomb）理论和朗肯（Rankine）理论，这些理论在地下工程的设计中一直沿用至今。另外，计算静止土压力一般采用弹性理论，它也可以称为经典理论。尽管上述经典土压力理论存在许多不足之处，但是在工程界仍然得到广泛应用。

3. 经典土压力理论

（1）静止土压力

当挡土结构在土压力作用下，结构不发生变形和任何位移（移动或转动）时，背后填土处于弹性平衡状态，则作用于结构上的侧向土压力，称为静止土压力，并用 p_0 表示。

静止土压力可根据半无限弹性体的应力状态求解。图 1-12 中，在填土表面以下任意深度 z 处 M 点取一单元体（在 M 点附近一微小正方体），作用于单元体上的力如图所示，其中竖向土的自重应力 σ_c，其值等于土柱的重量。

$$\sigma_c = \gamma z \tag{1-1}$$

式中　γ——土的重度；

　　　z——由地表面算起至 M 点的深度。

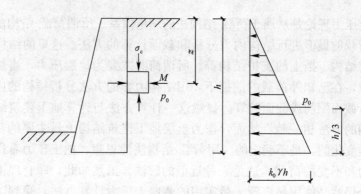

图 1-12　静止土压力计算图示

另一个是侧向压应力，填土受到挡土墙的阻挡而不能侧向移动，这时土体对墙体的作用力就是静止土压力。半无限弹性体在无侧移的条件下，其侧向土压力与竖直方向土压力之间的关系为：

$$p_0 = k_0 \sigma_c = k_0 \gamma z \tag{1-2}$$

$$k_0 = \frac{\mu}{1-\mu} \tag{1-3}$$

式中　k_0——静止土压力系数

　　　μ——土的泊松比，其值通常由试验来确定。

静止土压力系数 k_0 与土的种类有关，而同一种土的 k_0 还与其孔隙比、含水量、加压条件、压缩程度有关。工程中通常不是用土的泊松比来确定静止土压力系数，而是根据经验直接给出它的值。如黏土 $k_0 = 0.5 \sim 0.7$；砂土 $k_0 = 0.34 \sim 0.45$，也可根据经验公式（1-4）计算确定：

$$k_0 = \alpha - \sin\varphi' \tag{1-4}$$

式中　φ'——土的有效内摩擦角；

　　　α——经验系数，砂土、粉土取 1.0；黏性土、淤泥质土取 0.95。

土的有效内摩擦角应由三轴固结不排水剪切试验测定，在无条件试验时也可由下列经验公式计算：

$$\varphi' = \varphi + c \tag{1-5}$$

式中　φ'、c——土的内摩擦角和黏聚力，黏聚力单位为 "kPa"。

墙后填土表面为水平时，静止土压力按三角形分布，静止土压力由式（1-6）计算，合力作用点位于距墙踵 $\frac{h}{3}$ 处。

$$P_0 = \frac{1}{2}\gamma h^2 k_0 \tag{1-6}$$

式中　h——挡土墙的高度。

上述公式适用于正常固结土。如果属超固结土时，侧向静止土压力会增加，静止土压力可按以下半经验公式估算：

$$k_0 = \sqrt{R}(\alpha - \sin\varphi') \tag{1-7}$$

式中　α、φ'——同式（1-4）；

R——超固结比，$R = \dfrac{p_c}{p}$；

p_c——土的前期固结压力；

p——土的自重压力。

（2）库仑土压力理论

1）库仑理论的基本假定

库仑理论是由法国科学家库仑（Coulomb, C. A.）于1773年提出的，主要是针对挡土墙的计算，其计算的基本假定为（图1-13）：

① 挡土墙墙后土体为均质各向同性的无黏性土；

② 挡土墙是刚性的且长度很长，属于平面应变问题；

③ 挡土墙后土体产生主动土压力或被动土压力时，土体形成滑动楔体，滑裂面为通过墙踵的平面；

④ 墙顶处土体表面可以是水平面，也可以为倾斜面，倾斜面与水平面的夹角为β角；

⑤ 在滑裂面$\overline{BC}$和墙背面$\overline{AB}$上的切向力分别满足极限平衡条件，即：

$$T = N\tan\varphi \tag{1-8}$$

$$T' = N'\tan\delta \tag{1-9}$$

式中 T、T'——分别为土体滑裂面上和墙背面上的切向摩阻力；

N、N'——分别为土体滑裂面上和墙背面上的法向土压力；

φ——土的内摩擦角；

δ——土与墙背之间的摩擦角。

2）库仑理论的土压力计算方式

当土体滑动楔体处于极限平衡状态，应用静力平衡条件，不难得到作用于挡土墙上的主动土压力P_a和被动土压力P_p的计算式为：

$$P_a = \frac{\sin(\theta - \varphi)}{\sin(\alpha + \theta - \varphi - \delta)}W \tag{1-10}$$

$$P_p = \frac{\sin(\theta + \varphi)}{\sin(\alpha + \theta - \varphi - \delta)}W \tag{1-11}$$

$$W = \frac{1}{2}\gamma\overline{AB} \cdot \overline{AC} \cdot \sin(\alpha + \beta) \tag{1-12}$$

式中 W——滑楔自重。

其中$\overline{AC}$是θ的函数。所以上式P_a、P_p都是θ的函数。随着θ的变化，其主动土压力必然产生在使P_a为最大的滑楔面上；而被动土压力必然产生在使P_p为最小的滑裂面上。由此，将P_a、P_p分别对θ求导，根据$\dfrac{\mathrm{d}p}{\mathrm{d}\theta} = 0$求出最危险的滑裂面与水平面的夹角$\theta$，即可得到库仑主动与被动土压力，即：

$$P_a = \frac{1}{2}\gamma h^2 K_a, \quad P_p = \frac{1}{2}\gamma h^2 K_p \tag{1-13}$$

$$K_a = \frac{\sin^2(\alpha + \varphi)}{\sin^2\alpha \sin^2(\alpha - \delta)\left[1 + \sqrt{\dfrac{\sin(\varphi - \beta)\sin(\varphi + \delta)}{\sin(\alpha + \beta)\sin(\alpha - \delta)}}\right]^2} \tag{1-14}$$

$$K_p = \frac{\sin^2(\alpha - \varphi)}{\sin^2\alpha \sin^2(\alpha + \delta)\left[1 - \sqrt{\dfrac{\sin(\varphi - \beta)\sin(\varphi + \delta)}{\sin(\alpha + \beta)\sin(\alpha + \delta)}}\right]^2} \tag{1-15}$$

式中 γ——土体的重度；

h——挡土墙的高度；

K_a——库仑主动土压力系数；

K_p——库仑被动土压力系数。

库仑主动土压力系数 K_a 和被动土压力系数 K_p 均为几何参数和土层物性参数 α、β、φ 和 δ 的函数。

库仑土压力的方向均与墙背法线呈 δ 角。但必须注意主动与被动土压力与法线所呈的 δ 角方向相反，见图 1-13。作用点在没有地面超载的情况时，均为离墙踵 $\dfrac{h}{3}$ 处。

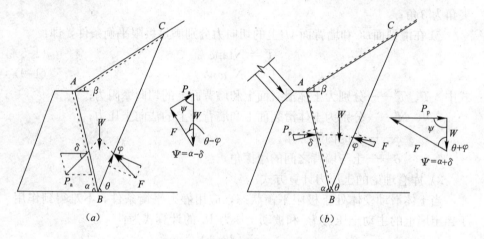

图 1-13 库仑土压力计算图式

当墙顶的土体表面作用有分布荷载 q，如图 1-14 所示，则滑楔自重部分应增加地面超载项。即：

$$W = \frac{1}{2}\gamma\,\overline{AB} \cdot \overline{AC}\sin(\alpha + \beta) + q \cdot \overline{AC} \cdot \cos\beta$$

$$= \frac{1}{2}\gamma\,\overline{AB} \cdot \overline{AC}\sin(\alpha + \beta) \cdot \left[1 + \frac{2q\sin\alpha\cos\beta}{\gamma h\sin(\alpha + \beta)}\right] \tag{1-16}$$

引入系数 K_q，使式（1-16）简化后，写成与式（1-12）相似的形式：

$$K_q = 1 + \frac{2q\sin\alpha\cos\beta}{\gamma h\sin(\alpha + \beta)} \tag{1-17}$$

$$W = \frac{1}{2}\gamma K_q\,\overline{AB} \cdot \overline{AC} \cdot \sin(\alpha + \beta) \tag{1-18}$$

同样，根据静力平衡条件，可导出考虑了地面超载后的主动和被动土压力：

$$P_a = \frac{1}{2}\gamma h^2 K_a K_q \tag{1-19}$$

$$P_{\mathrm{p}} = \frac{1}{2}\gamma h^2 K_{\mathrm{p}} K_{\mathrm{q}} \tag{1-20}$$

其土压力的方向仍与墙背法线呈 δ 角。由于土压力呈梯形分布，因此作用点位于梯形的形心，离墙踵高为：

$$z_{\mathrm{E}} = \frac{h}{3} \cdot \frac{2p_{\mathrm{a}} + p_{\mathrm{b}}}{p_{\mathrm{a}} + p_{\mathrm{b}}} \tag{1-21}$$

式中　p_{a}、p_{b}——分别为墙顶与墙踵处的土压力强度值。

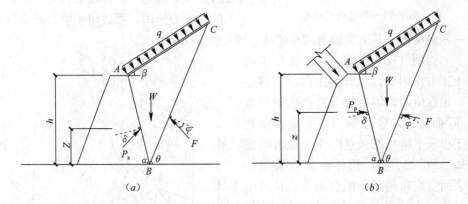

图 1-14　具有地表分布荷载的情况

3）黏性土中等效内摩擦角

库仑土压力理论是根据无黏性土的情况导出，没有考虑黏性土的黏聚力 c。因此，当挡土结构处于黏性土层时，应该考虑黏聚力的有利影响。在工程实践中可采用换算的等效内摩擦角 φ_{D} 来进行计算，如图 1-15 所示。采用等效内摩擦角的方法，实际上是通过提高内摩擦角值来考虑黏聚力的有利影响。

等效内摩擦角的换算方法有多种，有人根据经验提出，当黏聚力每增加 10kPa 时，内摩擦角提高 $3°\sim7°$，平均提高 $5°$。另外，也可根据土的抗剪强度相等的原则进行换算：

$$\varphi_{\mathrm{D}} = \arctan\left(\tan\varphi + \frac{c}{\gamma h}\right) \tag{1-22}$$

除此之外，又可借助朗肯土压力理论进行换算，按朗肯理论同时考虑 c、φ 值得到的土压力值要和已换算成等效内摩擦角 φ_{D} 后得到的土压力值相等，推算得到等效内摩擦角 φ_{D}，即：

$$\gamma h \tan^2\left(45° - \frac{\varphi_{\mathrm{D}}}{2}\right) = \gamma h \tan^2\left(45° - \frac{\varphi}{2}\right) - 2c\tan\left(45° - \frac{\varphi}{2}\right) \tag{1-23}$$

等效内摩擦角 φ_{D} 为：

$$\varphi_{\mathrm{D}} = 90° - 2\arctan\left[\tan\left(45° - \frac{\varphi}{2}\right) \cdot \sqrt{1 - \frac{2c}{\gamma h}\tan\left(45° + \frac{\varphi}{2}\right)}\right] \tag{1-24}$$

上述三种换算方法得到的等效内摩擦角互不相同，且每种换算方法都有其缺点。从图 1-15 也可看出，按换算后的等效内摩擦角计算，其强度值只有一点与原曲线相重合。而在该点之前，换算强度偏低；该点之后，换算强度

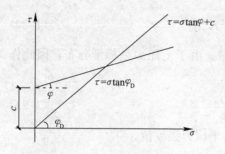

图 1-15 等效内摩擦角

偏高，从而造成低墙保守、高墙危险的结果。因此，对于黏性土的库仑土压力计算可以不用等效内摩擦角的方法，也改用下述的方法直接计算。

4）黏性土库仑主动土压力公式

我国《建筑地基基础设计规范》的方法是库仑理论的一种改进，它考虑了土的黏聚力作用，可适用于填土表面为一倾斜平面，其上作用有均布超载 q 的一般情况。

如图 1-16 所示，挡土墙在主动土压力作用下，离开填土向前位移达一定数值时，墙后填土将产生滑裂面 BC 而破坏，破坏瞬间，滑动楔体处于极限平衡状态。这时作用在滑动楔体 ABC 的力有：楔体自重 G 及填土表面上均布超载 q 的合力 F，其方向竖直向下；滑裂面 BC 上的反力 R，其作用方向与 BC 平面法线顺时针呈 φ 角，在滑裂面 BC 上还有黏聚力 $c \cdot L_{BC}$，其方向与楔体下滑方向相反，

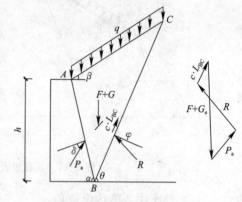

图 1-16 考虑了黏聚力的计算图示

墙背 AB 对楔体的反力 P_a，作用方向与墙法线逆时针呈 δ 角。按照库仑土压力公式推导过程，可求得地基基础规范推荐的主动土压力计算公式：

$$P_a = \frac{1}{2}\gamma h^2 K_a \qquad (1-25)$$

$$K_a = \frac{\sin(\alpha+\beta)}{\sin^2\alpha\sin^2(\alpha+\beta-\varphi-\delta)} \left\{ \begin{matrix} K_q[\sin(\alpha+\beta)\cdot\sin(\alpha-\delta)+\sin(\varphi+\delta)\cdot\sin(\varphi-\beta)] \\ +2\eta\sin\alpha\cdot\cos\varphi\cdot\cos(\alpha+\beta-\varphi-\delta)-2 \\ \begin{bmatrix} (K_q\sin(\alpha+\beta)\cdot\sin(\varphi-\beta)+\eta\sin\alpha\cdot\cos\varphi) \\ \times(K_q\sin(\alpha-\delta)\cdot\sin(\varphi+\delta)+\eta\sin\alpha\cdot\cos\varphi) \end{bmatrix}^{\frac{1}{2}} \end{matrix} \right\}$$

$$(1-26)$$

$$\eta = \frac{2c}{\gamma h} \qquad (1-27)$$

式中 　P_a——主动土压力的合力；

　　　K_a——黏性土、粉土主动土压力系数，按式（1-26）计算；

　　　α——墙背与水平面的夹角；

　　　β——填土表面与水平面之间的夹角；

　　　a——墙背与填土之间的摩擦角；

　　　φ——土的内摩擦角；

　　　c——土的黏聚力；

　　　γ——土的重度；

h——挡土墙高度；

q——填土表面均布超载（以单位水平投影面上荷载强度计）；

K_q——考虑填土表面均布超载影响的系数。

$$K_q = 1 + \frac{2q}{\gamma h} \cdot \frac{\sin\alpha \cdot \cos\beta}{\sin(\alpha+\beta)} \qquad (1\text{-}28)$$

按式（1-25）计算主动土压力时，破裂面与水平面的倾角为：

$$\theta = \arctan\left[\frac{S_q \cdot \sin\beta + \sin(\alpha-\varphi-\delta)}{S_q \cdot \cos\beta - \cos(\alpha-\varphi-\delta)}\right] \qquad (1\text{-}29)$$

$$S_q = \left[\frac{K_q \cdot \sin(\alpha-\delta) \cdot \sin(\varphi+\delta) + \eta\sin\alpha \cdot \cos\varphi}{K_q \cdot \sin(\alpha+\delta) \cdot \sin(\varphi-\delta) + \eta\sin\alpha \cdot \cos\varphi}\right]^{\frac{1}{2}} \qquad (1\text{-}30)$$

（3）朗肯土压力理论

朗肯土压力理论是由英国科学家朗肯（Rankine）于 1857 年提出。朗肯理论的基本假定为：

1）挡土墙背竖直，墙面为光滑，不计墙面和土体之间的摩擦力；

2）挡土墙后填土的表面为水平面，土体向下和沿水平方向都能伸展到无穷，即为半无限空间；

3）挡土墙后填土处于极限平衡状态。

朗肯理论是从弹性半空间的应力状态出发，由土的极限平衡理论导出。在弹性均质的半空间体中，离开地表面深度为 z 处的任一点的竖向应力和水平应力分别为：

$$\sigma_z = \gamma z \qquad (1\text{-}31)$$

$$\sigma_x = k_0 \sigma_z \qquad (1\text{-}32)$$

如果在弹性均质空间体中，插入一竖直且光滑的墙面，由于它既无摩擦又无位移，则不会影响土中原来的应力状态，如图 1-17（b）所示。此时式（1-31）和式（1-32）仍然适用于计算墙面处土体的垂直应力和水平应力，这时式中的 σ_z 即为静止土压力值。在非超固结的一般情况下，侧压系数 k_0 小于 1.0，也即 $\sigma_z > \sigma_x$。所以竖向应力 σ_z 为最大主应力，侧向水平应力 σ_x 为最小主应力。在摩尔应力圆中处于弹性平衡状态，见图 1-17（d）中的圆Ⅱ。

当墙面向左移动（图 1-17a），则将使右半边土体处于拉伸状态，作用于墙背的土压力逐渐减小，摩尔应力圆逐渐扩大而达到极限平衡，土体进入朗肯主动土压力状态，这时图 1-17（d）中摩尔圆Ⅰ与土的抗剪强度包线相切。这时作用于墙背的侧向土压力 σ_x 小于初始的静止土压力，更小于竖向土压力 σ_z，而成为最小主应力 p_a。竖向土压力 σ_z 为最大主应力，其值仍可由式（1-31）计算得到。墙后的土体产生剪切破坏，其剪切破坏面与水平面的夹角为 $45° + \dfrac{\varphi}{2}$。

同样，当墙面向右移动（图 1-17c），则将使右半边土体处于挤压状态，作用于墙背的土压力增加，开始进入朗肯被动土压力状态。对应于图 1-17（d）中摩尔圆Ⅲ与土的抗剪强度包线相切，这时作用于墙背的侧向土压力 σ_x

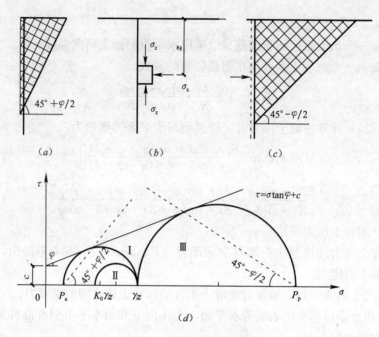

图 1-17 朗肯极限平衡状态

超过竖向土压力 σ_z，而成为最大主应力 p_p。而竖向土压力 σ_z 则变成最小主应力。墙后土体的剪切破坏面与水平的夹角为 $45° - \dfrac{\varphi}{2}$。

根据土体的极限平衡条件，并参照摩尔圆的相互关系，不难得到：

$$\tau = \tau_f \tag{1-33}$$

$$\sin\varphi = \frac{\sigma_1 - \sigma_3}{\sigma_1 + \sigma_3 + 2c \cdot \cot\varphi} \tag{1-34}$$

将式（1-34）改写成最大主应力和最小主应力的关系式：

$$\sigma_1 = \frac{1 + \sin\varphi}{1 - \sin\varphi}\sigma_3 + 2c\frac{\cos\varphi}{1 - \sin\varphi} \tag{1-35}$$

$$\sigma_3 = \frac{1 - \sin\varphi}{1 + \sin\varphi}\sigma_1 - 2c\frac{\cos\varphi}{1 + \sin\varphi} \tag{1-36}$$

式中 τ——土体某一斜面上的剪应力；

       τ_f——土体在正应力 σ 条件下，破坏时的剪应力；

       σ_1、σ_3——最大、最小主应力；

       c、φ——土的抗剪强度参数，其中 c 为土体黏聚力，φ 为内摩擦角。

在朗肯主动土压力状态下，最大主应力为竖向土压力 $\sigma_1 = \gamma z$，最小主应力即为主动土压力；将 $\sigma_3 = p_a$ 代入式（1-36）可得：

$$p_a = \gamma z\tan^2\left(45° - \frac{\varphi}{2}\right) - 2c\tan\left(45° - \frac{\varphi}{2}\right) \tag{1-37a}$$

同理，在朗肯被动土压力状态时，最大主应力为被动土压力 $\sigma_1 = p_p$，而最小主应力为竖向压力 $\sigma_3 = \sigma_z = \gamma z$，代入式（1-35）可得：

$$p_p = \gamma z \tan^2\left(45° + \frac{\varphi}{2}\right) + 2c\tan\left(45° + \frac{\varphi}{2}\right) \tag{1-37b}$$

引入主动土压力系数 K_a 和被动土压力系数 K_p，并令：

$$K_a = \tan^2\left(45° - \frac{\varphi}{2}\right) \tag{1-38}$$

$$K_p = \tan^2\left(45° + \frac{\varphi}{2}\right) \tag{1-39}$$

将式 (1-38)、式 (1-39) 分别代入式 (1-37a) 和式 (1-37b) 可得：

$$p_a = \gamma z K_a - 2c\sqrt{K_a} \tag{1-40}$$

$$p_p = \gamma z K_p + 2c\sqrt{K_p} \tag{1-41}$$

由式 (1-37a) 可知，黏性土的主动土压力强度包括两部分：前一项为土自重 γz 引起的侧压力，与深度 z 成正比，呈三角形分布；后一项由黏聚力 c 产生的，使侧向土压力减小的"负"侧压力。

在主动状态，当 $z \leqslant z_0 = \frac{2c}{\gamma}\tan\left(45° + \frac{\varphi}{2}\right)$ 时，则 $P_a \leqslant 0$，为拉力。若不考虑墙背与土体之间有拉应力存在的可能，则可求得墙背上总的主动土压力为：

$$P_a = \frac{1}{2}\gamma h^2 K_a - 2ch\sqrt{K_a} + \frac{2c^2}{\gamma} \tag{1-42}$$

式中 h——墙背的高度。

如挡墙后为成层土层，仍可按式 (1-40) 计算主动土压力。但应注意在土层分界面上，由于两层土的抗剪强度指标不同，使土压力的分布有突变 (见图 1-18)。其计算方法如下：

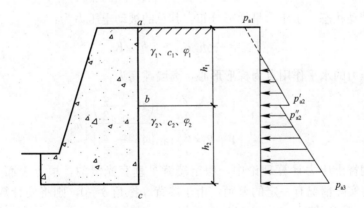

图 1-18 成层土的主动土压力计算

a 点：$p_{a1} = -2c_1\sqrt{K_{a1}}$（取 0）

b 点上（在第一层土中）：$p'_{a2} = \gamma_1 h_1 K_{a1} - 2c_1\sqrt{K_{a1}}$

b 点下（在第二层土中）：$p''_{a2} = \gamma_1 h_1 K_{a2} - 2c_2\sqrt{K_{a2}}$

其中：
$$K_{a1} = \tan^2\left(45° - \frac{\varphi_1}{2}\right)$$

$$K_{a2} = \tan^2\left(45° - \frac{\varphi_2}{2}\right)$$

其余符号意义见图 1-18。

如图 1-19 所示，挡墙填土表面作用连续均布荷载 q 时，计算时可以将在深度 z 处竖向应力 σ_z 增加一个 q 值，将式（1-40）、式（1-41）中 γz 代之以（$\gamma z + q$），就能得到填土表面超载时主动土压力计算公式（黏性土）：

$$p_a = (\gamma z + q)K_a - 2c\sqrt{K_a} \tag{1-43}$$

式中　q——地面超载。

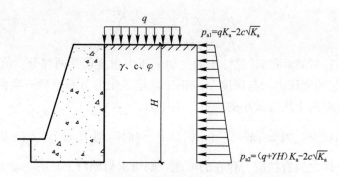

图 1-19　填土上有超荷载时主动土压力计算

当无固定超载时，考虑到随时发生的施工堆载、车辆行驶动载（如基坑等）等因素，一般可取均布荷载 $q = 10 \sim 20$kPa。

土压力水平作用点离墙踵的高度为：

$$z_E = \frac{1}{3}\left[h - \frac{2c}{\gamma}\tan\left(45° + \frac{\varphi}{2}\right)\right] \tag{1-44}$$

在被动状态，土压力呈梯形分布，其总的被动土压力为：

$$P_p = \frac{1}{2}\gamma h^2 K_p + 2ch\sqrt{K_p} \tag{1-45}$$

土压力的水平作用点为梯形形心，离墙踵高为：

$$z_E = \frac{1}{3}\left[\frac{1 + 3 \times \frac{2c}{\gamma h}\tan\left(45° - \frac{\varphi}{2}\right)}{1 + 2 \times \frac{2c}{\gamma h}\tan\left(45° - \frac{\varphi}{2}\right)}\right]h \tag{1-46}$$

在朗肯土压力计算理论中，假定墙背是垂直光滑的，填土表面为水平。因此，与实际情况有一定的差距。由于墙背摩擦角 $\delta = 0$，则将使计算土压力 P_a 偏大，而 P_p 偏小。

4. 特殊情况下的土压力

（1）分层土的土压力计算

在工程实践中，土体常常是由不同的土层组成，而单一均质的土层只是特殊的情况。前面所述的各种土压力计算理论都是对单一均质土体的情况。为了解决分层土的土压力计算，通常是采用凑合的方法，按重度转换成相应的当量土层。具体计算还分为两种情况。

1）按 i 层土的物理力学指标计算第 i 层的土压力

把 i 层以上的土层按重度 γ 转换成相应的当量土层高：

$$\begin{cases} h'_1 = h_1 \dfrac{\gamma_1}{\gamma_i} \\[2mm] h'_2 = h_2 \dfrac{\gamma_2}{\gamma_i} \\[2mm] \quad\vdots \\[2mm] h'_{i-1} = h_{i-1} \dfrac{\gamma_{i-1}}{\gamma_i} \\[2mm] h'_i = h_i \dfrac{\gamma_i}{\gamma_i} = h_i \end{cases} \tag{1-47}$$

则 $1\sim i$ 层土的总当量高度为：

$$H_i = \sum_{j=1}^{i} h'_j \tag{1-48}$$

再按 c_i、φ_i、γ_i 和 H_i 来计算土压力，把求得的土压力取 H_{i-1} 至 H_i 这段的分布土压力，即为第 i 层土的土压力，按此求得的土压力可反映出各土层的分布规律。

2）按第 $1\sim i$ 层土的加权平均指标进行计算

因为土压力的值不仅与各土层的厚度有关，而且第 $1\sim i$ 层土的 c、φ 值，由于滑裂面要穿过上述各土层亦均有影响，因此提出在计算 i 层土的土压力时，取 $1\sim i$ 层土 c、φ 的加权平均值。

$\overline{c_i}$ 是与穿过各土层的滑裂面长度有关，所以按土层厚度的加权平均值，即

$$\overline{c_i} = \frac{\displaystyle\sum_{j=1}^{i} c_j h'_j}{H_i} \tag{1-49}$$

而 φ_i 是摩擦角，其产生的效果与面上有正压力有直接关系，也可认为与重力 γz 有关，因此有：

$$\int_0^{h'_1} \gamma_i z \tan\varphi_1 \, \mathrm{d}z + \int_{h'_1}^{h'_2} \gamma_i z \tan\varphi_2 \, \mathrm{d}z + \cdots + \int_{h'_{i-1}}^{h'_i} \gamma_i z \tan\varphi_i \, \mathrm{d}z = \int_0^{H_i} \gamma_i z \tan\overline{\varphi_i} \, \mathrm{d}z_i \tag{1-50}$$

即：

$$\frac{1}{2}\gamma_i \tan\varphi_1 h'^2_1 + \frac{1}{2}\gamma_i \tan\varphi_2 (h'^2_2 - h'^2_2) + \cdots + \frac{1}{2}\gamma_i \tan\varphi_i (h'^2_i - h'^2_{i-1})$$

$$= \frac{1}{2}\gamma_i \tan\overline{\varphi_i} H_i^2 \tag{1-51}$$

因为 $h'_0 = 0$

所以

$$\tan\overline{\varphi_i} = \frac{\displaystyle\sum_{j=1}^{i} \tan\varphi_j (h'^2_j - h'^2_{j-1})}{H_i^2} \tag{1-52}$$

由此求得第 $1\sim i$ 层土的内摩擦角的加权平均值为：

$$\overline{\varphi_i} = \arctan \frac{\sum\limits_{j=1}^{i} \tan\varphi_j (h_j'^2 - h_{j-1}'^2)}{H_i^2} \tag{1-53}$$

再按 γ_i、$\overline{c_i}$、$\overline{\varphi_i}$ 和 H_i 来计算第 i 层土的土压力，这样使土压力计算能反映上面各土层的综合平均效果。采用平均指标进行土压力计算的方法不能反映土层特性对土压力大小的影响。为了反映这种影响，可采用将求得的土压力值乘以采用加权平均参数计算得到的强度极限值除以该土层的实际强度极限值 τ_{fl}。

$$\tau_f = \sigma\tan\overline{\varphi_i} + \overline{c_i} \tag{1-54}$$

$$\tau_{fl} = \sigma\tan\varphi_i + c_i \tag{1-55}$$

其中的 σ 值可采用 i 层土中的点的自重应力，当有地面超载时，还应考虑地面超载引起的影响。

（2）不同地面超载作用下的土压力计算

1）地面超载作用下产生的侧压力

对于均匀和局部均匀超载作用下在围护结构上的侧压力可采用图 1-20 所示的图示计算。

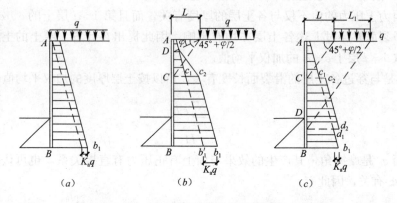

图 1-20　均匀和局部均匀超载作用下的主动土压力

（a）坑壁顶满布均匀超载；（b）距离墙顶 L 处开始作用均匀超载；

（c）距离墙顶 L 处作用 L_1 宽的均布超载

2）集中荷载作用下产生的侧压力

对于集中荷载在围护结构上产生的侧压力，可按图 1-21 所示计算。

3）弹性理论确定超载侧压力

① 集中荷载作用下，采用弹性理论时侧压力按图 1-22 所示计算；

② 线荷载作用下，采用弹性理论时侧压力按图 1-23 所示计算；

③ 条形荷载作用下，采用弹性理论时侧压力按图 1-24 所示计算。

4）各种地面荷载作用下的黏性土压力

当土体抗剪强度参数为 c、φ，墙背与土体间抗剪强度参数为 c'、φ' 时，主动土压力 P_a 和主动土压力倾斜角 δ 有下列关系：

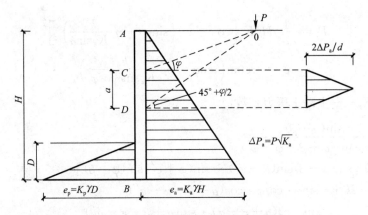

图 1-21　集中荷载作用下的主动土压力

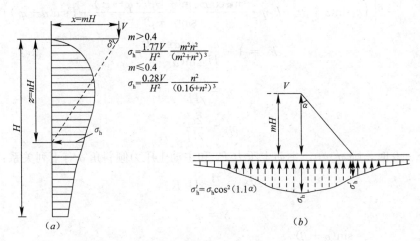

图 1-22　坑壁顶作用集中荷载产生的侧压力（$\mu=0.5$）

（a）坑壁顶作用集中荷载产生的侧压力；（b）集中荷载作用点两侧沿墙各点的侧压力

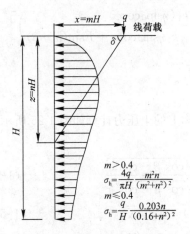

图 1-23　线荷载作用下产生的
　　　　　侧压力图

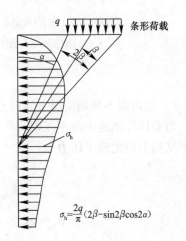

图 1-24　条形荷载作用下产生的
　　　　　侧压力图

$$P_a = \frac{1}{2}\gamma H^2 K_a \left[\cos^2\varphi' + \left(\sin\varphi' + \eta' \frac{k_0}{K_a \sin\alpha} \right)^2 \right]^{\frac{1}{2}} \tag{1-56}$$

$$\delta = \arctan\left(\tan\varphi' + \eta' \frac{k_0}{K_a \sin\alpha\cos\varphi'} \right) \tag{1-57}$$

式中　K_a——主动土压力系数：

$$K_a = \frac{\sin(\alpha+\beta)}{\sin^2\alpha\sin^2(\alpha+\beta-\varphi-\varphi')}$$

$$\cdot \left\{ \begin{array}{l} k_2\left[\sin(\alpha+\beta)\sin(\alpha-\varphi') + \sin(\varphi+\varphi')\sin(\varphi-\beta)\right] \\ + 2k_1\eta \cdot \sin\alpha \cdot \cos\varphi \cdot \cos(\alpha+\beta-\varphi-\varphi') \\ + k_1\eta' \cdot \dfrac{\sin\alpha\cos(\alpha+\beta-\varphi) \cdot \sin(\alpha+\beta-\varphi-\varphi')}{\sin(\alpha+\beta)} + F\sin(\varphi-\beta) \\ - 2\left[\left(k_2\sin(\alpha+\beta) + k_1\eta' \cdot \dfrac{\sin\alpha\cos\varphi'\sin(\alpha+\beta-\varphi-\varphi')}{\sin(\alpha+\beta)} + F\sin(\alpha-\varphi') \right) \right]^{\frac{1}{2}} \end{array} \right\}$$

$$k_0 = 1 - \frac{h_0}{H}\frac{\sin\alpha\cos\beta}{\sin(\alpha+\beta)}$$

$$\eta = \frac{2c}{\gamma H}$$

$$\eta' = \frac{2c'}{\gamma H}$$

当 $c'=0$ 时，则 $\eta'=0$，主动土压力 P_a 和主动土压力倾斜角 δ 有下列关系：

$$P_a = \frac{1}{2}\gamma H^2 K_a$$

$$\delta = \varphi'$$

$$K_a = \frac{\sin(\alpha+\beta)}{\sin^2\alpha\sin^2(\alpha+\beta-\varphi-\delta)}$$

$$\cdot \left\{ \begin{array}{l} k_2\left[\sin(\alpha+\beta)\sin(\alpha-\delta) + \sin(\varphi+\delta)\sin(\varphi-\beta)\right] \\ + 2k_1\eta \cdot \sin\alpha \cdot \cos\varphi \cdot \cos(\alpha+\beta-\varphi-\delta) + F\sin(\varphi-\beta) \\ - 2\left[\begin{array}{l} \left(k_2\sin(\alpha+\beta)\sin(\varphi-\beta) + k_1(\eta\sin\alpha\cos\varphi) \right. \\ \left. \cdot\ k_2\sin(\alpha-\delta)\sin(\varphi-\delta) + k_1\eta\sin\alpha\cos\varphi + F\sin(\alpha-\delta) \right) \end{array} \right]^{\frac{1}{2}} \end{array} \right\}$$

$$\eta = \frac{2c}{\gamma H}$$

5）地表面不规则情况下侧向土压力

当墙体外侧地表面不规则时，围护结构上的土压力计算如图 1-25 所示。围护结构上的主动土压力为：

$$p_a = \gamma z \cos\beta \frac{\cos\beta - \sqrt{\cos^2\beta - \cos^2\varphi}}{\cos\beta + \sqrt{\cos^2\beta - \cos^2\varphi}} \tag{1-58}$$

$$p_a' = K_a \cdot \gamma(z+h') - 2c\sqrt{K_a} \tag{1-59a}$$

$$p_a'' = K_a \cdot \gamma(z+h'') - 2c\sqrt{K_a} \tag{1-59b}$$

式中　β——地表斜坡面与水平面的夹角；

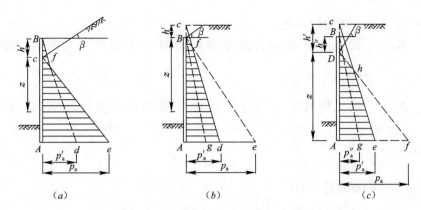

图 1-25 地面不规则情况主动土压力

K_a——主功土压力系数；

h'——地表水平面与地表斜坡和支护结构相交点间的距离。

5. 考虑地下水时水土压力计算

（1）水土压力分算和水土压力合算

作用在挡墙结构上的荷载，除了土压力以外，还有地下水位以下水压力。计算水压力时，水的重度一般取 $\gamma_w=10kN/m^3$。水压力与地下水补给数量、季节变化、施工开挖期间挡墙的水的密度、入土深度、排水处理方法等因素有关。

计算地下水位以下的水、土压力，一般采用"水土分算"（即水、土压力分别计算，再相加）和"水土合算"两种方法。对砂性土和粉土，可按水土分算原则进行，即分别计算土压力和水压力，然后两者相加。对黏性土可根据现场情况和工程经验，按水土分算或水土合算进行。

1）水土压力分算

水土分算是采用浮重度计算土压力，按静水压力计算水压力，然后两者相加即为总的侧压力（图 1-26）。

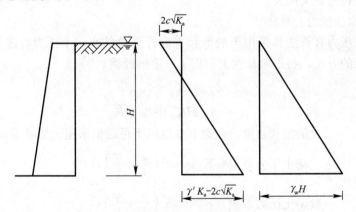

图 1-26 土压力和水压力的计算

利用有效应力原理计算土压力，水、土压力分开计算，即为：

$$p_a = \gamma'HK'_a - 2c'\sqrt{K'_a} + \gamma_wH \tag{1-60}$$

$$p_p = \gamma'HK'_p + 2c'\sqrt{K'_p} + \gamma_wH \tag{1-61}$$

31

式中　γ'——土的有效重度；

K_a'——按土的有效应力强度指标计算的主动土压力系数，$K_a' = \tan^2\left(\dfrac{\pi}{4} - \dfrac{\varphi'}{2}\right)$；

K_p'——按土的有效应力强度指标计算的被动土压力系数，$K_p' = \tan^2\left(\dfrac{\pi}{4} + \dfrac{\varphi'}{2}\right)$；

φ'——有效内摩擦角；

c'——有效黏聚力；

γ_w——水的重度。

上述方法概念比较明确，但在实际使用中还存在一些困难，有时较难于获得有效强度指标，因此在许多情况下采用总应力法计算土压力，再加上水压力，即总应力法。

$$p_a = \gamma' H K_a - 2c\sqrt{K_a} + \gamma_w H \tag{1-62}$$

$$p_p = \gamma' H K_p + 2c\sqrt{K_p} + \gamma_w H \tag{1-63}$$

式中　K_a——按土的总应力强度指标计算的主动土压力系数，$K_a = \tan^2\left(\dfrac{\pi}{4} - \dfrac{\varphi}{2}\right)$；

K_p——按土的总应力强度指标计算的被动土压力系数，$K_p = \tan^2\left(\dfrac{\pi}{4} + \dfrac{\varphi}{2}\right)$；

φ——按固结不排水（固结快剪）或者不固结不排水（快剪）确定的内摩擦角；

c——按固结不排水或不固结不排水法确定的黏聚力；

其余符号意义同前。

2）水土压力合算法

水土压力合算法是采用土的饱和重度计算总的水、土压力，这是国内目前较流行的方法，特别对黏性土积累了一定的经验。

$$p_a = \gamma_{sat} H K_a - 2c\sqrt{K_a} \tag{1-64}$$

$$p_p = \gamma_{sat} H K_p + 2c\sqrt{K_p} \tag{1-65}$$

式中　γ_{sat}——土的饱和重度，在地下水位以下可近似采用天然重度；

K_a——主动土压力系数，$K_a = \tan^2\left(\dfrac{\pi}{4} - \dfrac{\varphi}{2}\right)$；

K_p——被动土压力系数，$K_p = \tan^2\left(\dfrac{\pi}{4} + \dfrac{\varphi}{2}\right)$；

φ——按总应力法确定的固结不排水剪或不固结不排水剪确定土的内摩擦角；

c——按总应力法确定的固结不排水剪或不固结不排水剪确定土的内聚力。

（2）稳态渗流时水压力的计算

1）按流网法计算渗流时的水压力

基坑施工时，围护墙体内降水形成墙内外水头差，地下水会从坑外流向坑内，若为稳态渗流，那么水土分算时作用在围护墙上的水压力可用流网法确定。

图1-27为按流网计算作用在围护结构上的水压力分布图。假定墙体插入深度为 h，水头差为 h_0，设 h 与 h_0 相等，按水力学方法绘出流网图（图1-27b），根据流网即可计算出作用在墙体上的水压力。根据水力学有：

$$H = h_p + h_e \tag{1-66}$$

式中　H——某点总水头，可从流网图中读出；

　　　h_p——某点压力水头；

　　　h_e——某点位置水头，$h_e = z - h'$。

作用在墙体上的水压力 p 用压力水头表示为：

$$\frac{p}{\gamma_w} = h_p = H - h_e = H - (z - h') = xh_0 + h' - z \tag{1-67}$$

式中　x——某一点的总水头差 h_0 剩余百分数（或比值），从流网图读出；

　　　z——某一点的高程；

　　　h'——基坑底的高程；

　　　h_0——总水头差。

按流网计算的墙前、后水压力分布图1-27（a）所示。作用于墙体的总水压力如图中阴影线所表示的部分。

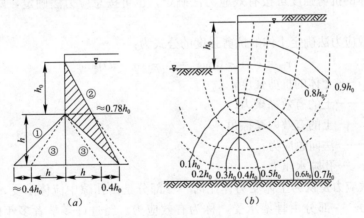

图1-27　墙体水压力分布图

①—墙前压力水头线；②—墙后压力水头线；③—静水压力水头线

2）按直线比例法确定渗流时的水压力

计算渗流时水压力还可近似采用直线比例法，即假定渗流中水头损失是沿挡墙渗流轮廓线均匀分配的，其计算公式为：

$$H_i = \frac{S_i}{L} h_0 \tag{1-68}$$

式中　H_i——挡墙轮廓线上某点 i 的渗流总水头；

L——经折算后挡墙轮廓的渗流总长度；

S_i——自 i 点沿挡墙轮廓至下游端点的折算长度；

h_0——上下游水头差。

3）水压力的计算简图

一般可按图 1-28 的水压力分布图，确定地下水位以下作用在支护结构上的不平衡水压力。图 1-28（a）为三角形分布，适用于地下水有渗流的情况；若无渗流时，可按梯形分布考虑，如图 1-28（b）所示。

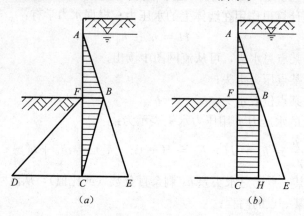

图 1-28　作用在支护结构上的不平衡水压力分布图

（a）三角形分布；（b）梯形分布

（3）土的抗剪强度试验方法与指标问题

土体的抗剪强度可按有效应力法确定，也可按总应力法确定，两者各有其特点。

有效应力法确定土体的抗剪强度的公式为：

$$\tau_{\mathrm{f}} = c' + \sigma' \tan\varphi' = c' + (\sigma - u)\tan\varphi' \tag{1-69}$$

式中　τ_{f}——土体的抗剪强度；

c'——土的有效黏聚力；

φ'——土的有效内摩擦角；

σ——法向总应力；

u——孔隙水压力。

有效应力是认为土体受力作用时，一部分是由孔隙中流体承受，称为孔隙水应力。一部分由骨架承受，称为有效应力。经过许多学者多年的研究，无论对于砂性土或黏性土，有效应力原理已得到土力学界的普遍承认。土体的有效抗剪强度指标，即有效内聚力 c' 和有效内摩擦角 φ'，其试验结果比较稳定，受试验条件的影响比较少。

总应力法确定土体抗剪强度为：

$$\tau_{\mathrm{f}} = c + \sigma \tan\varphi \tag{1-70}$$

式中　τ_{f}——土体抗剪强度；

σ——法向总应力；

c——按总应力法确定的土的黏聚力；

φ——按总应力法确定的土的内摩擦角。

总应力法不涉及孔隙水应力，只是模拟土体实际固结状态测定强度。

常用的确定抗剪强度试验方法可分为原位测试和室内试验两大类。原位测试有十字板剪切试验和静力触探等方法，其中十字板剪切试验，可直接测得土体天然状态的抗剪强度。静力触探法可根据经验公式换算成土的抗剪强度。

室内试验按使用仪器可分为直剪仪和三轴仪两类，按试验条件也可分为固结或不固结，排水或不排水等。

1）直剪仪慢剪和三轴仪固结排水剪

在试验过程中充分排水，即没有超孔隙水压力。两种试验的排水条件相同，施加的是有效应力，得到的强度指标均为有效强度指标。

2）直剪仪固结快剪和三轴仪不固结不排水剪

它们二者之间的主要区别在于对排水条件控制的不同。三轴仪可以完全控制土样排水条件，能做到名副其实的不排水。直剪仪由于仪器的局限性，很难做到真正的不排水，因此在直剪仪上测定土的抗剪强度指标时，当土的渗透性较大时，直剪仪快剪只相当于三轴排水，而只有当土的渗透系数较小时，直剪仪快剪试验结果才接近于三轴不排水试验。

3）直剪仪固结快剪和三轴固结不排水剪

这两种试验方法在正应力下都使土体达到充分固结，而在剪应力作用下用三轴仪试验可做到不排水，用直剪仪试验则排水条件和直剪仪快剪相似，即土体渗透性大时，相当于排水，渗透性很小时接近于不排水。

虽然直剪试验存在一些明显的缺点，如受力条件比较复杂，排水条件不能控制等，但由于仪器和操作都比较简单，又有大量实践经验，因此，工程上比较广泛采用直剪仪作快剪及固结快剪试验取得土的抗剪强度指标。一般推荐固结快剪指标，因为固结快剪是在垂直压力下固结后再进行剪切，使试验成果反映正常固结土的天然强度，充分固结的条件也使试样受扰动以及土样中夹薄砂层的影响都减到最低限度，从而使试验指标比较稳定。

用直剪仪进行固结快剪或快剪试验测得土的总应力强度指标后，还存在使用强度参数峰值还是将峰值打折后使用的问题。根据上海市标准《地基基础设计规范》的规定，采用直剪仪固结快剪峰值或快剪峰值确定抗剪强度指标，这种指标适用于计算土压力和整体稳定性。

直剪试验存在较多的缺点，如不能控制土样的排水条件，剪切面人为固定以及剪切面上的应力分布不均匀等。三轴试验则没有这些缺点。当进行三轴试验时，可进行不固结不排水或不排水两种状态的试验，提供总应力和有效应力两类抗剪强度指标。

当无可靠的抗剪强度试验资料时，可参照表1-4的数值选用。

不同的试验方法所得结果是很不相同的，在强度指标量值的选用上，由于土排水固结将会不同程度增强土的强度，如内摩擦角φ，一般的正常固结土，排水剪得到的φ_{cd}最大，固结不排水剪的φ_{cu}次之，不固结不排水的φ_u值最小，如图1-29所示。黏聚力c值亦不同，快剪所得的c值较大。

35

土的抗剪强度指标参考值（φ'单位为"°"，c'单位为"kPa"）　　表 1-4

土类	土的孔隙比							
	0.4～0.5	0.4～0.5	0.4～0.5	0.4～0.5	0.4～0.5	0.4～0.5	0.4～0.5	0.4～0.5
粉细砂	$c'=0$ $\varphi'=34\sim36$	$c'=0$ $\varphi'=32\sim34$	$c'=0$ $\varphi'=30\sim32$					
粉土	$c'=3\sim6$ $\varphi'=23\sim25$	$c'=2\sim4$ $\varphi'=22\sim24$	$c'=0\sim3$ $\varphi'=21\sim23$	$c'=0$ $\varphi'=19\sim21$				
粉质黏土	$c'=30\sim40$ $\varphi'=18\sim20$	$c'=20\sim30$ $\varphi'=16\sim18$	$c'=15\sim20$ $\varphi'=14\sim16$	$c'=10\sim15$ $\varphi'=12\sim14$	$c'=6\sim10$ $\varphi'=10\sim12$			
黏土	$c'=40\sim50$ $\varphi'=14\sim16$	$c'=30\sim40$ $\varphi'=12\sim14$	$c'=15\sim20$ $\varphi'=10\sim12$	$c'=5\sim10$ $\varphi'=8\sim10$				
淤泥质土							$c'=10\sim15$ $\varphi'=6\sim8$	$c'=5\sim10$ $\varphi'=4\sim6$

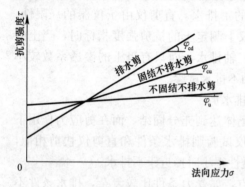

图 1-29　不同试验方法的 φ 角比较

有效应力法考虑了孔隙水压力的影响。有效指标测定可用直剪快剪、三轴排水剪和固结不排水剪（测孔压）等方法求得。因此，在实际工程的强度和稳定性计算中，应根据土质条件和工程的特点来选用恰当的试验方法，以进行地基或建筑物的稳定和安全的估计及控制不同的试验条件可得到不同的强度指标。例如，当考虑土体固结使强度增长的计算或稳定性分析时，即测定土体在任何固结度时的抗剪强度应使用有效强度指标；当地基为厚度较大的渗透性低的高塑性饱和软土，而建筑物的施工速度又较快，预计土层在施工期间的排水固结程度很小，这时就应当采用快剪试验的强度指标来校核建筑物的地基强度及稳定性；若黏土层很薄，建筑物施工期很长，预计黏土层在施工期间能够充分排水固结，但是在竣工后大量活荷载将迅速施工（如料仓），或可能有突然施加的活载（如风力）或地基应力可能发生变化（如地下水位变化）等情况下，就采用固结快剪指标；对于可能发生快速破坏的正常固结土天然边坡或软土地基或路堤土体等均认为应用快剪和不排水剪指标进行验算控制。当然，上述的各种情况并不是具有很准确的概念的。例如，速度快慢、土层厚薄、荷载大小以及施工速度等都没有定量的数值，都得根据实际情况配以实际经验或地区经验来掌握。如在软土层的深开挖中，考虑坑底隆起甚至整体滑动稳定性等的控制验算时，则认为应该采用不排水指标。

1.2.3　地层弹性抗力

地下建筑结构除承受主动荷载作用外（如土压力、结构自重等），还承受一种被动荷载，即地层的弹性抗力。

结构在主动荷载作用下，要产生变形。以隧道工程为例，如图 1-30 所示的曲墙拱形结构，在主动荷载（垂直荷载大于水平荷载）作用下，产生的变形如虚线所示。

在拱顶，其变形背向地层，在此区域内岩土体对结构不产生约束作用，所以称为"脱离区"，而在靠边拱脚和边墙部位，结构产生压向地层的变形，由于结构与岩土体紧密接触，则岩土体将制止结构的变形，从而产生了对结构的反作用力，对这个反作用力习惯上称弹性抗力，地层弹性抗力的存在是地下建筑结构区别于地上建筑结构的显著特点之一。因为，地上建筑结构在外力作用下，可以自由变形不受介质约束，而地下建筑结构在外力作用下，其变形受到地层的约束。所以地下建筑结构设计必须考虑结构与地层之间的相互作用，这就带来了地下建筑结构设计与计算的复杂性。而另一方面，由于弹性抗力的存在，限制了结构的变形，以致结构的受力条件得以改善，使其变形小而承载能力有所增加。

因为弹性抗力是由于结构与地层的相互作用产生的，所以弹性抗力大小和分布规律不仅决定于结构的变形，还与地层的物理力学性质有着密切的关系。如何确定弹性抗力的大小及其作用范围（抗力区），目前有两种理论：一种是局部变形理论，认为弹性地基某点上施加的外力只会引起该点的沉陷；另一种是共同变形理论，即认为弹性地某上的一点的外力，不仅引起该点发生沉陷，而且还会引起附近一定范围的地基沉陷。后一种理论较为合理，但由于局部变形理论计算较为简单，且一般尚能满足工程精度要求，所以目前多采用局部变形理论计算弹性抗力。

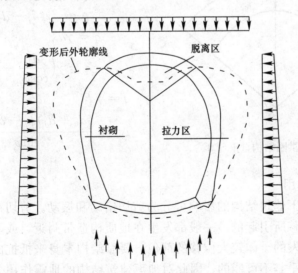

图 1-30 衬砌结构在外力作用下的变形规律

在局部变形理论中，以熟知的温克尔（E. Winkler）假设为基础，认为地层的弹性抗力与结构变位成正比，即

$$\sigma = k\delta \tag{1-71}$$

式中 σ——弹性抗力强度（kPa）；

k——弹性抗力系数（kN/m^3）；

δ——岩土体计算点的位移值（m）。

对于各种地下建筑结构和不同介质，弹性抗力系数 k 值不同，可根据工程实践经验或参考相关规范确定。

1.2.4 结构自重及其他荷载

1. 结构自重

计算结构的静荷载时，结构自重必须计算在内。等直杆件，如墙、梁、板、柱的自重，计算简单，不予介绍。下面着重介绍衬砌结构拱圈自重的计算方法。

（1）将衬砌结构自重简化为垂直均布荷载

当拱圈截面为等截面拱时，结构自重荷载为：

$$q = \gamma d_0 \tag{1-72}$$

式中 γ——材料重度（kN/m^3）；

d_0——拱顶截面厚度（m）。

（2）将结构自重简化为垂直均布荷载和三角形荷载

如图 1-31 所示，当拱圈为变截面拱时，结构自重荷载可选用如下三个近似公式：

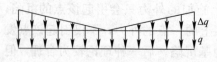

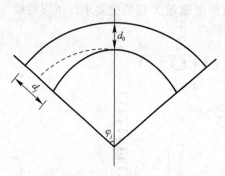

$$\left.\begin{array}{l} q = \gamma d_0 \\ \Delta q = \gamma(d_j - d_0) \end{array}\right\} \tag{1-73}$$

$$\left.\begin{array}{l} q = \gamma d_0 \\ \Delta q = \gamma\left(\dfrac{d_j}{\cos\varphi_j} - d_0\right) \end{array}\right\} \tag{1-74}$$

$$\left.\begin{array}{l} q = \gamma d_0 \\ \Delta q = \dfrac{(d_0 + d_j)\varphi_j - 2d_0\sin\varphi_j}{\sin\varphi_j}\gamma \end{array}\right\} \tag{1-75}$$

图 1-31 拱圈结构自重计算

2. 地震作用

地震对地下建筑结构的影响可分为剪切错动和振动。剪切错动通常是由基岩的剪切位移所引起的。一般都发生在地质构造带附近，或发生在由于滑坡、地震等诱发的土体较大位移的部位。要靠结构本身来抵抗由于地震引起的剪切错位几乎是不可能的，因此对地下建筑结构的地震作用分析仅局限于在假定土体不会丧失完整性的前提下考虑振动效应。

对于一般的地下建筑，在抗震设计时，都采用静力法或拟静力法。只有埋设于松软地层中的重要地下建筑结构物才有必要进行地震动力分析。

静力法就是将随时间变化的地层力或地层位移用等代的静地层荷载或静地层位移代替，然后用静力计算模型分析地震作用或强迫地层位移作用下的结构内力。

等代的静地震荷载包括：结构本身和洞顶上方土柱的水平、垂直惯性力以及主动土压力增量。地震垂直加速度峰值一般比水平加速度峰值小，对震级较小和对垂直振动不敏感的结构，可不考虑垂直地震作用。

地震作用就是作用于构件重心处的地震惯性力 S：

$$S = \frac{a}{g}Q = K_c Q \tag{1-76}$$

式中　a——作用于结构物的地层加速度；

　　　g——重力加速度；

　　　K_c——地震系数；

　　　Q——构件某部分的重量。

地震系数 K_c 可由下式计算确定：

$$K_c = K_0 v_1 v_2 v_3 \tag{1-77}$$

式中　K_0——标准地震系数，由该地区的地震基本烈度确定；

　　　v_1——工程重要程度修正系数；

　　　v_2——地震性质和种类修正系数；

　　　v_3——埋置深度修正系数。

地震对地下建筑是不利的，有时会引起建筑物的破坏，并造成严重事故。我国是一个地震多发的国家，所以在地震区修建地下工程时，必须采取适当的防震措施。但地下建筑与地上建筑相比，它具有较好的抗震性能。这主要因为地下建筑埋设在地壳内，与周围的岩层或多或少地紧密相贴，并且，一般地下建筑高度不大，多采用拱形结构，因此地震时振幅比地上建筑小，受地震引起的惯性力和加速度也小，所受的地震力亦小。随深度的增加地震力更小。一般说来，即使位于发生破坏性地震区域内的地下建筑，其遭受破坏程度也比地上建筑轻。若地下建筑离震中较远，又不位于断层地带，即使遭到强烈地震，也不会遭到严重破坏。

总的说来，地下建筑的抗震性能一般比地上建筑要好。基于上述情况，一般地下建筑结构不作抗震计算，而仅作一些构造上的考虑和加强。

地下建筑结构除了岩土层压力、结构自重、地震作用和弹性抗力等荷载外，还可能遇到其他形式的荷载，如灌浆压力、混凝土收缩应力、地下静水压力及温差应力等，这些荷载的计算可参阅有关文献。

1.3　地下建筑结构的计算模型和设计方法

1.3.1　地下建筑结构计算方法的发展

早期地下工程的建设完全依据经验，19 世纪初才逐渐形成自己的计算理论，开始用于指导地下建筑结构的设计与施工。

在地下建筑结构计算理论形成的初期，人们仅仅仿照地上建筑结构的计

39

算方法进行地下建筑结构物的计算，这些方法可归类为荷载结构法，包括框架内力的计算、拱形直墙结构内力的计算等。然而，由于地下工程所处的环境条件与地上建筑是全然不同的，引用地上建筑结构的设计理论和方法来解决地下工程中所遇到的各类问题，常常难以正确地阐述地下工程中出现的各种力学现象和过程。经过较长时间的实践，人们逐渐认识到地下建筑结构与地上建筑结构受力变形特点不同的事实，并形成以考虑地层对结构受力变形的约束作用为特点的地下建筑结构理论。20 世纪中期，电子计算机的出现和现代计算力学的发展，大大推动了岩土力学和工程结构等学科的研究，地下建筑结构的计算理论也因此有了更大的发展。

地下建筑结构设计理论发展的历史沿革，大致可分为以下几个阶段：

1. 刚性结构阶段

早期的地下建筑物大都是用砖石等材料砌筑的拱形圬工结构。这类材料的抗拉强度很低，为了保持结构的稳定，其截面尺寸通常都很大，结构受力后的弹性变形很小。这一时期的计算理论实际上是模仿石拱桥的设计方法，采用将地下建筑结构视为刚性结构的压力线理论。这种理论认为，地下建筑结构是由一系列刚性块组成的拱形结构，所受的主动荷载是地层压力，当地下建筑结构处于极限平衡状态时，它是由绝对刚体组成的二铰拱静定体系，铰的位置分别假设在墙底和拱顶，其内力可按静力学原理进行计算。

对于作用在地下建筑结构上的压力，认为是结构顶部上覆地层的重力。其代表性的理论有海姆（A. Haim）理论、朗肯（W. J. Rankine）理论和金尼肯理论。不同之处在于他们对地层水平压力的侧压系数有不同的理解，海姆认为侧压系数 $\lambda = 1$，朗肯根据散体理论认为侧压系数为：

$$\lambda = \tan^2\left(45° - \frac{\varphi}{2}\right) \tag{1-78}$$

式中　φ——岩土体的内摩擦角。

弹性理论认为侧压系数为：

$$\lambda = \frac{\mu}{1 - \mu} \tag{1-79}$$

式中　μ——岩土体的泊松比。

刚性设计方法只考虑衬砌承受其周围岩土所施加的荷载，没有考虑围岩自身的承载能力，也不计围岩对衬砌变形的约束和由此产生的围岩被动抗力，在一般情况下设计出的衬砌厚度偏大。

2. 弹性结构阶段

19 世纪后期，混凝土和钢筋混凝土材料开始应用于地下建筑结构中，与此同时，人们将超静定结构计算力学引入到地下建筑结构计算中，并考虑了地层对结构产生的弹性抗力作用。

1910 年，康姆列尔（O. Kommerall）在计算整体式隧道衬砌时，率先假设刚性边墙受有呈直线形分布的弹性抗力作用，建立了将整体式结构的拱圈和边墙分开计算，并将拱圈视为支承在固定支座上的无铰拱的计算方法。随后，许多学者相继提出了假定抗力图形的计算方法，并采用了局部变形的文克尔假定。如 Johnson（1922 年）等人将地层弹性抗力分布假设为梯形，朱拉波夫和布加耶娃假定抗力为镰刀形。由于假定抗力法对抗力图形的假定带有任意性，稍后人们开始研究将边墙视为双向弹性地基梁的地下建筑结构计算理论。C. H. Haymob 在 1956 年将其发展为按局部变形弹性地基梁理论计算直边墙的地下建筑结构计算法。此后，共同变形弹性地基梁理论也被用于地下建筑结构的计算。1939 年和 1950 年，达维多夫两次发表了按共同变形弹性地基梁理论计算整体式地下建筑结构的方法。1954 年，奥尔洛夫进一步研究了按地层共同变形理论计算地下建筑结构的方法。1964 年，舒尔茨和杜德科在分析圆形衬砌时，不但按共同变形理论考虑了径向变形的影响，而且还计入了切向变形的影响。

按共同变形理论计算地下建筑结构，其优点在于它是以地层的物理力学特征为依据，并考虑了各部分地层沉陷的相互影响，在理论上比局部变形理论有所改进。

3. 连续介质阶段

自 20 世纪以来，按连续介质力学理论计算地下建筑结构内力的方法逐渐得到了发展。在初期，人们曾致力于建立这类计算理论的解析解，但由于遇到数学上的困难，迄今为止仅对圆形衬砌的计算有较多研究成果。自 20 世纪50 年代以来，随着电算技术的普及和岩土介质本构关系研究的进步，地下建筑结构的数值计算方法有了较大的发展，1966 年，S. F. Reyes 和 D. U. Deere 应用 Drucker-Prager 准则进行了圆形洞室的弹塑性分析。1968 年，辛克维茨（O. C Zenkewcz）等按无拉应力分析了隧道的应力和变形，提出了可按初应力释放法模拟隧洞开挖效应的概念。1975 年，F. H. Kuhawy 用有限元法探讨了几种因素对地下洞室受力变形的影响和开挖面附近隧洞围岩的三维应力状态，开始将力学分析引入非连续岩体和施工过程研究的计算。从 20 世纪 70 年代起，我国学者在这一领域也做了大量研究工作，已经建立的计算方法包括地下洞室的弹性计算法、弹塑性计算法、黏弹性计算法和弹黏塑性计算法等。

连续介质理论较好地反映了支护与围岩的共同作用，符合地下建筑结构的力学原理。然而，由于岩土的计算参数（如原岩应力、岩体力学参数、施工因素等）难以准确获得，人们对岩土材料的本构模型与围岩的破坏失稳准则还认识不足。因此，目前根据连续介质理论所得出的计算结果，还只能作为设计参考依据。

4. 现代支护理论阶段

20 世纪 50 年代以来，喷射混凝土和锚杆被用于隧道支护，与此相应的一整套新奥地利隧道设计方法随之兴起，形成了以岩体力学原理为基础的、考虑支护与围岩共同作用的地下工程现代支护理论。

新奥地利隧洞施工法的英文全名为 New Austrian Tunnelling Method，简称为 NATM。新奥法认为围岩本身具有"自承"能力，如果能采用正确的设计施工方法，最大限度地发挥这种"自承"能力，可以得到最好的经济效果。它的要点就是：尽可能不破坏围岩中的应力分布，开挖之后立即进行一次支护，防止岩石进一步的松动，然后视需要进行二次支护。按新奥法设计的支护都是柔性的，能较好地适应围岩的变形。

新奥法在设计理论上还不很成熟，目前常用的方法是先用经验统计类比的方法做事先的设计，再在施工过程中不断监测围岩应力应变状况，按其发展规律不断调整支护措施。

地下建筑结构理论的另一类内容，是关于岩体中由于节理裂隙切割而形成的不稳定块体的失稳分析，一般应用工程地质和力学计算相结合的分析方法，即岩石块体极限平衡分析法。这种方法是在工程地质的基础上，根据极限平衡理论，研究岩块形状和大小与塌落条件之间的关系，以确定支护参数。

近年来，在地下建筑结构中主要使用的工程类比法，也在向着定量化、精确化和科学化发展。与此同时，在地下建筑结构设计中应用可靠性理论，推行概率极限状态设计法，采用动态分析方法，即利用现场监测信息，从反馈信息的数据预测地下工程的稳定性，从而对支护结构进行优化设计等方面也取得了重要进展。

应当看到，由于岩土体的复杂性，地下建筑结构设计理论还处在不断发展阶段，各种设计方法还需要不断提高和完善。后期出现的设计计算方法一般也并不否定前期的研究成果，各种计算方法都有其比较适用的一面，但又各自带有一定的局限性。设计者在选定计算方法时，应对其有深入的了解和认识。

1.3.2 地下建筑结构的设计模型

20世纪70年代以来，各国学者在发展地下建筑结构计算理论的同时，还致力于探索地下建筑结构设计模型的研究。与地上建筑结构不同，设计地下建筑结构不能完全依赖计算。这是因为岩土介质在漫长的地质年代中经历过多次构造运动，影响其物理力学性质的因素很多，而这些因素至今还没有完全被人们认识，因此理论计算结果常与实际情况有较大的出入，很难用作确切的设计依据。在进行地下建筑结构的设计时仍需依赖经验和实践，建立地下建筑结构设计模型仍然面临较大困难。

国际隧道协会在1978年成立了隧道结构设计模型研究组，收集和汇总了各会员国目前采用的设计地下建筑结构的方法，结果列于表1-5。经过总结，国际隧道协会认为可将其归纳为以下四种模型：

地下建筑结构的设计方法 表1-5

地区 \ 方法	盾构开挖的软土质隧道	喷锚钢拱支撑的软土质隧道	中硬石质的深埋隧道	明挖施工的框架结构
奥地利	弹性地基圆环	弹性地基圆环，有限元法，收敛-约束法	经验法	弹性地基框架

地区 \ 方法	盾构开挖的软土质隧道	喷锚钢拱支撑的软土质隧道	中硬石质的深埋隧道	明挖施工的框架结构
联邦德国	覆盖层厚小于 $2D$，顶部无支撑的弹性地基圆环，覆盖大于 $3D$，全支撑弹性地基圆环，有限元法	同左	全支撑弹性地基圆环，有限元法，连续介质和收敛法	弹性地基框架（底压力分布简化）
法国	弹性地基圆环有限元法	有限元法，作用-反作用模型，经验法	连续介质模型，收敛法，经验法	
日本	局部支撑弹性地基圆环	局部支撑弹性地基圆环，经验法加测试有限元法	弹性地基框架有限元法，特征曲线法	弹性地基框架，有限元法
中国	自由变形或弹性地基圆环	初期支护：有限元法，收敛法 二期支护：弹性地基圆环	初期支护：经验法 永久支护：作用-反作用模型 大型洞室：有限元法	弯矩分配法解算箱形框架
瑞士		作用—反作用模型	有限元法，有时用收敛法	
英国	弹性地基圆环，缪尔伍德法	收敛—约束法，经验法	有限元法，收敛法，经验法	矩形框架
美国	弹性地基圆环	弹性地基圆环；作用—反作用模型	弹性地基圆环，Proctor-White 方法，有限元，锚杆经验法	弹性地基上的连续框架

注：D 为隧道直径。

（1）以参照以往隧道工程的实践经验进行工程类比为主的经验设计法；

（2）以现场量测和实验室试验为主的实用设计方法，例如以洞周位移量测值为根据的收敛-限制法；

（3）作用-反作用模型，例如对弹性地基圆环和弹性地基框架建立的计算法等；

（4）连续介质模型，包括解析法和数值法，解析法中有封闭解，也有近似解，数值计算法目前主要是有限单元法。

按照多年来地下建筑结构设计的实践，我国采用的设计方法可分属以下四种设计模型：

（1）荷载—结构模型

荷载结构模型采用荷载结构法计算衬砌内力，并据以进行构件截面设计。其中衬砌结构承受的荷载主要是开挖洞室后由松动岩土的自重产生的地层压力。这一方法与设计地上建筑结构时习惯采用的方法基本一致，区别是计算衬砌内力时需考虑周围地层介质对结构变形的约束作用。

（2）地层—结构模型

地层结构模型的计算理论即为地层结构法。其原理是将衬砌和地层视为整体，在满足变形协调条件的前提下分别计算衬砌与地层的内力，并据以验算地层的稳定性和进行构件截面设计。

（3）经验类比模型

由于地下建筑结构的设计受到多种复杂因素的影响，使内力分析即使采用了比较严密的理论，计算结果的合理性也常仍需借助经验类比予以判断和完善，因此，经验设计法往往占据一定的位置。经验类比模型则是完全依靠经验设计地下建筑结构的设计模型。

（4）收敛限制模型

收敛限制模型的计算理论也是地层结构法，其设计方法则常称为收敛限制法，或称特征线法。

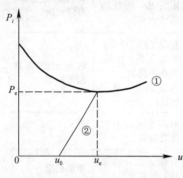

图 1-32　收敛限制法原理示意图

图 1-32 为收敛限制法原理的示意图。图中纵坐标表示结构承受的地层压力，横坐标表示洞周的径向位移。其值一般都以拱顶为准测读计算，曲线①为地层收敛线，曲线②为支护特征线。两条曲线的交点的纵坐标（P_e）即为作用在支护结构上的最终地层压力，横坐标（u_e）则为衬砌变形的最终位移。

因洞室开挖后一般需隔开一段时间后才施筑衬砌，图 1-32 中以 u_0 值表示洞周地层在衬砌修筑前已经发生的初始自由变形值。

当前我国的地下建筑结构设计计算，主要采用的是前三种模型，即荷载—结构模型、地层—结构模型和经验类比模型。我国工程界对地下建筑结构设计较为注重理论计算，从衬砌与地层相互作用方式差异的角度区分，封闭解析解与数值计算法都可分别归属于荷载结构法和地层结构法。除了确有经验可供类比的工程外，在地下建筑结构的设计过程中一般都要进行受力计算分析。其中荷载结构法仍然是我国目前广为采用的一种地下建筑结构计算方法，主要适用于软弱围岩中的浅埋隧道；地层结构法虽仍处于发展阶段，但目前一些重要的或大型特定工程的研究分析中也普遍采用。如前所述，由于地下建筑结构的特殊性，隧道支护的设计在很多情况下还需借助经验。

1.3.3　荷载—结构法

荷载—结构模型认为地层对结构的作用只是产生作用在地下建筑结构上的荷载（包括主动地层压力和被动地层抗力），衬砌在荷载的作用下产生内力和变形，与其相应的计算方法称为荷载—结构法。早年常用的弹性连续框架（含拱形构件）法、假定抗力法和弹性地基梁（含曲梁）法等都可归属于荷载—结构法。其中假定抗力法和弹性地基梁法都形成了一些经典计算法，而类属弹性地基梁法的计算法又可按采用的地层变形理论的不同分为局部变形理论计算法和共同变形理论计算法。其中局部变形理论因计算过程较为简单而常用。

这里重点介绍《公路隧道设计规范》（2004-11-01，中华人民共和国交通部发布）中的计算方法。

1. 设计原理

荷载—结构模型的设计原理，认为隧道开挖后地层的作用主要是对衬砌结构产生荷载，衬砌结构应能安全可靠地承受地层压力等荷载的作用。计算时先按地层分类法或由实用公式确定地层压力，然后按弹性地基上结构物的计算方法计算衬砌的内力，并进行结构截面设计。

2. 计算原理

(1) 基本未知量与基本方程

取衬砌结构结点的位移为基本未知量。由最小势能原理或变分原理可得系统整体求解时的平衡方程为：

$$[K]\{\delta\} = \{P\} \tag{1-80}$$

式中　　$\{\delta\}$——由衬砌结构节点位移组成的列向量，即，$\{\delta\} = \{\delta_1 \ \ \delta_2 \ \cdots \ \delta_m\}^T$

　　　　$\{P\}$——由衬砌结构节点荷载组成的列向量，即，$\{P\} = \{P_1 \ \ P_2 \ \cdots \ P_m\}^T$

　　　　$[K]$——衬砌结构的整体刚度矩阵，为 $m \times m$ 阶方阵，m 为体系节点自由度的总个数。

矩阵 $\{P\}$、$[K]$ 和 $\{\delta\}$ 可由单元的荷载矩阵 $\{P\}^e$、单元的刚度矩阵 $\{k\}^e$ 和单元的位移向量矩阵 $\{\delta\}^e$ 组装而成，故在采用有限元方法进行分析时，需先划分单元，建立单元刚度矩阵 $\{k\}^e$ 和单元荷载矩阵 $\{P\}^e$。

隧道承重结构轴线的形状为弧形时，可用折线单元模拟曲线。划分单元时，只需确定杆件单元的长度。杆件厚度 d 即为承重结构的厚度，杆件宽度取为 1(m)。相应的杆件横截面积为 $A = d \times 1 (m^2)$，抗弯惯性矩为 $I = \frac{1}{12} \times 1 \times d^3 (m^4)$，弹性模量 E（kN/m^2）取为混凝土的弹性模量。

(2) 单元刚度矩阵

设梁单元在局部坐标系下的节点位移为 $\{\bar{\delta}\} = [\overline{u_i}, \ \overline{v_i}, \ \overline{\theta_i}, \ \overline{u_j}, \ \overline{v_j}, \ \overline{\theta_j}]^T$，对应的节点力为 $\{\bar{f}\} = [\overline{X_i}, \ \overline{Y_i}, \ \overline{M_i}, \ \overline{X_j}, \ \overline{Y_j}, \ \overline{M_j}]^T$，则有：

$$\{\bar{f}\} = [\bar{k}]^e \{\bar{\delta}\} \tag{1-81}$$

其中，$[\bar{k}]^e$ 为梁单元在局部坐标系下的刚度矩阵，并有：

$$[\bar{k}]^e = \begin{bmatrix} \dfrac{EA}{l} & 0 & 0 & -\dfrac{EA}{l} & 0 & 0 \\[2mm] 0 & \dfrac{12EI}{l^3} & \dfrac{6EI}{l^2} & 0 & -\dfrac{12EI}{l^3} & \dfrac{6EI}{l^2} \\[2mm] 0 & \dfrac{6EI}{l^2} & \dfrac{4EI}{l} & 0 & -\dfrac{6EI}{l^2} & \dfrac{2EI}{l} \\[2mm] -\dfrac{EA}{l} & 0 & 0 & \dfrac{EA}{l} & 0 & 0 \\[2mm] 0 & -\dfrac{12EI}{l^3} & -\dfrac{6EI}{l^2} & 0 & \dfrac{12EI}{l^3} & -\dfrac{6EI}{l^2} \\[2mm] 0 & \dfrac{6EI}{l^2} & \dfrac{2EI}{l} & 0 & -\dfrac{6EI}{l^2} & \dfrac{4EI}{l} \end{bmatrix} \tag{1-82}$$

46

式中 l——梁单元的长度；

A——梁的截面积；

I——梁的抗弯惯性矩；

E——梁的弹性模量。

对于整体结构而言，各单元采用的局部坐标系均不相同，故在建立整体矩阵时，需根据式（1-83）将按局部坐标系建立的单元刚度矩阵 $[\bar{k}]^e$，转换成结构整体坐标系中的单元刚度矩阵 $[k]^e$。

$$[k]^e = [T]^T[\bar{k}]^e[T] \tag{1-83}$$

$$[T] = \begin{bmatrix} \cos\beta & \sin\beta & 0 & 0 & 0 & 0 \\ -\sin\beta & \cos\beta & 0 & 0 & 0 & 0 \\ 0 & 0 & 1 & 0 & 0 & 0 \\ 0 & 0 & 0 & \cos\beta & \sin\beta & 0 \\ 0 & 0 & 0 & -\sin\beta & \cos\beta & 0 \\ 0 & 0 & 0 & 0 & 0 & 1 \end{bmatrix} \tag{1-84}$$

式中 $[T]$——转置矩阵；

β——局部坐标系与整体坐标系之间的夹角。

（3）地层反力作用模式

地层弹性抗力由下式给出：

$$F_n = K_n \cdot U_n \tag{1-85}$$

$$F_s = K_s \cdot U_s \tag{1-86}$$

其中：

$$K_n = \begin{cases} K_n^+ & U_n \geqslant 0 \\ K_n^- & U_n < 0 \end{cases} \tag{1-87}$$

$$K_s = \begin{cases} K_s^+ & U_s \geqslant 0 \\ K_s^- & U_s < 0 \end{cases} \tag{1-88}$$

式中 F_n、F_s——分别为法向和切向弹性抗力；

K_n、K_s——相应的围岩弹性抗力系数，且 K^+、K^- 分别为压缩区和拉伸区的抗力系数，通常令为 $K_n^- = K_s^- = 0$。

杆件单元确定后，即可确定地层弹簧单元，它只设置在杆件单元的节点上。地层弹簧单元可沿整个截面设置，也可只在部分节点上设置。沿整个截面设置地层弹簧单元时，计算过程中，需用迭代法作变形控制分析，以判断出抗力区的确切位置。

应予指出，深埋隧道中的整体式衬砌、浅埋隧道中的整体或复合式衬砌及明洞衬砌等应采用荷载结构法计算，此外，采用荷载结构法计算隧道衬砌的内力和变形时，应通过考虑弹性抗力等体现岩土体对衬砌结构变形的约束作用。弹性抗力的大小和分布，对回填密实的衬砌结构可采用局部变形理论确定。

1.3.4 地层—结构法

地层—结构模型把地下建筑结构与地层作为一个受力变形的整体，按照连续介质力学原理来计算地下建筑结构以及周围地层的变形；不仅计算出衬砌结构的内力及变形，而且计算周围地层的应力，充分体现周围地层与地下建筑结构的相互作用，但是由于周围地层以及地层与结构相互作用模拟的复杂性，地层—结构模型目前尚处于发展阶段，在很多工程应用中，仅作为一种辅助手段。由于地层—结构法相对荷载—结构法，充分考虑了地下建筑结构与周围地层的相互作用，结合具体的施工过程可以充分模拟地下建筑结构以及周围地层在每一个施工工况的结构内力以及周围地层的变形更能符合工程实际。因此，在今后的研究和发展中地层—结构法将得到广泛应用和发展。

地层—结构法主要包括如下几部分内容：地层的合理化模拟、结构模拟、施工过程模拟以及施工过程中结构与周围地层的相互作用、地层与结构相互作用的模拟。

1. 设计原理

地层结构法的设计原理，是将衬砌和地层视为整体共同受力的统一体系，在满足变形协调条件的前提下分别计算衬砌与地层的内力，据以验算地层的稳定性和进行结构截面设计。

目前计算方法以有限单元法为主，适用于设计构筑在软岩或较稳定地层内的衬砌。

2. 计算初始地应力

根据初始地应力的确定方法，初始自重应力和构造应力可按下述步骤计算：

（1）初始自重应力

初始自重应力通常采用有限元方法或给定水平侧压力系数的方法计算。

1）有限元方法

初始自重应力由有限元方法算得，并将其转化为等效节点荷载。

2）给定水平侧压力系数法

在给定水平侧压力系数 K_0 值后，按下式计算初始自重地应力：

$$\sigma_z^g = \sum \gamma_i H_i \tag{1-89}$$

$$\sigma_x^g = K_0(\sigma_z^g - P_w) + P_w \tag{1-90}$$

式中　σ_z^g、σ_x^g——竖直方向和水平方向初始自重地应力；

γ_i——计算点以上第 i 层岩石的重度；

H_i——计算点以上第 i 层岩石的厚度；

P_w——计算点的孔隙水压力，在不考虑地下水头变化的条件下，P_w 由计算点的静水压力确定，即 $P_w = \gamma_w H_w$（γ_w 为地下水的重度，H_w 为地下水的水位差）。

（2）构造应力

构造地应力可假设为均布或线性分布应力。假设主应力作用方向保持不变，则二维平面应变的普遍表达式为：

$$\begin{cases} \sigma_x^s = a_1 + a_4 z \\ \sigma_z^s = a_2 + a_5 z \\ \tau_{xz}^s = a_3 \end{cases} \tag{1-91}$$

式中 $a_1 \sim a_5$ ——常系数；

z ——竖直坐标。

（3）初始地应力

对岩石地层，将初始自重应力与构造应力叠加，即得初始地应力。对软土地层，常根据水平侧压力系数计算初始地应力。

3. 本构模型

（1）岩石单元

1）弹性模型

对于平面应变问题，横观各向同性弹性体的应力增量可表示为：

$$\{\Delta\sigma\} = \begin{Bmatrix} \Delta\sigma_x \\ \Delta\sigma_z \\ \Delta\tau_{zx} \end{Bmatrix} = [D]\{\Delta\varepsilon\}$$

$$= \begin{bmatrix} \dfrac{E_0 E_v - \mu_{vh}^2 E_h^2}{E_0} & \dfrac{E_h E_v \mu_{vh}(1+\mu_{hh})}{E_0} & 0 \\ \dfrac{E_h E_v \mu_{vh}(1+\mu_{hh})}{E_0} & \dfrac{E_v^2(1-\mu_{hh}^2)}{E_0} & 0 \\ 0 & 0 & G_{hv} \end{bmatrix} \begin{Bmatrix} \Delta\varepsilon_x \\ \Delta\varepsilon_z \\ \Delta\gamma_{zx} \end{Bmatrix} \tag{1-92}$$

式中 E_v ——竖直方向（z）弹性模量；

E_h ——水平方向（x，y）弹性模量；

μ_{vh} ——竖直向应变引起水平向应变的泊松比（竖直面内的泊松比）；

μ_{hh} ——水平面内的泊松比；

G_{hv} ——竖向平面内的剪切模量。

各向同性弹性材料的应力增量可表示为：

$$\{\Delta\sigma\} = \begin{Bmatrix} \Delta\sigma_x \\ \Delta\sigma_z \\ \Delta\tau_{zx} \end{Bmatrix} = [D]\{\Delta\varepsilon\}$$

$$= \frac{E(1-\mu)}{(1+\mu)(1-2\mu)} \begin{bmatrix} 1 & \dfrac{\mu}{1-\mu} & 0 \\ \dfrac{\mu}{1-\mu} & 1 & 0 \\ 0 & 0 & \dfrac{1-2\mu}{2(1-\mu)} \end{bmatrix} \begin{Bmatrix} \Delta\varepsilon_x \\ \Delta\varepsilon_z \\ \Delta\gamma_{zx} \end{Bmatrix} \tag{1-93}$$

2）非线性弹性模型

采用邓肯-张模型的假设，并认为应力—应变关系可用双曲线关系近似描述，则在主应力 σ_3 保持不变时为：

$$\sigma_1 - \sigma_3 = \frac{\varepsilon_1}{a + b\varepsilon_1} \tag{1-94}$$

轴向应变 ε_1 和侧向应变 ε_3 之间假设也存在双曲线关系，即有：

$$\varepsilon_1 = \frac{\varepsilon_3}{f + d\varepsilon_3} \tag{1-95}$$

式中　a、b、f、d——均为由试验确定的参数。

在不同应力状态下，弹性模量的表达式为：

$$E_i = \left[1 - \frac{R_f (1 - \sin\varphi)(\sigma_1 - \sigma_3)}{2c\cos\varphi + 2\sigma_3 \sin\varphi} \right]^2 K \cdot p_0 \cdot \left(\frac{\sigma_3}{p_0} \right)^n \tag{1-96}$$

式中　R_f——破坏比，数值小于 1（一般在 $0.75 \sim 1.0$ 之间）；

c、φ——土的内聚力和内摩擦角；

p_0——大气压力，一般取 $100\mathrm{kPa}$；

K，n——试验确定的参数。

不同应力状态下泊松比的表达式为：

$$\mu_i = \frac{G - F \cdot \lg\left(\dfrac{\sigma_3}{p_0} \right)}{(1 - A)^2} \tag{1-97}$$

$$A = \frac{(\sigma_1 - \sigma_3)d}{Kp_0 \left(\dfrac{\sigma_3}{p_0} \right)^n \left(1 - \dfrac{R_f (1 - \sin\varphi)(\sigma_1 - \sigma_3)}{2c\cos\varphi + 2\sigma_3 \sin\varphi} \right)} \tag{1-98}$$

式中　G、F、d——由试验确定的参数。

由 E_i 和 μ_i 即可确定该应力状态下的弹性矩阵 $[D]$。

3）弹塑性模型

① 屈服准则

材料进入塑性状态的判断准则采用 Drucker-Prager 或 Mohr-Coulomb 屈服准则，其中，Drucker-Prager 屈服准则的表达式为：

$$f = \alpha \cdot I_1 + \sqrt{J_2} - k = 0 \tag{1-99}$$

式中　I_1——应力张量的第一不变量；

J_2——应力偏量的第二不变量，并有

$$\alpha = \frac{\sin\varphi}{\sqrt{3(3 + \sin^2\varphi)}}, \quad k = \frac{\sqrt{3}c\cos\varphi}{\sqrt{3 + \sin^2\varphi}} \tag{1-100}$$

Mohr-Coulomb 屈服准则的表达式为：

$$f = \frac{1}{3}I_1 \sin\varphi + \left(\cos\theta - \frac{1}{\sqrt{3}}\sin\theta\sin\varphi \right)\sqrt{J_2} - c \cdot \cos\varphi = 0 \tag{1-101}$$

式中　$\theta = \dfrac{1}{3}\sin^{-1}\left[\dfrac{3\sqrt{3}}{2} \dfrac{J_3}{J_2^{\frac{3}{2}}} \right]$，$-\dfrac{\pi}{6} \leqslant \theta \leqslant \dfrac{\pi}{6}$。

② 弹塑性矩阵

材料进入塑性状态后，其弹塑性应力—应变关系的增量表达式为：

49

$$\{\mathrm{d}\sigma\} = \left[[D] - \frac{[D]\left\{\dfrac{\partial g}{\partial \sigma}\right\}\left\{\dfrac{\partial f}{\partial \sigma}\right\}^{\mathrm{T}}[D]}{A + \left\{\dfrac{\partial f}{\partial \sigma}\right\}^{\mathrm{T}}[D]\left\{\dfrac{\partial g}{\partial \sigma}\right\}} \right] \{\mathrm{d}\varepsilon\}$$

$$= ([D] - [D_{\mathrm{p}}])\{\mathrm{d}\varepsilon\} = [D_{\mathrm{ep}}]\{\mathrm{d}\varepsilon\} \tag{1-102}$$

式中 $[D]$、$[D_{\mathrm{p}}]$、$[D_{\mathrm{ep}}]$——分别为材料的弹性矩阵、塑性矩阵和弹塑性矩阵；

A——与材料硬化有关的参数，理想弹塑性情况下，$A=0$；

f——屈服面；

g——塑性势面，采用关联流动法则时，$g=f$。

③ 弹塑性分析的计算过程

增量时步加荷过程中，部分岩土体进入塑性状态后，由材料屈服引起的过量塑性应变以初应变的形式被转移，并由整个体系中的所有单元共同负担。每一时步中，各单元与过量塑性应变相应的初应变均以等效节点力的形式起作用，并处理为再次计算时的节点附加荷载，据以进行迭代运算，直至时步最终计算时间，并满足给定的精度要求。

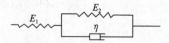

图1-33 广义 Kelvin 模型

4）黏弹性模型

三元件广义 Kelvin 模型，由弹性元件和 Kelvin 模型串联组成，如图1-33所示。

其应力应变关系式为：

$$\frac{\eta}{E_1 + E_2}\dot{\sigma} + \sigma = \frac{\eta E_1}{E_1 + E_2}\dot{\varepsilon} + \frac{E_1 E_2}{E_1 + E_2}\varepsilon \tag{1-103}$$

衬砌施作后的蠕变方程为：

$$\varepsilon(t) = \left(\frac{1}{E_1} + \frac{1}{E_2}(1 - e^{-\frac{E_2}{\eta}t}) \right)\sigma_0 = \sigma_0 J(t) \tag{1-104}$$

式中 $J(t)$——蠕变柔量；

σ_0——常量应力。

（2）梁单元

与上节荷载结构法中"单元刚度矩阵的计算"相同。

（3）杆单元

设杆单元在局部坐标系中的节点位移为 $\{\bar{\delta}\} = [\overline{u_i}, \overline{v_i}, \overline{u_j}, \overline{v_j}]^{\mathrm{T}}$，对应的节点力为 $\{\bar{f}\} = [\overline{X_i}, \overline{Y_i}, \overline{X_j}, \overline{Y_j}]^{\mathrm{T}}$，则有：

$$\{\bar{f}\} = [\bar{k}]\{\bar{\delta}\} \tag{1-105}$$

其中，$[\bar{k}]$ 为杆在局部坐标系下的单元刚度矩阵，并有

$$[\bar{k}] = \begin{bmatrix} \dfrac{EA}{l} & 0 & -\dfrac{EA}{l} & 0 \\ 0 & 0 & 0 & 0 \\ -\dfrac{EA}{l} & 0 & \dfrac{EA}{l} & 0 \\ 0 & 0 & 0 & 0 \end{bmatrix} \tag{1-106}$$

式中 l——杆的长度；

A——杆的截面积；

E——杆的弹性模量。

（4）接触面单元

接触面采用无厚度节理单元模拟，不考虑法向和切向的耦合作用时，有增量表达式：

$$\left\{\begin{array}{c}\Delta\tau_s\\\Delta\sigma_n\end{array}\right\}=\left[\begin{array}{cc}K_s & 0\\0 & K_n\end{array}\right]\left\{\begin{array}{c}\Delta u_s\\\Delta u_n\end{array}\right\}=[K^e]\left\{\begin{array}{c}\Delta u_s\\\Delta u_n\end{array}\right\} \qquad (1\text{-}107)$$

式中 K_s——接触面的切向刚度；

K_n——接触面的法向刚度。

接触面材料的应力—应变关系一般为非线性关系，并常处于塑性受力状态。当屈服条件采用莫尔—库仑屈服条件，并假定节理材料为理想弹塑性材料及采用关联流动法则时，对平面应变问题，可导出接触面单元剪切滑移的塑性矩阵为：

$$[D_p]=\frac{1}{S_0}\left[\begin{array}{cc}K_s^2 & K_s S_1\\K_s S_1 & S_1^2\end{array}\right] \qquad (1\text{-}108)$$

式中 $S_0=K_s+K_n\tan^2\varphi$, $S_1=K_n\tan\varphi$；

φ——接触面的内摩擦角。

对处于非线性状态的接触面单元，应力与相对位移间的关系式为：

$$\tau_s=K_s \cdot \Delta u_s, \quad \sigma_n=K_n v_m \frac{\Delta u_n}{v_m-\Delta u_n}(\Delta u_n < v_m)$$

式中 v_m——接触面单元的法向最大允许嵌入量。

4. 单元模式

（1）一维单元

对二节点一维线性单元，设节点位移为 $\{\delta\}=\{u_i, v_i, u_j, v_j\}$ 时，单元上任意点的位移为：

$$u=\sum N_i u_i \qquad (1\text{-}109)$$

式中 N_i——插值函数，并有：

$$N_1=\frac{1-\xi}{2}, \quad N_2=\frac{1+\xi}{2} \qquad (1\text{-}110)$$

（2）三角形单元

对三节点三角形单元，设节点坐标为 $\{x_i, y_i, x_j, y_j, x_m, y_m\}$，节点位移为 $\{\delta\}=\{u_i, v_i, u_j, v_j, u_m, v_m\}$；对应的节点力为 $\{F\}=\{X_i, Y_i, X_j, Y_j, X_m, Y_m\}$，则当取线性位移模式时，单元内任意点的位移为：

$$\binom{u}{v}=[N]\{\delta\} \qquad (1\text{-}111)$$

$$[N]=\left[\begin{array}{cccccc}N_i & 0 & N_j & 0 & N_m & 0\\0 & N_i & 0 & N_j & 0 & N_m\end{array}\right] \qquad (1\text{-}112)$$

$$\begin{cases} a_i = x_i y_m - x_m y_i \\ b_i = y_j - y_m \\ c_i = x_m - x_i \end{cases} \tag{1-113}$$

式中　$[N]$——形函数矩阵；

$$N_i = \frac{1}{2\Delta}(a_i + b_i x + c_i y);$$

Δ——单元面积。

（3）四边形单元

采用四节点等参单元，并设节点位移为 $\{\delta\} = \{u_1, v_1, u_2, v_2, u_3, v_3, u_4, v_4\}^{\mathrm{T}}$ 时，位移模式可由双线性插值函数给出，形式为：

$$u = N_1 u_1 + N_2 u_2 + N_3 u_3 + N_4 u_4$$
$$v = N_1 v_1 + N_2 v_2 + N_3 v_3 + N_4 v_4 \tag{1-114}$$

式中　N——插值函数，即：

$$\begin{cases} N_1 = \dfrac{1}{4}(1-\xi)(1-\eta) \\[2mm] N_2 = \dfrac{1}{4}(1+\xi)(1-\eta) \\[2mm] N_3 = \dfrac{1}{4}(1+\xi)(1+\eta) \\[2mm] N_4 = \dfrac{1}{4}(1-\xi)(1+\eta) \end{cases} \tag{1-115}$$

5. 施工过程的模拟

（1）一般表达式

开挖过程的模拟一般通过在开挖边界上施加、释放荷载实现。将一个相对完整的施工阶段称为施工步，并设每个施工步包含若干增量步，则与该施工步相应的开挖、释放荷载可在所包含的增量步中逐步释放，以便较真实地模拟施工过程。具体计算中，每个增量步的荷载释放量可由释放系数控制。

对各施工阶段的状态，有限元分析的表达式为：

$$[K]_i \{\Delta\delta\}_i = \{\Delta F_r\}_i + \{\Delta F_g\}_i + \{\Delta F_p\}_i, \quad (i=1,\cdots,L) \tag{1-116}$$

$$[K]_i = [K]_0 + \sum_{\lambda=1}^{i} [\Delta K]_\lambda, \quad (i \geqslant 1) \tag{1-117}$$

式中　L——施工步总数；

$[K]_i$——第 i 施工步岩土体和结构的总刚度矩阵；

$[K]_0$——岩土体和结构（施工开始前存在）的初始总刚度矩阵；

$[\Delta K]_\lambda$——施工过程中，第 λ 施工步的岩土体和结构刚度的增量或减量，用以体现岩土体单元的挖除、填筑及结构单元的施作或拆除；

$\{\Delta F_r\}_i$——第 i 施工步开挖边界上的释放荷载的等效节点力；

$\{\Delta F_g\}_i$——第 i 施工步新增自重等的等效节点力；

$\{\Delta F_p\}_i$——第 i 施工步增量荷载的等效节点力；

$\{\Delta\delta\}_i$——第 i 施工步的节点位移增量。

对每个施工步，增量加载过程的有限元分析的表达式为：

$$[K]_{ij}\{\Delta\delta\}_{ij} = \{\Delta F_r\}_i \cdot \alpha_{ij} + \{\Delta F_g\}_{ij} + \{\Delta F_p\}_{ij}, \quad (i = 1,\cdots,L; j = 1,\cdots,M)$$

(1-118)

$$[K]_{ij} = [K]_{i-1} + \sum_{\xi=1}^{j}[\Delta K]_{i\xi}$$

(1-119)

式中　M——各施工步增量加载的次数；

$[K]_{ij}$——第 i 施工步中施加第 j 荷载增量步时的刚度矩阵；

α_{ij}——与第 i 施工步第 j 荷载增量步相应的开挖边界释放荷载系数，开

挖边界荷载完全释放时有 $\sum_{j=1}^{M}\alpha_{ij} = 1$；

$\{\Delta F_g\}_{ij}$——第 i 施工步 j 增量步新增单元自重等的等效节点力；

$\{\Delta\delta\}_{ij}$——第 i 施工步第 j 增量步的节点位移增量；

$\{\Delta F_p\}_{ij}$——第 i 施工步第 j 增量步增量荷载的等效节点力。

（2）开挖工序的模拟

开挖效应可通过在开挖边界上设置释放荷载，并将其转化为等效节点力模拟，表达式为：

$$[K - \Delta K]\{\Delta\delta\} = \{\Delta P\}$$

(1-120)

式中　$[K]$——开挖前系统的刚度矩阵；

$[\Delta K]$——开挖工序中挖除部分刚度；

$\{\Delta P\}$——开挖释放荷载的等效节点力。

开挖释放荷载可采用单元应力法或 Mana 法计算。

（3）填筑工序的模拟

填筑效应包含两个部分，即整体刚度的改变和新增单元自重荷载的增加，其计算表达式为：

$$[K + \Delta K]\{\Delta\delta\} = \{\Delta F_g\}$$

(1-121)

式中　$[K]$——填筑前系统的刚度矩阵；

$[\Delta K]$——新增实体单元的刚度；

$\{\Delta F_g\}$——新增实体单元自重的等效节点荷载。

（4）结构的施作与拆除

结构施作的效应体现为整体刚度的增加及新增结构的自重对系统的影响，其计算式为：

$$[K + \Delta K]\{\Delta\delta\} = \{\Delta F_g^s\}$$

(1-122)

式中　$[K]$——结构施作前系统的刚度矩阵；

$[\Delta K]$——新增结构的刚度；

$\{\Delta F_g^s\}$——施作结构自重的等效节点荷载。

结构拆除的效应包含整体刚度的减小和支撑内力释放的影响，其中支撑内力的释放可通过施加一反向内力实现，其计算表达式为：

$$[K - \Delta K]\{\Delta\delta\} = -\{\Delta F\}$$

(1-123)

式中　$[K]$——结构施作前系统的刚度矩阵；

$[\Delta K]$——拆除结构的刚度；

$\{\Delta F\}$——拆除结构内力的等效节点力。

（5）增量荷载的施加

在施工过程中施加的外荷载，可在相应的增量步中用施加增量荷载表示，其计算式为：

$$[K]\{\Delta\delta\} = \{\Delta F\} \tag{1-124}$$

式中　　$[K]$——增量荷载施加前系统的刚度矩阵；

$\{\Delta F\}$——施加的增量荷载的等效节点力。

本章小结

1. 本章介绍地下建筑结构的基本概念以及地下建筑与地上建筑结构的本质区别，并以图形的形式展示地下建筑结构的形式，在此基础上明确不同于地上建筑结构设计的程序和主要研究内容。

2. 由于地下建筑结构赋存环境的复杂性，作用于地下建筑结构的荷载具有多样性、不确定性和随机性。本章确定了作用于地下建筑结构的荷载种类、组合形式以及荷载的确定方法。

3. 详细介绍岩土压力的计算理论和不同条件下的计算方法，特别是分层土压力、超载土压力和考虑地下水的土压力的不同计算方法。

4. 简要介绍了初始地应力、释放荷载及开挖效应、地层弹性抗力等的计算方法。

5. 阐述不同于地上建筑结构的地下建筑结构计算方法，目前我国的设计方法主要以荷载—结构模型、地层—结构模型、经验类比模型和收敛限制模型为主，详细介绍了荷载—结构模型和地层—结构模型的设计原理、计算原理以及有限元计算过程。

思考题

1-1　地下建筑荷载分为哪几类？

1-2　简述地下建筑荷载的计算原则。

1-3　土压力可分为几种形式？其大小关系如何？

1-4　静止土压力是如何确定的？

1-5　库仑理论的基本假设是什么？给出其一般土压力计算公式。

1-6　应用库仑理论如何确定黏性土中的土压力大小？

1-7　简述朗肯土压力理论的基本假设。

1-8　如何计算分层土的土压力？

1-9　不同地面超载作用下的土压力是如何计算的？

1-10　考虑地下水时的土压力如何计算？

1-11　简述初始地应力的确定以及地下建筑结构施工过程中的开挖效应。

1-12 简述弹性抗力的基本概念？其值大小与哪些因素有关？

1-13 如何确定弹性抗力？

1-14 简述温克尔假定。

1-15 简述衬砌结构拱圈自重的计算方法。

1-16 简述地下建筑结构计算理论的发展过程。

1-17 简述地下建筑结构计算方法的类型及含义。

1-18 试述荷载—结构法、地层—结构法的基本含义和主要区别。

第2章 防空地下室结构

本章知识点

> 主要内容：防空地下室结构的特点，分类，设计原则，设计步骤，荷载确定，结构内力计算，口部结构，防空地下室结构构造。
>
> 基本要求：了解防空地下室结构的特点，掌握结构选型和设计原则、步骤及计算内容，掌握口部结构特点、类型及要求，掌握防空地下室结构构造要求，掌握梁板式防空地下室结构的设计计算方法。
>
> 重 点：防空地下室结构的结构选型；梁板式防空地下室结构的计算。
>
> 难 点：计算荷载的确定和计算模型的简化。

2.1 概述

2.1.1 人防工程的类型与防空地下室结构的特点

人防工程是人民防空工程的简称，指为保障人民防空指挥、通信、掩蔽等需要而建造的防护建筑。按使用功能分为指挥工程、医疗救护工程、防空专业队工程、人员掩蔽工程和配套工程；按防御的武器划分为甲类和乙类（表 2-1）；按施工方法划分为坑道式、地道式、单建式和附建式（防空地下室），见表 2-2 及图 2-1。

按防御的武器划分的人防工程   表 2-1

工程类别	预定防御的武器
甲类	核武器、常规武器、化学武器、生物武器
乙类	常规武器、化学武器、生物武器

按施工方法划分的人防工程   表 2-2

施工方法	类　型	特　征
暗挖式	坑道式	口部地平面低于室内地平面
	地道式	口部地平面高于室内地平面
掘开式	单建式	主体的上部无永久性地上建筑
	附建式（防空地下室）	主体的上部有永久性地上建筑

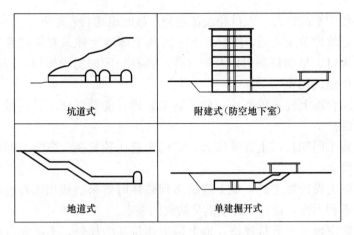

图 2-1　人防工程按构筑方式的分类

具有一定防护抗力要求并附属于各种地上建筑物的地下室，称为防空地下室，又称为附建式地下建筑（图 1-2）。当地下建筑独立修建于岩土层内，在其正上方无其他地上建筑物时，称为单建式地下建筑。其对应的结构分别称之为防空地下室结构（附建式地下建筑结构）和单建式地下建筑结构。可见，防空地下室结构是指在地上建筑的首层地面以下及岩土中建造的具有一定防护抗力要求的地下或半地下工程，采用明挖法施工，并有战时❶防空功能的人防工程结构。

防空地下室与普通地下室的区别在于，防空地下室要考虑战时规定武器的作用（如核爆炸动荷载），具有规定的设防等级，能够保障隐蔽人员的安全，而普通地下室在战时必须经过改造转换才能达到相应的防护能力。由于防空地下室结构附建于上部地上建筑的下方，作为地上建筑物的一部分，可以结合基本建设进行构筑，按照现行的《人民防空地下室设计规范》GB 50038—2005（本章以下简称"规范"）进行设计。

在我国，防空地下室是人防工程建设的重点，国家要求在新建、改建的大、中型工业交通项目和较大的民用建筑中，要按建筑面积比例同时构筑防空地下室，并在本地区人防规划和城市规划的统一安排下，将经费、材料纳入基本建设计划，按照国家基本建设程序及要求进行设计和施工。

结合基本建设修建的防空地下室与单建式人防工程相比，主要有如下特点：

（1）建设用地具有多用性，节省建设用地。

（2）载荷不同，不仅承受上部地上建筑传来的静载荷，而且在战争中受到敌人袭击时，地上建筑一旦遭到破坏，结构还将承受武器爆炸冲击波❷的动荷载，允许结构出现一定的塑性变形。

（3）增强地上建筑的抗地震能力，在地震时可作为避震室使用。

---

❶　平时、战时、临战时分别是和平时期、战争时期、临战时期的简称。

❷　冲击波是指空气冲击波的简称。武器（包括常规武器和核武器）爆炸在空气中形成的具有空气参数强间断面的纵波。

（4）便于平战结合，人员和设备容易在战时迅速转入地下。

（5）造价比单建式低，防空地下室因其上部地上建筑对战时武器爆炸冲击波、光辐射、早期核辐射以及炮（炸）弹有一定的防护作用，因此战时防护造价比单建式的要低。

（6）结合地上建筑的实施，便于施工管理，能够保证工程质量，同时也便于日常维护。

（7）施工周期长，土方量较大，结构构造比较复杂，影响上部地上建筑的施工速度。

（8）防火设计要求高，地上建筑遭到破坏时容易造成出入口的堵塞，引起火灾等不利因素，设计中必须满足防火的要求。

由于防空地下室造价经济，地上地下建筑互为加强，不单独占用城市用地，便于实现平战结合，易迅速掩蔽人员或物资，且便于提供恒温、安静、清洁的条件，当遇到下列的情况，则应优先考虑修建防空地下室：

（1）低洼地带需进行大量填土的建筑；

（2）需要做深基础的建筑；

（3）新建的高层建筑；

（4）人口密集、空地缺少的平原地区建筑。

防空地下室与普通地下室相比较，防空地下室结构有以下主要特点：

（1）承受爆炸动荷载

防空地下室应能承受常规武器爆炸动荷载或核武器爆炸动荷载作用。常规武器、核武器爆炸荷载均属于偶然性荷载，具有超压、瞬时由零增到峰值、作用时间短且不断衰减、一次性作用的脉冲荷载等特点。防空地下室的抗力级别主要用于反映防空地下室抵御空袭能力的强弱，对于核武器抗力级别按核爆炸冲击波地面超压的大小划分；对于常规武器，抗力级别按其爆炸的破坏效应划分。

（2）产生振动性运动

在爆炸动荷载作用下结构受力的基本特征是产生加速度，迫使结构由静止转为运动。这种运动有来回往复，具有振动性的特点，其振动在阻尼力的综合作用逐渐衰减。结构在冲击波作用时间内的振动为强迫振动，在冲击波消失后的振动为自由振动。核武器爆炸冲击波作用的时间以秒计，其最大的动位移发生在强迫振动阶段，而常规武器爆炸冲击波作用的时间以毫秒计，其最大的动位移一般发生在自由振动阶段。

（3）材料强度提高

防空地下室结构在爆炸动荷载作用下，结构构件所经受的是毫秒级快速变形，从受力到最大变形以毫秒计（约在 $10\sim100$ms 之间）。试验表明，在这种荷载作用下，材料强度一般可提高 $20\%\sim40\%$，即使静荷载应力已达 $65\%\sim70\%$ 屈服强度值，然后再加动荷载，此时材料强度的提高仍与单独施加瞬间动荷载时一致，不影响材料强度提高的比值，这对防空地下室结构是一个有利因素。在爆炸动荷载作用下，材料强度取材料动力强度设计值，这是防空地下室结构设计的特点。在动荷载和静荷载同时作用或动荷载单独作用下，材料强度设计值可按下列公式计算确定：

$$f_{\mathrm{d}} = \gamma_{\mathrm{d}} f \qquad (2\text{-}1)$$

式中　f_{d}——动荷载作用下材料强度设计值（N/mm²）；

　　　f——静荷载作用下材料强度设计值（N/mm²）；

　　　γ_{d}——动荷载作用下材料强度综合调整系数（1.10～1.50），可按相关规定采用。

（4）结构可靠指标降低

防空地下室结构，主要承受爆炸动荷载，而这类荷载是一种偶然性荷载，结构可按荷载效应的偶然组合进行设计或采取防护措施，保证主要承重结构不致因出现规定的偶然事件丧失承载载力。人防荷载比平时的静荷载大很多，结构承受的爆炸动荷载，是基于工程必须达到的抗力要求而确定的。按国家规定的防护级别所对应的地面空气冲击波最大超压值进行承载力计算时，只考虑一次作用，不考虑超载。在一般情况下，人防动荷载分项系数取 1.0，即能达到防空地下室必须满足的抗力。依照《建筑结构可靠度设计统一标准》GB 50068，从安全与经济两方面考虑，按偶然荷载组合验算结构的承载能力时，所采用的可靠指标值允许比基本组合有所降低。当防空地下室结构构件承受的荷载由人防荷载控制时，其承载能力极限状态的可靠指标比一般工业与民用建筑结构构件的可靠指标低。

（5）可按弹塑性工作状态设计

在爆炸动荷载作用下，结构构件的变形通常是随时间的增长至最大值，随之即出现衰减，因此可以考虑由结构构件产生的塑性变形来吸收爆炸动荷载的能量，即在爆炸动荷载作用下，允许结构构件进入弹塑性工作状态。在爆炸动荷载作用下，结构构件即使进入塑性屈服状态，只要动荷载引起的变形不超过允许的最大变形，则在这种瞬间动荷载作用消失以后，由于阻尼力的综合作用，其振动变形不断衰减，最后仍能达到某一静止平衡状态。此时，结构构件虽然出现一些残余变形，但仍具有足够的承载能力及防毒密闭能力。由于结构构件在弹塑性工作阶段比在弹性工作阶段可吸收更多的能量，因此，可充分利用材料潜力。如钢筋混凝土受弯构件，在达到屈服后还要经历很大变形才会完全坍塌。

在实际工程中，防空地下室的顶板一般都采用钢筋混凝土结构，考虑结构在弹塑性阶段的工作，能充分利用材料的潜在能力，节省钢材，具有很大的经济意义。

（6）一般情况下不必进行变形验算

由于核爆炸动荷载的作用仅在很短的时间内使结构产生变形，这种变形不会危及防空地下室的安全。而且，根据动荷载设计的结构有足够的刚度和整体稳定性，它在静载作用下不会产生过大的变形，因此对防空地下室结构不必进行结构变形的验算。在控制延性比的条件下，不再进行结构构件裂缝开展的计算，但对要求高的平战结合工程可另作处理。

考虑到核爆炸压缩波不仅作用在地下建筑结构上，还作用在地下室周围的土层中，使四周土层在一定深度范围内产生压缩变形（弹性的和塑性的），这样就使结构不均匀沉陷的可能性相对减少，而结构整体沉陷不会影响结构的使用，并且这种地基变形也是瞬时的，因此，也不必单独验算地基变形。但对于大跨度地下室采用条形基础或单独基础的情况，应另作考虑。

掌握以上特点，就可以参照民用建筑结构设计的一般方法，进行防空地下室结构设计。

2.1.2 防空地下室结构类型

目前我国常见的防空地下室结构类型主要有以下几种：

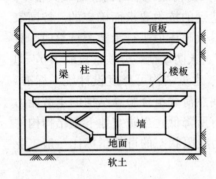

图 2-2 梁板式结构

1. 梁板式结构（图 2-2）

梁板式结构是由钢筋混凝土梁和板组成的结构类型，主要承重结构为顶盖、墙、柱及基础等。

防空地下室除个别作为指挥所、通信室外，主要在战时是作为人员掩蔽工事、地下医院、救护站、生产车间、物资仓库等，属于大量性防空工事，防护能力要求相对较低。其上部地上建筑多为民用建筑或一般的中小型工业厂房。在地下水位较低及土质较好的地区，地下室的结构形式、所用的建筑材料及施工方法等，基本上与上部地上建筑相同。在地下水位较低的地区可以采用砖外墙。当房间的开间较小时，钢筋混凝土顶板直接支承在四周承重墙上，即为无梁体系。当战时和平时需要大房间，承重墙间距较大时，为了不使顶板跨度过大，可设钢筋混凝土梁。梁可在一个方向上设置，也可在两个方向上设置，梁的跨度不能过大，必要时可在梁下设柱。钢筋混凝土梁板结构可用现浇法施工，这样整体性好，但需要模板，施工进度慢。在使用要求比较高、地下水位高、地质条件差、材料供应有保障以及采用大模板或预制构件装配施工的建筑中，可采用现浇的或预制的钢筋混凝土顶板。随着墙体的改革，建筑工业化的发展，在一些工程中已经采用"内浇外挂"❶的剪力墙结构，其内承重墙采用现浇钢筋混凝土，外墙、楼板、隔墙等也采用钢筋混凝土。

2. 板柱结构（图 2-3）

板柱结构是由现浇钢筋混凝土柱和板组成的结构形式。板柱结构的主要形式为无梁楼盖体系，如图 2-3 所示。为使防空地下室结构与上部地上建筑相适应，或满足平时使用要求，采用不设内承重墙和梁的平板顶盖，顶板采用

---

❶ "内浇外挂"，又称"一模三板"，内墙用大模板以混凝土浇筑，墙体内配钢筋网架；外墙挂预制混凝土复合墙板，配以构造柱和圈梁。

无梁楼盖的形式，即板柱结构。当地下水位较低时，其外墙可用砖砌或预制构件；当地下水位较高时，采用整体混凝土或钢筋混凝土。为使顶板受力合理，柱距一般不宜过大。基础根据地质条件，可在柱下设单独基础或筏形基础。

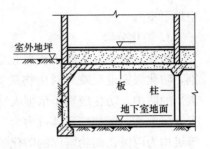

图 2-3　板柱结构

3. 箱形结构

采用箱形结构的防空地下室一般属于以下几种情况：

（1）工事的防护等级较高，结构需要考虑某些常规武器命中引起的效应；

（2）土质条件差，在地面上部是高层建筑物；

（3）地下水位高，地下室处于饱和状态的土层中，对结构的防水有较高的要求，或根据平时使用要求，需要密闭的房间（如冷藏库）等；或采用诸如沉井法、地下连续墙等特殊施工方法。

4. 其他结构

当地上建筑物是单层（如车间、食堂、商店、礼堂等）、大跨度，并且下面的地下室是平战两用的，则地下室的顶板一般采用受力性能较好的钢筋混凝土壳体（双曲扁壳或筒壳），单跨或多跨拱和折板结构等。

防空地下室结构的形式选择，应考虑的因素主要有：

（1）战时防护能力的要求；

（2）上面地上建筑的类型；

（3）工程地质及水文地质条件；

（4）平时与战时使用的要求；

（5）建筑材料及供应情况；

（6）施工条件。

2.1.3　防空地下室的分级

1. 抗力分级

防空地下室抗力等级：4级、4B级、5级、6级、6B级。

人防工程的抗力级别主要用以反映人防工程能够抵御敌人空袭能力的强弱，其性质与地上建筑的抗震烈度类似，是一种国家设防能力的体现。对于核武器，抗力级别按其爆炸冲击波地面超压的大小划分；对于常规武器，抗力级别按其爆炸的破坏效应划分，主要取决于装药量的大小。人防工程的抗力等级与其建筑类型之间有着一定的关系，但没有直接关系。即人防工程的使用功能与其抗力等级之间虽有某种联系，但它们之间并没有一一对应的关系。如人员掩蔽工程核武器抗力等级可以是5级、6级，也可以是6B级。

2. 设防的武器种类分级

（1）防常规武器：常5级、常6级（乙类防空地下室）；

（2）防核武器：核4级、核4B级、核5级、核6级、核6B级（甲类防

61

空地下室）。

3. 防化分级

防化分级是以人防工程对化学武器的不同防护标准和防护要求划分的级别，防化级别也反映了对生物武器和放射性沾染等相应武器（或杀伤破坏因素）的防护。防化级别是依据人防工程的使用功能确定的，与其抗力级别没有直接关系。例如核武器抗力为5级、6级和6B级的人员掩蔽工程，其防化等级均为丙级，而物资库的防化等级均为丁级。

现行规范包括了乙级、丙级和丁级的各防化等级的有关防护标准和防护要求。

2.2 防空地下室结构的设计原则、步骤及荷载组合

2.2.1 防空地下室结构的设计原则

防空地下室结构设计的目的是使工程结构为战时防空袭服务，设计必须满足预定的防护要求和战时使用要求，在相应战略技术要求下抵御武器的毁伤效应，给掩蔽人员提供安全的掩蔽空间。人防工程结构分析应包括强度分析、抗倾覆分析、抗震分析、抗核电磁脉冲分析、抗核辐射的防护效能分析等内容。

防空地下室结构设计必须满足两个方面：

1. 必须满足预定的抗力要求，在预定的爆炸动荷载作用下，防空地下室不能破坏，并具有足够的承载能力。

防空地下室的结构设计应根据防护要求和受力情况做到结构各个部位抗力相协调。抗力相协调是指在预定的爆炸动荷载作用下，保证结构各部位（如出入口与主体结构）都能正常工作，防止由于局部薄弱部分破坏影响主体，这是人防设计的指导原则。

2. 必须满足预定的密闭要求，在预定的爆炸动荷载作用下防空地下室必须满足防毒要求和辐射防护要求。

满足设计抗力及防毒密闭要求的前提下，为使结构构件在最终破坏前有较好的延性，应使其具有较好的变形能力。为体现抗爆概念设计思想，与抗震结构相同，人防工程钢筋混凝土结构构件应采取"强柱弱梁（弱板）"和"强剪弱弯"的设计原则。

（1）应充分利用受弯构件和大偏心受压构件的变形吸收武器爆炸动荷载作用的能量，以减轻支座截面的抗剪与柱截面抗压的负担，确保结构在屈服前不出现剪切破坏和屈服后有足够的延性，最终形成塑性破坏，而不是脆性破坏，提高结构的整体承载能力。

（2）受弯构件应双面配筋，以承受武器爆炸动荷载作用下可能的回弹和防止在大挠度情况下构件坍塌。

（3）在构造上，应特别注意在梁、板、柱的节点区应有足够的抗剪、抗

压能力和足够的钢筋锚固长度。

不论结构内力是按弹性分析或按弹塑性分析，都应将结构设计成最终为延性破坏而不是脆性破坏，这样可以提高整体结构的抗爆能力，即使作用在结构上荷载稍有增加或局部超载也不致引起结构的倒塌。

上部结构与防空地下室分析模型可简化为分离模型和共同工作模型两类：①分离模型，将上部结构与地下室分开，分别设计计算。按规范确定嵌固层作为二者分界；②共同工作模型，将上部结构与地下室作为一个整体，考虑共同作用，采用地下室水平位移的侧向嵌固（K法❶）或地下室水平位移的有限（弹簧）约束来考虑地下室外回填土对结构的约束作用。

由于上部地上建筑在战时有一定的防护作用，因此，当它满足下列条件时，对等级不高的大量性防空地下室来说，其下部的地下室可按附建式工事设计，可考虑上部地上建筑对冲击波有一定的削弱作用，即考虑它的防护作用。

（1）上部建筑层数不少于二层，其底层外墙为钢筋混凝土或砌体承重墙，且任何一面外墙墙面开孔面积不大于该墙面面积的一半。

（2）上部为单层建筑，其承重墙外墙使用的材料和开孔比例符合上述要求，且屋顶为钢筋混凝土结构。

当不满足上述条件时，或防护等级稍高，则不考虑上部地上建筑的作用，应按单建式工事设计。

2.2.2 防空地下室结构的设计步骤

防空地下室结构设计和一般民用建筑结构设计一样，一般步骤如下：确定结构类别⇨确定结构体系⇨确定荷载组合（等效静荷载、静荷载）⇨内力分析⇨确定控制内力⇨截面设计。

防空地下室结构在爆炸动荷载作用下，其动力分析均可采用等效静荷载法。等效静荷载法可以直接利用各种现成的计算图表。等效静荷载及静荷载确定之后，防空地下室结构设计所依据的原则和计算方法与静力结构是一致的，如已知荷载计算结构内力的方法，结构构件变形、转角、弯矩、剪力间的相互关系，已知内力进行承载力计算、截面配筋计算等，仅材料强度取值不同、构件构造要求不同。

2.2.3 武器爆炸荷载及荷载组合

1. 武器爆炸荷载

由于防空地下室战时荷载组合中不考虑一般活荷载，因此，在战时荷载组合中只包括动荷载和静荷载两类。静荷载指土压力、水压力、地面堆载、上部建筑传来的荷载、结构自重等荷载，对这些荷载在前面一章已作介绍。

❶ "K法"是指地基承受的侧压力与侧向位移的比值（地基系数）不随深度变化的地基反力求解法。

动荷载指战时常规武器或核武器爆炸空气冲击波和土中压缩波形成的荷载，动荷载分正压与负压。除特别注明者外，设计中考虑动荷载的作用方向与结构表面垂直。下面以核爆炸动荷载为例介绍武器爆炸动荷载的计算。

（1）核武器爆炸地面空气冲击波、土中压缩波参数

核爆炸动荷载包括核爆炸时产生的冲击波和土中压缩波❶对防空地下室结构形成的动荷载。按照规范规定，在防空地下室的结构计算中，核爆炸地面冲击波超压❷波形，可取在最大压力处按切线或按等冲量简化的无升压时间的三角形，见图 2-4。地面空气冲击波最大超压值（简称地面超压）ΔP_m，按国家现行有关规定确定。地面空气冲击波的其他主要设计参数可按表 2-3 采用。

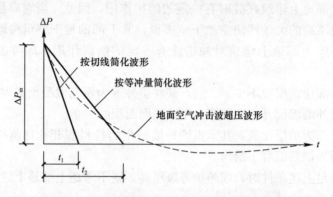

图 2-4 核武器爆炸地面空气冲击波的简化波形

ΔP_m-核武器爆炸地面空气冲击波最大超压（N/mm²）；t_1-地面空气冲击波按切线简化的
等效作用时间（s）；t_2-地面空气冲击波按等冲量简化的等效作用时间（s）

地面空气冲击波主要设计参数 表 2-3

防核武器抗力级别	按切线简化的等效作用时间 t_1(s)	按等冲量简化的等效作用时间 t_2(s)	负压值 (kN/m²)	动压值 (kN/m²)
6B	0.90	1.26	$0.300\Delta P_m$	$0.10\Delta P_m$
6	0.70	1.04	$0.200\Delta P_m$	$0.16\Delta P_m$
5	0.49	0.78	$0.110\Delta P_m$	$0.30\Delta P_m$
4B	0.31	0.52	$0.055\Delta P_m$	$0.55\Delta P_m$
4	0.17	0.38	$0.040\Delta P_m$	$0.74\Delta P_m$

核爆炸产生的冲击波对地面的冲击作用，一方面以反射波的形式传播出去，另一方面以另一种波的形式向地下传播。核爆炸冲击波的巨大压力压缩地面，使地面土体产生一定的速度和加速度，受压的上层土体压缩下层土体，使下一层土体也获得一定的速度和加速度。这种逐次传播的受压和运动过程就是压缩波的传播，在土体中传播的压缩波称为土中压缩波。在结构计算中，

❶ 土中压缩波指武器爆炸作用下，在土中传播并使其受到压缩的波。

❷ 冲击波超压是指冲击波压缩区内超过周围大气压的压力值。

土中压缩波压力波形可取简化有升压时间的平台形,见图 2-5。其最大压力及土中压缩波升压时间可按下列公式确定:

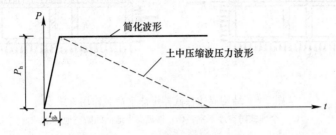

图 2-5　土中压缩波简化波形

P_h-土中压缩波最大压力（kN/m^2）；t_{0h}-土中压缩波升压时间（s）

$$P_h = \left[1 - \frac{h}{v_1 t_2}(1-\delta)\right]\Delta P_{ms} \qquad (2\text{-}2)$$

$$t_{0h} = (\gamma_c - 1)\frac{h}{v_0} \qquad (2\text{-}3)$$

$$\gamma_c = \frac{v_0}{v_1} \qquad (2\text{-}4)$$

式中　P_h——土中压缩波的最大压力（kN/m^2），当土的计算深度小于或等于 1.5m 时,可以近似取 ΔP_{ms}；

$\quad\ t_{0h}$——土中压缩波升压时间（s）；

$\quad\ h$——土的计算深度（m）,计算顶板时,取顶板的覆土厚度；计算外墙时,取防空地下室结构外墙中点至室外地面的深度；

$\quad\ v_0$——土的起始压力波速（m/s）；

$\quad\ v_1$——土的峰值压力波速（m/s）；

$\quad\ \gamma_c$——波速比,当无实测资料时取规范提供的经验值；

$\quad\ \delta$——土的应变恢复比,无实测资料时取规范提供的经验值；

$\quad\ t_2$——地面空气冲击波按等冲量简化的等效作用时间（s）；

ΔP_{ms}——空气冲击波超压计算值（kN/m^2）,当不计地上建筑物影响时,取地面超压值 ΔP_m；当考虑地上建筑物影响时,按现行规范规定取值。

（2）结构周边核武器爆炸动荷载作用方式

全埋式防空地下室结构上的核武器爆炸动荷载,可按同时均匀作用在结构各部位进行受力分析（图 2-6a）。当核 6 级和核 6B 级防空地下室顶板底面高出室外地面时,尚应验算地面空气冲击波对高出地面外墙的单向作用（图 2-6b）,图中 P_{c1} 为防空地下室结构顶板的核武器爆炸动荷载最大压力,P_{c2} 为土中结构外墙上的水平均布核武器爆炸动荷载的最大压力,P'_{c2} 为高出室外地面时直接承受空气冲击波作用的外墙最大水平均布压力,P_{c3} 结构底板上核武器爆炸动荷载最大压力,这些压力值均可参照现行规范相关公式进行计算得到。

2. 荷载组合

当荷载确定后,就可以根据规范的规定进行荷载组合。防空地下室的结

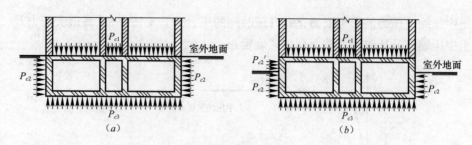

图 2-6　结构周边核武器爆炸动荷载作用方式

(a) 全埋式防空地下室；(b) 顶板高出地面的防空地下室

构设计，等效静荷载应根据防空地下室的类别（甲类或乙类）、抗力级别、是否考虑上部建筑影响等因素确定防空地下室各部位结构构件的等效静荷载。选用参考资料直接列出的等效静荷载时，应注意使用条件。

防空地下室结构要按甲、乙类防空地下室进行荷载组合，并取得各自最不利的效应组合作为设计依据。

防空地下室结构荷载效应组合主要有以下 3 类：

Ⅰ类：平时使用状态的结构设计荷载；

Ⅱ类：战时常规武器爆炸等效静荷载与静荷载同时作用；

Ⅲ类：战时核武器爆炸等效静荷载与静荷载同时作用。

据规范规定，甲类防空地下室结构应分别对Ⅰ、Ⅱ、Ⅲ类荷载效应组合进行设计，乙类防空地下室结构应分别按第Ⅰ、Ⅱ类荷载效应组合进行设计，并应取各自的最不利的效应组合作为设计依据，其中平时使用状态的荷载效应组合应按国家现行有关标准执行。由此可见，甲类防空地下室起控制作用的等效静荷载为常规武器和核武器分别作用时等效静荷载的较大值，乙类防空地下室起控制作用的等效静荷载即为常规武器爆炸动荷载作用于结构构件的等效静荷载。

2.3　防空地下室结构的计算

2.3.1　结构内力分析

在常规武器或核武器爆炸动荷载作用下，防空地下室结构动力分析可采用等效静荷载法，即将动力作用下求内力问题转化成静力作用下求内力问题。

防空地下室结构在确定等效静荷载和静荷载后，可以按一般静力计算方法进行结构内力分析，并可采用静力计算手册来计算内力。由于砌体结构是脆性材料，其内力计算仅允许采用弹性分析方法，对于超静定的钢筋混凝土结构，即按由非弹性变形产生的塑性内力重分布计算内力。

目前，爆炸动荷载按同时作用且均匀于结构各部位加以考虑，因此结构一般不产生整体位移，所以尽管爆炸动荷载产生的等效静荷载是按部位分别确定的，但在内力分析中可按单个构件分析内力，对于简单规整结构如竖井、通道等也可按结构整体来分析内力。

按单个构件分析内力时，应注意各构件的边界条件，应按接近实际支承情况处理，各构件之间支座条件应相互协调一致。

下面以梁板式结构为例介绍防空地下室结构的计算。

2.3.2 梁板式结构

梁板式结构顶盖常采用整体式钢筋混凝土梁板结构或无梁结构，此类结构主要用于人员掩蔽工事的防空地下室。由于防空地下室顶盖要承受核爆炸冲击波动载，计算荷载很大，为使设计合理和节省材料，应对顶板的跨度加以限制（例如 2～4m）。顶板的支承可以根据开间大小选择是否采用承重墙或梁，设置梁影响净空高度，并增加施工麻烦，不设梁减少了建筑高度，施工也简单，因此，最好充分利用承重墙。

1. 现浇钢筋混凝土顶板的设计计算

（1）荷载

在顶板的战时荷载组合中，应包括以下两项：

1）核爆炸等效静荷载，即核爆炸产生冲击波超压所产生的动载。动载不仅与土中压缩波的参数有关，还应考虑上部地上建筑防护作用的影响，对于居住建筑、办公楼和医院等类型地上建筑物下面的防空地下室顶板，应根据有关规定选用。

2）顶板静荷载，包括覆土、战时不拆迁的固定设备、顶板自重及其他静荷载。

（2）计算简图

在计算顶板的内力之前，应将实际的板和梁简化为结构计算的图示，即计算简图。在计算简图中应表示出：荷载的形式、位置和数量；板的跨数、跨度，板的支承条件等。

作用在顶板上的荷载，一般取为垂直均布荷载。

整体式梁板结构，根据板的长边与短边的比值可分为单向板梁板结构和双向板梁板结构。当板的长边 l_2 与短边 l_1 之比大于 2 时，板在受荷后主要沿一个方向弯曲，即沿板的短边方向产生弯矩，而沿长边方向的弯矩很小，可忽略不计，即为单向板梁板结构；反之，板在两个方向均产生弯矩，即为双向板梁板结构。属于多列双向板情况的顶板可简化为单跨双向板或单向连续板进行近似计算。

1）第一种简化

各跨受均布荷载的顶板，当各跨跨度相等或相近时，中间支座的截面基本不发生转动。因此，可近似地认为每块板都固定在中间支座上，而边支座是简支的。这就可以把顶板分为每一块单独的单跨双向板计算。但实际的支承是弹性固定的，因此，其计算结果有时与实际受力情况有较大的出入。

2）第二种简化

首先根据板的长边与短边的比值将作用在每块双向板上的荷载近似地分配到长边与短边两个方向上，而后再按互相垂直的两个单向连续板计算。对支承在任何支座上的钢筋混凝土整浇顶板（或次梁），其支座条件一般均按不

67

动铰考虑。当跨度相差不超出 20% 时，可近似地按等跨连续板计算。此时，在计算支座弯矩时，取相邻两跨的最大跨度计算，在计算跨中弯矩时，则取所在该跨的计算跨度。

（3）内力计算

1）单向连续板。

凡是连续板两个方向的跨度 $\frac{l_2}{l_1}>2$，及双向板的荷载已经分配而简化为单向连续板的情况，均可按下述方法计算内力。

连续板的计算有按弹性理论和按塑性理论两种方法。当防水要求较高时，整浇钢筋混凝土顶板应按弹性法计算，等跨情况可直接按《建筑结构静力计算手册》计算，不等跨情况可用弯矩分配法或其他方法；当防水要求不高时，可按塑性法计算，分等跨与不等跨两种情况介绍如下：

当属于等跨情况时，已有简化公式为：

弯矩 $$M = \beta q l^2 \tag{2-5}$$

剪力 $$Q = \alpha q l \tag{2-6}$$

式中 β——弯矩系数，按表 2-4 取值；

α——剪力系数，按表 2-5 取值；

q——作用于单向板上的均布荷载；

l——连续板计算跨度，取净跨。

弯矩系数 β 值　　　　　　　　　　表 2-4

截　　面	边跨中	第一内支座	中跨中	中间支座
β 值	$+1/11$	$-1/14$	$+1/15$	$-1/16$

剪力系数 α 值　　　　　　　　　　表 2-5

截　　面	边支座	第一内支座左边	第一内支座右边	中间支座边
α 值	0.42	0.58	0.50	0.50

当属于不等跨情况时，先按弹性法求出内力图，再将各支座负弯矩减少 30%，并相应地增加跨中正弯矩，使每跨调整后两端支座弯矩的平均值与跨中弯矩绝对值之和不小于相应的简支梁跨中弯矩。如前者小于后者时，应将支座弯矩的调整值减少（例如从 30% 减到 25% 或 20%），使不因支座负弯矩过小而造成跨中最大正弯矩的过分增加。最后，再根据调整后的支座弯矩计算剪力值。前面等跨计算公式中的内力系数，就是根据这原则给出的。

2）多列双向板。

多列双向板的计算也分弹性法和塑性法两种。按弹性法计算时，可简化为单跨双向板或将荷载分配后再按两个互相垂直的单向连续板计算；按塑性法计算时，如图 2-7 所示，任何一

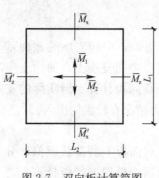

图 2-7　双向板计算简图
（塑性法计算）

块双向板的弯矩可表示为：

$$2\overline{M_1} + 2\overline{M_2} + 2\overline{M_{\mathrm{I}}} + 2\overline{M_{\mathrm{I}}'} + 2\overline{M_{\mathrm{II}}} + 2\overline{M_{\mathrm{II}}'} = \frac{ql_1^2}{12}(3l_2 - l_1) \quad (2-7)$$

式中　$\overline{M_1}$——平行于 l_1 方向板的跨中弯矩；

　　　$\overline{M_2}$——平行于 l_2 方向板的跨中弯矩；

$\overline{M_{\mathrm{I}}}$、$\overline{M_{\mathrm{I}}'}$——平行于 l_1 方向板的支座弯矩；

$\overline{M_{\mathrm{II}}}$、$\overline{M_{\mathrm{II}}'}$——平行于 l_2 方向板的支座弯矩；

　　　q——作用在该板上的均布荷载；

　　　l_1——板的短跨计算长度，取轴线距离；

　　　l_2——板的长跨计算长度，取轴线距离。

当板中有自由支座时，则该支座的弯矩应为零。为了解出双向板的跨中及支座弯矩的比例关系，可作如下处理：

① 跨中两个方向正弯矩之比 $\overline{M_2}/\overline{M_1}$ 应根据 l_2/l_1 的比值按表 2-6 确定。

正弯矩之比值　　　　　　　　　　　　　　　　表 2-6

l_2/l_1	$\overline{M_2}/\overline{M_1}$	l_2/l_1	$\overline{M_2}/\overline{M_1}$
1.0	1.0～0.8	1.6	0.5～0.3
1.1	0.9～0.7	1.7	0.45～0.25
1.2	0.8～0.6	1.8	0.4～0.2
1.3	0.7～0.5	1.9	0.35～0.2
1.4	0.6～0.4	2.0	0.3～0.15
1.5	0.55～0.35		

② 各支座与跨中弯矩之比各值，在 1.0～2.5 范围内采用；同时，对于中间区格最好采用接近的 2.5 比值。

计算多区格双向板时，可从任何一区格（最好是中间区格）开始选定弯矩比，以任一弯矩（例如 $\overline{M_1}$）来表示其他的跨中及支座弯矩，再将各弯矩代表值代入式 (2-5)，即可求得此弯矩 $\overline{M_1}$；其余弯矩则由比例求出。这样，便可转入另一相邻区格，此时，与前一区格共同的支座弯矩是已知的，第二区格其余内力可由相同方法计算；以后依此类推。

（4）截面设计

防空地下室顶板的截面，由战时动载作用的荷载组合控制，可只验算强度，但要考虑材料动力强度的提高和动荷安全系数。当按弹塑性工作阶段计算时，为防止钢筋混凝土结构的突然脆性破坏，保证结构的延性，应满足下列条件：

1）对于超静定钢筋混凝土梁、板和平面框架结构，同时发生最大弯矩和最大剪力的截面，应验算斜截面抗剪强度。

2）受拉钢筋配筋率 μ 不宜大于 1.5%；对于受弯、大偏心受压构件，当 $\mu > 1.5\%$ 时，其延性比 $[\beta]$ 值，按下式确定：

$$[\beta] \leqslant \frac{0.5}{x/h_0} \quad (2-8)$$

69

当 $[\beta] < 1.5$ 时，仍取 1.5。

3）连续梁的支座，以及框架和刚架的节点，当验算抗剪强度时，混凝土轴心抗压动力强度 R_{ad} 应乘以折减系数 0.8，且箍筋配筋率 μ 不小于 0.15%。构件跨中受拉钢筋的 μ_1 和支座受拉钢筋的 μ_2（当两端支座配筋不等时取平均值），二者之和应满足式（2-9）：

$$\mu_1 + \mu_2 < 0.3\frac{R_{ad}}{R_{gd}} \tag{2-9}$$

式中 R_{ad}——混凝土轴心抗压动力强度；

R_{gd}——钢筋抗拉动力强度。

钢筋布置时应注意，双向板的受力钢筋是纵横布置的，跨中顺短边方向的应放在顺长边方向的下面，计算时取其各自的截面有效高度，配筋时，可根据弯矩分布将双向板在两个方向上分为三个板带；中间板带按最大正弯矩配筋，两边板带适当减少，但当中间板带配筋不多，或当板跨较小时，可不分板带。

2. 防空地下室外墙（侧墙）

（1）侧墙的战时荷载组合

1）压缩波形成的水平方向动荷，通过计算可将其转为等效静载加于考虑。对大量性防空地下室侧墙，可按表 2-7 取值。

侧墙的战时荷载组合 表 2-7

土体类别		结构材料	
		砖、混凝土（kN/m）	钢筋混凝土（kN/m）
碎石土		20~30	20
砂土		30~40	30
黏性土	硬塑	30~50	20~40
	可塑	50~80	40~70
	软塑	90	70
地下水以下土体		90~120	70~100

注：1. 取值原则，碎石土及砂土——密实颗粒组的取小值，反之取大值；黏性土——液性指数低的取小值，反之取大值；地下水以下土体——砂土取小值，黏性土取大值。
2. 在地下水位以下的侧墙未考虑砌体；
3. 砖及素混凝土侧墙按弹性工作阶段计算，钢筋混凝土侧墙按弹塑性工作阶段计算并取 $[\beta] = 2.0$；
4. 计算时按净空不大于 3.0m，开间不大于 4.2m 考虑；
5. 地下水位标高按室外地坪以下 0.5~1.0m 考虑。

2）顶板传来的动荷载与静荷载，可由前述顶板荷载计算结果根据顶板受力情况所求出的反力来确定。

3）上部地上建筑自重，与作用在顶板上的冲击波动载类似，考虑上部地上建筑自重是个比较复杂的问题。在实际工程中可能有两种情况：一是当为大量性防空地下室时，所受的冲击波超压不大，只有一部分上部地上建筑破坏并随冲击波吹走，残余的一部分重量仍作用在地下室结构上。在这种情况下，有人建议取上部地上建筑自重的一半作为荷载作用在侧墙上。二是当冲击波超压较大，上部地上建筑全部破坏并吹走。在这种情况下可不考虑作用在侧墙上的上部地上建筑重量。

4）侧墙自重，根据初步假设的墙体确定。

5）土压力及水压力，处于地下水位以上的侧墙所受的侧向土压力按下式计算：

$$e_{kt} = \sum_1^n \gamma_i h_i \tan^2\left(45° - \frac{\varphi}{2}\right) \tag{2-10}$$

式中　e_{kt}——侧墙上位置 k 处的土体侧压强度；

　　　γ_i——第 i 层土在天然状态下的重度；

　　　h_i——各层土体厚度；

　　　φ——位置 k 处土层的内摩擦角，工程上常因不考虑内聚力而将 φ 值提高。

处于地下水位以下的侧墙上所受的土、水侧压力，可将土、水分别计算，其中土压力仍按式（2-10）计算，但土层重度应以土体浸水重度代替，而侧向水压力按下式计算：

$$e_{ks} = \gamma_w h_w \tag{2-11}$$

式中　e_{ks}——侧墙在位置 k 处的水压力强度；

　　　h_w——k 处离开地下水位距离。

（2）计算简图

为了便于计算，常将侧墙所受的荷载及其支承条件等进行一些简化（图 2-8）。其简化的基本原则如下：

侧墙上所承受的水平方向荷载，例如水平动载、侧向土压力及水压力，那是随深度而变化的，在简化时一般取为均布荷载。有的为了简单和偏于安全起见，甚至不考虑墙顶所受的轴向压力，将受压弯作用的墙板简化为受弯构件。

砖砌外墙的高度：当为条形基础时，取顶板或圈梁下皮至室内地坪；当基础为整体式底板时，取顶板或圈梁下皮至底板上表面。

支承条件按下述不同情况考虑：

1）在混合结构中，当砖墙厚度 d 与基础宽度 d' 之比 $d/d' \leqslant 0.7$ 时，按上端简支、下端固定计算；当基础为整体式底板时，按上端和下端均为简支计算。

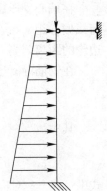

图 2-8　计算简图

2）在钢筋混凝土结构中，当顶板、墙板与底板分开计算时，将和顶板连接处的墙顶视为铰接，和底板连接处的墙底视为固定端（因为底板刚度比墙板刚度大），此时墙板成为上端铰支、下端固定的有轴压梁。当顶板厚于侧墙时，将墙顶也视为固定端，但要让墙顶与顶板边弯矩平衡。

这种将外墙和顶板、底板分开计算的方法比较简单，一般防空地下室结构常采用这样的计算简图（图 2-9a）进行计算。

此外，有将墙顶与顶板连接处视为铰接，而侧墙与底板当整体考虑

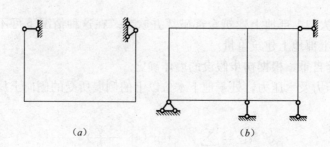

图 2-9 计算简图及基本结构

（图 2-9a）；也有外墙和顶板、底板作为整体框架的（图 2-9b）。

根据两个方向上长度比值的不同，墙板可能是单向板或双向板。当墙板按双向板计算时，在水平方向上，如外纵墙与横墙或山墙整体砌筑（砖墙）或整体浇筑（混凝土或钢筋混凝土墙），且横向为等跨，则可将横墙视作纵墙的固定支座，按单块双向板计算内力。

（3）内力计算

根据上述原则确定计算简图后则可求出其内力。对于由砖砌体及素混凝土构筑的侧墙，计算内力时按弹性工作阶段考虑；当等跨情况时，可利用《建筑结构静力计算手册》直接求出内力。

对于钢筋混凝土构筑的侧墙，按弹塑性工作阶段考虑，可将按弹性法计算出的弯矩进行调整；或直接取支座和跨中截面弹性法计算的弯矩平均值，作为按弹塑法的计算弯矩。

（4）截面设计

在偏心受压砌体的截面设计中，当考虑核爆炸动载与静荷载同时作用时，荷载偏心距 e_0 不宜大于 $0.95y$，其中 y 为截面重心至纵向力所在方面的截面边缘的距离。当 $e_0 < 0.95y$ 时，可仍由抗压强度控制进行截面选择。

在钢筋混凝土侧墙的截面设计中，一般多为双向配筋，通常 $x > 2a'_s$ 则：

$$A_s = A'_s = \frac{M_{max}}{f_{yd}(h_0 - a'_s)} \tag{2-12}$$

其中
$$M_{max} = N \cdot e' \tag{2-13}$$

$$e' = e'_0 - \frac{h}{2} + a'_s \tag{2-14}$$

式中　N——对应最大受弯截面的轴力。

当不考虑作用在墙上的轴向压力时，即按受弯构件计算时，则 M_{max} 为受弯截面的最大弯矩值。

应当注意，在防空地下室侧墙的强度与稳定性计算时，应将"战时动载作用"阶段和"平时正常使用"阶段所得出的结构截面及配筋进行比较，取其较大值。当侧墙高度不大时，由战时荷载控制；当侧墙高度较大导致水压力、土压力较大时，会出现由平时荷载控制的情况。

3. 基础

（1）条形基础

条形基础常用于地下水位较低地区的混合结构防空地下室。对于受动载较小的大量性防空地下室条形基础，可不考虑核爆炸动载作用下的荷载组合，而只按上部地上建筑平时正常使用条件下的荷载组合进行设计；对于受动载较大的条形基础以及各种单独柱基，则应考虑其动、静荷载的组合。当考虑核爆炸动载作用时，对于条形基础以及单独柱基的天然地基，应进行承载能力验算，地基的允许承载能力，可以适当提高，提高系数见表2-8。

地基允许承载能力提高系数   表2-8

地基土类型	提高系数值
卵石及密实硬塑粉质黏土	5
密实粉质黏土	4
中密实以上细砂	3
中密、可塑或软塑粉质黏土及中密以上砂土	2

（2）整体基础

与前面提到过的顶板及侧墙相对应的整体基础（图2-9），对于大量性防空地下室底板的等效静载值，应按规定及覆土层厚度进行计算。

在一般情况下，只有在高水位地区才采用整体基础，因此，上述数值也只是在地下水位以下的底板所受的等效静载。至于在什么情况下底板应考虑冲击波动载的作用，也和顶板、侧墙类似，分两种情况：

1）对于防护等级不高的大量性防空地下室，在地下水位较低的地区，只因土质差而根据上部建筑的需要设置的整体基础，其底板实际所受的动载不大，可不予考虑，仍按平时使用条件下的正常荷载设计；但位于饱和土中的底板，其所受的动反力较大，应考虑核爆炸冲击波动载作用下的荷载组合。

2）对于防护等级更高的防空地下室，其基础底板相应的冲击波动反力也更大，必须考虑核爆炸动载作用下的荷载组合。

根据上面的分析，考虑动载的底板荷载组合，应包括以下内容：

属于第一种情况，即大量性防空地下室底板的荷载组合有：

① 底板核爆炸动载，常化为等效静载；

② 上部地上建筑自重的一半，这里的自重，指防空地下室上部±0.000标高以上地上建筑的墙体和楼板传来的静载，取一半的理由与侧墙中分析一样；

③ 顶板传来的静载，包括顶板自重、覆土重、设备夹层以及在战时不拆迁的固定设备重量等；

④ 墙重，由于底板自重与底压抵消，故不应计入。

属于第二种情况，即防护等级更高的防空地下室底板的荷载组合有：

① 底板核爆炸动载，如果是条形基础或单独柱基，则为墙（柱）传来的核爆炸动载，也化为等效静载；

② 顶板传来的静载；

③ 墙重，不包括上部地上建筑自重的理由，与侧墙分析相同。

在确定了底板压力之后，应根据战时与平时两个组合情况的比较，取其中较大值作为设计的依据。

73

底板的计算简图可和顶板一样，拆开为单向或双向连续板，也可与侧墙一起构成整体框架。对于有防水要求的底板，应按弹性工作阶段计算，不考虑塑性变形引起的内力重分布。

当防空地下室考虑核爆炸冲击波瞬时动载作用时，可不验算基础的沉降和地下室的倾覆。对于整体基础下的天然地基，在核爆炸冲击波动载作用下，可不必验算其承载能力。

4. 承重内墙（柱）

（1）荷载

大量性防空地下室的承重内墙（柱）所承受的荷载包括以下几项：

1）上部地上建筑的部分自重（目前建议取其一半）不应计入。

2）顶板传来的动荷载，一般化为等效静载。

3）顶板传来的静荷载。

4）地下室内墙（柱）的自重。

除防护隔墙外，一般内墙（柱）不承受侧向水平荷载。因此，为了简化计算，常将承重内墙（柱）近似地按中心受压构件计算。在这个假定下，当顶板按弹塑工作阶段计算时，为保证墙（柱）不先于顶板破坏，在计算顶板传给墙（柱）的等效静载时，应将顶板支反力乘以 1.25 的系数。而按弹性工作阶段计算时，可直接取支反力（大偏心受压也这样取）。

确定荷载后则不难进行内力计算和截面选择。

（2）承重内墙门洞的计算

在地下室承重内墙上开设的门洞较大时，门洞附近的应力分布比较复杂，应按"孔附近的应力集中"理论计算，但在实际工程中，常采用近似方法，其计算步骤如下：

1）将墙板视为一个整体简支梁，承受均布荷载 q（图 2-10），先按式（2-15）求出门洞中心处的弯矩 M 与剪力 Q：

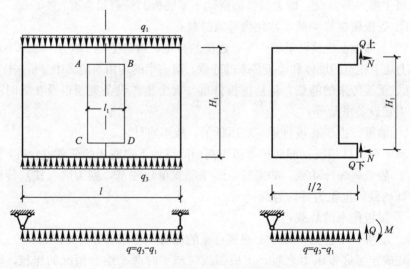

图 2-10 承重内墙门洞计算简图

$$M = \frac{ql^2}{8}, \quad Q = \frac{ql}{2} \tag{2-15}$$

再将弯矩化为作用在门洞上下横梁上的轴向力 $N = M/H_1$，剪力根据式（2-16）按上下横梁的刚度 J 进行分配：

$$Q_{\text{上}} = \frac{J_{\text{上}}}{J_{\text{上}} + J_{\text{下}}}Q, \quad Q_{\text{下}} = \frac{J_{\text{下}}}{J_{\text{上}} + J_{\text{下}}}Q \tag{2-16}$$

2）将上下横梁分别视为承受局部荷载的两端固定梁，求出上下横梁的固端弯矩分别为：

$$M_A = M_B = \frac{q_1 l_1^2}{12}, \quad M_C = M_D = \frac{q_3 l_1^2}{12} \tag{2-17}$$

3）将以上两组内力叠加：

上梁 $\qquad M_{\text{上}} = Q_{\text{上}}\frac{l_1}{2} - \frac{q_1 l_1^2}{12}, \quad N = \frac{M}{H_1}$ \hfill (2-18)

下梁 $\qquad M_{\text{下}} = Q_{\text{下}}\frac{l_1}{2} + \frac{q_3 l_1^2}{12}, \quad N = \frac{M}{H_1}$ \hfill (2-19)

4）根据上面的内力配置受力钢筋，而斜截面根据 $Q_{\text{上}}$、$Q_{\text{下}}$ 配置箍筋。

2.4 防空地下室口部结构

防空地下室的主体指防空地下室中能满足战时防护及其主要功能要求的部分，对于有防毒要求的防空地下室，主体指最里面一道密闭门以内的部分。

口部指防空地下室的主体与地表面或与其他地上建筑的连接部分。对于有防毒要求的防空地下室，口部指最里面一道密闭门以外的部分，如扩散室、密闭通道、防毒通道、洗消间（简易洗消间）、除尘室、滤毒室、竖井及防护密闭以外的通道等。按现行规范规定，防空地下室出入口由外到内的顺序应设置防护密闭门和密闭，防护密闭门应向外开启，密闭门宜向外开启。

防空地下室的口部，在战时它比较容易被摧毁，造成口部的堵塞，影响整个工事的使用和人员的安全，它是人防建筑中战时防护的关键环节、薄弱部位，对防空地下室的防护效果具直接影响。因此，设计中必须满足口部的使用及防护要求。下面仅就与结构设计有关的内容略作介绍。

2.4.1 室外出入口

室外出入口是指通道的出地面敞开段（无防护顶盖段）位于防空地下室上部地上建筑投影范围以外的出入口（如楼梯、电梯间等）。每一个独立的防空地下室（包括人员掩蔽室的每个防护单元）应设有一个室外出入口，作为战时的主要出入口，室外出入口的口部应尽量布置在地上建筑的倒塌范围以外。室外出入口也有阶梯式与竖井式两种形式。

1. 阶梯式

当把室外出入口作为战时主要出入口时，为了人员进出方便，一般采用阶梯式。设于室外阶梯式出入口的伪装遮雨篷，应采用轻型结构，使它在冲击波作用下能被吹走，以避免堵塞出入口，不宜修建高出地面的口部其他建筑物。由于室外出入口比室内出入口所受荷载更大一些，室外阶梯式出入口的临空墙，一般采用钢筋混凝土结构；其中除按内力配置受力钢筋外，在受压区还应配置构造钢筋，构造钢筋不应少于受力钢筋的 1/3~2/3。

室外阶梯式出入口的敞开段（无顶盖段）侧墙，其内、外侧均不考虑受动载的作用，按一般挡土墙进行设计。

当室外出入口没有条件设在地上建筑物倒塌范围以外，而又不能和其他地下室连通时也可考虑在室外出入口口部设置坚固棚架的方案。

2. 竖井式

室外的安全出入口一般采用竖井式的，也应尽量布置在地上建筑物的倒塌范围以外。竖井计算时，无论有无盖板，一般只考虑由土中压缩波产生的法向均布荷载，不考虑其内部压力的作用。试验表明：作用在竖井式室外出入口处临空墙上的冲击波等效静载，要比阶梯式的小一些，但又比室内的大一些。在第一道门以外的通道结构既受压缩波外压又受冲击波内压，情况比较复杂，根据相关文献该通道结构一般只考虑压缩波的外压，不考虑冲击波内压的作用。

当竖井式室外出入口不能设在地上建筑物倒塌范围以外时，也可考虑设在建筑物外墙一侧，其高度可在建筑物底层的顶板水平上。

2.4.2　室内出入口

室内出入口是指通道的出地面敞开段（无防护顶盖段）位于上部建筑投影范围以内的出入口，如楼梯、电梯间等。为使地下室与地上建筑联系，特别是为平战结合创造条件，每个独立的防空地下室至少要有一个室内出入口。室内出入口有阶梯式与竖井式两种。作为人员出入的主要出入口，多采用阶梯式的，它的位置往往设在上层建筑楼梯间的附近。竖井式的出入口，主要的用作战时安全出入口，平时可供运送物品之用。

1. 阶梯式

设在楼梯间附近的阶梯式出入口，以平时使用为主，在战时（或地震时）倒塌堵塞的可能性很大，因此，它很难作为战时的主要出入口。位于防护门（或防护密闭门）以外通道内的防空地下室外墙称为"临空墙"。临空墙的外侧没有土层，它的厚度应满足防早期核辐射的要求，同时它是直接受冲击波作用的，所受的动荷载要比一般外墙大得多。因此，在平面设计时，首先要尽量减少临空墙，其次，在可能的条件下，要设法改善临空墙的受力条件。例如在临空墙的外侧填土，使它变为非临空墙，或在其内侧布置小房间（如通风机室、洗涤间等），以减小临空墙的计算长度。还有的设计，为了满足平时利用需要大房间的要求，暂时不修筑其中的隔墙，只根据设计做出留槎，临战前再行补修。这种临空墙所承受的水平方向荷载较大可能要采用混凝土或钢筋混凝土结构，其内力计算与侧墙类似。为了节省材料，这种钢筋混凝土临空墙可按弹塑性工作阶段计算。

防空地下室的室内阶梯式出入口，除临空墙外其他与防空地下室无关的墙、楼梯板、休息平台板等，一般均不考虑核爆炸动载，可按平时使用的地上建筑进行设计。当进风口设在室内出入口处时，可将按出入口附近的楼梯间适当加强，避免堵塞过死，难以清理。

为了避免建筑物倒塌堵塞出入口，也可设置坚固棚架。

2. 竖井式

当在市区建筑物密集，场地有限，难以做到把室外安全出入口设在倒塌范围以外，而又没有条件与人防支干道连通，或几个工事连通合用适当安全出入口的情况下，可考虑室内竖井式安全出入口。

2.4.3 通风采光洞

为了贯彻平战结合的原则，给平时使用所需自然通风和天然采光创造条件可在地下室砌墙开设通风采光洞，但必须在设计上采取必要的措施保证地下室防核爆炸冲击波和早期核辐射的能力。现根据已有经验，介绍如下：

1. 设计的一般原则

（1）防护等级较高时结构承受荷载较大，窗洞的加强措施比较复杂。因而，仅大量性防空地下室才开设通风采光洞。等级稍高的防空地下室不宜开设通风采光洞，而以采用机械通风为好。

（2）洞口过多、过大将给防护处理增加困难，因此，防空地下室外墙开设的洞口宽度，不应大于地下室开间尺寸的 1/3，且不应大于 1.0m。

（3）临战前必须用黏性土将通风采光井填土。因为黏性土密实可靠，能满足防早期核辐射的要求。

（4）在通风采光洞上，应设防护挡板一道。考虑上述回填条件，可以认为挡板及窗井内墙身的荷载与侧墙的荷载相同，挡板的计算与防护门基本一致。

（5）洞口的周边应采用钢筋混凝土柱和梁予以加强，使侧墙的承载力不因开洞而降低。柱和梁的计算，可按两端铰支的受弯构件考虑。

（6）凡是开设通风采光洞的侧墙，在洞口上缘的圈梁应按过梁进行验算。

2. 洞口的构造措施

（1）对砌体外墙，在洞口周边应设置钢筋混凝土柱（梁）。柱上端主筋应伸入顶板，当采用条形基础时，柱下端应嵌入室内地面以下 500mm（图 2-11a）。当采用钢筋混凝土整体基础时，应将柱主筋伸入底板。梁纵筋应锚入柱内。柱（梁）断面尺寸（$b \times h$）不应小于 240mm×墙厚，其纵筋均应满足锚固长度要求。

（2）对砖砌外墙，应在洞口周边应设置钢筋混凝土柱（梁），柱上、下两端主筋应分别伸入顶板与底板，梁纵筋应锚固长度要求（图 2-12b），且应在洞口四角各设置 2 根直径为 12mm 的斜向构造钢筋，其长度不小于 800mm（图 2-12b）。

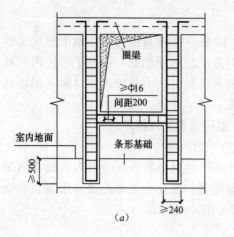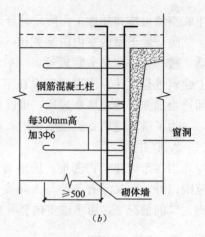

图 2-11　通风采光洞口构造示意图（砌体外墙）

（a）砌体外墙洞口加强；（b）砌体外墙洞口两侧拉结钢筋

（3）对钢筋混凝土外墙，在洞口周边应设置钢筋混凝土柱（梁），柱上、下端主筋应分别伸入顶板与底板，梁纵筋应锚入柱内。柱（梁）断面尺寸（$b×h$）不应小于 250mm×墙厚，其纵筋均应满足锚固长度要求（图 2-12a），且应在洞口四角各设置 2 根直径为 12mm 的斜向构造钢筋，其长度不小于 800mm（图 2-12b）。

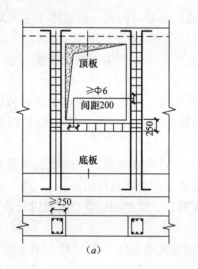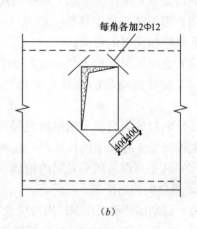

图 2-12　通风采光洞口的构造示意图（钢筋混凝土外墙）

（a）钢筋混凝土墙洞口加强；（b）钢筋混凝土墙洞口四角加筋

洞口周边加强钢筋配置的依据条件是：

（1）防空地下室侧墙的等效静载应按规定选取；

（2）通风采光井内回填土按黏土考虑；

（3）洞口宽度取 1.0m；

（4）钢筋混凝土柱的计算高度取 2.6m；

（5）钢筋混凝土梁与柱均按两端铰支的受弯构件计算。

2.5　防空地下室结构构造

为了适应现代战争中防核武器、化学武器、生物武器的要求，防空地下室结构构造设计不仅要根据强度和稳定性的要求确定其断面尺寸与配筋方案，对结构进行防光辐射和早期核辐射的验算，对其延性比加以限制不致使结构的变形过大，同时要保证整体工事具有足够的密闭性和整体性。此外，由于根据它处于土层介质中的工作条件，其构造要求如下：

1. 建筑材料的最低强度等级应不低于相关设计规范（如《混凝土结构设计规范》、《砌体结构设计规范》等）所规定的数值。

2. 结构的最小厚度应不低于表 2-9 的数值。

3. 保护层最小厚度：防空地下室结构受力钢筋的混凝土保护层最小厚度，应比地上建筑结构增加一些，因为地下建筑结构的外侧与土体接触，内侧的相对湿度较高。混凝土保护层的最小厚度（从钢筋的外边缘算起），可按表 2-10 的规定取值。

结构构件的最小厚度　　　　　　　　　　　　　　表 2-9

构件种类	材料各类			
	钢筋混凝土（mm）	混凝土砌块（mm）	砖砌体（mm）	料石砌体（mm）
顶板、中间楼板	200			
承重外墙	250	250	490（370）	300
承重内墙	200	250	370（240）	300
临空墙	250			
防护密闭门门框墙	300			
密闭门门框墙	250			

注：1. 表中最小厚度不包括甲类防空地下室早期核辐射对结构厚度的要求；
　　2. 表中顶板、中间楼板最小厚度系指实心截面，如为密肋板，其实心截面厚度不宜小于 100mm；如为现浇空心板，其板顶厚度不宜小于 100mm；且其折合厚度均不应小于 200mm；
　　3. 砖砌体项号内最小厚度仅适用于乙类防空地下室和核 6 级、核 6B 级甲类防空地下室；
　　4. 砖砌体包括烧结普通砖、烧结多孔砖以及非黏土砖砌体。

纵向受力钢筋的混凝土保护层厚度（mm）　　　　表 2-10

外墙外侧		外墙内侧、内墙	板	梁	柱
直接防水	设防水层				
40	30	20	20	30	30

注：基础纵向受力钢筋的混凝土保护层厚度不应小于 40mm，当基础无垫层时不应小于 70mm。

4. 变形缝的设置。

（1）在防护单元内不宜设置沉降缝、伸缩缝，以满足防护要求（特别有密闭性要求的）；

（2）上部地上建筑需设置伸缩缝、防震缝时，防空地下室可不设置；

（3）室外出入口与主体结构连接处，宜设置沉降缝；

（4）有关钢筋混凝土及混凝土结构伸缩缝的最大间距，以及沉降缝、收缩缝和防震缝的宽度等，可参考有关规范。

5. 构造钢筋的配置。

钢筋混凝土受弯构件，应在受压区配置构造钢筋，构造钢筋面积不小于受拉钢筋的最小配筋率；在连续梁支座和框架节点处，且不小于受拉主筋的1/3。

6. 拉结钢筋。

除截面内力由平时设计荷载控制，且受拉主筋配筋率小于表2-11规定的卧置于地基上的核5级、核6级、核6B级甲类防空地下室和乙类防空地下室结构底板外，双面配筋的钢筋混凝土板、墙体应设置梅花形排列的拉结钢筋，拉结钢筋长度应能拉住最外层受力钢筋（图2-13）。当拉结钢筋兼作受力箍筋时，其直径及间距应符合箍筋的计算和构造要求。

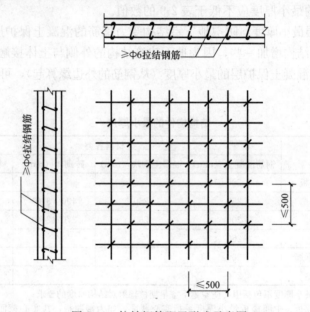

图 2-13 拉结钢筋配置形式示意图

钢筋混凝土结构构件纵向受力钢筋的最小配筋百分率（％）　　　表 2-11

分　类	混凝土强度等级		
	C25~C35	C40~C55	C60~C80
受压构件的全部纵向钢筋	0.60(0.40)	0.60(0.40)	0.70(0.40)
偏心受压及偏心受拉构件一侧的受压钢筋	0.20	0.20	0.20
受弯构件、偏心受压及偏心受拉构件一侧的受拉钢筋	0.25	0.30	0.35

注：1. 受压构件的全部纵向钢筋最小配筋百分率，当采用 HRB400 级、RRB400 级钢筋时，应按表中规定减小 0.1；

2. 当为墙体时，受压构件的全部纵向钢筋最小配筋百分率采用括号内数值；

3. 受压构件的受压钢筋以及偏心受压、小偏心受拉构件的受拉钢筋的最小配筋百分率按构件的全截面面积计算，受弯构件、大偏心受拉构件的受拉钢筋的最小配筋百分率按全截面面积扣除位于受压边或受拉较小边翼缘面积后的截面面积计算；

4. 受弯构件、偏心受压及偏心受拉构件一侧的受拉钢筋的最小配筋百分率不适用于 HPB300 级钢筋，当采用 HPB300 级钢筋时，应符合《混凝土结构设计规范》GB 50010 中有关规定；

5. 对卧置于地基上的核 5 级、核 6 级和核 6B 级甲类防空地下室结构底板，当其内力系由平时设计荷载控制时，板中受拉钢筋最小配筋率可适当降低，但不应小于 0.15%。

7. 箍筋配箍率。

连续梁及框架梁在距支座边缘 1.5 倍梁的截面高度范围内，箍筋配箍率应不低于 0.15%，箍筋间距不宜大于 $h_0/4$（h_0 为梁截面有效高度），且不宜大于主筋直径的 5 倍。对受拉钢筋搭接处，宜采用封闭箍筋，箍筋间距不应大于主筋直径的 5 倍，且不应大于 100mm.

8. 纵向受力钢筋的最小配筋率。

承受核爆动荷载的钢筋混凝土结构构件，纵向受力钢筋的配筋率最小值应符合表 2-11 的规定。

9. 叠合板的构造。

叠合板的预制部分应做成实心板，板内主筋伸出板端不应小于 130mm；预制板上表面应做成凸凹不小于 4mm 的人工粗糙面；叠合板的现浇部分厚度宜大于预制部分厚度；位于中间墙两侧的两块预制板间，应留不小于 150mm 的空隙，空隙中应加 1 根直径 12mm 的通长钢筋，并与每块板内伸出的主筋相焊不少于 3 点；叠合板不得用于核 4B 级及核 4 级防空地下室。

10. 圈梁的设置。

对于混合结构来说，可按以下两种情况设置圈梁：

（1）当防空地下室的顶盖采用叠合板、装配整体式平板或拱形结构时，应沿着内墙与外墙的顶部设置圈梁一道。圈梁的高度不小于 180mm，宽度与墙的厚度相同，在圈梁内上下各配 3 根直径为 12mm 的钢筋，箍筋直径不小于 6mm，间距不大于 300mm；圈梁应设置在同一个水平面上，并且要相互连通，不得断开；如圈梁兼作过梁时，应另行验算。顶板与圈梁的连接处（图 2-14），应设置直径为 8mm 的锚固钢筋，间距不应大于 200mm，并伸入圈梁内的锚固长度不应小于 240mm，伸入顶板内的锚固长度不应小于 $l_0/6$（l_0 为板的净跨）。

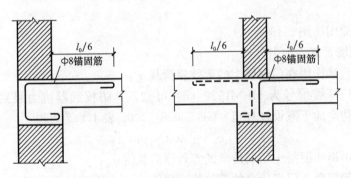

图 2-14　顶板与砖墙圈梁锚固钢筋

（2）当防空地下室顶盖采用现浇钢筋混凝土结构时，除沿外墙顶部的同一水平面上按上述要求设置圈梁外，还可在内隔墙上间隔设置圈梁，但是其间距不宜大于 12m，配筋与上一种情况的要求相同。

11. 构件相接处的锚固。

在防空地下室的砖墙转角处及交接处，当未设构造柱时，应沿墙高每隔 500mm 配置 2φ6 拉结钢筋，且每边深入墙内不宜小于 1m。

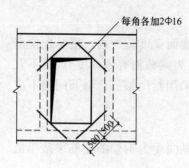

每角各加2Φ16

500×500

图 2-15 门洞四角加强钢筋

12. 平板防护密闭门门框墙的构造应符合下列要求：

（1）门框墙厚度不应小于 300mm；

（2）门框墙的受力钢筋直径不应小于 12mm，间距不宜大于 250mm，配筋率不宜小于 0.25%；

（3）门洞四角的内外侧，应配两根直径 16mm 的斜向钢筋，其长度不应小于 1m，如图 2-15 所示。

13. 临战加固。

采用平战兼顾设计的防空地下室，经临战加固后，必须满足预定的各项防护要求。采用临战加固的防空地下室，应进行一次性的平战兼顾设计。被加固的构件在设计中应满足临战加固前、后两种不同受力状态的各项要求，并在设计图纸中说明加固部位、方法及具体实施要求。临战加固措施应按不便用机械、不需要熟练工人能在规定时间内完成来设计。临战加固不宜采用现浇混凝土。对所需的预制构件应在修建时一次做好，并做好标志，就近存放。

2.6 门框墙计算实例

现有固定电站处一 HFM1520（6）门框墙，其位于车道出入口，室外出入口至防护密闭门的距离 L 为 10m，室外直通出入口，坡度小于 30°。试计算挡墙梁的内力及配筋。

【解】

计算简图如图 2-16 所示。

1. 挡墙设梁的内力计算

（1）直接作用在门框墙上的等效静荷载 q_e：

根据门框墙编号为 HFM1520（6）可知，其防核武器抗力级别为 6 级，查《人民防空地下室设计规范》GB 50038—2005 表 4.8.7 可得：

$$q_e = 240 \text{kN/m}^2$$

（2）由钢筋混凝土门扇传来的等效静荷载值 q_{ia}：

由钢筋混凝土门扇传来的等效静荷载值 q_{ia} 可由下式计算确定：

$$q_{ia} = \gamma_a q_e a$$

式中　q_{ia}——沿上下门框单位长度作用力的标准值（kN/m）；

　　　a——单个门扇的宽度（m）；

　　　γ_a——沿上下门框的反力系数。

又 $a/b = \dfrac{1500}{2000} = 0.75$，据 a/b 的值，查《人民防空地下室设计规范》GB 50038—2005 表 4.7.5-2 可得，沿上下门框的反力系数为 $\gamma_a = 0.36$，则：

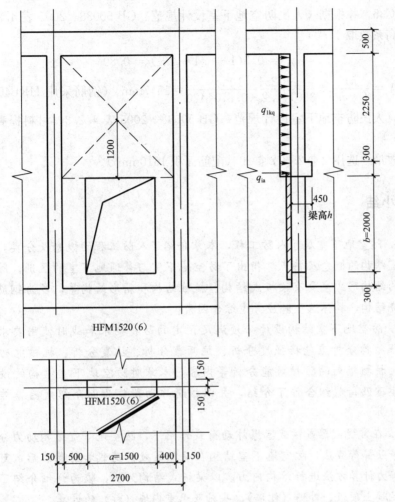

图 2-16　HFM1520（6）门框墙计算简图

（注：虚线表示此区格按照双向板计算，四边支承分别承担的受荷面积）

$$q_{ia} = 0.36 \times 240 \times 1.7 = 147 \text{kN/m}^2$$

（3）临空墙的等效荷载值 $q_{l\text{kq}}$：

查规范表 4.8.8，临空墙等效静荷载标准值取 $q_{l\text{kq}} = 160 \text{kN/m}^2$，按三角形荷载传至上挡梁上（双向板受力）。

三角形荷载峰值点 $q = 1.2 \times 160 = 192 \text{kN/m}^2$（1/2 的板宽 $= 0.5 \times 2.4 = 1.2 \text{m}$）

梁水平计算跨度 $L_n = 2700 \text{mm}$，弯矩设计值 $M = \dfrac{1}{8} q_{ia} L_n^2 + \dfrac{1}{12} q L_n^2 = 251 \text{kN} \cdot \text{m}$

2. 截面设计

梁的有效高度 $h_0 = 450 - 30 = 420 \text{mm}$（按照墙板保护层 15mm，故 a_s 应取为 30mm） $a_s = \dfrac{M}{a_1 f_c b h_0^2} = \dfrac{251 \times 10^6}{(1.0 \times 1.5 \times 16.7 \times 300 \times 420^2)} = 0.189$（混凝土

等级 C35，并根据《人民防空地下室设计规范》GB 50038—2005 表 4.2.3 材料提高系数取 1.50)

$$\gamma_s = 0.5(1 + \sqrt{1 - 2a_s}) = 0.894$$

$A_s = \dfrac{M}{f_y \gamma_s h_0} = \dfrac{251 \times 10^6}{360 \times 1.2 \times 0.87 \times 420} = 1547\text{mm}^2$（钢筋采用 HRB400 级，根据《人民防空地下室设计规范》GB 50038—2005 表 4.2.3，材料提高系数 1.20)

故最终选用 $2 \Phi 25 + 2 \Phi 20$（配筋面积 1610mm^2）。

本章小结

1. 防空地下室属于人防工程，本章介绍了人防工程的概念及分类，防空地下室结构的概念及特点，指出了防空地下室与普通地下室的区别。防空地下室的结构形式主要有梁板式结构、板柱结构和箱形结构等，多为钢筋混凝土现浇结构，具体选型时应考虑综合因素。

2. 防空地下室结构设计必须满足预定的防护要求和战时使用要求，人防工程结构分析应包括强度分析、抗倾覆分析、抗震分析、抗核电磁脉冲分析、抗核辐射的防护效能分析等内容。本章对防空地下室结构的设计原则、步骤及荷载组合作了介绍，并以核爆炸动荷载为例介绍武器爆炸动荷载的计算。

3. 在常规武器或核武器爆炸动荷载作用下，防空地下室结构动力分析可采用等效静荷载法，防空地下室结构在确定等效静荷载和静荷载后，可以按一般静力计算方法进行结构内力。以梁板式结构为例，较为详细介绍了现浇钢筋混凝土顶板、外墙（侧墙）、基础及承重内墙（柱）的计算。

4. 口部是薄弱部位，在战时易被摧毁，是防护设计的关键环节。本章简要介绍了室外和内出入口以及通风采光洞的相关结构。

5. 结构构造设计应满足强度和稳定性的要求，也要防光辐射和防早期核辐射，对其延性比应加以限制，同时要保证整体工事具有足够的密闭性和整体性。本章对防空地下室结构构造的要求作了一定的介绍。

6. 以 HFM1520（6）门框墙计算为实例，介绍了挡墙设梁的等效静荷载确定、内力计算及截面设计，并给出了计算简图。

思考题

2-1 简述人防工程的概念及分类。

2-2 防空地下室与单建式人防工程、普通地下室相比具有哪些特点？

2-3 简述防空地下室的结构类型。

2-4 防空地下室与主楼间的基础连接处如何处理？

2-5 如何考虑主楼的基础荷载对防空地下室结构受力的影响？

2-6 简述防空地下室的荷载组合。

2-7 简述防空地下室结构设计要点。

2-8 简述对防空地下室出入口的设置要求。

2-9 简述通风采光洞设计的一般原则。

2-10 简述防空地下室的构造要求。

第3章
矩形闭合框架

本章知识点

主要内容：矩形闭合框架结构特点及类型，矩形框架结构荷载确定和内力计算，弹性地基上矩形闭合框架设计计算，矩形闭合框架构造。

基本要求：了解矩形闭合框架结构的形式、构造特点，掌握矩形框架结构的分析与设计方法。

重　　点：矩形框架结构中不同结构形成的荷载确定及简化；结构内力的计算和结构设计中的构造要求；多层多跨结构的设计与运用。

难　　点：内力计算中涉及框架结构的计算，荷载的确定和计算模型的选择需要扎实的弹性力学、材料力学和结构力学基础，对只有简单工程力学基础的学生难度较大；力学计算之后的配筋设计需要具有钢筋混凝土结构、土力学以及钢结构的基本知识。

3.1　概述

　　一般浅埋结构用于人防工程的通道部分，应用最为广泛的有浅埋的地铁车站、地铁通道、地下工厂、地下医院、地下指挥所等。这些浅埋式的建筑工程一般采用明挖法施工。浅埋式结构的形式很多，大体可以归纳为直墙拱、矩形框架和梁板式结构。其中，矩形闭合框架具有空间利用率高、挖掘断面经济且易于施工等优点，在地下建筑结构中应用较为广泛。本章主要介绍浅埋地下建筑结构中的矩形闭合框架。

3.1.1　矩形闭合框架结构特点

　　矩形闭合框架其顶底板为水平构件，常做成钢筋混凝土构件，整体性和防水性能好，对建筑功能的适应性强。空间利用率高，挖掘断面经济，易于施工。且结构内部空间与车辆的形状相似，可以充分利用内部空间，广泛应用于城市过街街道、车行立交通道、地铁通道、车站等。

3.1.2　矩形闭合框架结构类型

根据使用要求及荷载和跨度的要求，闭合框架可以采用单跨、双跨、多层多跨等不同的形式（图 3-1）。

（1）单跨矩形闭合框架：当跨度较小时（往往小于 6m），可以采用单跨矩形闭合结构，如地铁车站、大型人防工程的出入口通道、城市过街通道等（如图 3-1*a*）。

（2）双跨和多跨的矩形闭合框架：当结构的跨度较大，或由于使用和工艺的要求，可设计成双跨或多跨结构（如图 3-1*b*）。有时为了改善通风条件和节约材料，中间隔墙还可以开设孔洞，或者用梁、柱代替，形成梁柱体系（如图 3-1*c*、*d*）。

（3）多层多跨的矩形闭合框架：有些地下建筑（如地下发电厂、地铁车站的换乘车站），由于工艺要求或使用要求，必须做成多层多跨结构（如图 3-1*e*）。

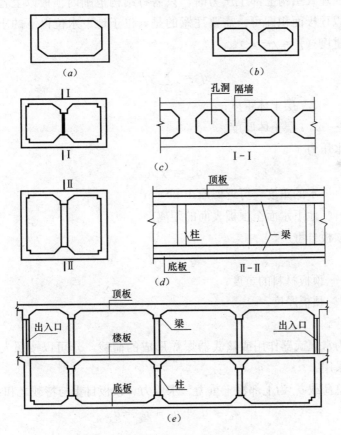

图 3-1　矩形闭合框架的典型形式

（*a*）单跨；（*b*）双跨；（*c*）隔墙开设孔洞；（*d*）梁柱体系；（*e*）多层多跨形式

3.2　矩形闭合框架设计计算

矩形闭合框架的结构计算通常包括荷载、内力计算及截面设计，必要时尚应进行抗浮计算。

3.2.1 荷载

地下建筑结构荷载分为静荷载、活荷载和特定荷载。静荷载主要是指结构的自重土压力和地下水压力；活荷载包含施工活荷载和使用期间的人群、车辆设备等荷载。特定荷载主要是指贯彻"平战结合"的方针时，考虑浅埋结构在常规武器甚至核武器作用下的冲击荷载。浅埋结构所受顶板荷载、底板荷载和侧墙荷载如下：

1. 顶板荷载

作用在顶板上的荷载有四种，即上部覆土重力、水压力、顶板自重和特载。

（1）上部覆土重力

计算浅埋式结构上部土压力时，只需将结构范围内顶板以上各层土体重量相加除以顶板面积即可。需要注意的是，位于地下水位以下的土体重度需要采用浮重度（$\gamma' = \gamma - \gamma_w$）

$$q_s = \sum_{i=1}^{n} \gamma_i h_i \tag{3-1}$$

式中　γ_i——第 i 层土体重度；

h_i——第 i 层土体厚度。

（2）水压力

$$q_w = \gamma_w h_w \tag{3-2}$$

式中　γ_w——水的重度，可近似取 $10kN/m^3$；

h_w——地下水面至顶板表面的距离。

（3）顶板自重

$$q_g = \gamma d \tag{3-3}$$

式中　γ——顶板材料的重度；

d——顶板厚度。

（4）特载 q_{ut}

特载为常规武器作用或核武器爆炸形成的荷载，q_{ut} 可以按照人防有关规范的规定采用。

顶板总荷载 q_u 为上部覆土重力、水压力、顶板自重与特载之和：

$$q_u = q_s + q_w + q_g + q_{ut} \tag{3-4}$$

即

$$q_u = \sum_{i=1}^{n} \gamma_i h_i + \gamma_w h_w + \gamma d + q_{ut} \tag{3-5}$$

2. 底板荷载

底板荷载 q_b 一般可以认为是直线分布的，底板上的荷载为结构整体自重 $\dfrac{\sum P}{L}$ 与顶板传下的荷载 q_u 之和，即

$$q_{b} = q_{u} + \frac{\sum P}{L} \qquad (3\text{-}6)$$

式中 $\sum P$ ——结构整体自重；

L ——结构横断面宽度。

3. 侧墙荷载

侧墙上的荷载包括土层侧压力、水压力和特载。

（1）土层侧压力（一般按主动土压力考虑）

$$e_{s} = \sum_{i=1}^{n} \gamma_{i} h_{i} k_{ai} \qquad (3\text{-}7)$$

式中 φ_{i} ——第 i 层土的内摩擦角，如果某一土层位于地下水位以下，重度采用有效重度；

k_{ai} ——第 i 层土的主动土压力系数。

（2）侧向水压力

$$e_{w} = \psi \gamma_{w} h \qquad (3\text{-}8)$$

式中 ψ ——折减系数，根据土体透水性而定，对于砂土 $\psi=1$，对于黏土 $\psi=0.7$；

h ——地下水位至计算点的距离。

考虑特载，三者合计，有：

$$q_{h} = \sum_{i=1}^{n} \gamma_{i} h_{i} \tan^{2}\left(45^{\circ} - \frac{\varphi_{i}}{2}\right) + \psi \gamma_{w} h + q_{ut} \qquad (3\text{-}9)$$

式中 φ_{i} ——第 i 层土的内摩擦角，如果某一土层位于地下水位以下，重度采用有效重度。

3.2.2 计算简图

矩形闭合框架计算简图如图 3-2 所示。

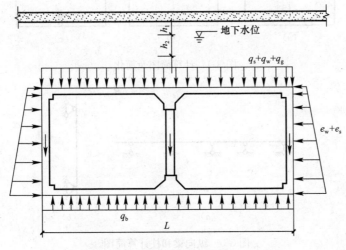

图 3-2 荷载示意图

3.2.3 框架内力计算

矩形闭合框架在静荷载作用下，可将地基视作弹性半无限平面，作为弹性地基上的框架进行分析。为了简化，本节将弹性地基上的反力作为荷载作用在闭合框架底部，按照一般平面框架计算。

1. 计算简图

浅埋地下建筑中的闭合框架，如地铁通道、过江隧道、人防通道等，通常其横向断面比纵向短得多，且沿纵向受到的荷载基本不变，如纵向长度为 L，横向宽度为 B，当 $\dfrac{L}{B} > 2$ 时，因端部边墙相距较远，对结构内力影响很小，因此不考虑结构纵向不均匀变形时，所以可以把结构受力问题视为平面应变

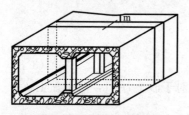

图 3-3 地铁通道简图

问题（如图 3-3）。计算时取纵向单位长度（1m）上荷载按杆件为等截面的矩形闭合框架进行计算。可以得到如图 3-4（a）所示计算简图。

一般情况下，框架的顶板、底板厚度都比内隔墙大得多，中隔墙的刚度相对较小，将中隔墙一般视为只承受轴力的二力杆，这样可以用图 3-4（b）代替图 3-4（a）。当中间为纵向梁和柱时，纵向梁可以看作框架的内部支承，柱则视为梁的支承，此时可以采用图 3-4（c）的计算简图，计算纵向梁和柱时采用图 3-5 所示的计算简图。

如果矩形闭合框架的横向宽度和纵向长度接近，就不能忽略两端部墙体影响，因而应视为空间的箱型结构。当采用近似方法对箱型结构进行计算时，顶板、底板和侧墙均可视为弹性支承板。

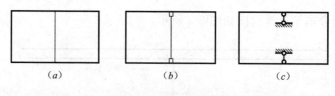

（a）　　　　　　　　　　（b）　　　　　　　　　　（c）

图 3-4 计算简图及简化

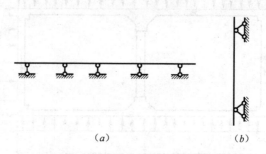

（a）　　　　　　　　　　　　　　　（b）

图 3-5 纵向梁和柱计算简图

（a）纵向梁简化简图；（b）纵向柱简化模型

2. 截面选择

上述结构为超静定结构，计算超静定结构内力时需要知道截面尺寸，采用试算法。先根据相关构造要求假定各个截面的尺寸，进行内力计算，然后验算截面是否合适。若不符合要求，重复上述过程，直至所设截面合适为止。

3. 计算方法

闭合框架计算一般采用位移法计算，当不考虑线位移的影响时，则以力矩分配法计算更为简便。可以方便地采用电子计算机辅助设计。

需要说明两点：

（1）当竖向荷载不平衡时，可以在底板的节点上加设集中力，其数值可以设成与不平衡力相等，这并不影响弯矩、剪力分布图（图3-6）。

（2）线位移的确定。一般情况下，框架有几孔就有几个独立的线位移。但是，当结构对称、荷载也对称的情况下，相应的独立的线位移数目可以减少。以图3-6为例，只有一个独立的线位移。因为浅埋式结构上荷载的值远大于其他荷载，而且，荷载值的计算是非常粗略的。

当不考虑线位移影响时，可简化计算模型以力矩分配法进行手算。而静荷载作用下地层中的闭合框架一般按弹性地基上的框架进行计算，弹性地基可按温克尔地基考虑，也可将地基视作弹性半无限平面，计算方法详见下节。

4. 设计弯矩、剪力及轴力的计算

（1）设计弯矩根据计算简图（图3-8）求解超静定结构时，直接求得的是节点处的内力（即构件轴线相交处的内力），然后利用平衡条件可以求得各杆任意截面处的内力。由图3-7看出，节点弯矩（计算弯矩）虽然比附近截面的弯矩为大，但其对应的截面高度是侧墙的高度，所以，实际不利的截面（弯矩大而截面高度又小）则是侧墙边缘处的截面，对应这个截面的弯矩称为设计弯矩。根据隔离体平衡条件，可以按下面的公式计算设计弯矩：

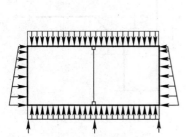

图 3-6　集中力的施加

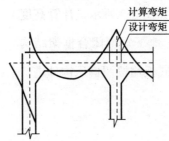

图 3-7　设计弯矩与计算弯矩

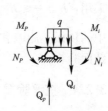

图 3-8　计算简图

$$M_i = M_P - Q_P \times \frac{b}{2} + \frac{q}{2}\left(\frac{b}{2}\right)^2 \tag{3-10}$$

式中　M_i——设计弯矩；

　　　M_P——计算弯矩；

　　　Q_P——计算剪力；

　　　b——支座宽度；

q——作用于杆件上的均布荷载。

设计中为了简便起见，式（3-10）可近似地用下式代替：

$$M_i = M_P - Q_P \times \frac{b}{2} \tag{3-11}$$

（2）设计剪力

同上面的理由一样，对于剪力，不利截面仍然处于支座边缘处，根据隔离体条件，设计剪力按下式计算：

$$Q_i = Q_P - \frac{q}{2} \times b \tag{3-12}$$

（3）设计轴力

由静荷载引起的设计轴力按下式计算：

$$N_i = N_p \tag{3-13}$$

式中　N_p——由静荷载引起的计算轴力。

由特载引起的设计轴力按下式计算：

$$N_i^t = N_p^t \times \xi \tag{3-14}$$

式中　N_p^t——由特载引起的计算轴力；

　　　ξ——折减系数，对于顶板可取 0.3，对于底板和侧墙可取 0.6。

将上面两种情形求得的设计轴力加起来即得各杆件的最后设计轴力。

5. 截面验算

地下建筑结构的截面选择和承载力计算，一般以现行钢筋混凝土结构设计规范为准。

对于特载与其他荷载组合，按照弯矩和轴力对构件承载力进行验算时，需要考虑动力荷载作用下材料强度的提高，而按剪力和扭矩对构件进行承载力验算时，则不考虑材料强度的提高。

在设有支托的框架结构中，进行构件截面承载力验算时，如图 3-9 所示，计算高度采用：$h + \frac{s}{3} \leqslant h_1$，地下矩形闭合框架结构中的顶板、侧墙和底板均按照偏压构件进行截面验算。

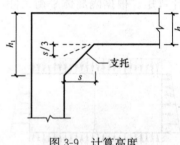

图 3-9　计算高度

3.2.4　抗浮验算

为防止结构在地下水位较高时浮起，在设计完成后需要分工况按照下式进行抗浮验算。

$$K = \frac{Q_g}{Q_f} \geqslant 1.10 \tag{3-15}$$

式中　K——抗浮安全系数；

　　　Q_g——结构自重、设备重量及上部覆土重之和，但对箱体施工完毕后工况，仅考虑结构自重；

　　　Q_f——浮力。

3.3 弹性地基上矩形闭合框架设计计算

作为平面框架的力学解法，当地下建筑结构的纵向长度与跨度比值 $L/l \geqslant$ 2 时为平面变形问题，可沿纵向取 1m 宽的单元进行计算。当结构跨度较大、地基较硬时，可将封闭框架视为底板，按地基为弹性半无限平面的框架进行计算。这种假定称为弹性地基上的框架，此种力学解法比底板按反力均匀分布计算要经济，也更能反映实际的受力状况。

3.3.1 框架与荷载对称结构

1. 单层单跨对称框架

单层单跨对称框架结构见图 3-10 (a)，其假定的弹性地基上的框架的力学解可建立图 3-10 (b) 所示的计算简图，由图看出，上部结构与底板之间视为铰接，加一个未知力 x_1，原封闭框架成为两铰框架。由变形连续条件可列出如下的力法方程：

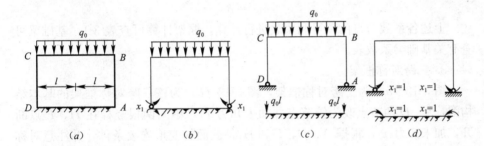

图 3-10　单跨对称框架

$$\delta_{11} x_1 = \Delta_{1p} = 0 \tag{3-16}$$

方程式 (3-16) 中的 δ_{11}、Δ_{1p} 可求出，由于是对称的荷载与框架，先求框架点 A 处的角变，再求出底板（基础梁）A 处的角变，A 两处角变的代数和即是 Δ_{1p}。

2. 双跨对称框架

图 3-11 (a) 为双跨对称框架，求该框架内力时，可建立图 3-11 (b) 的基本结构，A、D 两节点为铰节点，加未知力 x_1，中间竖杆在 F 点断开，加未知力 x_2，此杆由于对称关系仅受轴向力。根据 A、D 和 F 各截面的变形连续条件，建立如下力法方程：

$$\left. \begin{array}{l} \delta_{11} X_1 + \delta_{12} X_2 + \Delta_{1P} = 0 \\ \delta_{21} X_1 + \delta_{22} X_2 + \Delta_{2P} = 0 \end{array} \right\} \tag{3-17}$$

式 (3-17) 中的各系数及自由项可按下述方法求得：

Δ_{1p} 是框架与基础梁 A 两角变的代数和；Δ_{2P} 是框架 F 点的竖向位移与基础梁中点的竖向位移的代数和再除以 2，见图 3-11 (c)。

δ_{11} 是框架与基础梁 A 端两角变的代数和，见图 3-11 (d)；δ_{22} 是框架 F 点

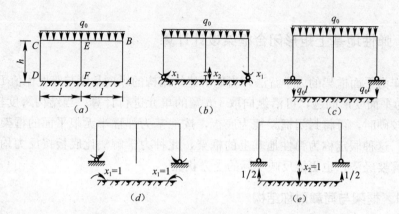

图 3-11 双跨对称框架

的竖向位移与基础梁中点的竖向位移的代数和再除以 2，见图 3-11 (e)；δ_{12} 是框架与基础梁 A 端角变的代数和，见图 3-11 (e)；δ_{21} 是框架 F 点与基础梁中点的竖向位移的代数和再除以 2。

由位移互等定理得：

$$\delta_{12} = \delta_{21}$$

上述各系数与自由项可利用表进行计算，框架计算可查表 3-1，基础梁可查有关基础梁系数表。

3. 三跨对称框架

图 3-12 (a) 为三跨对称框架，图 3-12 (b) 为该三跨对称框架的基本结构图，A、D 两节点改为铰节点并加未知力 x_1，中间两根竖杆在 H、F 点断开，加未知力 x_2，根据 A、D、F 和 H 各截面的变形连续条件，并注意对称关系，有如下力法方程：

$$\left.\begin{array}{l}
\delta_{11}x_1 + \delta_{12}x_1 + \delta_{13}x_1 + \delta_{14}x_1 + \Delta_{1p} = 0 \\
\delta_{21}x_1 + \delta_{22}x_1 + \delta_{23}x_1 + \delta_{24}x_1 + \Delta_{2p} = 0 \\
\delta_{31}x_1 + \delta_{32}x_1 + \delta_{33}x_1 + \delta_{34}x_1 + \Delta_{3p} = 0 \\
\delta_{41}x_1 + \delta_{42}x_1 + \delta_{43}x_1 + \delta_{44}x_1 + \Delta_{4p} = 0
\end{array}\right\} \tag{3-18}$$

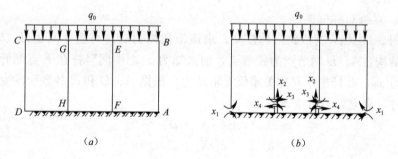

图 3-12 三跨对称框架

式 (3-18) 中各系数及自由项的意义可按下述方法求得：

Δ_{1P} 是框架与基础梁在截面 A 的相对角变；Δ_{2P} 是截面 F 的相对竖向位移；

Δ_{3P}是截面 F 的相对角变；Δ_{4P}是截面 F 的相对水平位移，见图 3-13 (a)。

δ_{11}是框架与基础梁在截面 A 的相对角变，δ_{21}是截面 F 的相对竖向位移，δ_{31}是截面 F 的相对角变，δ_{41}是截面 F 的水平位移，见图 3-13 (b)。

同上述原理相似，δ_{12} 为 A 处相对角变，δ_{22} 为 F 处相对竖向位移，δ_{32} 为 F 处的相对角变，δ_{42} 为 F 处的水平位移，见图 3-13 (c)。

δ_{13} 为 A 处的相对角变，δ_{23} 为 F 处的相对竖向位移，δ_{33} 为 F 处的相对角变，δ_{43} 为 F 处的相对水平位移，见图 3-13 (d)。

δ_{14} 为 A 处的相对角变，δ_{24} 为 F 处的相对竖向位移，δ_{34} 为 F 处的相对角变，δ_{44} 为 F 处的相对水平位移，见图 3-13 (e)。

根据位移互等定理得：

$$\delta_{12} = \delta_{21}; \quad \delta_{13} = \delta_{31}; \quad \delta_{14} = \delta_{41}$$

$$\delta_{23} = \delta_{32}; \quad \delta_{24} = \delta_{42}; \quad \delta_{43} = \delta_{34}$$

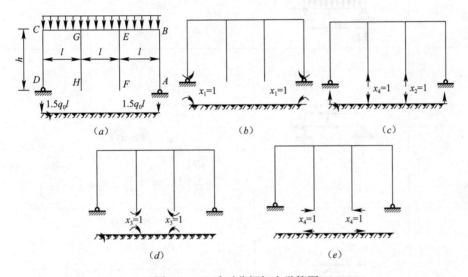

图 3-13　三跨对称框架力学简图

在地下工程中，中间竖杆的刚度往往比两侧墙的刚度小得多，因此，可假定中间竖杆不承受弯矩与剪力，其基本结构图可简化为中间竖杆上下两端为铰接的形式。

单层单跨的计算过程可为如下几个步骤：

1. 列出力法方程

将闭合框架划分为两铰框架和基础梁，根据变形连续条件列出力法方程。

2. 求解力法方程中的自由项和系数

求解两铰框架与基础梁的有关角变和位移，解基础梁与两铰框架的角变和位移可采用表进行计算，这样可简化计算过程，两铰框架的角变和位移见表 3-1。

3. 求框架的内力图

解力法方程，求两铰框架的弯矩可采用力矩分配法等，求基础梁的内力及地基反力可采用查表法进行计算。

两铰框架的角变和位移的计算公式 表 3-1

情 形	简 图	位移及角变的计算公式
(1) 对称		$\theta_A = \dfrac{M_{BA}^F + M_{BC}^F - \left(2 + \dfrac{K_2}{K_1}\right) M_{AB}^F}{6EK_1 + 4EK_2}$
(2) 反对称		$\theta_A = \left[\left(\dfrac{3K_2}{2K_1} + \dfrac{1}{2}\right)hp - M_{BC}^F + \left(\dfrac{6K_2}{K_1} + 1\right)M\right]\dfrac{1}{6EK_2}$
(3)		$\theta = \dfrac{q_0}{24EI}\left[l^3 + 6lx^2 + 4x^3\right]$ $y = \dfrac{q_0}{24EI}\left[l^3 x - 2lx^3 + x^4\right]$
(4)		荷载左段 $\theta = \dfrac{P}{EI}\left[\dfrac{b}{6l}\ (l^2 - b^2)\ - \dfrac{bx^2}{2l}\right]$ $y = \dfrac{P}{EI}\left[\dfrac{bx}{6l}\ (l^2 - b^2)\ - \dfrac{bx^3}{6l}\right]$ 荷载右段 $\theta = \dfrac{P}{EI}\left[\dfrac{(x-a)^2}{2} + \dfrac{b}{6l}\ (l^2 - b^2)\ - \dfrac{bx^2}{2l}\right]$ $y = \dfrac{P}{EI}\left[\dfrac{(x-a)^3}{6} + \dfrac{bx}{6l}\ (l^2 - b^2)\ - \dfrac{bx^3}{6l}\right]$
(5)		荷载左段 $\theta = \dfrac{m}{EI}\left[\dfrac{x^2}{2l} - a + \dfrac{l}{3} + \dfrac{a^2}{2l}\right]$ $y = \dfrac{m}{EI}\left[\dfrac{x^3}{6l} - ax + \dfrac{lx}{3} + \dfrac{a^2 x}{2l}\right]$ 荷载右段 $\theta = \dfrac{m}{EI}\left[\dfrac{x^2}{2l} - x + \dfrac{l}{3} + \dfrac{a^2}{2l}\right]$ $y = \dfrac{m}{EI}\left[\dfrac{x^3}{6l} - \dfrac{x^2}{2} + \dfrac{lx}{3} + \dfrac{a^2 x}{2l} - \dfrac{a^2}{2}\right]$
(6)		$\theta = \dfrac{m}{EI}\left[\dfrac{x^2}{2l} - x + \dfrac{l}{3}\right]$ $y = \dfrac{m}{EI}\left[\dfrac{x^3}{6l} - \dfrac{x^2}{2} + \dfrac{lx}{3}\right]$
(7)		$\theta = \dfrac{m}{EI}\left[\dfrac{l}{6} - \dfrac{x^2}{2l}\right]$ $y = \dfrac{m}{6EI}\left[lx - \dfrac{x^3}{l}\right]$
(8)		$\theta_F = \dfrac{mh}{EI}$ （下端的角变） $y_F = \dfrac{mh^2}{2EI}$ （下端的水平位移）

情　形	简　图	位移及角变的计算公式
(9)		$\theta_F = \dfrac{Ph^2}{2EI}$（下端的角变） $y_F = \dfrac{Ph^3}{3EI}$（下端的水平位移）

角变 θ 以顺时针向为正，固端弯矩 M^F 以顺时针向为正。$K = \dfrac{I}{l}$

对称情况求铰 A 处的角变 θ_A 时用情形（1）的公式

反对称情况求铰 A 处的 θ_A 时用情形（2）的公式。但应注意，M_{BA}^F 必须为云零方可，否则不能使用该公式。图中所示的 M 和 P 为正方向

说明		设欲求图 A 所示两铰框架截面 F 的角变，首先求出此框架的变矩图，然后取出杆 BC 作为简支梁，如图 B 所示。 按情形（4）～（7）算出截面 E 的角变 θ_E。 按情形（3）算出截面 F 的角变 θ_F 截面 F 的最终角变 θ_F 为： $$\theta_F = \theta_E + \theta_F$$

3.3.2　框架与荷载反对称结构

对于对称框架荷载反对称的结构，其运算步骤与前述对称情况相同。其注意之点是在基本结构中所取的未知力亦应该为反对称，在计算力法方程中的自由项和系数时，求角变和位移仍可查表进行计算。

3.3.3　算例

【例题 3-1】 单跨闭合框架算例

某地下商场入口处的单跨闭合的钢筋混凝土框架通道，置于弹性地基上，几何尺寸如图 3-14（a）所示，框架各边的厚度均为 600mm，顶板上部土层厚度为 0.25m，土层平均重度为 20kN/m³，无地下水影响。混凝土采用 C30（弹性模量 $E = 3.0 \times 10^4$ MPa，泊松比 $\nu = 0.2$，混凝土的密度取 25kN/m³），地基的变形模量 $E_0 = 80$ MPa，泊松比 $\nu_0 = 0.3$，设为平面变形问题，试计算框架内力并绘制框架的弯矩图。

【解】 由顶板上部土层厚度为 0.25m，重度为 20kN/m³，通道顶板厚度为 0.6m，无地下水，故知顶板上部荷载为：

$$q = \sum \gamma d = 20 \times 0.25 + 25 \times 0.6 = 20\text{kN/m}^2$$

又对平面变形问题，沿纵向截取单位长度 1m 的截条作为研究对象，所以

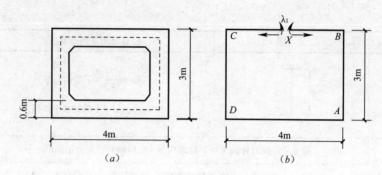

图 3-14　计算简图及基本结构

上部作用于顶板的荷载为 $20 \times 1 = 20 \text{kN/m}$。

取基本结构如图 3-14 (b)，因结构对称，故 $x_3 = 0$ 可写出典型方程为：

$$\begin{cases} x_1 \delta_{11} + x_2 \delta_{12} + \Delta_{1P} = 0 \\ x_1 \delta_{21} + x_2 \delta_{22} + \Delta_{2P} = 0 \end{cases}$$

首先，求系数 δ_{ij} 与自由项 Δ_{ip}，因框架为等截面直杆，按照图 3-15 以图乘法求得：

$$\delta'_{11} = 2 \times \frac{1}{3} \times \frac{3^2}{EI} = \frac{18}{EI}$$

$$\delta'_{12} = \delta'_{21} = 2 \times \frac{3 \times 3 \times 1}{2EI} = \frac{9}{EI}$$

$$\delta'_{22} = 2 \times \frac{(3+2) \times 1 \times 1}{EI} = \frac{10}{EI}$$

$$\Delta'_{1p} = -2 \times \frac{40 \times 3 \times 3}{2EI} = -\frac{360}{EI}$$

$$\Delta'_{2p} = 2 \times \left(-\frac{40}{3} \times 2 \times 1 - 40 \times 3 \times 1 \right) \frac{1}{EI} = -293.33 \frac{1}{EI}$$

再求 b_{ij} 和 b_{iq}。

为此，首先计算出弹性地基梁的柔度指标 t：

$$t \cong 10 \frac{E_0(1-\nu^2)}{E(1-\nu_0^2)} \left(\frac{l}{h} \right)^3 = 10 \times \frac{80(1-0.2^2)}{3.0 \times 10^4 (1-0.3^2)} \left(\frac{2.0}{0.6} \right)^3 = 1.04$$

可取 $t = 1$。

在单位力 $x_1 = 1$ 作用下，A 点产生弯矩值 $m_A = 3 \text{kN} \cdot \text{m}$（顺时针方向）。根据 $m_A = 3 \text{kN} \cdot \text{m}$，按照弹性地基梁计算，在 $\alpha = 1$，$\xi = 1$ 产生的转角 θ_A 按下式计算：

$$\theta_{A1} \bar{\theta}_{Am} \frac{ml}{EI}$$

式中　m——用作于梁上两个对称弯矩值；

　　　$\bar{\theta}_{Am}$——两对称力矩作用下，弹性地基梁的角变计算系数，可查表求得
　　　　　　（详见龙驭球. 结构力学I：基本教程. 高等教育出版社，2001）。

代入数字，则

$$\theta_{A1} = -0.952 \frac{(-3) \times 2.0}{EI} = \frac{5.712}{EI} (\text{顺时针方向})$$

在 $x_1=1$ 作用下，由于弹性地基梁的变形，使框架切口处沿 z 方向产生的相对线位移为：

$$b_{11} = 2 \times 3 \times \theta_{A1} = \frac{34.272}{EI}$$

同理，在 $x_1=1$ 作用下，使框架切口处沿 x_2 方向产生的相对角位移为：

$$b_{21} = b_{12} = 2 \times \theta_{A1} = (2 \times 5.712)\frac{1}{EI} = \frac{11.424}{EI}$$

在 $x_2=1$ 作用下，框架切口处沿 x_2 方向的相对角位移为：

$$b_{22} = 2 \times \theta_{A2} = 2 \times \frac{1.904}{EI} = 3.81\frac{1}{EI}$$

如图 3-15 所示，在外荷载作用下，弹性地基梁（底板）的变形使框架切口处沿 x_1 及 x_2 方向产生位移，计算时应分别考虑外荷载传给地基梁两端的力地基梁两端的力 R 及弯矩 M 的影响，计算由两个对称弯矩引起 A 点的角变方法同前，而计算两个对称反力 R 引起 A 点的角变值为：

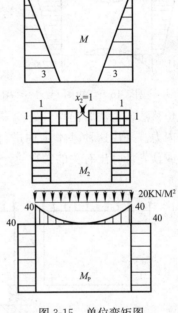

图 3-15　单位弯矩图

$$\theta_{AR} = \bar{\theta}_{AR} = \frac{Rl^2}{EI}$$

式中　R——作用于梁上两个对称集中力值，向下为正；

　　　$\bar{\theta}_{AR}$——两个对称集中力作用下，弹性地基梁的角变计算系数，可查表求得。

因为力 $R_A = \frac{ql}{2} = 40 \text{kN} \cdot \text{m}$，$A$ 点的弯矩 $m_A = 40 \text{kN} \cdot \text{m}$，所以

$$\theta_{AR} = 0.252\frac{40 \times 2.0^2}{EI} = \frac{40.4}{EI}$$

$$\theta_{Am} = -0.952\frac{40 \times 2.0^2}{EI} = -\frac{76.16}{EI}$$

由外荷载 q 引起弹性地基梁的变形，致使沿 x_1 及 x_2 方向产生的相对位移为：

$$b_{1q} = 2(\theta_{AR} + \theta_{Am}) \times 3 = 6 \times \left(\frac{40.4}{EI} - \frac{76.16}{EI}\right) = -\frac{214.56}{EI}$$

$$b_{2q} = \frac{b_{1q}}{h} = \frac{-214.56}{3EI} = -71.52\frac{1}{EI}$$

将以上求出的相应数值叠加，得系数及自由项为：

$$\delta_{11} = \delta'_{11} + b_{11} = \frac{18}{EI} + 34.272\frac{1}{EI} = 52.272\frac{1}{EI}$$

$$\delta_{21} = \delta'_{21} + b_{12} = \frac{9}{EI} + 11.424\frac{1}{EI} = 20.424\frac{1}{EI}$$

$$\delta_{22} = \delta'_{22} + b_{22} = \frac{18}{EI} + 3.81\frac{1}{EI} = 21.81\frac{1}{EI}$$

$$\Delta_{1P} = \Delta'_{1q} + b_{1q} = -\frac{360}{EI} - 214.56\frac{1}{EI} = -574.56\frac{1}{EI}$$

$$\Delta_{2P} = \Delta'_{2q} + b_{2q} = -293.34\frac{1}{EI} - 71.52\frac{1}{EI} = -364.86\frac{1}{EI}$$

代入典型方程为：

$$\begin{cases} 52.272x_1 + 20.424x_2 + 574.56 = 0 \\ 20.424x_1 + 13.810x_2 + 364.86 = 0 \end{cases}$$

解得 $\qquad x_1 = 1.58\text{kN}, \quad x_2 = 24.08\text{kN}$

已知 x_1 和 x_2，即可求出上部框架的弯矩图。底板的弯矩可根据 A 点及 AB 中点 O 点的力 R 和弯矩 m，按弹性地基梁方法算出，如图 3-16 所示。

对弹性地基上的闭合框架的内力分析，还可以采用超静定的上部刚架与底板作为基本结构。将上部刚架与底板分开计算，再按照切口处反力相等（如图 3-17b）或变形协调（如图 3-17c），用位移法或力法解出切口处的未知位移或未知力，然后计算上部刚架和底板的内力。采用这种基本结构进行分析的优点，可以利用已有的刚架计算公式，或预先计算出有关的常数使计算得到简化。

图 3-16 弯矩图

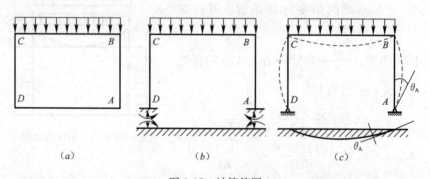

（a）　　　　　（b）　　　　　（c）

图 3-17 计算简图

【例题 3-2】 双跨对称框架算例

某地下通道工程尺寸简图见图 3-18。顶板上土层（砂土）厚度为 1.8m，地下水位正好位于顶板顶部处。通道顶板与底板厚为 500mm，混凝土采用 C30，其弹性模量 2.0×10^4MPa，土的有效内摩擦角为 $23°$，地基弹性模量 50MPa，绘出框架的弯矩图。

【解】 顶板上的荷载为：

覆土压力：$q_1 = 20 \times 1.8 = 36\text{kN/m}$

顶板自重：$q_2 = 24.6 \times 0.5 = 12.3\text{kN/m}$

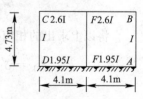

图 3-18 通道尺寸简图

故有顶板上的荷载为： $q = q_1 + q_2 = 48.3\text{MPa}$

土的侧向压力： $e'_1 = \left(\sum \gamma_i h_i\right)\tan^2\left(45° - \dfrac{\varphi}{2}\right)$

$$= 20 \times 1.8 \times \tan^2(45° - 11.5°) = 16\text{kN/m}$$

$$e'_2 = (20 \times 1.8 + 10 \times 4.73)\tan^2(45° - 11.5°) = 36.3\text{kN/m}$$

地下水侧向压力： $e''_1 = 0\text{kN/m}$

$$e''_2 = 10 \times 4.73 = 47.3\text{kN/m}$$

故有侧墙上的压力： $e_1 = e'_1 + e''_1 = 16\text{kN/m}$

$$e_2 = e'_2 + e''_2 = 36.3 + 47.3 = 83.6\text{kN/m}$$

荷载图及计算简图如下：

根据图 3-19（a）建立图 3-19（b）简图，假设 A、D 处的刚节点为铰接，将中央竖杆在底部断开，分别设未知力 x_1 和 x_2。上部结构为两铰框架，下部结构为基础梁。根据变形连续条件，列出力法方程：

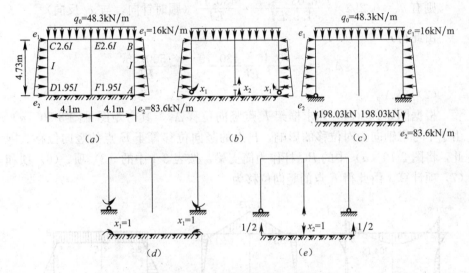

图 3-19　某地铁隧道荷载及力学简图

$$\delta_{11}x_1 + \delta_{12}x_2 + \Delta_{1p} = 0$$
$$\delta_{21}x_1 + \delta_{22}x_2 + \Delta_{2p} = 0$$

（1）求 Δ_{1p}

根据图 3-19（c）求两铰框架 A 处角变。采用力矩分配法或位移法求得：

$M^F_{BC} = 270.64\text{kN·m}$，　$M^F_{BA} = -80.24\text{kN·m}$，　$M^F_{AB} = 105.45\text{kN·m}$

查表 3-1 中的（1）项，算出两铰框架铰 A 处的角变为：

$$\theta'_A = \frac{-80.24 + 270.64 - (2 + 1.5) \times 105.45}{\dfrac{6EI}{4.73} + \dfrac{4 \times 2.6EI}{8.2}} = -\frac{70.46}{EI}$$

（逆时针方向，与 x_1 反方向）

基础梁 A 端的角变按下述方法计算：首先算出柔度指标 t，忽略 ν 和 ν_0（分别为基础梁和地基的泊松比系数）的影响，采用近似公式：

$$t = 10\frac{E_0}{E}\left(\frac{l}{h}\right)^3$$

式中 E_0、E——地基和基础梁的弹性模量；

l——基础梁的一半长度；

h——梁截面高度。

将图 3-19（a）、（d）中底板参数代入上式则有：

$$t = 10\frac{E_0}{E}\left(\frac{l}{h}\right)^3 = 10 \times \frac{5000}{200 \times 10^5} \times \left(\frac{4.1}{0.5}\right)^3 = 1.38（取 t = 1）$$

根据图 3-19（c），查两个对称集中荷载作用下基础梁的角变 θ'_A，因 $\alpha = \xi = \frac{4.1}{4.1} = 1$，故基础梁 A 端的角变为 $\theta'_A = 0.252\frac{Pl^2}{EI}$（顺时针向为正）。

（式中，系数 0.252 的取值详见龙驭球. 结构力学 I：基本教程. 高等教育出版社，2001）

则有 $\theta'_A = 0.252 \times \dfrac{198.03 \times 4.1^2}{1.95EI} = \dfrac{430.19}{EI}$（顺时针向，与 x_1 反向）

由此得：

$$\Delta_{1p} = \frac{-70.46 - 430.19}{EI} = -\frac{500.65}{EI}$$

（2）求 Δ_{2p}

根据图 3-19（c），先求框架 F 点竖向位移 Δ'_F。其弯矩图见图 3-20（a）。由于不考虑轴向力对位移的影响，F 点的竖向位移等于 E 点的竖向位移。因此，将图 3-19（a）中的 BC 杆作为简支梁，按表 3-1 中的（3）项、（6）项和（7）项计算。由此得 F 点的竖向位移为：

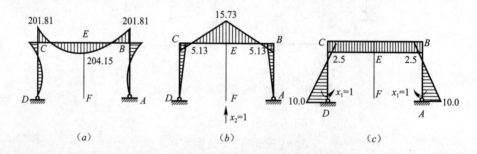

图 3-20 弯矩图（kN·m²）

（a）荷载引起的 M 图；（b）$x_2 = 1$ 引起的 M 图；（c）$x_1 = 1$ 引起的 M 图

$$\Delta'_F = \frac{5 \times 48.3 \times 8.2^4}{384(2.6EI)} - \frac{201.81 \times 8.2^2}{16(2.6EI)} \times 2 = \frac{441.23}{EI}（向下，与 x_2 反方向）$$

根据图 3-19（c）求基础梁中点竖向位移。由于 $t = 1$，$a = 1$，$\xi = 0$，查表后得：

$$\Delta''_F = (0.036 + 0.071 + 0.105 + 0.137 + 0.167 + 0.194 + 0.217 + 0.235$$

$$+ 0.247 + \frac{0.252}{2}) \cdot \frac{198.03 \times 4.1^2}{1.95EI \times (-0.41)} = -\frac{1074.37}{EI}（向上，与 x_2 反向）$$

因此得：

$$\Delta_{2p} = \frac{\Delta_F' + \Delta_F''}{2} = -\frac{-441.23 - 1074.37}{2EI} = -\frac{757.80}{EI}$$

（3）求 δ_{11}

图 3-19 （d）两铰框架铰 A 处的角变，由表 3-1 中的（1）项，因 $M_{BA}^F = M_{Bc}^F = 0$，$M_{AB}^F = -1$，故得：

$$\theta_A' = \frac{-(2+1.5) \times (-1)}{\frac{6EI}{4.73} + \frac{4 \times 2.6EI}{8.2}} = \frac{1.380}{EI}（顺时针方向，与 x_1 同方向）$$

在图 3-19 （d）中，求基础梁 A 端的角变。因 $t=1$，$a=1$，$\xi=1$，由基础梁查表得：

$$\theta_A' = -0.952 \times \frac{1 \times 4.1}{1.95EI} = \frac{-2.002}{EI}（逆时针方向，与 x_1 反方向）$$

因此得：

$$\delta_{11} = \theta_A' + \theta_A'$$
$$= \frac{1.380}{EI} + \frac{2.002}{EI} = \frac{3.382}{EI}$$

（4）求 δ_{22}

图 3-19 （e）两铰框架 F 点的竖向位移，其弯矩图见图 3-21 （b）。由表 3-1 的（4）项、（6）项及（7）项，得两铰框架 F 点的竖向位移为：

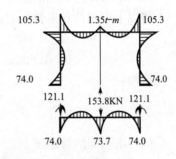

图 3-21　最终弯矩图（kN·m²）

$$\Delta_F' = \frac{-1 \times 8.2^3}{48 \times (2.6EI)} + \frac{0.513 \times 8.2^2}{16(2.6EI)} \times 2 = -\frac{2.770}{EI}（向上，与 x_2 同方向）$$

根据图 3-19 （e）基础梁中点 F 的竖向位移。因 $t=1$，$a=1$，$\xi=0$，由基础梁查表得：

$$\Delta_F'' = \left[\left(0.036 + 0.071 + 0.105 + 0.137 + 0.167 + 0.194 + 0.217 + 0.235 \right. \right.$$
$$\left. + 0.247 + \frac{0.252}{2} \right) \times \frac{-0.5 \times 4.1^2}{1.95EI} \times (-0.41) \right] + \left[-0.053 - 0.098 \right.$$
$$- 0.134 - 0.162 - 0.184 - 0.199 - 0.209 - 0.217 - \frac{0.218}{2}$$
$$\left. \times \frac{0.5 \times 4.1^2}{1.95EI} \times (-0.41) \right] = -\frac{5.505}{EI}（向上，与 x_2 同向）$$

因此得：

$$\delta_{22} = \frac{\Delta_F' + \Delta_F'}{2} = -\frac{2.770 + 5.505}{2EI} = \frac{4.138}{EI}$$

（5）求 δ_{12} 和 δ_{21}

图 3-19 （e）两铰框架铰 A 处的角变，因 $M_{AB}^F = M_{BA}^F = 0$，$M_{BC}^F = -\frac{1 \times 8.2}{8} = -1.025$，由表 3-1 的情形（1）得：

$$\theta_A' = \frac{-1.025}{\frac{6EI}{4.73} + \frac{4 \times 2.6EI}{8.2}} = -\frac{0.404}{EI}（逆时针方向，与 x_1 反方向）$$

3.3　弹性地基上矩形闭合框架设计计算

图 3-19（e）基础梁 A 端的角变，$t=1$，$a=1$，$\xi=1$ 及 $a=0$，$\xi=1$，由基础梁表得：

$$\theta'_A = 0.252 \times \frac{-0.5 \times 4.1^2}{1.95EI} + (-0.218) \times \frac{0.5 \times 4.1^2}{1.95EI}$$

$$= \frac{-2.026}{EI}（顺时针方向，与 x_1 同方向）$$

因此得：

$$\delta_{12} = \theta'_A + \theta'_A = \frac{-0.404 + 2.026}{EI} = \frac{1.622}{EI}$$

在图 3-19（d）中，求出两铰框架 F 点的竖向位移，再求出基础梁中点 F 的竖向位移，将此二者的代数和以 2 除之即为 δ_{21}。根据位移互等定理知 $\delta_{12} = \delta_{21}$。

（6）求未知力 x_1 和 x_2。

将以上求出的各系数与自由项代入力法方程中则得：

$$3.382x_1 + 1.622x_2 - 500.65 = 0$$
$$1.622x_1 + 4.138x_2 - 757.80 = 0$$

解得：

$$x_1 = 74.03\text{kN}$$
$$x_2 = 153.83\text{kN}$$

（7）求框架的弯矩图

求两铰框架的弯矩图，可将图 3-20（c）乘以 x_1，图 3-20（b）乘以 x_2，然后叠加，再与图 3-20（a）叠加，最终的弯矩图见图 3-21。

3.4 构造要求

3.4.1 一般要求

图 3-22 表示闭合框架的配筋形式，由横向受力钢筋和纵向分布钢筋组成。为了施工方便，常常预先焊成钢筋网片。为了减少应力集中现象，改善闭合框架的受力条件，在闭合框架角部常常设置支托，支托处也需配置箍筋和弯起钢筋。当承受动力荷载时，为提高构件的动力性能，构件断面上宜布置成双层钢筋。

1. 混凝土保护层厚度

地下建筑结构的外侧与土、水直接接触，结构内相对湿度较高。因此，受力钢筋的保护层最小厚度常比地上结构增加 5~10mm。通常可按

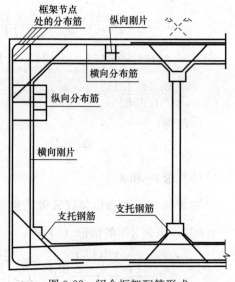

图 3-22 闭合框架配筋形式

照《混凝土结构设计规范》GB 50010 的规定采用，二、三环境类别中均按 b
类取值。如表 3-2 所示；

混凝土保护层最小厚度 c（mm）　　　　　　表 3-2

环境类别	板、墙、壳	梁、柱、杆
一	15	20
二 a	20	25
二 b	25	35
三 a	30	40
三 b	40	50

注：1. 混凝土强度等级不大于 C25 时，表中保护层厚度数值应增加 5mm；
　　2. 钢筋混凝土基础宜设置混凝土垫层，基础中钢筋的混凝土保护层厚度应从垫层顶面算起，
　　　 且不小于 40mm。

2. 横向受力钢筋

闭合框架的配筋横向受力钢筋的配筋百分率，不应小于表 3-3 的规定。

受力钢筋种类不宜过多，通常钢筋直径选取 32mm 以下，钢筋的间距一
般不大于 200mm，不小于 70mm，以方便施工。

钢筋最小配筋百分率（％）　　　　　　表 3-3

受压构件	全部纵向钢筋	强度等级 500MPa	0.50
		强度等级 400MPa	0.55
		强度等级 300MPa、335MPa	0.60
	一侧纵向钢筋		0.20
受弯构件、偏心受拉、轴心受拉构件一侧的受拉钢筋			0.2 和 $45 f_t / f_y$ 中的较大值

注：1. 受压构件全部纵向钢筋最小配筋百分率，当采用 C60 以上强度等级的混凝土时，应按表中
　　　 规定增加 0.10；
　　2. 板类受弯构件（不包括悬臂板）的受拉钢筋，当采用强度等级 400MPa、500MPa 的钢筋
　　　 时，其最小配筋百分率应允许采用 0.15 和 $45 f_t / f_y$ 中的较大值；
　　3. 偏心受拉构件中的受压钢筋，应按受压构件一侧纵向钢筋考虑；
　　4. 受压构件的全部纵向钢筋和一侧纵向钢筋的配筋率以及轴心受拉构件和小偏心受拉构件一
　　　 侧受拉钢筋的配筋率均应按构件的全截面面积计算；
　　5. 受弯构件、大偏心受拉构件一侧受拉钢筋的配筋率应按全截面面积扣除受压翼缘面积（b_f'－
　　　 b）h_f' 后的截面面积计算；
　　6. 当钢筋沿构件截面周边布置时，"一侧纵向钢筋"系指沿受力方向两个对边中一边布置的
　　　 纵向钢筋。

3. 纵向分布钢筋

在纵向截面，一般配置分布钢筋，以减少混凝土的收缩、温差和不均匀
沉降的影响。

纵向分布钢筋的截面面积，一般不应小于受力钢筋截面积的 10％，同时，
纵向分布钢筋的配筋率：顶板、底板不宜小于 0.15％；侧墙不宜小于 0.20％。

纵向分布钢筋应沿框架周边各构件的内外两侧布置。间距 100～300mm。
框架角部，分布钢筋应适当加强，其直径不小于 12～14mm。

4. 箍筋

地下建筑结构断面厚度较大，一般可不配置箍筋，如计算需要时，一般
的可按照表 3-4 规定配置。

箍筋最大间距（mm） 表 3-4

项 次	板厚与墙厚	$V>0.7f_tbh_0$	$V\leqslant0.7f_tbh_0$
1	$150<h\leqslant300$	150	200
2	$300<h\leqslant500$	200	300
3	$500<h\leqslant800$	250	350
4	$800<h$	300	400

注：1. 其中当为绑扎骨架时，箍筋间距不大于 $15d$，焊接骨架时，不大于 $20d$（d 为受压钢筋中的最小直径）；

2. 在受力钢筋非焊接接头长度内，当搭接钢筋为受拉筋时，其箍筋间距不应大于 $5d$，当搭接钢筋为受压筋时，其箍筋间距不应大于 $10d$（d 为受力钢筋的最小直径）；

3. 框架结构的箍筋一般采用 [形直钩槽形箍筋，这种钢筋多用于顶、底板，其弯钩必须配置在断面受压一侧，L 形箍筋多用于侧墙。

5. 刚性节点构造

框架转角处的节点构造应保证整体性，即应有足够的强度、刚度及抗裂性，除满足受力要求外，还应方便施工。

为防止框架转角处的应力集中现象，可在转角处增加斜托，斜托的斜度控制在 1：3 左右比较合适，斜托的大小视框架跨度大小而定。

转角部分的钢筋布置如图 3-23 所示。外侧的钢筋弯曲半径 $R>10d$。当转角部分的内侧发生拉力时，为增加内侧钢筋与外侧钢筋的联系，防止发生混凝土剥落，常常设置附加箍筋（图 3-24）。

图 3-23 转角钢筋锚固

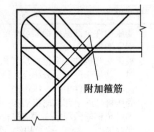

图 3-24 转角附加箍筋

6. 变形缝的设置

变形缝分为两种：伸缩缝和沉降缝。前者主要防止由于温度变化和混凝土收缩而可能造成的结构破坏；后者主要防止由于不同结构类型或不同地基承载力而引起不均匀沉降造成结构的破坏，各变形缝的间距在 30m 左右。

为满足伸缩和沉降的要求，变形缝的缝宽一般为 20～30mm，缝中填充富有弹性的材料。

根据构造方式的不同，变形缝主要分三类：嵌缝式、贴附式和埋入式。

（1）嵌缝式

图 3-25（a）为嵌缝式变形缝，材料可以采用沥青木丝板等。为了防止板与结构物间有缝隙，应在结构内部槽中填以沥青胶或由环氧树脂和煤焦油合成的环煤涂料等，也可以在外部贴防水层，如图 3-25（b）所示。

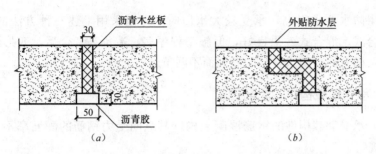

图 3-25 嵌缝式变形缝

嵌缝式的优点是造价低、便于施工，但它在有压水中防水性能不良，仅适用于地下水较少的地区，或用在防水要求不高的地区。

（2）贴附式

一般工程中可采用贴附式变形缝（图 3-26）。该方法十分简便，仅将厚度为 6~8mm 的橡胶平板用钢板条及螺栓固定在结构上即可。

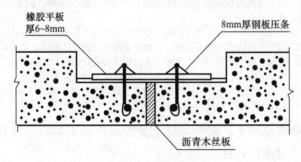

图 3-26　贴附式变形缝

其优点是橡胶板年久老化后可以拆换，缺点是不易使橡胶平板和钢板密贴。

（3）埋入式

大型工程中普遍采用埋入式变形缝，如图 3-27（a）所示，在浇捣混凝土时，把橡胶或塑料止水带埋入结构中，防水效果可靠，但橡胶老化问题需要改进。

在有水压，而且表面温度高于 50℃或受强氧化及油类等有机物质侵蚀的地方，如图 3-27（b）所示，可在中间埋设紫铜片。

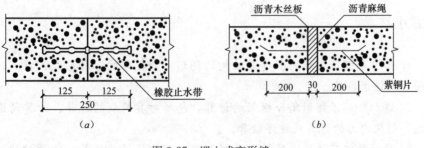

图 3-27　埋入式变形缝

如果防水要求很高，承受较大水压时，可以采用上述三种方法的组合，称为混合式。混合式效果良好，但施工程序多，造价高。今后，变形缝的设置方法会随着新型防水材料的发展而不断革新。

3.4.2　承受动载构件的配筋要求

　　(1) 承受动载构件的钢筋混凝土构件其纵向受力钢筋的配筋率不应小于表 3-5 规定。

钢筋混凝土构件纵向受力钢筋最小配筋百分率（%）　　　　表 3-5

分　类	混凝土强度等级		
	C25-C35	C40-C55	C60-C80
受压构件的全部纵向钢筋	0.60 (0.40)	0.60 (0.40)	0.70 (0.40)
偏心受压及偏心受拉构件一侧的受压钢筋	0.20	0.20	0.20
受弯构件、偏心受拉及偏心受拉构件一侧的受压拉钢筋	0.25	0.30	0.35

　　注：1. 受压构件的全部纵向钢筋最小配筋百分率，当采用 HRB400 级、RRB400 级钢筋时，应按表中规定减小 0.1；

　　　　2. 当为墙体时，受压构件的全部纵向钢筋最小配筋百分率采用括号内数值；

　　　　3. 受压构件的受压钢筋以及偏心受压、小偏心受拉构件的受拉钢筋的最小配筋百分率按构件的全截面面积计算，受弯构件、大偏心受拉构件的受拉钢筋的最小配筋百分率按全截面面积扣除位于受压边或受拉较小边翼缘面积后的截面面积计算；

　　　　4. 受弯构件、偏心受压及偏心受拉构件一侧的受拉钢筋的最小配筋百分率不适用于 HPB300 钢筋，当采用 HPB300 钢筋时，应符合《混凝土结构设计规范》GB 50010 中的有关规定。

　　(2) 在动荷载作用下，钢筋混凝土受弯构件和大偏心受压构件的受拉钢筋的最大配筋百分率宜符合表 3-6 的规定。

受拉钢筋的最大配筋百分率（%）　　　　表 3-6

混凝土强度等级	C25	≥C30
HRB335 级钢筋	2.2	2.5
HRB400 级钢筋	2.0	2.4
RRB400 级钢筋		

　　注：1. 防空地下室钢筋混凝土结构构件，不得采用冷轧带肋钢筋、冷拉钢筋等经冷加工处理的钢筋；

　　　　2. 在动荷载与静荷载同时作用或动荷载单独作用下，混凝土和砌体的弹性模量可取静荷载作用时的 1.2 倍；钢材的弹性模量可取静荷载作用时的数值；

　　　　3. 在动荷载与静荷载同时作用或动荷载单独作用下，各种材料的泊松比均可取静荷载作用时的数值。

本章小结

　　1. 本章介绍了浅埋地下建筑结构的矩形闭合框架的各种形式、特点、计算简图及适用条件。

　　2. 详细介绍了矩形闭合框架的计算，包括对其荷载的计算、计算简图的确定、框架内力的计算及抗浮验算。

　　3. 详细介绍了弹性地基梁上的矩形闭合框架的设计计算，通过对结构对称的简化处理，运用结构力学中的力学方法进行内力计算。并通过两个例题对矩形闭合框架的设计计算进行了详细的讲解。

4. 详细介绍了规范中的矩形闭合框架的构造要求，包括其钢筋的配置、节点的构造及变形缝的设置。

思考题

3-1 附建式人防工事在设计时，需要注意哪些事项？

3-2 引道结构的形式有哪些？其稳定性如何得到保证？

3-3 浅埋式地下建筑结构所承受的主要荷载有哪些？

3-4 矩形闭合框架计算时如何简化？

第4章
地道式结构

本章知识点

主要内容：地道式结构的类型，荷载计算，单层单跨拱形结构的内力计算和设计，单跨双层和单层多跨连拱结构的构造和计算。

基本要求：了解各种地道式结构的适用环境和构造，掌握拱形衬砌结构的设计计算内容和方法。

重　　点：地道式结构的不同施工方法，加深对地道式结构的理解；地道式结构力学性状分析：地道开挖前的应力状态和变形、土洞的局部稳定评价、土层压力的计算以及浅埋和深埋的界限；不同形式拱形结构计算方法和内力计算。

难　　点：土层压力的计算，需要考虑洞室的不同赋存条件选用不同的计算理论，需要比较扎实的岩土力学基础；单层单跨拱形结构物理模型和计算方法的确定，需要求解主动荷载和单位弹性抗力作用下的衬砌内力，根据叠加原理计算各截面最终内力，并进行内力校核，涉及的数学理论和结构力学理论较多，计算复杂，难度较大；多跨连拱结构的内力计算，物理模型和计算模型均较复杂。

4.1　概述

地道式结构系在土层中采用矿山法（人工或机械）开挖出所需空间后，为保持这一空间所修筑的永久性衬砌。它主要承受周围地层的变形或坍塌而产生的垂直土层压力和较大的侧向土层压力。根据采用矿山法施工的特点，地道式结构常设计成拱形结构。这是土层中普遍采用的一种结构类型，它的用途十分广泛，可用于人防工程、地下的中小型工业与民用建筑以及交通隧道等。

4.1.1　地道式结构的受力特点

地道式结构主要承受周围地层的变形或坍塌而产生的垂直土层压力和较

大的侧向土层压力，包括以下三类：

（1）主要荷载——长期经常作用的荷载，包括结构自重、回填岩土体重量、地层压力、弹性抗力、地下水静水压力以及使用荷载等。其中地层压力是地下建筑结构所承受的固有荷载，分土压力和地层压力，是衬砌结构所承受的主要静荷载。弹性抗力是地下建筑结构因变形受到地层约束而产生的一种被动荷载。使用荷载，如吊车荷载、设备重量、地下油库的液体压力、隧道中行驶车辆的重量等，是使用过程中作用于衬砌结构上的荷载。与其他建筑结构及桥梁结构不同，地下建筑结构设计中使用荷载所占的比重通常都比较小。

（2）附加荷载——非经常作用的荷载，包括灌浆压力、局部落石荷载和施工荷载等。由温度变化或混凝土收缩所引起的温度应力与收缩应力，也属于附加荷载。

（3）特殊荷载——偶然发生的作用荷载，包括地震作用、爆炸荷载等。

4.1.2　地道式结构的类型和适用环境

如图 4-1 所示，地道式结构按构造和建造的方法可分整体式、混合式和装配式；按建筑材料可分砖石、混凝土和钢筋混凝土结构，一般采用砖石和混凝土结构，当跨度或荷载较大时，才采用钢筋混凝土结构。按结构形式可分单跨、单跨双层和单层多跨连拱结构。

单跨地道式结构按衬砌断面形式常分为曲墙拱（图 4-1a）、直墙拱（图 4-1b）和落地拱（图 4-1c）三种。曲墙拱的拱圈与侧墙界限不明显，且侧墙亦为曲线形，这种衬砌系基础支承在弹性地基上的尖拱，直墙拱由拱圈、直墙和底板组成，拱圈支承在侧墙上，落地拱实际上也是曲墙拱的一种类型，在黄土地层中采用较普遍，因可设计成装配式结构，故另列为一种类型。上述三种拱形结构按其拱轴线形状常采用割圆、半圆和三心拱等。三心拱由三段圆弧组成，中弧半径小，两侧圆弧半径大，顶弧的圆心在侧弧两个圆心连线的垂直平分线上，且顶弧半径 R_1 小于侧弧半径 R_2，侧弧半径 R_2 大于巷道净宽 B 的一半，且 R_1 和 R_2 都垂直顶弧与侧弧的搭接点（图 4-2）。三心拱可使应力分布均匀，改善拱肩连接。

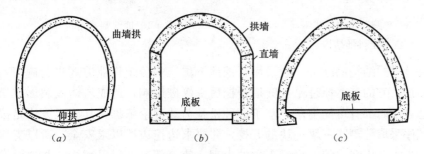

图 4-1　单层单跨拱形结构的几种衬砌断面形式

拱形结构按结构截面厚度可分等截面和变截面，墙基一般做成扩基，底板的设置与土层软硬和跨度大小有关，可做成平板或仰拱，底板是整个衬砌

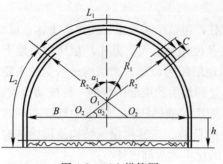

图 4-2　三心拱简图

中最后修建的部分，一般按构造设置，必要时在结构计算中考虑仰拱的影响。单跨拱形结构的跨度一般为 1.5～6.0m，覆土层厚 3.0～20m。当覆土层中遇局部的潜水或地表滞水时，单跨拱形结构有时设计成两层衬砌或称套衬，二层之间设防水层，仰拱与底板之间设纵横排水盲沟。

为了满足使用要求，或由于工程地质和水文地质条件的限制，便于集中使用和管理，集中内部设备，降低造价，地道式结构有时设计成单跨双层整体式钢筋混凝土拱形结构，如图 4-3 所示为净跨 6m，每层净高 2.5m，中间楼板是利用土模现浇钢筋混凝土楼板的双层拱形结构。

如结构的跨度要求很大，设计单跨拱形结构不经济，施工又有困难，地道式结构可设计成多跨整体式封闭的钢筋混凝土连拱结构。为使地下室内有比较开阔的视野，增加建筑造型美观，改善通风条件和节约材料，可在双跨连拱结构的中间墙开设圆形孔洞。图 4-4 为地铁侧式站台系每跨 8.0m 的双跨连拱结构，中间墙的圆洞直径为 2.5m，圆孔中心的间距 5.0m；图 4-5 为三跨连拱结构的地铁侧式站台，边跨净 3.5m，中跨净 8.4m，中间墙由梁柱代替而变成天梁、柱与地梁的传力体系，柱的截面为 0.8m×2.0m，柱距为 4.5m。

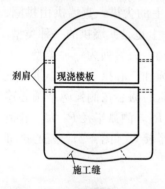

图 4-3　单跨双层整体式钢筋
混凝土拱形结构

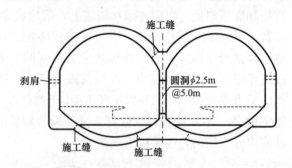

图 4-4　地铁侧式站台

地道式结构的施工一般采用开挖地下坑道的传统作业方式进行施工，即矿山法。它的基本原理是，隧道开挖后受爆破影响，造成岩体破裂形成松弛状态，随时都有可能坍落。基于这种松弛荷载理论依据，其施工方法是按分部顺序采取分割式一块一块的开挖，并要求边挖边撑以求安全，所以支撑复杂，木料耗用多。随着喷锚支护的出现，使分部数目得以减少，并进而发展成新奥法。根据工程地质条件、结构的跨度和高度，矿山法按开挖顺序可分为台阶法、CD 工法（跨度大）、CRD 工法、双侧壁导坑法（眼镜）工法、联拱隧道中洞法，如图 4-6 所示。

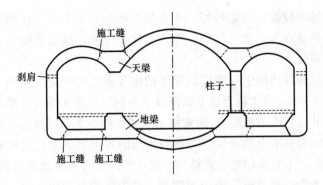

图 4-5 三跨连拱结构的地铁侧式站台

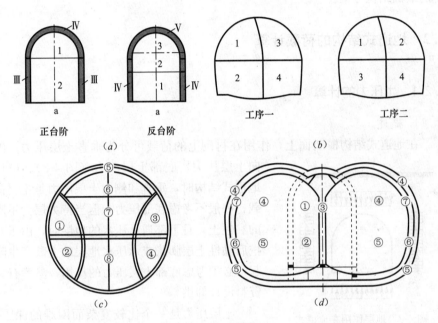

图 4-6 矿山法

(a) 台阶法；(b) CRD工法两种常见开挖工序；(c) 双侧壁导坑法；(d) 双联拱隧道中洞法施工工序图

　　按衬砌施工顺序又可分为先墙后拱和先拱后墙等方法，如图4-7所示。对于相同的衬砌结构来说，采用矿山法施工与采用明挖法施工相比较，它的优

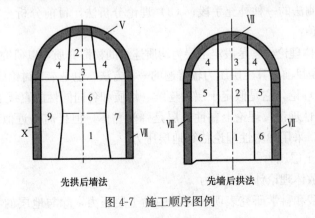

先拱后墙法　　　　　　　先墙后拱法

图 4-7 施工顺序图例

点是：防护等级较高，隐蔽较好，不受施工场地和季节性气候的影响，可常年施工。它的缺点是：施工空间狭窄，操作不方便，施工缝较多，有时施工质量难以保证。

地道式结构较适用于第四纪沉积土的中等强度的地层（相当于地层坚固系数 $f_k=0.8\sim2.0$ 或"黄土地下建筑技术条例"的黄土围岩分类和铁路隧道围岩分类中Ⅱ、Ⅲ类的地层），通常地下水的影响不大，或所遇到的仅是少量的上层滞水或局部潜水的地层。当遇到承压的地下水或淤泥及流砂等软弱地层（$f_k\leqslant0.6$），不宜采用地道式结构。设计时应综合考虑建筑物的使用要求、防护等级、地质条件及施工能力等因素，采取既满足使用要求，又安全和经济的最优结构方案。

4.2 地道式结构的荷载计算

4.2.1 土压力的计算

1. 概述

在地道式结构横断面上，作用在衬砌上的荷载可分为垂直土层压力、侧向土层压力、底部土层压力（图 4-8）。设计地道式结构时，垂直和侧向土层压力是主要荷载，一般不考虑底部压力，但当持力层为不厚的黏性土，且下部遇承压水的地层时，由于开挖后黏性土层膨胀或承压水地层的上鼓产生隆起，必须考虑底部土层压力的作用，参考有关资料设计仰拱。

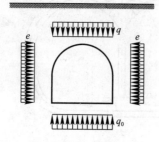

图 4-8 地层作用在地道式
结构上的荷载

q—垂直土层压力（自上而下作用）；
e—侧向土层压力（水平方向作用）；
q_0—底部土层压力（由下向上作用）

土层压力是一个比较复杂而困难的课题，至今尚未得到很好解决，其研究方法基本可分三类：（1）实测法，它是进行洞室稳定性评价的直接方法，对于评定洞室稳定性和校核设计计算荷载具有直接的实用意义；（2）模拟试验法，它是实测法的一种补充手段；（3）理论分析法，目前分析土层压力的理论有以下三种：

① 松散体理论，它是假定土层为均质连续的松散介质，以研究其应力状态的理论。这是目前计算土层压力较普遍的一种方法，也是本节讨论的重点内容。

② 弹性理论，它是假定土层为连续、均质和各向同性的直线变形体。

③ 弹塑性理论，理论上黏性土层是弹塑黏体，但目前仍近似地将土层视为弹塑性体，采用弹塑性理论估算地层压力。

2. 垂直土层压力

（1）松散体理论计算土压力

工程实践和科学研究表明，地层中的土层压力，除与地层的物理力学特征、洞室形状、跨度和高度等有关外，还与洞室的埋置深度有关，因而根据洞室覆土层厚度的不同，把洞室分为浅埋和深埋两种情况。

1）浅埋洞室的情况

当地道式结构埋深较小或在一些流砂、淤泥、饱水松软的黏土层等不稳定地层中时，土层压力随埋深而增加，叫土柱理论，见图4-9，作用在结构上的垂直土层压力等于土柱的全部重量，即：

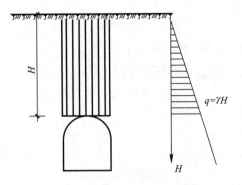

图 4-9　埋深很小或土层松软时的垂直土层压力

$$q = \gamma H \tag{4-1}$$

当埋深增加或土质较好时，作用在结构上的垂直土层压力比按土柱理论计算的结果要小，应按考虑土柱两侧摩擦力和内聚力的土柱理论进行计算（图4-10）。洞室上覆土层垂直向下滑动时，土柱两侧产生二个滑动面 AB 和 CD，滑动面的起点在侧墙底端，滑动面与垂直线的夹角为 $45° - \varphi/2$，在洞室上方的土柱为"$GJKH$"，由此可以认为，作用在结构上的垂直土层压力 Q（总压力），等于土柱 $GJKH$ 的重量 G 减去两侧 GJ、KH 面上的夹制力 T，即：

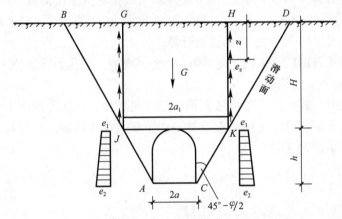

图 4-10　埋深增加或土层较好时的垂直土层压力

$$Q = G - 2T \tag{4-2}$$

夹制力 T 为摩擦力和粘结力之和，作用在土柱侧面处任一点上的夹制力 t 为：

$$t = c + e_z \tan\varphi \tag{4-3}$$

式中　e_z——为距地面深度 z 处一点上的侧压力（kN/m²），按朗金公式得：

$$e_z = \gamma z \tan^2(45° - \varphi/2) - 2c\tan(45° - \varphi/2) \tag{4-4}$$

　　　c、φ——土层的内聚力和内摩擦角；

　　　γ——土层的重度（kN/m³）。

将式（4-4）积分得土柱侧面的总夹制力 T 为：

$$T = \int_0^H t\mathrm{d}z = \int_0^H (c + e_z \tan\varphi)\mathrm{d}z = cH + \frac{1}{2}\gamma H^2 \tan\varphi \tan^2(45° - \varphi/2)$$

$$-2cH\tan\varphi\tan(45°-\varphi/2) = \frac{1}{2}\gamma H^2 K_1 + cH(1-2K_2) \qquad (4-5)$$

式中 $K_1 = \tan\varphi\tan^2(45°-\varphi/2)$, $K_2 = \tan\varphi\tan(45°-\varphi/2)$

因此，作用在结构上的垂直土层压力的总值为：

$$Q = G - 2T = 2a_1\gamma H - \gamma H^2 K_1 - 2cH(1-2K_2)$$

$$= 2a_1\gamma H\left[1 - \frac{H}{2a_1}K_1 - \frac{c}{a_1\gamma}(1-2K_2)\right] \qquad (4-6)$$

式中 $a_1 = a + h\tan(45°-\varphi/2)$，$a_1$ 为土柱宽度之半（m）；

　　a——结构跨度之半（m）；

　　h——结构的高度（m）。

作用在结构顶部的垂直均布压力 q 为：

$$q = \frac{Q}{2a_1} = \gamma H\left[1 - \frac{H}{2a_1}K_1 - \frac{c}{a_1\gamma}(1-2K_2)\right] \qquad (4-7)$$

此式即为考虑摩擦力和内聚力的土柱理论计算公式。当不考虑内聚力的影响时，$c=0$，其垂直均布压力 q 为：

$$q = \gamma H\left[1 - \frac{H}{2a_1}K_1\right] \qquad (4-8)$$

此式即为只考虑摩擦力的土柱理论计算公式。适用于当 $H \leqslant a_1/K_1$ 的浅埋情况。当有地面荷载 q_1 时，则可将地面荷载换算成土层高度 $h_0' = q_1/\gamma$（γ 为覆土层的平均重度），然后与覆土层厚度叠加起来，以（$H+h_0'$）代替式（4-7）、式（4-8）中的 H 再进行计算。

目前欧美各国广泛采用与此类似的太沙基垂直土层压力计算公式。

2）深埋洞室的情况

当深埋时，普洛托季雅可诺夫视土层为松散体，并认为洞室上方形成一个抛物线压力拱，拱内土体的重量就是作用在支撑或衬砌上的地层压力，称为普氏压力拱理论（图4-11）。

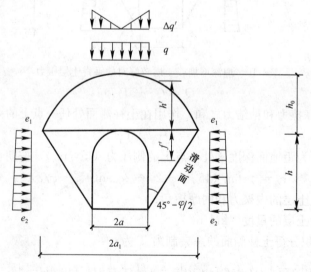

图 4-11　普氏压力拱理论计算垂直土层压力

如图 4-12 所示，压力拱能够自然稳定而平衡，其上任何一点是无力矩的，即：

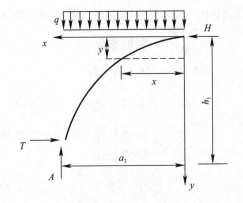

$$Hy - \frac{1}{2}qx^2 = 0 \qquad (4-9)$$

$$y = \frac{q}{2H}x^2 \qquad (4-10)$$

图 4-12　计算简图

可见，压力拱为二次抛物线，式中 H 为压力拱拱顶所产生的水平推力，在拱脚处有平衡此水平推力的水平反力 T，当 $T \geqslant H$ 时，压力拱可以保持稳定，而 T 是由 q 形成的摩擦力提供的，拱脚处的垂直反力为 $A = qa_1$，则由 A 所形成的水平摩擦力为：

$$T = Af_k = qa_1 f_k \qquad (4-11)$$

当 $T = H$ 时，压力拱处于极限平衡状态，考虑压力拱存在的安全性，取安全系数为 2，即 $T = 2H$，此时压力拱的方程为：

$$y = \frac{x^2}{f_k a_1} \qquad (4-12)$$

当 $x = a_1$ 时，可求得压力拱的高度为：

$$h_0 = \frac{a_1}{f_k} \qquad (4-13)$$

$$a_1 = a + h\tan\left(45° - \frac{\varphi}{2}\right) \qquad (4-14)$$

式中　a_1——压力拱的半跨度（m）；

　　　a——开挖地道宽度之半（m）；

　　　h——开挖地道的高度（m）；

　　　f_k——土层坚固系数，对于松散土体，$f_k \approx \tan\varphi$；

　　　φ——土层的内摩擦系数。

垂直土层压力为：

$$q = \gamma h_0 \qquad (4-15)$$

$$\Delta q = (h' + f')\gamma - \gamma h_0 \qquad (4-16)$$

式中　h'——拱脚边缘处相对应的压力拱高度，$h' = h_0\left(1 - \dfrac{a^2}{a_1^2}\right)$；

　　　f'——拱外缘高度。

当结构的跨度较小或 Δq 为负值时，可不考虑 Δq 的作用，而仍近似按均布荷载 q 计算。

（2）弹塑性理论估算土压力

对于黄土或深埋的黏性土地层中的地道式结构，可采用弹塑性理论公式估算垂直土压力：

$$q = N \cdot \frac{b^2}{R'} \cdot \gamma \cdot K \qquad (4-17)$$

式中　N——分类系数：甲类黄土取 1.1，乙类黄土取 1.3，丙类黄土取 2.0；

$\dfrac{b}{R'}$——洞形系数；

b——毛洞半跨；

R'——毛洞当量半径，$R'\sqrt{\dfrac{F}{\pi}}$，其中 F 为毛洞断面面积；

γ——洞顶上覆土层的平均重度；

K——松动系数。

$$K = \left[1 - \sin\varphi + \frac{p_z(1 - \sin\varphi)}{c \cdot \cot\varphi}\right]^{\frac{1-\sin\varphi}{2\sin\varphi}} - 1 \tag{4-18}$$

亦可由图 4-13 所示的 $K = f\left(\dfrac{P_z}{c}, \varphi\right)$ 曲线查得，式中 $P_z = \gamma H$，H 为洞顶覆土层厚度，c 为土的内聚力。

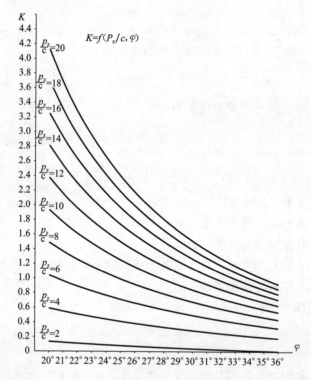

图 4-13　松动系数关系曲线图

3. 侧向土层压力

（1）松散体理论

计算浅埋、深埋的侧向土层压力都采用以松散体假定基础的挡土墙理论，它是水平地道式结构和竖井的主要荷载。

黏性土层中任一质点的侧向土层压力按式（4-4）计算。

当浅埋时（图 4-10），结构上任一点的侧向压力 e 可按下式计算：

$$e = \gamma(H + y)\tan^2(45° - \varphi/2) - 2c\tan(45° - \varphi/2) \tag{4-19}$$

式中　γ——土层的重度；

　　　φ——土层的内摩擦角；

　　　H——结构顶部至地表面的距离即覆土层厚度；

　　　y——结构上任一计算点至结构顶部的垂直距离。

当深埋时，由于形成了压力拱，故结构上任一点的侧压力 e 为：

$$e = \gamma(h_0 + y)\tan^2(45° - \varphi/2) - 2c\tan(45° - \varphi/2) \qquad (4\text{-}20)$$

式中　h_0——压力拱的高度按（4-13）计算，其余符号意义同前。

若地层成层时，在上述公式中分别以 $\sum\limits_{i=1}(\gamma_i h_i + \gamma_i y_i)$ 代替相应的 $(H + y)$ 或 $(h_0 + y)$ 范围内的土层自重 $\gamma(H + y)$ 或者 $\gamma(h_0 + y)$，式中 γ_i、h_i 为上述范围内的各土层的重度和厚度。

当不考虑内聚力 c 时，则得砂性土的侧向土层压力计算公式。

对于竖井，作用在井壁上的侧向土压力为：

$$e = \sum_{i=1}^{n} \gamma_i Y_i \tan^2\left(45° - \frac{\varphi}{2}\right) - 2c\tan\left(45° - \frac{\varphi}{2}\right) \qquad (4\text{-}21)$$

式中　γ_i、Y_i——自地表算起的所求点上各土层的重度和厚度。

必须指出，工程实践和试验表明，上述理论计算求得的侧向土层压力往往偏小，其原因在于洞室的实际工作情况与挡土墙的工作情况不完全一样，所以，设计时按工程类比法和有关资料加以适当提高，以便符合实际情况。

（2）有关黄土的经验公式

有关黄土的经验公式也可参考应用。

侧向均布荷载的经验公式：

$$e = q \cdot \zeta \qquad (4\text{-}22)$$

式中　ζ——为侧压力系数，根据实测或工程经验取值，如：甲类黄土取
　　　　0.6～0.7，乙类黄土取 0.7～0.8，丙类黄土取 0.7～0.8；

　　　q——为垂直均布荷载，按式（4-17）计算。

式（4-17）、式（4-22）适用于采用暗挖法施工，埋深小于 50m，跨度小于 9m，高跨比为 0.9～1.2，且无显著偏压的地道式结构。

4. 深埋和浅埋的界限

从松散体理论分析浅埋和深埋的土层压力计算公式中，不难看出，产生土层压力的根本原因，在于两种不同的土体坍塌：整体塌落或土柱底部局部塌落，从而建立浅埋、深埋两种土层压力的计算公式。当埋深较浅，土柱重量（作用力）大于土柱两侧的摩擦力和粘结力（反作用力），地层不能发挥成拱作用，开挖地道所引起的应力重分布波及地表面，土体塌落是整体塌落；当埋深较大时，土柱两侧的摩擦力和粘结力迅速增大，并大于土柱的重量，地层能发挥成拱作用，地层中应力重分布不波及地表面，土柱底部局部变形或塌落便是土层压力的来源。由此，也不难看出，土柱压力和压力拱理论是相联系的，土柱的稳定是压力拱存在的必要条件，如果整体看来土柱不能处于稳定平衡状态，压力拱当然也不可能形成。

理论和实践都证明，随着地道的埋置深度不同，土层压力的分布规律和

119

数值大小也就不同，影响土压力的因素、应采取的施工方法和支护情况也有所不同。因此，划分浅埋和深埋的界限是十分必要的。但是，目前还没有一个统一的划分方法。根据地压测试和理论分析，结合工程实践经验，介绍以下三种划分规定供参考。

（1）按压力拱理论划分

地道式结构上覆地层的厚度 $H \geqslant (2.0 \sim 2.5)h_0$（$h_0$ 为压力拱的高度）时为深埋：当 $H < (2.0 \sim 2.5)h_0$ 时为浅埋。但是压力拱的形成不仅与埋深、土质有关，而且与地道开挖跨度、高度、施工方法以及施工顺序有关，必要时，还要验算压力拱的强度和稳定性，作为划分深埋的补充条件。

（2）经验判断法

我国各行业规范根据长期工程经验总结出各自的深、浅埋结构的判别准则。如《公路隧道设计规范》JTJ D70—2004 规定，深埋和浅埋隧道的分界，按荷载等效高度值，并结合地质条件、施工方法等因素综合判定。按荷载等效高度的判定公式为：

$$H_{分界} = (2.0 \sim 2.5)h_q \tag{4-23}$$

式中　$H_{分界}$——深埋与浅埋隧道分界深度；

$\quad\quad h_q$——荷载等效高度，$h_q = q/r$；

$\quad\quad q$——深埋隧道垂直均布压力（kN/m^2）；

$\quad\quad \gamma$——围岩重度（kN/m^3）。

在矿山法施工的条件下，$\mathrm{IV} \sim \mathrm{V}$ 级围岩取 $H_{分界} = 2.5h_q$，$\mathrm{I} \sim \mathrm{III}$ 级围岩取 $H_{分界} = 2.0h_q$。

而《铁路隧道设计规范》TB 10003—2005，J449—2005 给出了浅埋隧道覆盖层厚度值，见表 4-1。

浅埋隧道覆盖层厚度值（m）

表 4-1

围岩类别	III	IV	V
单线隧道覆盖厚度	5~7	10~14	18~25
双线隧道覆盖厚度	8~10	15~20	30~35

（3）理论估算公式

从式（4-7）得知，当埋深达到一定深度以后，垂直土层压力 q 值就不再增加。对式（4-7）埋深 H 求导数，并令 $\dfrac{\partial q}{\partial H} = 0$，即可得对应 q_{max} 值时的 H_{max} 值，此 H_{max} 就认为是浅埋深埋的分界深度 $H_{分界}$。

对黏性土　$\quad H_{分界} = H_{max} = \dfrac{a_1}{K_1}\left[1 - \dfrac{c}{\gamma a_1}(1 - 2K_2)\right]$ $\tag{4-24}$

对砂土　$\quad\quad\quad\quad\quad H_{分界} = H_{max} = \dfrac{a_1}{K_1}$ $\tag{4-25}$

当 $H < H_{分界}$ 为浅埋；$H \geqslant H_{分界}$ 为深埋。

目前，根据欧美应用的土压力理论计算，当覆土层厚度 $H \geqslant 5a_1$ 时（a_1 为压力拱半跨），土层压力将趋近常数，通常作为深埋与浅埋的分界线。

4.2.2 围岩压力的计算

1. 围岩压力的概念

洞室开挖之前，地层中的岩体处于复杂的原始应力平衡状态。洞室开挖之后，围岩中的原始应力平衡状态遭到破坏，应力重新分布，从而使围岩产生变形。当变形发展到岩体极限变形时，岩体就产生破坏。如在围岩发生变形时及时进行衬砌或围护，阻止围岩继续变形，防止围岩塌落，则围岩对衬砌结构就要产生压力，即围岩压力（地压）。围岩压力是指位于地下建筑结构周围变形及破坏的岩层，作用在衬砌或支撑上的压力。它是作用在地下建筑结构上的主要荷载。

围岩压力可分为围岩垂直压力、围岩水平压力及围岩底部压力。对一般水平洞室，围岩垂直压力是主要的，也是围岩压力中研究的主要内容。在坚硬岩层中，围岩水平压力较小，可忽略不计，但在松软岩层中应考虑围岩水平压力的作用。围岩底部压力是自下向上作用在衬砌结构底板上的压力，它产生的主要原因是某些地层遇水后膨胀，如石膏、页岩等，或是由于边墙底部压力使底部地层向洞室里面突起所致。岩石地下建筑大多修建在岩层较好的地带，底部压力很小，计算中一般不予考虑。

2. 影响围岩压力的因素

影响围岩压力的因素很多，主要与岩体的结构、岩石的强度、地下水的作用、洞室的尺寸与形状、支护的类型和刚度、施工方法、洞室的埋置深度和支护时间等因素相关。现分述如下：

（1）岩体的结构

岩体一般受各种成因的结构面（如断层、节理、层理）所切割，成为非均质不连续的岩体结构。一般把这种结构面所切割的分块岩体称为结构体。已有的实践和研究表明，大部分围岩的破坏主要是沿结构面的剪切滑移、拉开以及由于围岩的积累变形过度而引起围岩松动、破裂乃至坍塌。所以，越来越多的人认识到围岩稳定性的关键就在于岩体结构面的类型及特征。而岩体的稳定性受各种结构面的类型和特征所控制。

如火成岩系整体状结构，未曾或只经过轻微的区域构造变动，无断层及不良软弱结构面的组合，则岩体整体性强度高，在变形特征上可视为各向同性体，设计时可不考虑围岩压力。为了防止围岩风化及考虑施工爆破影响，可设维护性衬砌。而碎状岩体结构，岩体完整性破坏较大，整体强度大大降低，并受断层等软弱结构面控制，则围岩不稳定，围岩压力较大，在设计中必须考虑作永久衬砌。

总之，岩体结构对于岩体强度和变形及由此产生的洞室破坏形式，都具有决定性的影响，也是控制围岩压力最重要的因素。

（2）岩体的强度

岩石的强度对于不同类型洞体的稳定性有很大影响。岩石的强度一般取决于岩石的矿物成分、组织结构以及风化作用的程度。

（3）地下水的作用

地下水的长期作用对于地下工程的不良影响主要是削弱岩体的强度（特别是岩体的抗剪强度），加速围岩的风化和洞室围岩的变形及失稳。这在具有软弱夹层及结构面中，充填有易受水理作用的黏性土的围岩中尤为明显。有时在石膏以及页岩中遇水还会产生膨胀等异常现象，这些都可以促使围岩压力的加大。

（4）洞室的形状和尺寸

洞室形状与围岩应力分布有关，即与围岩压力有关。通常是圆形和椭圆形洞室产生的围岩压力较小，而矩形与梯形则较大，因为后者易在顶部围岩出现较大的拉应力，而两边转角的地方又有明显的应力集中。从洞室结构受力情况来看，究竟何种洞形较好，应视围岩压力情况而定。如细高的洞形较之矮的洞形具有较小的围岩垂直压力，但此时围岩水平压力较大，又可能转为细高洞室的主要矛盾。当围岩压力均匀地来自洞室四周时，圆形最好，来自顶部方向时，高拱形较好，来自两侧时，宜采用平拱形或曲墙拱形。

一般跨度愈大，围岩的变形量也越大，因此围岩压力也相应增加。在目前的一些围岩压力公式中，常常认为围岩压力随跨度成正比增大，但这只能近似适用于小跨度洞室中。根据我国铁路隧道的调查研究，认为单线隧道与双线隧道跨度相差80%，而围岩压力仅相差50%左右。所以对于大跨度洞室，如仍然采用围岩压力与跨度成正比的关系，必然使计算出来的围岩压力远大于实际围岩压力。

（5）施工方法

围岩压力的大小在很大程度上也取决于洞室的施工方法。施工方法对围岩压力的影响主要表现在爆破和支护两个方面。

钻眼爆破法掘进，对围岩压力产生不利的影响，尤其对地质条件较差的岩层，爆破扰动很大，常常引起围岩破碎乃至坍方，造成过大的围岩压力。所以在施工中要根据岩层的地质条件，严格控制用药量，采用光面爆破和预裂爆破法能大大减少围岩压力。

围岩压力与衬砌施工速度关系也较大，一般说来及时支护比迟支护围岩压力要小；洞室暴露时间愈长，围岩压力愈大；支护紧贴围岩比支护松离围岩压力要小。特别是泥灰岩，片岩等易风化的岩层更需要很快构筑衬砌，以使这些岩层不与水和空气接触产生风化作用。

3. 确定围岩压力的方法

围岩压力的研究最早开始于14世纪，当时用来研究地下采矿工程中出现的一系列问题，如地层移动、地表沉陷及坑道支撑等。以后，随着采矿事业和其他地下工程的发展，围岩压力的研究也相应得以发展。目前，它已成为岩体力学研究的一个极为重要的方面。确定围岩压力的方法可分为三种。一种是实测，这是比较切合实际的方法，也是一个发展方向。但目前我国受量测设备和技术水平的限制，应用尚不广泛。第二种是围岩压力的理论计算，此法至今尚不够完善，有待进一步研究。第三种是"工程类比法"，该方法是在大量实际资料和一定理论分析的情况下，按围岩分类提出经验公式，作为确定围岩压力的依据。目前我国多采用工程类比法确定围岩压力，并采用现场实测和理论计算的方法进行验算，对于特别重要的工程，必须创造条件实测围岩压力。

（1）按松散体理论计算围岩压力

考虑到岩体裂隙和节理的存在，岩体被切割成互不联系的独立块体，可以把岩体假定为具有一定内聚力的松散体，对于浅埋结构，可采用土柱理论计算围岩压力，其中 c、φ 采用相应的岩体强度指标。对于在坚硬岩层中的深埋结构，采用普氏拱理论计算，但需考虑岩层颗粒之间的粘结力的影响，普氏建议以加大颗粒间摩擦系数的方法来考虑这种影响。

有粘结力的岩体抗剪强度 τ 为：

$$\tau = \sigma\tan\varphi + c = \sigma(\tan\varphi + c/\sigma) = \sigma f_k \tag{4-26}$$

$$f_k = (\tan\varphi + c/\sigma) \tag{4-27}$$

式中，σ 为剪切面上的法向应力，f_k 为"似摩擦系数"，又称岩层坚固系数或普氏系数，它是表征岩体属性的一个重要物理量，它决定岩体性质对压力拱高度的影响，用此系数代入式（4-13）可计算普氏拱拱高 h_0；它也是岩体抵抗各种破坏能力的综合指标，f_k 越大，岩体抵抗各种破坏的能力就越强；对于黏性岩体可采用式（4-27）进行计算，对于坚硬岩体 $f_k \approx R_c/10$，R_c 为岩石极限抗压强度，采用"MPa"为单位的数值，f_k 本身为无量纲的系数。由于岩体结构比较复杂，同种岩体也因裂隙、层理、节理发育状况不同，表现出各种破坏抵抗能力的不同，f_k 值需结合施工现场、地下水的渗漏情况、岩体的完整性及综合各种地质实际由经验判定。

1）垂直围岩压力的计算：压力拱的作用是把压力拱外的岩层重量转移到洞室两侧，只有压力拱内的岩体重量作用在结构上，为了便于计算，常忽略压力拱曲线所造成的荷载集度的差别，垂直围岩压力取均布形式，并按 h_0 计算，即：

$$q = \gamma h_0 \tag{4-28}$$

2）水平围岩压力的计算：对于处于较松软岩层（$f_k \leqslant 2$）中的结构，应考虑水平围岩压力的作用。任一深度 z 处的水平围岩压力集度 e_z 为该点垂直围岩压力集度乘以该点处岩体侧压力系数：

$$e_z = \gamma z \tan^2\left(45° - \frac{\varphi}{2}\right) \tag{4-29}$$

水平围岩压力沿深度呈三角形分布，如果沿结构深度上岩体由多层组成，则必须分层计算各层的水平围岩压力。

（2）按太沙基（K. Terzaghi）理论计算围岩压力

太沙基理论是从应力传递原理出发推导坚固围岩压力的。如图 4-14 所示，支护结构受到上覆地压作用时，支护结构发生挠曲变形，随之引起地块的移动。当围岩的内摩擦角为 φ 时，滑移面从隧道底面 $45° - \varphi/2$ 的角度倾斜，到

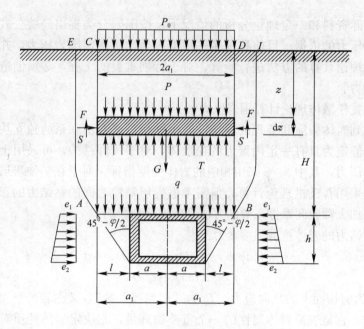

图 4-14 浅埋隧道松弛地压

洞顶后以适当的曲线 AE 和 BI 到达地表面。

但实际上推算 AE 和 BI 曲线是不容易的，即使推算出来，以后的计算也变得很复杂，故近似地假定为 AD、BC 两条垂直线。此时，设从地表面到拱顶的滑动地块的宽度为 $2a_1$，其值等于：

$$2a_1 = 2\left[a + h\tan\left(45° + \frac{\varphi}{2}\right)\right] \tag{4-30}$$

式中　a——洞室半宽；

　　　h——开挖高度。

假定洞室顶壁衬砌顶部 AB 两端出现一直延伸到地表面的竖向破裂面 AD 及 BC。在 $ABCD$ 所圈出的散体中，截取厚度为 $\mathrm{d}z$ 的薄层单元为分析对象。该薄层单元共受以下五种力的作用：

1）单元体自重：

$$G = \int 2a_1 \gamma \mathrm{d}z \tag{4-31}$$

2）作用于单元体上表面的竖直向下的上覆岩体压力：

$$P = 2a_1 \sigma_\mathrm{v} \tag{4-32}$$

3）作用于单元体下表面的竖直向上的下伏岩体托力：

$$T = \int 2a_1 (\sigma_\mathrm{v} + \mathrm{d}\sigma_\mathrm{v}) \tag{4-33}$$

4）作用于单元体侧面的竖直向上的侧向围岩摩擦力：

$$F = \int \tau_\mathrm{f} \mathrm{d}z \tag{4-34}$$

5）作用于单元体侧面的水平方向的侧向围岩压力：

$$S = \int k_0 \sigma_v \, dz \qquad (4\text{-}35)$$

式中 a_1——开挖半宽；

γ——岩体重度；

σ_v——竖向初始地应力；

k_0——侧压力系数；

dz——薄层单元体厚度；

τ_f——岩体抗剪强度。

初始水平地应力为：

$$\sigma_h = k_0 \cdot \sigma_v \qquad (4\text{-}36)$$

则岩体抗剪强度为：

$$\tau_f = \sigma_h \tan\varphi + c = k_0 \sigma_v \tan\varphi + c \text{(库仑准则)} \qquad (4\text{-}37)$$

式中 c——岩体内聚力；

φ——岩体内摩擦角。

将式（4-37）带入式（4-34）得：

$$F = \int (k_0 \sigma_v \tan\varphi + c) dz \qquad (4\text{-}38)$$

薄层单元体在竖向的平衡条件为：

$$\sum F_v = P + G - T - 2F = 0 \qquad (4\text{-}39)$$

将式（4-31）、式（4-32）、式（4-33）及式（4-38）代入式（4-39）得：

$$2a_1\sigma_v + \int 2a_1\gamma \, dz - \int 2a_1(\sigma_v + d\sigma_v) - 2\int(k_0\sigma_v\tan\varphi + c)dz = 0 \qquad (4\text{-}40)$$

整理式（4-40）得：

$$\int \frac{d\sigma_v}{dz} + \left(\frac{k_0\tan\varphi}{a_1}\right)\sigma_v = \gamma - \frac{c}{a_1} \qquad (4\text{-}41)$$

由式（4-41）解得：

$$\sigma_v = \frac{a_1\gamma - c}{k_0\tan\varphi}\left(1 + Ae^{-\frac{k_0\tan\varphi}{a_1}z}\right) \qquad (4\text{-}42)$$

边界条件：当 $z=0$ 时，$\sigma_v = p_0$（地表面荷载）。将该边界条件代入式（4-42）得：

$$A = \frac{k_0 p_0 \tan\varphi}{a_1\gamma - c} - 1 \qquad (4\text{-}43)$$

将（4-43）代入式（4-42）得：

$$\sigma_v = \frac{a_1\gamma - c}{k_0\tan\varphi}\left(1 - e^{\frac{k_0\tan\varphi}{a_1}z}\right) + p_0 e^{-\frac{k_0\tan\varphi}{a_1}z} \qquad (4\text{-}44)$$

式中 z——薄层单元体埋深。

将 $z=H$ 代入式（4-44）时，可以得到洞室顶部的竖向围岩压力 q 为：

$$q = \frac{a_1\gamma - c}{k_0\tan\varphi}\left(1 - e^{-\frac{k_0 H\tan\varphi}{a_1}}\right) + p_0 e^{-\frac{k_0 H\tan\varphi}{a_1}} \qquad (4\text{-}45)$$

设 $n = \dfrac{H}{a_1}$ 为相对埋深系数，代入式（4-45）得：

$$q = \frac{a_1\gamma - c}{k_0\tan\varphi}(1 - e^{-k_0 n\tan\varphi}) + p_0 e^{-k_0 n\tan\varphi} \tag{4-46}$$

上式对于深埋洞室及浅埋洞室均适用。当 $n \to \infty$ 时，可以得到埋深很大的洞室顶部竖向围岩压力 q 为：

$$q = \frac{a_1\gamma - c}{k_0\tan\varphi} \tag{4-47}$$

由上可以看出，对于埋深很大的深埋洞室来说，地表面的荷载 P_0 对洞室顶部竖向围岩压力 q 已不产生影响。

太沙基根据实验结果得出，$k_0 = 1.0 \sim 1.5$。如果取 $k_0 = 1.0$，并以 f 代替 $\tan\varphi$，由式（4-47）得：

$$q = \frac{a_1\gamma - c}{k_0\tan\varphi} = \frac{a_1\gamma}{f} = \gamma h_1 \quad h_1 = \frac{a_1}{f} \tag{4-48}$$

这和普氏理论中的垂直应力计算公式完全一致。

作用在侧壁的围岩压力假设为一梯形，而梯形上、下部的围岩压力可按下式计算：

$$e_1 = q\tan^2\left(45° - \frac{\varphi}{2}\right), \quad e_2 = e_1 + \gamma h\tan^2\left(45° - \frac{\varphi}{2}\right) \tag{4-49}$$

太沙基除了理论上的研究工作之外，还根据岩石分类直接给出了和荷载相当的土柱高度，如表 4-2 所示。

太氏地层压力表 表 4-2

地层情况	地层压力按坍落高度计（m）	地层情况	地层压力按坍落高度计（m）
坚硬地层或成薄层	$0 \sim 0.5b$	有压力的覆盖较薄	$1.1c \sim 2.1c$
大块的有轻微裂隙	$0 \sim 2.5b$	有压力的覆盖较厚	$2.1c \sim 4.5c$
有轻微碎块未活动	$0.25b \sim 0.35c$	有膨胀压力	可达 $8c$
有强烈破碎未活动	$0.35c \sim 1.1c$	砂	$0.6c \sim 1.6c$
成碎块的未解体	$1.1c$		

注：1. b 为坍落度高度的一半，$c = b +$ 净空高度（m）；适用条件：埋深 $> 1.5c$；
　　2. 坑道隧道位于地下水位以下时，表列值可减少 50%。

太沙基理论一般认为适用于埋深较浅的地层，被构造风化作用严重的类似松散介质的岩层较为合理。

（3）按弹塑性体理论计算围岩压力

图 4-15 表示地下圆形洞室周围所出现的各种变形区域。假定洞室半径为 a、R 为非弹性变形区的半径，而以半径为无穷大划定一个范围，则在这个范围边界上作用着静水压力 p，而在半径为 R 的边界上作用着应力 σ_R，在极坐标为 r、θ 的一点上，可根据弹性理论中的厚壁圆筒解答，弹性区中的应力为：

$$\begin{cases} \sigma_r = p\left(1 - \frac{R_2}{r^2}\right) + \sigma_R\frac{R^2}{r^2} \\ \sigma_\theta = p\left(1 + \frac{R^2}{r^2}\right) - \sigma_R\frac{R^2}{r^2} \end{cases} \tag{4-50}$$

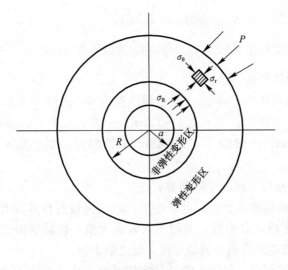

图 4-15 弹塑性模型计算围岩压力图式

而非弹性区的弹塑性理论解为：

$$\begin{cases} \sigma_r = (p_b + c \cdot \cot\varphi)\left(\dfrac{r}{a}\right)^{\frac{2\sin\varphi}{1-\sin\varphi}} - c \cdot \cot\varphi \\[4mm] \sigma_\theta = (p_b + c \cdot \cot\varphi)\left(\dfrac{r}{a}\right)^{\frac{2\sin\varphi}{1-\sin\varphi}} \cdot \left(\dfrac{1+\sin\varphi}{1-\sin\varphi}\right) - c \cdot \cot\varphi \end{cases} \tag{4-51}$$

式中　p_b——支护对洞室周边的反力，亦即围岩对支护的压力，二者大小相等；

　　　p——洞室所在位置的原始应力；

　　　a——洞室半径；

　　　R——非弹性变形区半径；

在弹性区与非弹性区的交界面上，应力既满足式（4-50），又满足式（4-51），由此可得在此交界面上，即 $r=R$ 处：

$$p = \frac{p_b + c \cdot \cot\varphi}{1 - \sin\varphi}\left(\frac{R}{a}\right)^{\frac{1-\sin\varphi}{2\sin\varphi}} - c \cdot \cot\varphi \tag{4-52}$$

由此

$$R = a\left[\frac{(p + c \cdot \cot\varphi)(1 - \sin\varphi)}{p_b + c \cdot \cot\varphi}\right]^{\frac{2\sin\varphi}{1-\sin\varphi}} \tag{4-53}$$

支护对洞室周边的反力为：

$$p_b = \left[(p + c \cdot \cot\varphi)(1 - \sin\varphi)\right]\left(\frac{a}{R}\right)^{\frac{1-\sin\varphi}{2\sin\varphi}} - c \cdot \cot\varphi \tag{4-54}$$

这就是著名的修正了的芬诺公式。它表示当岩体性质、埋深等确定的情况下，非弹性变形区大小与支护对围岩提供的反力间的关系。

（4）按围岩分级和经验公式确定围岩压力

1）垂直围岩压力

围岩垂直压力的综合经验公式为：

$$q = N_0 K_L \gamma \tag{4-55}$$

式中 q——均匀分布垂直围岩压力（kPa）；

K_L——跨度修正系数，$K_L = \dfrac{l_m}{6}$，l_m 为洞跨度（m）；

γ——岩体重度（kN/m³）；

N_0——围岩压力基本值，即毛洞跨度为 6m 时的等效的围岩塌落高度（m），对于丙Ⅰ类围岩：$N_0 = 0.5 \sim 1.1m$，一般取 $0.7 \sim 0.8m$；丙Ⅱ类围岩：$N_0 = 1.1 \sim 2.5m$，一般取 $1.4 \sim 1.6m$；丁类围岩：$N_0 = 2.5 \sim 6m$，一般取 $4.0 \sim 4.5m$。

N_0 值可根据以下情况予以调整：

① 当岩体结构整体性较好者取小值，结构面较发育者取大值；结构面多数呈闭合型或干燥者取小值，夹泥充水者取大值；软弱结构面与洞表面的空间组合对岩体稳定性影响小者取小值，反之取大值。

② 考虑施工情况，如施工能及时支护者取小值；爆破震动大，不及时支护者取大值。

③ 对于丁类围岩，在各种不利情况组合下，取 $N_0 > 6m$。

④ 关于围岩分类表（参考岩石地下结构附表5-1）中"对设计、施工的建议"一栏，不同的跨度围岩稳定状态有适当的调整，对设计、施工的具体建议也需要相应的调整；围岩压力经验公式中的 N_0 值，如调整后仍属稳定性较差和不稳定围岩，则仍根据原属围岩类别分别选取，而不作调整；如调整后超出稳定性较差和不稳定围岩的范围，则原属围岩类别的 N_0 值已不再适用。

2）围岩水平压力

根据实测结果，围岩水平均布压力 e 为：

$$
\begin{aligned}
&\text{丙 I 类围岩：} && e = (0 \sim 0.15)q \\
&\text{丙 II 类围岩：} && e = (0.1 \sim 0.4)q \\
&\text{丁类围岩：} && e = (0.4 \sim 0.7)q
\end{aligned}
\qquad (4\text{-}56)
$$

3）适用条件

本方法原则上适用于稳定性较差或不稳定的丙类及丁类围岩的压力计算，其洞室跨度不应超过 15m 且满足 $\dfrac{h_m}{l_m} < 1.5$ 的条件。其中 h_m 是洞室边墙高度，l_m 是毛洞跨度。l_m 大于 15m 时，此法仅作为分析比较的参考，应以现场实测为主。

4.2.3 我国公（铁）路隧道规范推荐的围岩压力计算方法

1. 形变压力

（1）Ⅰ～Ⅳ级围岩中的深埋隧道，围岩压力为主要形变压力，其值可按释放荷载计算。

Ⅳ级以下围岩，喷射混凝土层将在同围岩共同变形的过程中对围岩提供支护抗力，使围岩变形得到控制，从而使围岩保持稳定。与此同时喷层将受到来自围岩的挤压力。这种挤压力由围岩变形引起，常称作"形变压力"。Ⅳ

级以下围岩一般呈现塑性和流变特性，洞室开挖后变形的发展往往会持续较长的时间。采用模筑混凝土支护围岩时，顶替原有临时支护扰动围岩以及衬砌同周围岩体不密贴都可招致松散压力，而当坍落发展到一定程度时，衬砌将与围岩密贴，并随围岩变形的继续发展，衬砌也将受到挤压，从而经受形变压力。可见围岩与支护间形变压力的传递是一个随时间的推进而逐渐发展的过程。这类现象称时间效应。

有限元分析中，形变压力常在计算过程中同时确定，而作为开挖效应的模拟，直接施加的荷载是在开挖边界上施加的释放荷载。释放荷载可由已知初始地应力或与前一步开挖相应的应力场确定。先求得预计开挖边界上各节点的应力，并假定各节点间应力呈线性分布，然后反转开挖边界上各节点应力的方向（改变其符号），据以求得释放荷载，如图 4-16 所示。

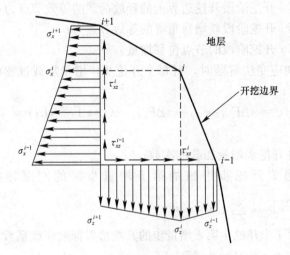

图 4-16　释放荷载计算图式

初始地应力 σ_0 的确定常需专门研究。对岩石地层，初始地应力可分为自重地应力和构造地应力两部分，而土层一般仅有自重地应力。其中自重地应力可由有限元法求得，构造地应力可由位移反分析方法确定。如将其假设为均布应力或线性分布分力，并将其与自重地应力叠加，则可得到初始地应力的计算式为：

$$\sigma_x = a_1 + a_4 z, \quad \sigma_z = a_2 + a_5 z, \quad \tau_{xz} = a_3 \tag{4-57}$$

式中　$a_1 \sim a_5$——常数；

　　　z——竖向坐标值。

对软土地层，初始地应力的垂直分量可取为自重应力，水平分量则常由根据经验给出的水平侧压力系数 K_0 算得，初始计算式为：

$$\sigma_z = \sum \gamma_i H_i, \quad \sigma_x = K_0 \cdot (\sigma_z - P_w) + P_w \tag{4-58}$$

式中　σ_z、σ_x——分别为竖直向和水平向初始地应力；

　　　γ_i——计算点以上第 i 层土的重度；

　　　H_i——相应土层的厚度；

P_w——计算点的孔隙水压力。

（2）释放荷载的计算

对于各开挖阶段的状态，有限元分析的表达式可写为：

$$[K]_i\{\Delta\delta\}_i = \{\Delta F_r\}_i + \{\Delta F_a\}_i \quad (i = 1, \cdots, L) \tag{4-59}$$

式中　L——开挖阶段数；

$[K]_i$——第 i 开挖阶段岩土体和结构的总刚度矩阵，由式 $[K]_i = [K]_0 + \sum\limits_{\lambda=1}^{i}[\Delta K]_\lambda$ 计算；

$[K]_0$——岩土体和结构（开挖开始前存在时）的初始总刚度矩阵；

$[\Delta K]_\lambda$——第 λ 开挖阶段开挖的岩土体和结构刚度的增量或减量，用以体现岩土体单元的挖除、填筑及结构单元的施作或拆除；

$\{\Delta F_r\}_i$——第 i 开挖阶段开挖边界上的释放荷载的等效节点力；

$\{\Delta F_a\}_i$——第 i 开挖阶段新增自重等的等效节点力；

$\{\Delta\delta\}_i$——第 i 开挖阶段的节点位移增量。

采用增量初应变法解题时，对每个开挖步，增量加载过程的有限元分析的表达式为：

$$[K]_{ij}\{\Delta\delta\}_{ij} = \{\Delta F_r\}_i \cdot \alpha_{ij} + \{\Delta F_a\}_{ij} \quad (i = 1, \cdots, L; j = 1, \cdots, M)$$

$$\tag{4-60}$$

式中　M——各开挖步增量加载的次数；

$[K]_{ij}$——第 i 开挖步中施加第 j 增量步时的刚度矩阵，$[K]_{ij} = [K]_{i-1+}\sum\limits_{\xi=1}^{j}[\Delta K]_i\xi$；

α_{ij}——第 i 步开挖步第 j 增量步的开挖边界释放荷载系数，开挖边界荷载完全释放时有 $\sum\limits_{j=1}\alpha_{ij} = 1$；

$\{\Delta F_a\}_{ij}$——第 i 步开挖步第 j 增量步新增自重等的等效节点力；

$\{\Delta\delta\}_{ij}$——第 i 步开挖步第 j 增量步的节点位移增量。

增量时步加荷过程中，部分岩土体进入塑性状态后，由材料屈服引起的过量塑性应变以初应变的形式被转移，并由整个体系中的所有单元共同负担。每一时步中，各单元与过量塑性应变相应的初应变均以等效节点力的形式起作用，并处理为再次计算时的节点附加荷载，据以进行迭代运算，直至时步最终计算时间，并满足给定的精度要求。

岩土体单元出现受拉破坏或节理、接触面单元发生受拉或受剪破坏时，也可按原理与上述方法类同的方法处理。单元发生破坏后，沿破坏方向的单元应力需予转移，计算过程将其处理为等效节点力，据以进行迭代计算。

2. 松散荷载

（1）Ⅳ～Ⅵ级围岩中深埋隧道的围岩压力为松散荷载时，其垂直均布压力及水平均布压力可按下列公式计算。

垂直均布压力按式（4-61）计算：

$$q = \gamma h \tag{4-61}$$

$$h = 0.45 \times 2^{s-1}\omega \qquad (4\text{-}62)$$

式中 q——垂直均布压力（kN/m^2）；

γ——围岩重度（kN/m^3）；

s——围岩级别；

ω——宽度影响系数，$\omega=1+i(B-5)$；

B——隧道宽度（m）；

i——B 每增减 1m 时的围岩压力增减率，以 $B=5m$ 的围岩垂直均布压力为准，当 $B<5m$ 时，取 $i=0.2$，$B>5m$ 时，取 $i=0.1$。

（2）水平均布压力按表 4-3 的规定确定。

围岩水平均布压力 表 4-3

围岩级别	Ⅰ、Ⅱ	Ⅲ	Ⅳ	Ⅴ	Ⅵ
水平均布压力 e	0	$<0.15q$	$(0.15\sim0.3)q$	$(0.3\sim0.5)q$	$(0.5\sim1.0)q$

注：应用式（4-61）及表 4-3，必须同时具备下列条件：
①$H/B<1.7$，H 为隧道开挖高度（m），B 为隧道开挖宽度（m）；
② 不产生显著偏压及膨胀力的一般围岩。

（3）公路隧道设计新规范给出的水平均布压力（kN/m^2）见表 4-4。

水平均布压力 表 4-4

围岩级别	Ⅵ	Ⅴ	Ⅳ	Ⅲ	Ⅰ～Ⅱ
水平均布压力 e	$(0.5\sim1.0)q$	$(0.3\sim0.5)q$	$(0.15\sim0.3)q$	$<0.15q$	0

对于更一般的深埋隧道，铁路隧道设计规范给出的竖直均布压力的计算公式为：

$$q = 0.45 \times 2^{s-1} \times \gamma\omega \qquad (4\text{-}63)$$

式中 s——围岩类别；

其他符号意义同前。

3. 浅埋和深埋的分界

（1）浅埋和深埋的分界，按荷载等效高度值，并结合地质条件、施工方法等因素综合判定。按荷载等效高度的判定公式为：

$$H_p = (2 \sim 2.5)h_q \qquad (4\text{-}64)$$

式中 H_p——浅埋隧道分界深度（m）；

h_q——荷载等效高度（m），按下式计算：

$$h_q = \frac{q}{\gamma} \qquad (4\text{-}65)$$

q——用式（4-61）算出的深埋隧道垂直均布压力（kN/m^2）；

γ——围岩重度（kN/m^3）。

在矿山施工法的条件下，Ⅳ～Ⅵ级围岩取：

$$H_p = 2.5h_q \qquad (4\text{-}66)$$

（2）浅埋隧道荷载分下述两种情况分别计算：

① 埋深（H）小于或等于等效荷载高度 h_q，即 $H\leqslant h_q$ 时，荷载视为均布垂直压力。

$$q = \gamma H \tag{4-67}$$

式中　q——垂直均布压力（kN/m^2）；

　　　γ——隧道上覆围岩重度（kN/m^3）；

　　　H——隧道埋深，指坑顶至地面的距离（m）。

侧向压力 e 按均布考虑时其值为：

$$e = \gamma\left(H + \frac{1}{2H_t}\right)\tan^2\left(45° - \frac{\varphi}{2}\right) \tag{4-68}$$

式中　e——侧向均布压力（kN/m^2）；

　　　H_t——隧道高度（m）；

　　　φ——围岩计算摩擦角（°），其值见表 4-5。

围岩计算摩擦角取值　　　　　　　　表 4-5

围岩级别	Ⅰ	Ⅱ	Ⅲ	Ⅳ	Ⅴ	Ⅵ
内摩擦角 φ(°)	>60	50~60	39~50	27~39	20~27	<20

注：选用计算摩擦角时，不再计内摩擦角和黏聚力。

② 当埋深大于 h_q 小于等于 H_p，即 $h_q < H \leqslant H_p$ 时，为便于计算，假定土体中形成的破裂面是一条与水平呈 β 角的斜直线，如图 4-17 所示。$EFHG$ 岩土体下沉，带动两侧三棱土体（如图中 FDB 和 ECA）下沉，整个土体 AB-DC 下沉时，又要受到未扰动岩土体的阻力；斜直线 AC 或 BD 是假定的破裂面，分析时考虑内聚力 c，并采用了计算摩擦角 φ；另一滑面 FH 或 EG 则并非破裂面，因此，滑面阻力要小于破裂面的阻力，若该滑面的摩擦角为 θ，则 θ 值应小于 φ 值，无实测资料时，θ 可按表 4-6 采用。

各级围岩的 θ 值　　　　　　　　表 4-6

围岩级别	Ⅰ、Ⅱ、Ⅲ	Ⅳ	Ⅴ	Ⅵ
θ 值	0.9φ	$(0.7~0.9)\varphi$	$(0.5~0.7)\varphi$	$(0.3~0.5)\varphi$

由图 4-17 可见，隧道上覆岩体 $EFHG$ 的重力为 W，两侧三棱岩体 FDB 或 ECA 的重力为 W_1，未扰动岩体整个滑动土体的阻力为 F，当 $EFHG$ 下沉，两侧受到阻力 T 或 T'，作用于 HG 面上的垂直压力总值 $Q_{\text{浅}}$ 为：

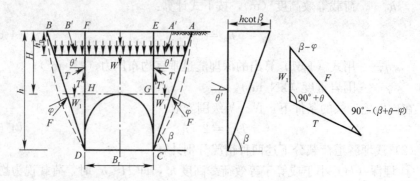

图 4-17　埋深大于等效荷载高度、小于深埋隧道分界深度时土压力计算图式

$$Q_{浅} = W - 2T' = W - 2T\sin\theta \tag{4-69}$$

三棱体自重为：

$$W_1 = \frac{1}{2}\gamma h \frac{h}{\tan\beta} \tag{4-70}$$

式中　h——坑道底部到地面的距离（m）；

　　　β——破裂面与水平面的夹角（°）。

由图根据正弦定理可得：

$$T = \frac{\sin(\beta - \varphi)}{\sin[90° - (\beta + \theta - \varphi)]}W_1 \tag{4-71}$$

将式（4-70）代入上式可得：

$$T = \frac{1}{2}\gamma h^2 \frac{\lambda}{\cos\theta} \tag{4-72}$$

$$\lambda = \frac{\tan\beta - \tan\varphi_c}{\tan\beta[1 + \tan\beta(\tan\varphi_c - \tan\theta) + \tan\varphi_c\tan\theta]} \tag{4-73}$$

$$\tan\beta = \tan\varphi_c \sqrt{\frac{(\tan^2\varphi_c + 1)\tan\varphi_c}{\tan\varphi_c - \tan\theta}} \tag{4-74}$$

式中　λ——侧压力系数。

至此，极限最大阻力 T 值可求得。得到 T 值后，代入式（4-69）可求得作用在 HG 面上的总垂直压力 $Q_{浅}$ 为：

$$Q_{浅} = W - 2T\sin\theta = W - \gamma h^2\lambda\tan\theta \tag{4-75}$$

由于 GC、HD 与 EG、FH 相比往往较小，而且衬砌与土之间的摩擦角也不同，前面分析时均按 θ 计，当中间土块下滑时，由 FH 和 EG 面传递，考虑压力稍大些对设计的结构也偏于安全，因此，摩阻力不计隧道部分而只计洞顶部分，即在计算中用 H 代替 h，这样式（4-75）为：

$$Q_{浅} = W - \gamma H^2\lambda\tan\theta \tag{4-76}$$

由于 $W = B_t H\gamma$，故：

$$Q_{浅} = \gamma H(B_t - H\lambda\tan\theta) \tag{4-77}$$

式中　B_t——坑道宽度（m）。

换算为作用在支护结构上的均布荷载（图 4-18），即：

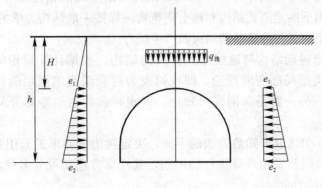

图 4-18　支护结构上的均布荷载

$$q_浅 = \frac{Q_浅}{B_t} = \gamma H \left(1 - \frac{H}{B_t} \lambda \tan\theta \right) \tag{4-78}$$

式中　$q_浅$——作用在支护结构上的均布荷载（kN/m²）。

作用在支护结构两侧的水平侧压力为：

$$\left.\begin{array}{l} e_1 = \gamma H \lambda \\ e_2 = \gamma h \lambda \end{array}\right\} \tag{4-79}$$

侧压力视为均布压力时：

$$e = \frac{1}{2}(e_1 + e_2) \tag{4-80}$$

4.2.4　其他荷载

地下建筑结构除了岩土层压力、结构自重和弹性抗力等荷载外，还可能遇到其他形式的荷载，如灌浆压力、混凝土收缩应力、地下静水压力、温差应力及地震荷载等，这些荷载的计算可参阅有关文献。

4.3　单层单跨拱形结构内力计算

4.3.1　概述

地道开挖后，修建衬砌的目的是为了承受地层及其他荷载，并阻止地层向洞室内变形，衬砌对地层起约束作用。由洞室周围围岩变形或坍塌而施加于衬砌上的力称为主动地层压力。衬砌在主动地层压力等作用下，必然产生变形，此时，地层对衬砌也有约束作用。因地层限制衬砌变形，衬砌则受到地层产生的反作用力，这是被动性质的地层压力又称弹性抗力。弹性抗力阻止衬砌变形，从而提高其承载力，这是区别于地上建筑物最显著的特点。地层对结构的约束作用和大小与地层的软硬程度有关。

目前，整体地道式结构按考虑衬砌结构与地层间的相互作用与否，分两大类。

（1）自由变形结构，即不考虑衬砌结构与地层间的相互作用。此时，在主动荷载作用下的地道式结构和地上建筑物一样按一般结构力学的方法计算，只在拱脚或墙底受弹性地基的约束而产生反力。

（2）考虑衬砌结构与地层相互作用的结构。根据计算理论的不同，可分两类：一类是局部变形理论，即视衬砌为符合温克尔假定的弹性介质中的弹性结构。另一类是共同变形理论，即视衬砌为直线变形介质中的弹性结构。

根据计算中选取未知数方法的不同，决定抗力分布形式采用弹性地基梁理论的不同，以及采用计算途径的不同，其计算方法又可分多种，常用的计算方法如表 4-7 所示。

表 4-7

整体地道式结构计算方法

计算理论	基本未知数选取方法	方法名称	边墙弹性抗力分布形式	边墙类型及刚度	编号	计算简图	基本结构图式	主要未知数	备 注
局部变形理论	力法	朱-布法	假定抗力分布	曲墙	1	（图）	（图）	1. 拱顶力矩和推力； 2. 弹性抗力最大值	1. 边墙为直墙时，一般不采用此法； 2. 计算例题参见兰州铁道学院隧道工程（1977年）
		纳乌莫夫法	弹性地基梁	刚性梁 短梁	2	（图）	（图）	1. 拱顶力矩和推力； 2. 拱脚弹性抗力强度； 3. 边墙为短梁时，增加墙脚弯矩和剪力	1. 地道式结构人梁，故本编入； 2. 计算例题参见岩石地下建筑结构（1980年）
	位移法	角变位移法	集中反力链杆	曲墙 直墙	4 5	（图）	（图）	1. 各链杆内力； 2. 与链杆数目相应的内力矩； 3. 拱顶力矩和推力	此法即为链杆法，采用矩阵力学利用电子计算机计算，故称称矩阵力法
		不均衡力矩及侧力传播法	弹性地基梁（初参数法）	刚性梁 短梁	6 7 8 9	（图）	（图）	拱脚（即墙顶）处的角变及侧移	1. 计算层单跨衬砌（单跨连结构）较方便； 2. 计算方法双层双跨见岩石地下建筑结构（1980年）
共同变形理论	力法	达维多夫法	弹性地基梁	刚性强 弹性墙	10 11	（图）	（图）	1. 弹性中心的弯矩和推力； 2. 边墙侧面和底部各点的内力； 3. 固定边墙下端的链杆内力； 4. 边墙脚的角位移	1. 地道式结构中，因仰拱构造设置，不考虑仰拱对结构的影响； 2. 参阅达维多夫地下建筑结构的计算与设计（1957年）

注：1. 表中衬砌结构和荷载均为对称的计算方法，不对称时，也有相应的方法；
2. 基本结构图式中，主动荷载均未表示出。

4.3.2 主要截面厚度的选定和几何尺寸的计算

结构设计时，首先是根据工程拟建场地的工程地质和水文地质条件、使用要求、施工条件和材料供应等因素选择结构方案。接着是选定结构尺寸，绘出其内轮廓线，进而按工程类比法，定出主要截面厚度，通过计算并绘出外轮廓线和拱轴线，确定主要截面的厚度，最后是内力计算和强度校核，验证衬砌结构几何尺寸是否满足需要，必要时作局部修改和补充。

结构主要截面厚度的选定包括拱圈、直墙、底板（或仰拱）以及基础的尺寸，由于地道式结构所处工程地质条件的复杂性和多变性以及使用要求和防护等级的不同，目前还没有总结出估算的经验公式，只能通过调查和研究已建工程与拟建工程的工程地质条件加以综合比较，预测拟建工程的可能条件，根据实际情况，选定主要截面厚度，一般可参考表 4-8 和表 4-9。

黄土洞工程类比表　　　　　　　　　　表 4-8

类别	跨度(m) 净	跨度(m) 毛	覆盖层厚度(m)	高跨比	洞形	衬砌材料	截面形状及尺寸(mm)	基础宽度(m)	备　注
甲类黄土	6	6.6	15～38	0.75	半椭圆形	预制混凝土板	槽形或空心	0.45	1. 本表未考虑地震作用； 2. 砖衬砌采用 MU7.5 黏土砖及 M5 水泥砂浆砌筑，现浇素混凝土采用 C15 或 C20，预制钢筋混凝土采用 C20、C25 或 C30； 3. 施工方案系随挖随衬随回填； 4. 预制钢筋混凝土板尺寸及配筋图
乙类黄土	6	6.6	30～50	0.7	三心圆落地拱	砖	矩形厚24	0.60	
乙类黄土	5	5.6	20～30	0.80	三心圆落地拱	砖	矩形厚24～30	0.60	
乙类黄土	6	7.0	25～30	0.70	三心圆落地拱	砖或现浇素混凝土	矩形：砖30～37；混凝土厚25	0.70	
乙类黄土	7	3.5	25～30	0.70	三心圆落地拱	砖或现浇素混凝土	矩形厚30	0.80	
乙类黄土	9	10.5	25～30	0.70	三心圆落地拱	砖或现浇素混凝土	矩形厚45	1.00	
丙类黄土	3.0	3.5	10～20	1.17	直墙半圆拱	砖	矩形厚24	0.37	
丙类黄土	3.5	4.0	10～20		直墙半圆拱	砖	矩形厚24	0.49	

已建工程条件

砖石、混凝土预制构件直墙半圆拱静荷载重衬砌尺寸参考　　　　表 4-9

结构尺寸 （m）	砖墙砖拱		混凝土预制 块砌拱墙		块石砌墙砖 砌拱		块石砌墙钢筋 混凝土预制拱		备注
	f_k 值								
	1	2	1	2	1	2	1	2	
	截面尺寸								
$l_0=1.2$ $h_0=2.0\sim2.2$	24	24	20	20	$\dfrac{24}{40}$	$\dfrac{24}{40}$	$\dfrac{12}{40}$	$\dfrac{12}{40}$	1. h_0 为衬砌设计地面标高至拱顶轴线的高度；l_0 为衬砌的净跨； 2. 表中横线上面数字表示拱厚，下面表示墙厚，钢筋混凝土预制拱的含钢率为 0.2% 的构造钢筋； 3. 材料最低强度采用：砖MU7.5，砂浆 M5，块石MU20，混凝土 C15； 4. $1<f_k<2$ 可插入估算
$l_0=1.5$ $h_0=2.0\sim25$	24	24	20	20	$\dfrac{24}{40}$	$\dfrac{24}{40}$	$\dfrac{12}{40}$	$\dfrac{12}{40}$	
$l_0=2.0$ $h_0=2.0\sim5.5$	37	37	25	25	$\dfrac{37}{40}$	$\dfrac{37}{40}$	$\dfrac{14}{40}$	$\dfrac{14}{40}$	
$l_0=2.5$ $h_0=2.0\sim2.5$	37	37	30	25	$\dfrac{37}{40}$	$\dfrac{37}{40}$	$\dfrac{18}{40}$	$\dfrac{14}{40}$	
$l_0=3.0$ $h_0=2.5\sim3.0$	49	37	30	25	$\dfrac{49}{50}$	$\dfrac{37}{40}$	$\dfrac{20}{50}$	$\dfrac{14}{40}$	

　　边墙基底的埋置深度，一般墙底低于垫层底部 10～50cm（图 4-19），地层较软或基础反力较大时，边墙埋置深度应适当加大，在黏性土地层中，靠近洞口的边墙基底应设置在冰冻线以下。结构跨度较小时，一般底板做成平底板，其厚度不小于 10cm。当构造设置仰拱时，一般仰拱的矢高不大于跨度的 1/8，其底部一般不超过边墙的基底。如因使用上的要求超过边墙基底时，则需严格控制，不宜太大。边墙的基宽 h_a，应由墙基对地基的压力不超过允许值决定。衬砌结构的内部净跨、净高、墙高以及拱形状、厚度及其变化规律确定以后，即可根据几何关系计算其余尺寸。

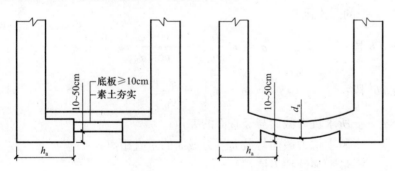

图 4-19　边墙基底的埋置深度

4.3.3　计算理论和简图

　　当结构的跨度较大时（5～6.0m），为适应较大侧向土层压力的作用，改善结构的受力性能，地道式结构常采用曲墙拱，其计算方法是力法，抗力的分布是假定的，即为表 4-7 中的朱-布法。

　　1. 假定抗力分布的计算原理

　　曲墙拱衬砌系一基础支承在弹性地基上的尖拱，仰拱一般是在拱圈和边墙建成后浇筑，故在计算中可不考虑仰拱的影响，在垂直和侧向土层压力作用下，衬砌顶部向地道内变形，而两侧向地层方向变形并引起地层对衬砌的弹性抗力，抗力的图形作如下假定（图4-20）：

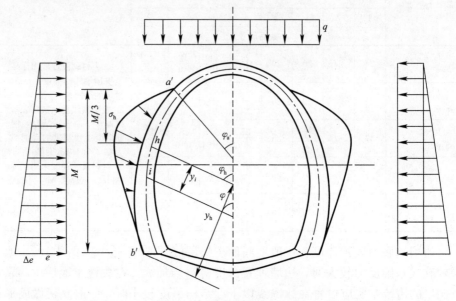

图4-20　假定的抗力分布

（1）弹性抗力区的上零点 a' 在拱顶两侧 $45°$（图中 $\varphi_{a'}=45°$），下零点 b' 在墙脚，最大抗力 σ_h 发生在 h 点，$a'h$ 的垂直距离相当于 $\frac{1}{3}a'b'$ 的垂直距离；

（2）$a'b'$ 段上弹性抗力的分布如图4-20所示，各个截面上的抗力强度是最大抗力 σ_A 的二次函数；

在 $a'h$ 段：
$$\sigma = \sigma_h \frac{\cos^2\varphi_{a'} - \cos^2\varphi_i}{\cos^2\varphi_{a'} - \cos^2\varphi_h} \tag{4-81}$$

在 hb' 段：
$$\sigma = \sigma_h \left(1 - \frac{y_i^2}{y_{b'}^2}\right) \tag{4-82}$$

式中　φ_i——所求抗力截面与竖直面的夹角；

y_i——所求抗力截面与最大抗力截面的垂直距离；

σ_h——最大弹性抗力值；

$y_{b'}$——墙底外边缘 b' 至最大抗力截面的垂直距离。

以上是根据多次计算和经验统计得出的对均布荷载作用下曲墙拱衬砌弹性抗力分布的规律。

2. 计算简图

曲墙拱衬砌的计算简图（图4-21a）系拱脚弹性固定、两侧受地层约束的无铰拱，由于墙底摩擦力较大，不能产生水平位移，仅有转动和垂直沉陷，在荷载和结构均为对称的情况下，垂直沉陷对衬砌内力将不产生影响，一般也不考虑衬砌与介质之间的摩擦力。其计算简图如图4-21（a）所示。

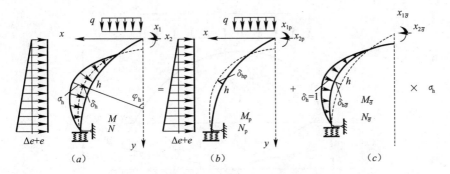

图 4-21　曲墙拱衬砌计算简图及问题分析

(a) 总图式；(b) 主动图式；(c) 被动图式

对于图 4-21 (a) 所示的结构，采用力法求解时，可选取从拱顶切开的悬臂曲梁作为基本结构，切开处有多余未知力 x_1 和 x_2 作用，另有附加的未知数 σ_h，根据切开处的变形协调条件，只能写出两个方程式，所以必须利用 h 点的变形谐调条件来增加一个方程，这样才能解出三个未知数 x_1、x_2 和 σ_h。

为此，可先将在主动荷载（包括垂直和侧向的）作用下，最大抗力点 h 处的位移 δ_{hp} 求出来（图 4-21b）。然后，单独以 $\sigma_h = 1$ 时的弹性抗力图形作为外荷载，也可求出相应的 h 点的位移 $\delta_{h\bar\sigma}$（图 4-21c），根据叠加原理，h 点的最终位移为：

$$\delta_h = \delta_{hp} + \sigma_h \cdot \delta_{h\bar\sigma}$$

而 h 点的位移与该点的弹性抗力 σ_h 存在下述关系：

$$\sigma_h = K\delta_h$$

将其代入上式，简化后得：

$$\delta_h = \frac{\delta_{hp}}{\dfrac{1}{K} - \delta_{h\bar\sigma}} \tag{4-83}$$

式（4-83）即为所需要的附加方程式。联立此三个方程，可求出多余未知力 x_1、x_2 及附加的未知量 σ_h。

3. 曲墙式衬砌计算的基本原理

曲墙式衬砌计算的基本原理是：首先求出主动荷载作用下的衬砌内力，此时不考虑弹性抗力，即按自由变形结构计算（图 4-21b）。然后，以最大弹性抗力 $\sigma_h = 1$ 分布图形作为荷载（被动荷载），求出结构的内力。求出主动荷载作用下的内力和被动荷载 $\sigma_h = 1$ 作用下的内力后，再按式（4-83）求出 σ_h。最后把 $\sigma_h = 1$ 作用下求出的内力乘以 $\sigma_h = 1$，再与主动荷载作用下的内力叠加起来，得到最终结构的内力。图（4-21）就是说明这一叠加原理的计算简图。

4. 具体计算步骤

（1）求主动荷载作用下的衬砌结构的内力

此时可采用图（4-22a）所示的基本结构，多余未知力为 x_{1p}、x_{2p}，列出力法基本方程（为说明此步骤，多余未知力和墙底截面转角 β 以及水平位移 u 都加了一个 p 的脚标）：

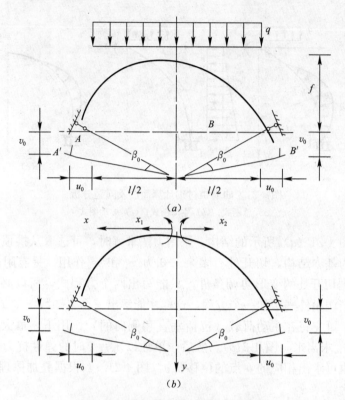

图 4-22 曲墙拱拱脚计算的基本结构

(a) 基本结构; (b) 荷载作用下的基本结构

$$x_{1p}\delta_{11} + x_{2p}\delta_{12} + \Delta_{1p} + \beta_p = 0 \atop x_{1p}\delta_{21} + x_{2p}\delta_{22} + \Delta_{2p} + f\beta_p + u_p = 0 \Bigg\} \tag{4-84}$$

符号规则: 弯矩以截面内缘受拉为正, 轴力以截面受压为正, 剪力以顺时针旋转为正, 变形与内力的方向一致, 取正号, 反之, 则取负号。

式中 β_p、u_p——墙底截面的转角和水平位移, 参照曲墙拱拱脚计算的图 4-22 和图 4-23, 分别计算 x_{1p}、x_{2p} 和主动荷载的影响后, 按叠加原理求得:

$$\beta_p = x_{1p}\bar{\beta}_1 + x_{2p}(\bar{\beta}_2 + f\bar{\beta}_1) + \beta_p^0 \tag{4-85}$$

$\bar{\beta}_1$——当拱顶作用单位弯矩 $x_{1p}=1$ 时, 在墙基截面引起的转角;

$x_{1p}\bar{\beta}$——拱顶弯矩 x_{1p} 所引起的墙基截面的转角;

$\bar{\beta}_2$——当拱顶作用单位水平力 $x_{2p}=1$ 时, 在墙基截面产生的单位水平力所引起的转角, 因墙基截面不产生转角, 所以 $\bar{\beta}_2=0$;

$\bar{\beta}_2 + f\bar{\beta}_1$——当拱顶作用单位水平力 $x_{2p}=1$ 时, 在墙基截面产生的转角;

$x_{2p}(\bar{\beta}_2 + f\bar{\beta}_1)$——拱顶水平力 x_{2p} 所引起的墙基截面的转角;

f——衬砌的矢高;

β_p^0——在主动荷载作用下在墙基截面产生的转角。

此处, 因墙基截面无水平位移, 所以, $u_p=0$, 代入上式经整理后得:

$$x_{1p}(\delta_{11} + \bar{\beta}_1) + x_{2p}(\delta_{12} + f\bar{\beta}_1) + \Delta_{1p} + \beta_p^0 = 0 \atop x_{2p}(\delta_{12} + f\bar{\beta}_1) + x_{2p}(\delta_{22} + f^2\bar{\beta}_1) + \Delta_{2p} + f\beta_p^0 = 0 \Bigg\} \tag{4-86}$$

式中 δ_{ik}、Δ_{ik}——基本结构的单位变位和载变位，按一般结构力学计算；

$\bar{\beta}_1$——墙底截面的单位转角，与半衬砌相同，$\bar{\beta}_1 = \dfrac{12}{bd^3 K_0}$。推导如下：

图 4-23（a）中所示表示拱脚处作用着单位力矩（$M=1$），拱脚边缘处地基受到的压力为：

$$\sigma = \frac{M}{W} = \frac{6}{bd^2}$$

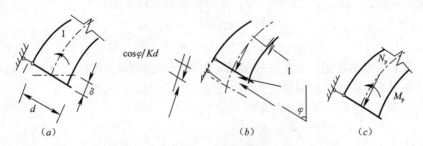

图 4-23 单位力和外荷载单独作用

地基的压缩变形为：

$$\delta = \frac{\sigma}{K_0} = \frac{6}{bd^2 K_0}$$

则拱脚的转角为：

$$\bar{\beta}_1 = \frac{\delta}{\dfrac{h_x}{2}} = \frac{12}{bd^3 K_0}$$

式中 W——墙基截面的抵抗矩；

b——墙基截面的宽度，通常 $b=1\mathrm{m}$；

d——墙底截面的厚度；

K_0——墙底地层弹性抗力系数；

β_p^0——墙底截面的荷载转角，$\beta_p^0 = M_{bp}^0 \bar{\beta}_1$；

M_{bp}^0——在主动荷载作用下墙底截面的弯矩。

解出 x_{1p} 和 x_{2p} 后，即得主动荷载作用下的衬砌结构任一截面的内力（图 4-24）为：

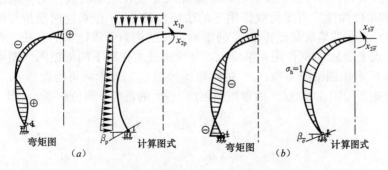

图 4-24 主动荷载和被动荷载作用下的内力图

$$M_{ip} = x_{1p} + x_{2p} y_i + M_{ip}^0 \bigg\}$$
$$N_{ip} = x_{2p} \cos\varphi_i + N_{ip}^0 \bigg\}$$

(4-87)

式中 M_{ip}^0、N_{ip}^0——基本结构上主动荷载作用下衬砌各截面的弯矩和轴力;

　　　　y_i、φ_i——所求截面 i 的纵坐标和该截面与竖直面间的夹角。

（2）求被动荷载作用下的衬砌结构的内力

同理,以力 $\sigma_h = 1$ 时的弹性抗力分布图形作为荷载,用同样的方法,求得多余未知力 $x_{1\bar\sigma}$ 和 $x_{2\bar\sigma}$ （图 4-24b）,其力法基本方程式为:

$$x_{1\bar\sigma}\delta_{11} + x_{2\bar\sigma}\delta_{12} + \Delta_{1\bar\sigma} + \beta_{\bar\sigma} = 0 \bigg\}$$
$$x_{2\bar\sigma}\delta_{12} + x_{2\bar\sigma}\delta_{22} + \Delta_{2\bar\sigma} + u_{\bar\sigma} + f\beta_{\bar\sigma} = 0 \bigg\}$$

(4-88)

为了说明本步骤,有关符号加了了 $\bar\sigma$ 的脚标,表示最大弹性抗力 $\sigma_h = 1$ 抗力图形作用下（简称单位弹性抗力图）引起的未知力、转角和位移。

$\beta_{\bar\sigma}$ 和 $u_{\bar\sigma}$ 同上一样求得:

$$\beta_{\bar\sigma} = x_{1\bar\sigma}\bar\beta_1 + x_{2\bar\sigma} - (\bar\beta_1 + f\bar\beta_1) + \beta_{\bar\sigma}^0$$

此处 　　　　　　　$\bar\beta_2 = 0, \quad \bar u_{\bar\sigma} = 0$

代入前式得:

$$x_{1\bar\sigma}(\delta_{11} + \bar\beta_1) + x_{2\bar\sigma}(\delta_{12} + f\bar\beta_1) + \Delta_{1\bar\sigma} + \beta_{\bar\sigma}^0 = 0 \bigg\}$$
$$x_{2\bar\sigma}(\delta_{21} + f\bar\beta_1) + x_{2\bar\sigma}(\delta_{22} + f^2\bar\beta_1) + \Delta_{2\bar\sigma} + f\beta_{\bar\sigma}^0 = 0 \bigg\}$$

(4-89)

式中 $\Delta_{1\bar\sigma}$、$\Delta_{2\bar\sigma}$——单位弹性抗力图作用下,基本结构在 x_1 和 x_2 方向上的位移;

　　　　$\beta_{\bar\sigma}^0$——单位弹性抗力图作用下,墙底截面的转角 $\beta_{\bar\sigma}^0 = M_{b\bar\sigma}^0 \bar\beta_1$;

　　　　$M_{b\bar\sigma}^0$——单位弹性抗力图作用下,墙底截面的弯矩;

其余符号意义同式（4-86）。

求解式（4-89）得出 $x_{1\bar\sigma}$ 和 $x_{2\bar\sigma}$,即可求得在单位弹性抗力图荷载作用下的任意截面内力:

$$M_{i\bar\sigma} = x_{1\bar\sigma} + x_{2\bar\sigma} y_i + M_{i\bar\sigma}^0 \bigg\}$$
$$N_{i\bar\sigma} = x_{1\bar\sigma} \cos\varphi_i + N_{i\bar\sigma}^0 \bigg\}$$

(4-90)

式中 $M_{i\bar\sigma}$、$N_{i\bar\sigma}$——为单位弹性抗力图作用下任一截面的弯矩和轴力。其弯矩图如图 4-24 （b）所示。

（3）求最大抗力 σ_h

由式（4-83）可知,欲求 σ_h,必须先求 h 点在主动荷载作用下的法向位移 δ_{hp} 和单位弹性抗力图荷载作用下的法向位移 $\delta_{h\bar\sigma}$,但求这两项位移时,要考虑弹性支承的墙底截面转角 β_0 的影响,按结构力学求位移的方法,在基本结构 h 点上沿 σ_h 方向作用一单位力,并求出此力作用下的弯矩图（图 4-25）。用图 4-25 弯矩图乘图 4-24 （a）的弯矩图再加上 β_p 的影响可得位移 δ_{hp}。以图 4-25 弯矩图乘图 4-24 （b）的弯矩图再加上 $\beta_{\bar\sigma}$ 的影响可得位移 $\delta_{h\bar\sigma}$,即

$$\delta_{hp} = \int_s \frac{M_{ip} y_{ih}}{EJ} ds + y_{bh}\beta_p \Bigg\}$$
$$\delta_{h\bar\sigma} = \int_s \frac{M_{i\bar\sigma} y_{ih}}{EJ} ds + y_{bh}\beta_{\bar\sigma} \Bigg\}$$

(4-91)

式中　β_p——主动荷载作用下，墙底截面的转角 $\beta_p = \bar{\beta}_1 \cdot M_{bp}$；

　　$\beta_{\bar{\sigma}}$——单位弹性抗力图荷载作用下，墙底截面的转角 $\beta_{\bar{\sigma}} = \bar{\beta}_1 \cdot M_{b\bar{\sigma}}$；

　　y_{ih}——所求抗力截面中心至最大抗力截面的垂直距离（图 4-25）；

　　y_{bh}——墙底截面中心至最大抗力截面的垂直距离。

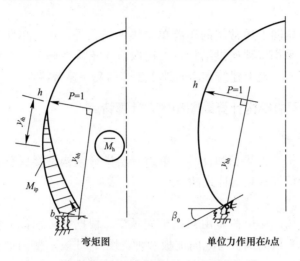

图 4-25　最大抗力 σ_h 的计算简图

（4）计算各截面最终的内力值

利用叠加原理可得：

$$\left.\begin{array}{l} M_i = M_{ip} + \sigma_h \cdot M_{i\bar{\sigma}} \\ N_i = N_{ip} + \sigma_h \cdot N_{i\bar{\sigma}} \end{array}\right\} \tag{4-92}$$

式中　N_{ip}、M_{ip}——由式（4-87）求得；

　　$N_{i\bar{\sigma}}$、$M_{i\bar{\sigma}}$——由式（4-90）求得。

（5）计算的校核

校核的方法利用在对称荷载作用下，求得的内力应满足在拱顶截面处的相对转角和相对水平位移为零的条件，即

$$\left.\begin{array}{l} \displaystyle\int_s \frac{M_i}{EJ}\mathrm{d}s + \beta_0 = 0 \\[4mm] \displaystyle\int_s \frac{M_i y_i}{EJ}\mathrm{d}s + d\beta_0 = 0 \end{array}\right\} \tag{4-93}$$

式中　　　　　　$\beta_0 = \beta_p + \sigma_h \beta_{\bar{\sigma}}$ 　　　　　　（4-94）

除按式（4-93）校核外，还应按 h 点的位移协调条件校核，即

$$\int_s \frac{M_i y_{ih}}{EJ}\mathrm{d}s + y_{bh}\beta_0 - \frac{\sigma_h}{K} = 0 \tag{4-95}$$

以上所介绍的计算方法比较接近地道式结构的实际受力状态，力学概念比较清晰，便于掌握。其缺点是弹性抗力图是假定的，事实上弹性抗力的分布是随衬砌的刚度、结构的形状、主动荷载的分布和衬砌与介质间的回填等因素而变化。

其次，这种方法只适用于结构和荷载都对称的情况，当荷载分布显著不均匀不对称时，上述假定的弹性抗力分布规律就不适用了。

4.4 单跨双层和单层多跨连拱结构的构造和计算

地道式结构除上述常用的单跨单层拱形结构外，还有单跨双层或单层多跨连拱结构，采用这种连拱结构，关键取决于正确的施工方案和合理的施工顺序。这是区别于地上建筑和岩石地下建筑的又一显著特点。

4.4.1 单跨双层结构计算简图和内力计算特点

1. 构造形式

为便于分析受力状态和计算，单跨双层拱形结构按楼层荷载传力体系的不同，可分为框架式和梁柱式两类。

（1）框架式

框架式结构的楼层荷重由衬砌框架承受。根据楼板铺设方向的不同，框架式结构又分为横向铺板与纵向铺板两种：图 4-26 表示横向铺板的单跨两层框架式地道结构的断面，楼板可采用预制板或现浇板。它的构造简单，施工方便，但因楼板横跨整个地道，适用跨度较小或楼层荷载不大的地道式结构；当跨度或楼层荷载较大时，宜采用纵向铺板的框架（图 4-27），其横梁和楼板

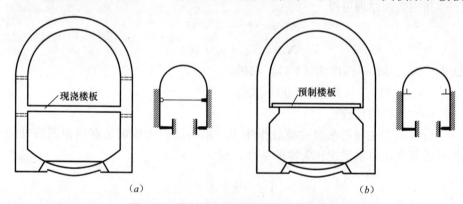

（a）   （b）

图 4-26　横向铺板的单跨两层框架式结构

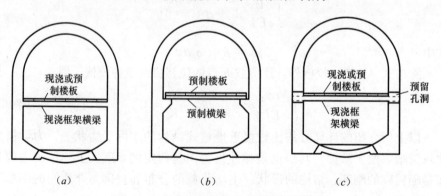

（a）   （b）   （c）

图 4-27　纵向铺板的单跨两层框架式结构

可预制或现浇，在地道式结构中有时可利用土模现浇横梁和楼板。横梁的间距3~6m，并与衬砌构成框架式衬砌断面，承受相邻两横梁间的全部楼层荷载。当楼层荷载较大时，宜采用受力性能较好的横梁与衬砌整浇的框架式结构（图4-27a）。横梁与衬砌的结构构造除采用整浇和牛腿（图4-27b）外，工程实践中也有在侧墙上预留孔洞作为大梁支承的（图4-27c）。

（2）梁板式

当地道式结构跨度或楼层荷载较大时，宜在跨中增设柱子或承重纵墙构成梁板式结构。楼层荷载由设于洞内的梁板柱承受（图4-28），其洞内结构形式与地上建筑相仿，平面布置比较灵活多样，楼层荷载的传递和结构设计的原理与地上建筑相同。

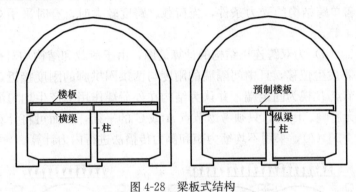

图 4-28　梁板式结构

2. 计算简图和内力计算特点

单跨双层结构截面尺寸和计算简图的决定方法与单跨单层结构相同。洞内梁板柱的尺寸可参照地上建筑结构的方法按变形控制值选定。计算简图中各构件长度取构件轴线间的距离，以轴线代替结构。在分析荷载的传递时，应注意按实际情况计算作用在衬砌结构上的荷载。

为加强框架式结构所在断面的承载能力，其计算单元可取 1.5~2.0m 作为计算单元。在这单元内一般宜配置附加钢筋的加强段，而不加大截面尺寸。至于不设附加钢筋的框架段因不承受楼层的荷载，纵向计算长度仍取延米。

图 4-26 （a）的现浇楼板的刚度比衬砌侧墙的刚度较小，楼板与侧墙连接视为铰接。图 4-26 （b）、图 4-27 （b）和图 4-28 利用牛腿支撑洞内楼层的荷载，视楼板或横梁简支在牛腿上，牛腿的支撑反力即楼层荷载传来的垂直压力，并按此压力设计牛腿。楼层传至牛腿的垂直压力对拱顶内力的影响较小，可不予考虑，而按弹性地基梁理论计算直墙内力时，应考虑偏心力矩的影响。

图 4-27 （a）是横梁与衬砌结构整浇的框架式结构，其计算简图（图4-29），密实回填的侧墙为弹性地基梁；侧墙底部直接支承在地层上，墙底

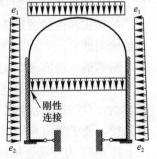

图 4-29　横梁与衬砌整浇的框架式结构计算简图

亦为弹性地基上的梁；因有构造设置的仰拱且墙底摩擦力较大，视墙底与地层不产生相对水平位移，故加设水平链杆。楼层与衬砌的联结是刚性节点，采用力法或角变位移法计算就较烦琐。一般对称的单跨双层或单层双跨的地道式结构宜采用"不均衡力矩及侧力传播法"计算。

图 4-27 (c) 直墙上预留孔洞作为横梁支承时，可近似认为与没有楼层作用的结构一样计算。

必须指出，从结构设计的程序来说，则应先计算洞内结构，然后计算衬砌结构。

4.4.2 多跨连拱结构的内力计算

为改善单跨结构的受力条件，当荷载、跨度较大时，有时采用双跨连拱结构（图 4-4）。

图 4-30 (a) 为双跨连拱结构的计算简图，由于荷载和结构均对称，故中间节点 B 不发生位移，且中间隔墙的刚度与两拱圈拱脚的刚度接近，可近似地将中间节点 B 视为固定端，并认为结构在外荷载作用下产生均匀沉降而对结构内力无影响。因此，只须考虑节点 A 或 C 的平衡，从而可将计算简图再简化为图 4-30 (b)，采用不均衡力矩和侧力传播法进行内力计算。

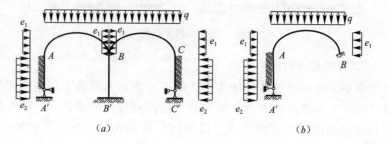

$$(a) \qquad\qquad (b)$$

图 4-30　双跨连拱结构计算简图

1. 多跨连拱结构的内力计算

三跨连拱结构如图 4-31 所示，中间墙由天梁、柱和地梁代替，有时天梁和地梁的高跨比 $H/L \geqslant 0.25$ 应按高梁计算。在横向平面内，中跨大拱通过天梁支承在两侧立柱和边拱上，通过两侧柱子将大拱的垂直支承力传到地梁、大拱的仰拱和边拱的底板，最后传给底部地层，通过边拱将大拱的水平推力传给侧向地层。

对称的三跨连拱结构，宜采用辅助力法计算，它比角变位移法减少一半节点未知数。分析三跨连拱结构时，位于对称轴处的大拱计算采取它的调整形常数，只需作三次弯矩分配并解一组二元联立方程，其力学概念清晰，计算简捷，便于学习和应用。

图 4-31 为三跨连拱结构的计算简图和受荷状态，采用辅助力法的计算步骤如下：

（1）把所有节点 ABCD 都固定，于是各单个拱 AB、BC、CD 均为固定拱，柱子 BB' 和 CC' 成固端梁。这时求出在外荷作用下各拱和柱的固端弯矩 M^F 及固端推力 H^F。在各节点处的 M^F 及 H^F 的代数和就是作用在各节点上的不均衡弯矩 M^u 及不均衡推力 H^u。

（2）在所有可动节点 A、B、C、D 处假想设一铰支座，使各节点只能自由转动，但不能产生位移（图 4-32）。这时可按所熟悉的弯矩分配法来进行弯矩分配，以平衡各节点的不均衡弯矩。

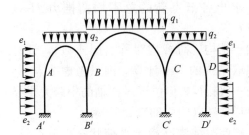 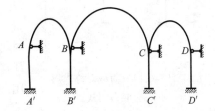

图 4-31　三跨连拱结构计算简图　　　　图 4-32　在可动节点假想铰支座简图

但是在跨变结构中，由于弯矩平衡还要引起新的推力，即各节点将产生新的总不均衡推力，具体计算步骤是：

1）根据各节点杆端的抗弯劲度 S 先计算出各节点杆端的弯矩分配系数 $\mu=-\dfrac{S}{\sum S}$ 及弯矩传递系数 C；

2）按弯矩分配法将各节点的不均衡弯矩 M^u 进行分配，再传递至相邻节点，依次进行，直到传递弯矩很小时为止；

3）将各节点杆端的分配弯矩加传递弯矩再加固端弯矩 M^F，得各节点的结果弯矩；

4）计算各杆端所得分配弯矩总和并乘以"推力交换系数" $h=\dfrac{T}{S}$，即得该杆端的交换推力，并乘以 -1 传到相邻节点，这是做弯矩分配所引起的推力；式中 T 为相干系数；

5）把上述由于弯矩平衡引起的推力与原有的由于荷载引起的不均衡力矩 H^u 相加，即得各节点的新的总不均衡推力 H_A^u、H_B^u、H_C^u 和 H_D^u 等。

（3）令节点 B 有水平位移 Δ_B 发生，并达到其真正的最后位置（但无角变），而其他节点仍固定，即既不转动也无水平位移（图 4-33），求出由此引

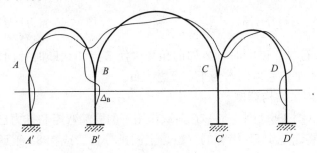

图 4-33　求解不均衡推力图式

4.4　单跨双层和单层多跨连拱结构的构造和计算

起的固端弯矩和固端推力（发生于节点 B 相邻二跨），按照上述第二步进行弯矩分配，并得出各节点新的总不均衡推力 H_{AB}、H_{BB}、H_{CB} 和 H_{DB}。

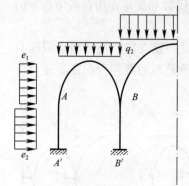

图 4-34　结构、荷载对称求解
不均衡推力图式

同样，使节点 A 发生水平位移 Δ_A（无角变），并达到其真正的最后位置，其他节点均固定，求出其固端弯矩和固端推力，再做弯矩分配，求出各节点新的总不均衡推力 H_{AA}、H_{CA} 和 H_{DA}。

由于结构、荷载均对称（图 4-31），计算时可只取结构的一半计算，即只考虑节点 A、B 移动一次就行，但位于对称轴的中跨大拱要用调整形常数（图 4-34）。

（4）此时结构已趋于平衡状态，节点 A、B 已达它们的最后位置（指水平位移），那么作用在各节点上的水平推力代数和应等于零，故可列出一组二元联立方程：

$$\left.\begin{array}{l} H_{AA} + H_{AB} + H_A^u = 0 \\ H_{BA} + H_{BB} + H_B^u = 0 \end{array}\right\} \qquad (4\text{-}96)$$

解之，就可求得可动节点 A、B 的水平位移值 Δ_A 和 Δ_B。

（5）得出 Δ 值后，即可利用以前所进行的各次弯矩分配结果，叠加出所求的各杆端的最终弯矩和推力。

在研究连拱结构的应力分析时，采用代数学的符号系统，其规定如下：

1）弯矩符号：对于杆端，以顺时针方向的弯矩为正，逆时针方向的弯矩为负（无论对单个圆拱的左端或右端）。对于节点则相反，即逆时针方向的弯矩为正，顺时针方向的弯矩为负（图 4-35）。

2）推力符号：对于杆端，以向右的推力为正，向左的推力为负（无论对单个圆拱的左端或右端）。对于节点则相反，即向左的推力为正，而向右的推力为负（图 4-36）。

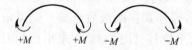

图 4-35　弯矩符号图式

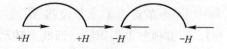

图 4-36　推力符号图式

3）变位符号：以顺时针方向的角变（使节点切线顺时针向旋转）为正，反之为负。水平位移以向右为正，反之为负。

2. 三跨连拱结构算例

若结构（图 4-5、图 4-34）在荷载作用下的固端弯矩和推力已求得，其计算方法可参阅魏琏 1958 年著的《超静定圆拱分析》或 1982 年重庆建筑工程学院等四校编的《岩石地下建筑结构》。

杆端	AA'	AB	BA	BB'	BC	$A'A$	$B'B$
弯矩 $M^F_{(t-m)}$	48.7689	-7.2674	7.2674	0	-42.3876	-43.7689	0
推力 $H^F_{(t)}$	-63.1995	71.1	-71.1	0	145.60	-63.1995	0

各拱、墙和柱的形常数计算结构如表 4-11 所示，E 为混凝土弹性模量。

形常数计算表   表 4-11

构件 形常数	AA'墙	AB 边拱	BC 大拱	$B'B$ 柱	备 注
抗挠劲度 S	0.16587E	0.23794E	0.28628E	0.07378E	1. 中跨大拱 BC 用调整形常数 S'_{BC}、J'_{BC}、T'_{BC} 和 C'_{BC}；
抗移劲度 J	0.02515E	0.14346E	0.04352E	0.01033E	2. 直墙 AA' 未考虑弹性地基梁，即按一般直梁计算 $S=4i$，$J=\dfrac{12i}{L^2}$，$T=-\dfrac{6i}{L}$
相干系数 T	$-0.05374E$	0.13263E	0.10665E	$-0.02390E$	
传递系数 C	$\dfrac{1}{2}$	-0.30520	-1	$\dfrac{1}{2}$	

弯矩分配系数 $\mu = -\dfrac{S}{\sum S}$，推力交换系数 $h = \dfrac{T}{S}$。

弯矩分配系数和推力交换系数表   表 4-12

节点	A		B		
杆端	AA'	AB	BA	BC	$B'B$
弯矩分配系数 μ	-0.40381	-0.58942	-0.39787	-0.47866	-0.12337
推力交换系数 h	-0.32399	0.55741	0.55741	0.37254	-0.32394

下面就本节所述的计算方法计算三跨连拱结构的内力。

第一步：假设可动节点 A 和 B 处有一假想铰支座，使它们只能转动而不能水平位移，并进行弯矩分配；

第二步：使节点 A 作水平位移 Δ_A 达到它的最后位置，而其他节点均保持固定，求得节点 A 有水平位移 Δ_A，引起的固端弯矩和固端推力，根据常数定义得：

$$M^F_{\Delta B} = T_{AB} \cdot \Delta_A = 0.13263E\Delta_A; \quad M^F_{B\Delta} = -T_{AB} \cdot \Delta_A = -0.13263E\Delta_A;$$

$$H^F_{AB} = -H^F_{BA} = J_{AB}\Delta_A = 0.14346E\Delta_A; \quad M^F_{AA'} = T_{AA'} \cdot \Delta_A = -0.05374E\Delta_A;$$

$$H^F_{AA'} = J_{AA'}\Delta_A = 0.02515E\Delta_A$$

同样做弯矩分配。

弯矩分配程序 A 见表 4-13 所示。

弯矩分配程序 A   表 4-13

节 点	A			B		
杆端	$A'A$	AA'	AB	BA	BC	BB'	$B'B$
弯矩分配系数 μ		-0.41076	-0.58924	-0.39787	-0.47866	-0.12377	
固端弯矩 M^F	-48.7689	48.7689	-7.2674	7.2674	-42.3876	0	0

149

续表

分配及传递	−8.5230 0.6895	−17.0470	−24.4530 −3.3580 1.9790	7.4630 1.0040	13.2380	3.4120	1.7060
结果弯矩	56.6024	33.1000	−33.0994	25.7344	−29.1496	3.4120	1.7060
分配弯矩之和	0	−15.6680	−22.4740	11.0040	13.2380	3.4120	0
推力交换系数 h		−0.3239	0.55741	0.55741	0.37254	−0.32394	
交换推力 传递推力	−6.6430	6.6430	−12.5270 −61337	6.1337 12.5270	4.9317	−1.1053	1.1053
固端推力 H^F	−63.1995	−63.1995	71.1000	−71.1000	145.6000	0	0
结果推力	−69.8425	−56.5565	52.4393	−52.4393	1505317	−1.1053	1.1053
阶段总不均衡推力	$H_A^u = -4.1172$			$H_B^u = 96.9870$			

弯矩分配程序 B 见表 4-14 所示。

弯矩分配程序 B　　　　　　　　　　　　　表 4-14

节点	A			B			
杆端	$A'A$	AA'	AB	BA	BC	BB'	$B'B$
弯矩分配系数 μ		−0.41076	−0.58924	−0.39787	−0.47866	−0.12377	
固端弯矩 M^F		−0.05374	0.13263	−0.13263			
分配及传递	−8.5230 0.00296	−0.03240 0.00591	−0.04648 −0.01438 0.00847	0.014186 0.04713	0.05670	0.01461	0.00730
结果弯矩	−0.01324 $E\Delta_A$	−0.08023 $E\Delta_A$	0.08023 $E\Delta_A$	−0.07132 $E\Delta_A$	0.05670 $E\Delta_A$	0.01461 $E\Delta_A$	0.00730 $E\Delta_A$
分配弯矩之和	0	−15.6680	−22.4740	11.0040	13.2380	3.4120	0
推力交换系数 h 交换推力 传递推力	−6.6430	−0.3239 6.6430	0.55741 −12.5270 −61337	0.55741 6.1337 12.5270	0.37254 4.9317	−0.32394 −1.1053	1.1053
固端推力 H^F		0.02515	0.14346	−0.14346			
结果推力	−0.00858 $E\Delta_A$	0.03373 $E\Delta_A$	0.0960 $E\Delta_A$	−0.0960 $E\Delta_A$	0.02112 $E\Delta_A$	−0.00473 $E\Delta_A$	0.00473 $E\Delta_A$
阶段总不均衡推力	$H_{AA} = 0.12923E\Delta_A$			$H_{BA} = -0.07961E\Delta_A$			

同理，使节点 B 作水平位移 Δ_B 达到它的最后位置，而其他节点为固定，此时引起的固端弯矩和固端推力为：

$$M_{BA}^F = T_{BA} \cdot \Delta_B = 0.13263E\Delta_B; \quad M_{BC}^F = T_{BC} \cdot \Delta_B = 0.10665E\Delta_B;$$

$$M_{BB'}^F = T_{BB'} \cdot \Delta_B = -0.02390E\Delta_B; \quad M_{B'B}^F = T_{B'B} \cdot \Delta_B = -0.02390E\Delta_B$$
$$H_{BC}^F = J_{BC}\Delta_B = 0.04352E\Delta_B; \quad H_{BA}^F = J_{AB}\Delta_B = 0.14346E\Delta_B;$$
$$H_{BB'}^F = J_{BB'}\Delta_B = 0.01033E\Delta_B; \quad H_{B'B}^F = J_{B'B}\Delta_B = -0.01033E\Delta_B$$

弯矩分配程序 C 见表 4-15 所示。

弯矩分配程序 C 表 4-15

节 点	A			B			
杆端	$A'A$	AA'	AB	BA	BC	BB'	$B'B$
弯矩分配系数 μ		-0.41076	-0.55924	-0.39787	-0.47866	-0.12377	
固端弯矩 M^F			-0.15263	0.13263	0.10665	-0.02390	
分配及传递	0.02187 0.00048	0.04374 0.00096	0.02615 0.06274 -0.00233 0.00130	-0.08569 -001915 000762	-0.10309 0.00917	-0.02657 0.00236	-0.01329 0.00118
结果弯矩	0.02235 $E\Delta_B$	0.04470 $E\Delta_B$	-0.04417 $E\Delta_B$	0.03541 $E\Delta_B$	0.01273 $E\Delta_B$	-0.04811 $E\Delta_B$	-0.01211 $E\Delta_B$
分配弯矩之和	0	0.04470	0.06404	-0.07807	-0.09392	-0.02421	0
推力交换系数 h 交换推力 传递推力	 0.01448	-0.32399 -0.01448	0.55741 0.03570 0.04352	0.55741 -0.04352 -0.03570	0.3754 -0.03499	-0.32394 0.00784	 -0.00784
固端推力 H^F			-0.14346	0.14346	0.04352	0.01033	
结果推力	0.01448 $E\Delta_B$	-0.01448 $E\Delta_B$	-0.06424 $E\Delta_B$	0.06424 $E\Delta_B$	0.00853 $E\Delta_B$	0.01817 $E\Delta_B$	
阶段总不均衡推力	$H_{AB} = -0.07872E\Delta_B$			$H_{BB} = 0.09094E\Delta_B$			

第三步：在节点 A 和 B 的推力最终代数和应为零建立以下联立方程式：

$$\left.\begin{array}{l} H_{AA} + H_{AB} + H_A^u = 0 \\ H_{BA} + H_{BB} + H_B^u = 0 \end{array}\right\} \tag{4-97}$$

即

$$\left.\begin{array}{l} -4.1172 + 0.12973E\Delta_A - 0.07872E\Delta_B = 0 \\ 96.987 - 0.0761E\Delta_A + 0.09094E\Delta_B = 0 \end{array}\right\}$$

解后得 $\quad\quad \Delta_B = -\dfrac{1}{E}2215.97; \quad \Delta_A = -\dfrac{1}{E}1312.9111$

其位移如图 4-37 所示。

第四步：计算杆端的最终弯矩和推力。其节点和杆端内力的方向如图 4-38 所示为正。

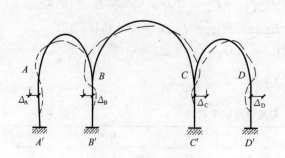

图 4-37 位移图式

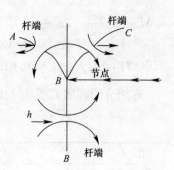

图 4-38 节点和杆端内力方向图式

内力和推力计算结果见表 4-16。

内力和推力计算结果　　　　　　　　　　　　表 4-16

内力	杆端	$A'A$	AA'	AB	BA	BC	BB'	$B'B$	备注
$M_{(t-m)}$	荷载引起	−56.6024	33.1000	−33.1000	25.7344	−29.1496	3.412	1.706	
	因 Δ_A 引起	17.38294	105.3349	−105.3349	93.63682	−74.4420	−19.1816	−9.5843	结果弯矩
	因 Δ_B 引起	−49.5269	−99.5386	−99.5386	−78.4675	−28.2093	106.0103	26.836	结果弯矩
	最终值	−88.7463	39.38100	−39.38100	409.372	−131.8009	90.8407	18.8572	
$H_{(t)}$	荷载引起	−69.843	−56.557	52.4393	−52.4393	150.5317	−1.1053	1.1053	
	因 Δ_A 引起	11.2648	−44.2845	−126.039	−126.039	−27.7287	6.21007	−6.21	结果推力
	因 Δ_B 引起	−32.0873	32.0873	142.3539	−142.3539	−18.9022	−40.2647	17.3732	结果推力
	最终值	−90.665	68.7538	68.75374	−68.7537	03.9008	−35.159	12.2684	

第五步：核算计算结果。

节点 A：　　　　　$\sum M_A = 0$，　39.3100 − 39.38100 = 0

　　　　　　　　　$\sum H_A = 0$，　−68.75374 + 68.75274 = 0

节点 A：$\sum M_B = 0$，　40.90372 − 131.80096 + 90.84069 ≈ 0

　　　　　　　$\sum H_B = 0$，　−68.75374 + 103.90080 − 35.15993 ≈ 0

第六步：求得杆端内力后，不难按截离体条件求出任一截面的内力，计算从略。

4.4.3 构造和配筋

单跨、单跨双层以及单层连拱地道式结构采用先拱后墙施工时，先浇筑拱圈，后浇筑侧墙，两侧墙的混凝土将收缩，使拱圈拱脚与侧墙顶部产生空隙，影响结构的整体性。为此，拱圈拱脚与侧墙顶部设置一预留孔洞，称刹肩。浇筑拱圈时，在拱脚下超挖 5～10cm，铺入粗中砂以预埋拱圈伸入侧墙的钢筋。当浇筑侧墙时，将拱圈的钢筋弯成设计的曲率并与侧墙的钢筋搭接，待浇筑侧墙的混凝土终凝后，再用干硬性高强度混凝土或膨胀混凝土密实捣实，以确保地道式结构的整体性（图 4-39～图 4-42）。

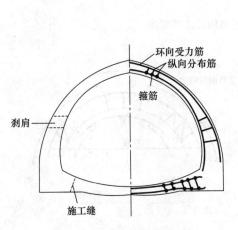

图 4-39　单跨构造和配筋

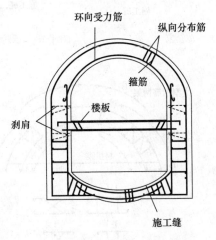

图 4-40　单跨双层衬砌结构构造和配筋

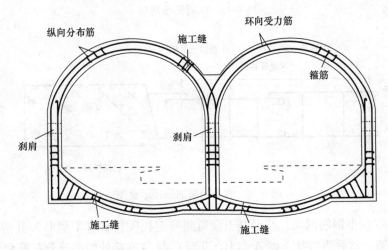

图 4-41　双跨连拱结构构造和配筋

为减少地道内绑扎钢筋时间，方便施工，错开受力钢筋的接头，拱圈浇筑段的钢筋网架由Ⅰ型和Ⅱ型组成（图 4-43、图 4-44），先在地面上焊接成型，然后在地道内就地拼装而成。Ⅰ型钢筋网架由 A 和 B 小型钢筋网架组成；Ⅱ型由 C 和 D 小型钢筋网架组成，洞室的拱圈部分开挖成型后，先安装Ⅰ型

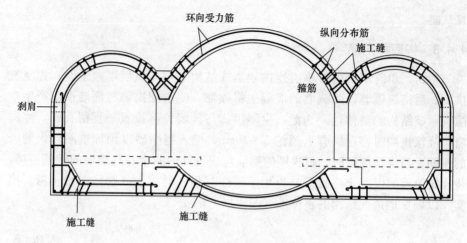

图 4-42 三跨连拱结构构造和配筋

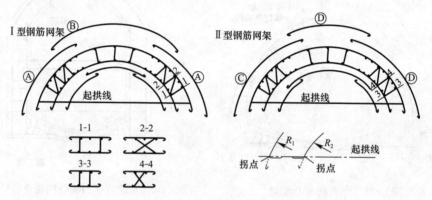

图 4-43 拱圈钢筋网架

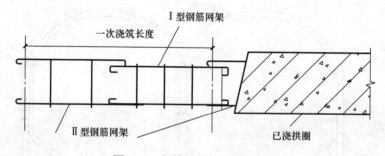

图 4-44 钢筋网架的连接示意图

A 和Ⅱ型 C 小钢筋网架，待混凝土浇筑到一定程度再放置Ⅰ型 B 和Ⅱ型 D 小钢筋网架，然后再绑扎Ⅰ型 A 与 B、Ⅱ型 C 与 D 连接处的部分分布筋和箍筋，最后浇筑拱圈顶部的混凝土。

本章小结

1. 了解地道式结构的概念、受力特点，熟悉地道式结构的类型和适用环境。

2. 了解地道式结构的荷载计算，了解水平土压力和垂直土压力的计算方法，浅埋深埋的划分；了解围岩压力的概念、分类及计算方法。

3. 了解单层单跨拱形结构的内力计算方法。

4. 了解单跨双层和单层多跨连拱结构的构造和计算方法。

思考题

4-1 简述围岩压力的概念及其影响因素。

4-2 简述围岩压力计算的几种理论方法，有何区别？

4-3 如何考虑初始地应力、释放荷载和开挖效应？

4-4 地道式结构的施工方法和适用条件？

4-5 确定围岩压力的方法有哪些？

4-6 深埋和浅埋如何划分？

4-7 单跨双层和单层多跨连拱结构计算原理，进行内力计算时应该如何考虑？

4-8 某半圆直墙土洞的几何尺寸为（如图4-45所示）$H=10\text{m}$，$h=2.5\text{m}$，$R=1.5\text{m}$，土体的力学指标 $c=80\text{kPa}$，$\varphi=26°$，$\zeta=0.3$，$\gamma=16.5\text{kN/m}^3$，试评价土洞的稳定性。

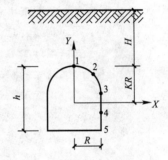

图 4-45 半圆直墙土洞

第5章
沉井结构

本章知识点

> 主要内容：沉井的结构类型；不同阶段的设计计算和构造配筋。
>
> 基本要求：了解沉井的类型和特点；掌握沉井结构的设计计算和构造处理。
>
> 重　　点：实际工程中不同沉井结构的构造要求；沉井结构主要尺寸的确定和下沉系数的验算；不同阶段的强度计算以及配筋设计。
>
> 难　　点：不同类型沉井的结构形式和特点；沉井下沉系数的计算需要考虑实际井壁摩擦力的分布形式，需要考虑沉井的实际工况；对井壁刃脚产生悬臂作用的原理理解以及刃脚内外挠曲的悬臂受力分析及配筋设计，涉及力学理论较多，难度较大。

5.1 概述

5.1.1 沉井的概念

实际工程建设中，当上部结构荷重较大，对地基和基础承载能力提出较高要求，同时地基土层中能够承受较大荷载的土层埋深较大，而浅基础和桩基础受到水文地质条件的限制，不能满足使用要求时，工程建设中经常采用沉井结构。沉井结构主要以其施工方式命名，简言之，就是将已建的"井"通过某种方法"沉"到地下或水下一定位置处后修筑而成的一种地下建筑结构。沉井结构既可以用作陆地建（构）筑物基础或工作井，也可用作桥墩的水中基础。所谓沉井结构，就是用一个事先筑好的以后能充当基础或工作井的井筒状结构物，上下开口，通常用混凝土或钢筋混凝土材料筑造，然后一边在井内挖土，一边在它的自重及其他辅助下沉的措施作用下，克服井壁摩阻力后不断下沉到设计标高，经过混凝土封底并填塞井孔，浇筑沉井顶盖，最终形成的一种地下建筑结构物形式。

常见的沉井结构由套井、井壁、内隔墙和刃脚组成。套井（即锁口）是靠近地表预先做好的一段大于沉井外径 1.5m 左右的井筒，用以保护井口、安

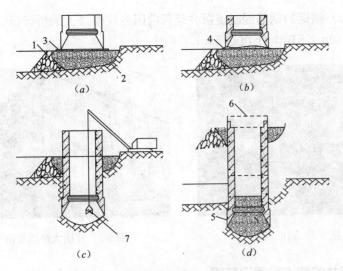

图 5-1 沉井施工步骤示意图

(a) 筑岛、铺垫木、制作沉井底节；(b) 抽除支承垫木；(c) 挖土下沉；(d) 清基及封底
1-袋装黏土筑岛护壁；2-填土；3-垫木；4-对称抽除垫木，同时回填砂土；
5-封底混凝土；6-沉井顶板；7-抓泥斗

设导向装置和贮存减阻材料。沉井井壁就是井筒的永久侧壁，应有足够的强度，并满足下沉所需的重量。一般为钢筋混凝土结构，随沉井下沉不断在井口浇筑接长。内隔墙系大尺寸沉井的分隔墙，是沉井外壁的支撑。刃脚位于沉井井壁最下端，多用钢材制造，刃尖角通常较为锋利，便于下沉，刃脚外半径比井壁外半径大一些，以便下沉后在井壁四周形成一个环形空间。

施工时沉井利用钢刃脚插入土层，工作面不断破土排渣，依靠井壁自重不断下沉，当沉井刃脚达到基岩或预定的设计标高后，即行封底与壁后注浆固井。

沉井深度一般仅 20m 左右，大型沉井的平面尺寸可达 $2000 \sim 3000 m^2$。1839 年法国创造了压气沉井法，因下沉深度有限，并有损工人健康，到 20 世纪 50 年代逐渐被淘汰。1944 年日本向沉井壁后施放压缩空气，减少井壁与土层的摩擦阻力获得成功。1952 年匈牙利和瑞士创造了触变泥浆液体减阻的新方法，压注触变泥浆法在我国的应用较多，在工程应用中能使触变泥浆兼有减摩助沉和支承井壁外侧土体防止沉井周围地面沉降的作用。我国于 1958 年创造了振动沉井法，即在预制的薄壁长段井筒上部装设井帽，在其上安置振动机，带动井筒振动，加大井筒的下沉力，并促使井壁四周土壤液化，减少沉井周边的摩擦阻力，加快下沉速度。1969 年起采用壁后泥浆淹水沉井，即在井内淹水，保持井内外压力平衡，可防止涌砂冒泥，建成了 30 多个井筒，最深井达 192.5m。南京长江大桥正桥 1 号墩基础是一个典型的钢筋混凝土沉井结构（图 5-2）。它是靠近长江北岸的第一个桥墩。此处江水很浅，但地质钻探结果表明在地面以下 100m 以内尚未发现岩面，地面以下 50m 处有较厚的砾石层，可以作持力层，所以采用了尺寸为 20.2m×24.9m 的长方形多井式沉井。沉井在土层中下沉了 53.5m，在当时是一个创举。江阴长江公路大桥（图 5-3）锚锭的钢筋混凝土沉井是目前国内规模最大的桥梁沉井结构，平面尺寸为 69m×51m，下沉达 58m。

图 5-2 圆形沉井

图 5-3 江阴大桥锚锭沉井

5.1.2 沉井的特点和适用范围

1. 沉井的特点

（1）工作特点

沉井结构在施工过程中具有双重作用，既是施工时挡土、挡水的临时围堰，可以直接形成井筒状的工作空间，同时又可以作为工程的基础结构。它与基坑法的区别是，沉井在施工过程中，井壁成了阻挡水、土压力，防止土体坍塌的围护结构，从而省去大量的支撑和板桩工作，不需要另设围护结构，减少了土方开挖量。沉井结构的单体造价较低，主体的混凝土都在地面上浇筑，质量较易保证，不存在接头的强度和漏水问题，可采用横向主筋构成较经济的结构体系。在一定的场合下，是一种不可取代的较佳方案。

（2）力学特点

沉井结构的特点是其入土深度可以很大，结构刚度大、整体性强、稳定性高，抗渗抗震能力强，可埋设在地下较深的深度，横截面可以根据需要设置得比较大，有较大的承载面积，能承受较大的垂直力、水平力及挠曲力矩。

（3）施工特点

沉井结构施工时占地面积小，与大开挖相比较，挖方量少，对邻近建筑物的干扰比较小，无需特殊的专业设备。近年来沉井的施工技术和施工机械都有了很大改进，如触变泥浆润滑套法、壁后压气法、钻吸排土及中心岛式下沉等施工技术，能较好地解决施工过程中的下沉困难、流砂、倾斜等问题。同时沉井适应土质范围广（淤泥土、砂土、黏土和砂砾等土层都可以施工），施工操作简便，技术上比较稳妥可靠，在工程中获得了较多的应用。

2. 沉井结构的缺点

施工周期较长，在有些地层（如饱和粉细砂类土）中施工时，井筒内部抽水降低地下水位易引起流砂、翻砂，导致沉井倾斜，造成沉井下沉困难，所以沉井的倾斜监控和防倾斜措施是施工中的关键技术之一。另外，沉井下沉过程遇到大的孤石、树干、溶洞及坚硬的障碍物及井底岩层表面倾斜过大时，施工有一定的困难，需做特殊处理。

3. 沉井结构的适用范围

（1）上部结构物规模大，基础承受的竖向和横向荷载大，此时如采用浅基础，浅层地基土的容许承载力不足，采用扩展基础会引起开挖工作量过大，场地内地层深处有较好的持力层，采用沉井结构与其他深基础相比较，经济上较为合理或者天然基础和桩基础都受水文地质条件限制不宜实施时。

（2）在山区河流中，虽然浅层土质较好，但冲刷大或河中有较大卵石层不便桩基础施工时。

（3）倾斜不大的岩面，在掌握岩面高差变化的情况下，可通过高低刃脚与岩面倾斜相适应，或者岩层表面较平坦且覆盖层薄，但河水较深，采用扩大基础施工围堰有困难或临时围堰与其他深基础相比较经济上合理时。

（4）作为地下建筑结构，需要一定的内部空间，同时又起到支撑围护作用时。

沉井在地下建筑结构和深基础工程中使用较多，作为永久性地下构造物使用的地下油库、地下气罐、地下泵房、地下沉淀池、地下水池、地下防空洞、地下车库、地下变电站、发电机厂房、地下料坑等多种地下设施，作为盾构或顶管隧道施工中的临时性工作井（盾构机械的搬入、组装、进发、到达、解体、管片及场地）、盾构设备的接收井和永久性的隧道通风井、排水泵房井、矿用竖井、水池竖井等，作为桥梁墩台、重型厂房和各种工业构筑物的深基础，大型设备基础、烟囱、水塔、高层、超高层建筑物基础。大型沉井可用于地下工厂、车间、地下车库、地下娱乐场所等地下空间开发，大型浮运沉井可用来建造海上石油开采平台。

5.2　沉井结构

5.2.1　沉井的结构类型和构造

1. 沉井结构类型

（1）按材料分类

1）素混凝土沉井

素混凝土沉井的特点是抗压强度高，抗拉能力低，这种沉井宜做成圆形，当井壁足够厚时，也可做成圆端形和矩形，适用于下沉深度不大（4～8m）的松软土层中。

2）钢筋混凝土沉井

这种沉井不仅抗压强度高，抗拉能力也较强，下沉深度可以很大（达数十米以上）。当下沉深度不很大时，井壁上部用混凝土、下部（刃脚）用钢筋混凝土制造的沉井，在桥梁工程中得到较广泛的应用。当沉井平面尺寸较大时，可做成薄壁结构，沉井外壁采用泥浆润滑套、壁后压气等施工辅助措施就地下沉或浮运下沉。此外，这种沉井井壁、隔墙可分段（块）预制，工地拼接，做成装配式。

3) 竹筋混凝土沉井

沉井在下沉过程中受力较大因而需配置钢筋，一旦完工后，它就不承受多大的拉力，因此，在南方产竹地区，可以采用耐久性差但抗拉力好的竹筋代替部分钢筋来承受下沉过程中的拉力，在南昌赣江大桥曾有这种沉井应用。但在沉井分节接头处及刃脚内仍用钢筋。

4) 钢沉井

用钢材制造沉井井壁外壳，井壁内挖土，填充混凝土。此种沉井强度高，刚度大，重量较轻，易于拼装，常用于做空心浮运沉井，修建深水基础，但用钢量较大，成本较高。

5) 砖石沉井

这种沉井适用于深度浅的小型沉井，或临时性沉井。比如，房屋纠倾工作井，可用砖砌沉井，深度约 4~5m。

(2) 按平面形状分类

可分为圆形、方形、矩形、圆端形、多边形。根据井孔布置方式有单孔、双孔、多孔等，如图 5-4 所示。

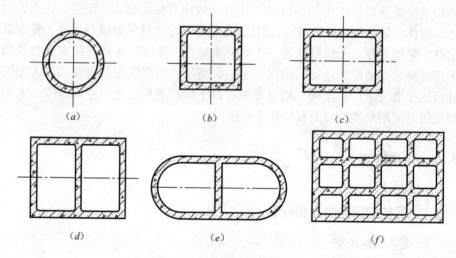

图 5-4 沉井按平面形式分类

(a) 圆形单孔沉井；(b) 正方形单孔沉井；(c) 矩形单孔沉井；
(d) 矩形双孔沉井；(e) 圆端形双孔沉井；(f) 矩形多孔沉井

1) 圆形沉井：在下沉过程中垂直度和中线较易控制，即易控制方向，较其他形状沉井更能保证刃脚均匀作用在支承的土层上。在侧向土压力作用下，井壁只受轴向压力（侧压力均布时），或稍受挠曲（侧压力非均布时）。便于机械取土作业，但它只适用于上部建造圆形或接近正方形截面的墩（台）。

2) 矩形沉井：具有制造简单、基础受力有利、较能节省圬工数量的优点，并能配合大多数墩台（或其他结构物）的底部平面形状，但四角处有较集中的应力存在，且四角处土不易被挖除，井角不能均匀地接触承载土层，因此四角一般应做成圆角或钝角，这样可有效改善转角处的受力条件。矩形沉井在侧压力作用下，井壁受较大的挠曲力矩，长宽比愈大其挠曲应力亦愈大，通常要在沉井内设隔墙支撑，以增加刚度，改善受力性能；另在流水中阻水系数较大，冲刷较严重。

3）圆端形沉井：控制下沉、受力条件、阻水冲刷均较矩形者有利，但沉井制造较复杂。对平面尺寸较大的沉井，可在沉井中设隔墙，使沉井由单孔变成双孔。双孔或多孔沉井受力有利，亦便于在井孔内均衡挖土使沉井均匀下沉以及下沉过程中纠偏。

其他异型平面的沉井，如椭圆形、菱形等，应根据生产工艺和施工条件而定。

（3）**按竖向剖面形状分类**

可分为柱形（直墙形）、阶梯形及锥形等，如图 5-5 所示。

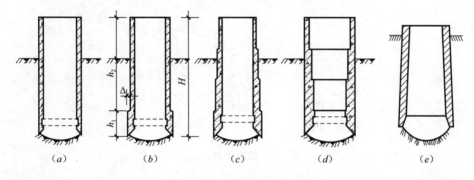

图 5-5 沉井按剖面形状分类

（a）柱形；（b）外壁单阶梯形井；（c）外壁多阶梯形；（d）内壁多阶梯形；（e）锥形沉井

1）柱形沉井：当土质松软、摩擦力不大，下沉深度不深时可采用柱形。其优点是周围土层能较好地约束井壁，易于控制垂直下沉。井壁接长较简单，模板可重复使用。此外，沉井下沉时，周围土的扰动影响范围小，可以减少对四周建筑物的影响，故特别适用于市区有较密集建筑群的地区。

2）锥形沉井：井壁可以减少土与井壁的摩阻力，其缺点是施工较复杂，消耗模板多，同时沉井下沉过程中容易发生倾斜。故在土质较密实，沉井下沉深度大，要求在不太增加沉井本身重量的情况下沉至设计标高，可采用这类沉井。锥形沉井井壁坡度一般为 1/40～1/20，外壁倾斜式沉井同样可以减少下沉时井壁外侧土的阻力，但这类沉井具有下沉不稳定、制造困难等缺点，故较少使用。

3）阶梯式沉井：当土层密实且下沉深度很大时，为了减少井壁间的摩擦力而不使沉井过分加大自重，常在外壁做成一个（或几个）台阶的阶梯形井壁。台阶设在每节沉井接缝处，宽度一般为 10～20cm。最下面一级阶梯宜设于 $h_1 = (1/4～1/3)H$ 高度处（见图 5-5）。h_1 过小不能起导向作用，容易使沉井发生倾斜。施工时一般在阶梯面所形成的槽孔中灌填黄砂或护壁泥浆以减少摩擦力并防止土体破坏过大。

（4）**按施工方法分类**

1）就地制作下沉沉井：这种沉井是在基础设计的位置上制造，然后挖土靠沉井自重下沉。如基础位置在水中，需先在水中筑岛，再在岛上筑井下沉。

2）浮式沉井：在深水地区筑岛有困难或不经济，或者有碍通航，当河流流速不大时，可采用岸边浇筑浮运就位下沉的方法。此时沉井多为钢壳井壁，也有空腔钢丝网水泥薄壁沉井。这类沉井称为浮运沉井或浮式沉井。

2. 沉井构造

沉井基础的形式虽有所不同，但在构造上主要由外井壁、刃脚、隔墙、井孔、凹槽、射水管、封底及顶板等组成，独立沉井的构造如图5-6所示。

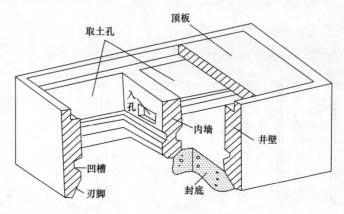

图 5-6　独立沉井构造图

（1）井壁

井壁是沉井的主要部分，它在沉井下沉过程中起挡土、挡水及利用本身重量克服土与井壁之间的摩阻力的作用。当沉井施工完毕后，它就成为基础或地下空间的侧壁。井壁应有足够的厚度与强度，以承受在下沉过程中各种最不利荷载组合（水、土压力）所产生的内力，同时要有足够的重量，使沉井能在自重作用下顺利下沉到设计标高，受浮力作用时不致上浮。根据井壁在施工中的受力情况，可以在井壁内配置竖向及水平向钢筋，以增加井壁强度。

井壁厚度主要决定于沉井大小、下沉深度和下沉需要的重量，以及土壤的力学性质，同时应考虑便于取土和清基。

设计时通常先假定井壁厚度，再进行强度验算。井壁厚度一般为 0.4～1.2m 左右。有战时防护要求的，井壁厚度可达 1.5～1.8m。

对于薄壁沉井，应采用触变泥浆润滑套、壁外喷射高压空气或井壁中预埋射水管等措施，以减小沉井下沉时的摩阻力，达到减薄井壁厚度、节约材料的目的。

（2）刃脚

刃脚为井壁下端部分，一般做成刀刃状，如图5-7所示，故称为"刃脚"。其主要功用是减少下沉阻力。刃脚的脚底水平面称为踏面，踏面宽度一般为 10～30cm，沉井重、土质软时，踏面要宽些。相反，沉井轻又要穿过硬土层时，踏面要窄些。刃脚内侧斜面的倾角一般为 45°～60°。刃脚还应具有一定的强度，以免在下沉过程中损坏。当沉井下沉较深且土质较坚硬时，刃脚面常以型钢（角钢或槽钢）加强（见图 5-7b）；在坚硬地基上且需要用爆破方法清除刃脚下障碍物时可采用钢板刃脚，并不设踏面而直接做成尖角（见图 5-7c）。刃脚的高度应视井壁的厚度而定，并应考虑便于抽拔垫木和挖土，一般干封底时取 0.6m 左右，湿封底时取 1.5m 左右。

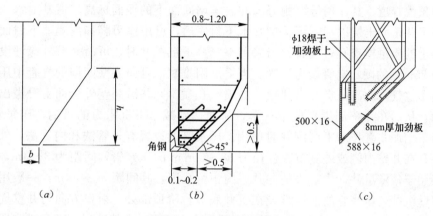

图 5-7　刃脚构造示意图
(a) 混凝土刃脚；(b) 角钢刃脚；(c) 钢板刃脚

（3）内隔墙

沉井隔墙系大尺寸沉井的分隔墙，是沉井外壁的支撑。内隔墙的主要作用是增加沉井在下沉过程中的刚度，减小井壁受力计算跨度，使井壁的挠曲应力减小，改善井壁受力条件。同时，又把整个沉井分隔成多个施工井孔（取土井），使挖土和下沉可以较均衡地进行，也便于沉井偏斜时的纠偏。内隔墙因不承受水土压力，其厚度较沉井外壁要薄一些，内隔墙厚度一般 0.4～0.6m。内隔墙底面设置一般要比井壁刃脚踏面高 0.5～1m，避免沉井下沉过程中内墙被土体顶住影响下沉，但当穿越软土层时，为了防止沉井"突沉"，也可与井壁刃脚踏面齐平。为了施工便利，隔墙下部应设置 0.8m×1.2m 的预留孔洞，以便于施工过程中机械与人在不同分隔空间移动。

（4）井孔

沉井内设置的内隔墙或纵横框架形成的格子称作井孔。井孔是沉井结构施工中挖土、运土的工作场所和通道。井孔尺寸应满足施工人员乘坐升降工具、挖土机具自由升降的工艺要求，保证挖土机具可在井孔中自由升降，不受阻碍。如用挖泥斗取土时，井孔的最小边长应大于挖泥斗张开尺寸再加 0.50～1.0m，一般井孔直径（宽度）在 3m 以上。井孔布设应注意对称于沉井中心轴线，这种设置方式便于施工中对称挖土，可尽量避免沉井下沉过程中筒体倾斜。

（5）射水管、探测管、气管和压浆管

当沉井下沉深度比较大，穿过地层的土质又比较好，施工中往往会有下沉困难问题产生，为解决此类地层中沉井下沉，可在井壁中预埋射水管组。

5.2　沉井结构

管口设在刃脚下端和井壁外侧，必要时可向射水管压入高压水将井壁四周和刃脚下的土冲松，以减少摩擦力和端部阻力。射水管应均匀布置在井壁横向四周，以利于控制水压和水量来调整下沉方向，水压一般不小于 600kPa，每一射水管的排水量不小于 200L/min；探测管：在平面尺寸较大，且不排水下沉较深的沉井中可设置探测管。一般采用直径 200～500mm 的钢管或在井壁中预留管道，其作用是探测刃脚和内隔墙底面下的泥面标高，清基射水或破坏沉井正面土层以利下沉。沉井水下封底后，可用作刃脚和内隔墙下封面混凝土的质量检查孔；气管：当采用空气幕下沉沉井时，可沿井壁外缘埋设内径 25mm 的硬塑料管作为气管。当下沉困难时，可向井壁四周的气管中压入高压空气，此高压空气沿井壁上的喷气孔喷出，并沿井壁外表面上升溢出地面，从而在井壁周围形成空气幕，从而达到减小下沉阻力的目的；压浆管：当采用泥浆套技术下沉沉井时使用。压浆管的设置有外管法和内管法，外管法是在井壁内侧或外侧布置管径为 38～50mm 的压浆管，间距为 3～4m，一般用于薄壁沉井，内管法是在井壁内预留孔道，其间距为 3～4m，一般用于厚壁沉井。压浆管的射口宜设在沉井底节台阶顶部处，射口方向与井壁周围须呈 45°斜角，在射口处应设射口围圈，防止压浆时直接冲射上壁和减少压浆出口处的填塞，射口围圈一般可用短角钢制作。

(6) 封底、凹槽和顶盖

当沉井下沉到设计标高，经过技术检验并对井底清理整平后，即可封底，以防止地下水渗入井内。当井中的水能被排干，即渗水量上升速度小于或等于 6mm/min 时，排干水后用 C15 或 C20 普通混凝土浇筑，称为干封底；当井中的渗水量上升速度大于 6mm/min 时，宜采用导管法浇筑 C20 级水下混凝土封底，称为湿封底，可根据场地实际情况选用。为了使封底混凝土和底板与井壁间有更好的联结，以传递基底反力，使沉井成为空间结构受力体系，常于刃脚上方井壁内侧预留凹槽，以便在该处浇筑钢筋混凝土底板和楼板及井内结构。凹槽一般设置在刃脚上方的井壁内，距刃脚踏面 2.5m 左右，槽高约 1.0m，凹槽凹入井壁深度约为 15～25cm。封顶即沉井最好进行顶盖施工，一般采用钢筋混凝土顶板，厚度一般为 1.0～2.0m，配筋由承载力计算和构造要求确定。对用混凝土填芯的沉井可用素混凝土顶板。特殊地段可取消封顶，如局部的阳光大厅、小型广场等，这是由建筑功能决定的。

(7) 底梁和框架

沉井由于使用要求的不同，有时在沉井内部不能设置内隔墙，此时可在沉井底部设置底梁，与井壁一起构成框架可增大沉井整体刚度。当沉井埋深较深，为了减少由于沉井高度过大引起的井壁（沉井顶部、底部）自身跨度大的缺点，常在井壁不同高度处设置若干道纵横大梁的水平框架，对沉井受力进行调整。松软地层内沉井设置底梁，施工中便于纠偏和分格封底，可防止沉井施工过程中发生"突沉"、"超沉"现象。但纵横底梁不宜过多，以免增加结构造价，施工费时，甚至增大阻力，影响下沉。

5.2.2 沉井施工

沉井施工前，应详细了解场地的地质和水文等条件，并据以进行分析研究，确定切实可行的下沉方案。沉井下沉前，须对附近地区建（构）筑物和施工设备采取有效的防护措施，并在下沉过程中，经常进行沉降观测。出现不正常变化或危险情况，应立即采取加固支撑等措施，避免事故。沉井施工还应对洪汛、凌汛、河床冲刷、通航及漂流物等做好调查研究，需要在施工中度汛、度凌的沉井，应制定必要的措施，确保安全。沉井结构施工一般可分为旱地沉井施工和水中沉井施工两种。

1. 旱地沉井的施工

如果沉井结构位于旱地，可就地制造、挖土下沉、封底、充填井孔以及浇筑顶板，如图 5-8 所示，在这种情况下，一般较容易施工，工序如下：

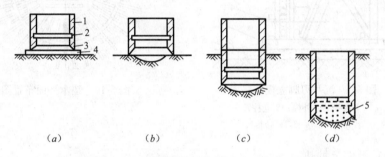

(a)　　　　　(b)　　　　　(c)　　　　　(d)

图 5-8　旱地沉井施工顺序图

(a) 制造第一节沉井；(b) 抽垫木、挖土下沉；(c) 沉井接高下沉；(d) 封底

1-井壁；2-凹槽；3-刃脚；4-承垫木；5-素混凝土封底

（1）整平场地

沉井施工要求施工场地平整干净。若施工场地土质较好，按照设计、浇筑第一节沉井的要求，场地土层在承载力、变形上可以满足时，只需将地表杂物清理并整平，就可在其上制造沉井。否则应换土或在基坑处铺填不小于0.5m 厚夯实的砂或砂砾垫层，防止沉井在混凝土浇筑之初因地面沉降不均而产生裂缝。为减小下沉深度，也可挖一浅坑，在坑底制作沉井，但坑底应高出地下水面 0.5～1.0m。

（2）制造第一节沉井

由于沉井自重较大，刃脚踏面尺寸较小，应力集中，第一节沉井浇筑时基底压力往往会超过表层地基土承载力，使地基土发生破坏。为解决临时地基土承载力不足，一般在已整平且铺砂垫层的场地上，刃脚踏面位置处对称地铺设一层垫木（可用 200mm×200mm 的方木）以加大支承面积，如图 5-9所示。垫木下产生的压应力一般控制在 100kPa 以内，据此计算垫木的数量。为了便于抽除，垫木应按"内外对称，间隔伸出"的原则布置，如图 5-10 所示，垫木之间的空隙也应以砂填满捣实。然后在刃脚位置处放上刃脚角钢，竖立内模，绑扎钢筋，立外模，最后浇灌第一节沉井混凝土。模板和支撑应有较大的刚度，以免发生挠曲变形。外模板应平滑以利下沉。钢模较木模刚度大，周转次数多，也易于安装。若木材缺乏，也可用无承垫木方法制作第一节沉井。如在均匀土层上，可先铺上 5～15cm 厚的砂找平，在其上浇筑 15cm 厚的混凝土。

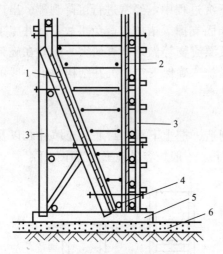

图 5-9　沉井刃脚立模和垫木

1-内模；2-外模；3-立柱；

4-角钢；5-垫木；6-砂垫层

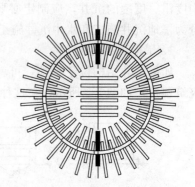

图 5-10　垫木平面布置图

（3）拆模及抽垫

第一节沉井混凝土浇筑后，可根据混凝土强度安排模板拆除、抽取垫木作业。当沉井混凝土强度达到设计强度 70％时可拆除模板，混凝土强度达到设计强度后才可抽撤垫木。

抽垫是一项非常重要的工作，事先必须制定出详细的操作工艺流程和严密的组织措施。因为伴随垫木的不断拆除，沉井由自重产生的弯矩也将逐渐加大，如最后撤除的几个垫木位置定得不好或操作不当，则有可能引起沉井开裂、移动或倾斜。垫木应分区、依次、对称、同步地向沉井外抽出。施工顺序是：拆内模，拆外模，拆隔墙下支撑和底模，拆隔墙下的垫木，拆井壁下的垫木，最后拆除定位垫木。在抽垫木时，应边抽边在刃脚和隔墙下回填砂并捣实，使沉井压力从支承垫木上逐步转移到砂土上，这样既可使下一步抽垫容易，还可以减少沉井的挠曲应力。

（4）挖土下沉

沉井下沉施工有排水下沉和不排水下沉两种方法。沉井下沉一般采用不排水挖土下沉，在稳定的土层中，采用排水措施不会产生大量流砂时，也可采用排水挖土下沉。挖土方法可采用人工或机械挖土，排水下沉常用人工除土。人工挖土可使沉井均匀下沉和易于清除井内障碍物，但应有安全措施，保证施工安全。不排水挖土下沉时，可使用空气吸泥机、抓土斗、水力吸石筒、水力吸泥机等挖土。由于吸泥机是将水和土一起吸出井外，因此需经常向井内加水维持井内水位高出井外水位 1～2m，以免发生涌土或流砂现象。

抓斗抓泥可以避免吸泥机吸砂时的翻砂现象，但抓斗无法达到刃脚下和隔墙下的死角，其施工效率也会随深度的增加而降低。通过黏土、胶结层挖土困难时，可采用高压射水破坏土层。沉井正常下沉时，为保持竖直下沉，不产生筒体偏斜，通常采用从中间向刃脚处均匀对称挖土，排水下沉时应严格控制设计支承点土的挖除，并随时注意沉井正位，无特殊情况不宜采用爆破施工。

（5）接高沉井

第一节沉井下沉至顶面距地面还剩 1～2m 时，应停止挖土，保持第一节沉井位置正直。接筑前保持刃脚下部土体完整，没有掏空。第二节沉井的竖向中轴线应与第一节的重合，凿毛顶面，然后立模均匀对称地浇筑混凝土。接高沉井的模板，不得直接支承在地面上，而应固定在已浇筑好的前一节沉井上，并应预防沉井接高后使模板及支撑与地面接触，以免沉井因自重增加而下沉，造成新浇筑的混凝土产生拉力而出现裂缝。待混凝土强度达到设计要求后拆模，继续挖土下沉。

（6）筑井顶围堰

当沉井挖土下沉到设计深度，如果沉井顶面低于地面或水面，应在井顶设置临时性防水围堰，围堰的平面尺寸略小于沉井，其下端与井顶上预埋钢筋相连。井顶防水围堰应根据周围地层的土、水情况选用，常见的临时性防水围堰有土围堰、砖围堰和钢板桩围堰。若水深流急，临时性防水围堰高度大于 5.0m 时，宜采用钢板桩围堰。

（7）地基检验和处理

沉井沉至设计标高后，应对基底土层进行检验。检验基底处地基土质是否与设计相符、地层是否平整、根据检验结果确定是否需要对地基土层进行处理。排水下沉时可直接检验，不排水下沉则应由潜水工进行检查或钻取土样鉴定。如果基底土层为砂性土或黏性土，一般可在井底铺一层砾石或碎石至刃脚底面以上 200mm。地基为风化岩石，应凿除风化岩层，若基底岩层倾斜，还应凿成阶梯形。若岩层与刃脚间局部有不大的孔洞，应由潜水工清除软层并用水泥砂浆封堵，待砂浆有一定强度后再抽水清基。不排水情况下，可由潜水工清基或用水枪及吸泥机清基。总之，要保证井底地基尽量平整，浮土及软土清除干净，以保证封底混凝土、沉井及地基的紧密连接。

（8）封底、充填井孔及浇筑顶盖

地基经检验及处理符合要求后，应立即进行封底。对于排水下沉的沉井，当沉井穿越的土层透水性低，井底涌水量小（渗水量上升速度≤6mm/min），且无流砂现象时，沉井应力争干封底，即按普通混凝土浇筑方法进行封底，干封底能节约混凝土等大量材料，确保封底混凝土的强度和密实性，并能加快工程进度。当沉井采用不排水下沉，或虽采用排水下沉，但干封底有困难时，则可用导管法灌注水下混凝土。若灌注面积大，可用多根导管，以先周围后中间、先低后高的顺序进行灌注，使混凝土保持大致相同的标高。各根导管的有效扩散半径应互相搭接，并能覆盖井底全部范围。为使混凝

168

土能顺利从导管底端流出并摊开，导管底部管内混凝土柱的压力应超过管外水柱的压力，超过的压力值（称作超压力）取决于导管的扩散半径。封底一般为素混凝土，但必须与地基紧密结合，不得存在有害的夹层、夹缝和空洞。封底混凝土达到设计强度后，再抽干井孔中水，填充井内圬工填料（也可以不填充）。填充可以减小混凝土的合力偏心距，不填充可以节省材料和减小基底的压力。因此井孔是否需要填充，须根据具体情况，由设计确定。若设计要求井孔用砂等填充料填满，则应抽水填好填充料后浇筑顶板；若设计不要求井孔填充，则不需要将水抽空，直接浇筑顶盖，以免封底混凝土承受不平衡的水压力。然后砌筑沉井上部构筑物，再拆除临时性的井顶围堰。

2. 水中沉井的施工

水中沉井的施工分为水中筑岛施工及浮运沉井施工两种。

（1）筑岛法

若场地位于中等水深或浅水区，常需修筑人工岛。在筑岛之前，应挖除表层松土，以免在施工中产生较大的下沉或地基失稳，然后根据水深和流速的大小来选择采用土岛或围堰筑岛，如图 5-11 所示。

当水深在 2m 以内且流速不大于 0.5m/s 时，可用不设防护的土岛；当水深在 2～3m，流速大于 0.5m/s 但小于 1m/s 时，可采用砂或砾石在水中筑岛（图 5-11a），筑岛周围用柴排或砂袋围护，临水面坡度一般可采用 1：1.75～1：3；若水深或流速加大，可采用围堰防护筑岛（图 5-11b）方法；当水深较大（通常＜10m）或流速较大时，宜采用钢板桩围堰筑岛（图 5-11c）。根据场地水位变化情况，岛面应高出最高施工水位 0.5m 以上，砂岛地基强度应符合要求，围堰筑岛时，围堰距井壁外缘距离 $b \geqslant H\tan(45° - \varphi/2)$，且 $\geqslant 2$m，（H 为筑岛高度，φ 为砂在水中的内摩擦角）。其余施工方法与旱地沉井施工相同。筑岛用土应是易于压实且透水性强的土料，如砂土或砾石等，不得用黏土、淤泥、泥炭或黄土。

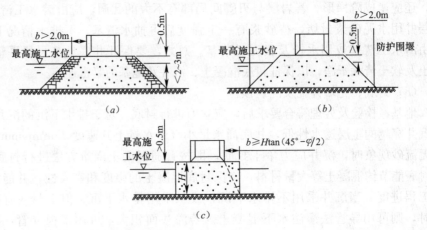

图 5-11 水中筑岛沉井基础

（a）无围堰防护筑岛；（b）有围堰防护筑岛；（c）围堰筑岛

（2）浮运沉井施工

水深较大，如超过 10m 时，筑岛法很不经济，且施工困难，可改用浮运法施工。底节沉井的制作工艺基本上与造船相同，然后因地制宜，采用合适的下水方法。底节沉井下水常用滑道法和沉船法。滑道法（见图 5-12），即将沉井在岸边做成空体结构，或采用其他措施（如绑扎钢气筒等）使沉井浮于水上，利用在岸边铺成的滑道滑入水中，然后用绳索牵引至设计位置。在悬浮状态下，逐步将水或混凝土注入空体中，使沉井徐徐下沉至河底。若沉井较高，需分段制造，在悬浮状态下逐节接长下沉至河底，但整个过程应保证沉井本身稳定。使用此法时，底节沉井的重量将受限于滑道的承载能力与入水长度，因此沉井重量宜尽量减轻。当刃脚切入河床一定深度后，即可按一般沉井下沉方法施工。沉船法（见图 5-13），将装载沉井的浮船组或浮船坞暂时沉没，待沉井入水后再将其打捞。采用沉船方法应事先采取措施，保证下沉平衡。

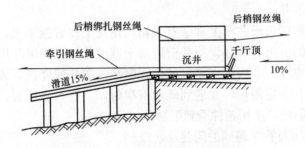

图 5-12　浮运沉井制作、下水示意

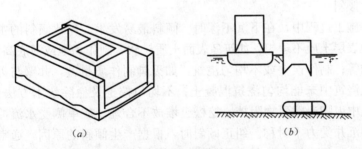

图 5-13　用沉船法使底节沉井下水

（a）用浮船坞；（b）用一般铁驳

3. 淹水沉井和震动沉井施工法

（1）淹水沉井

其特点是井内淹水，保持井内外压力平衡，可防止涌砂冒泥；壁后灌注减阻介质；掘进与排渣均在水下完成；一般采用水枪或钻机破土、压气排液器排渣。该法工艺较简单，需用设备少，机械化程度高，工人不下井，作业条件好，成本较低，除砾卵石层外，一般均可采用。但由于量测和纠偏技术尚未完全解决，沉井下沉速度和偏斜程度较难掌握，往往影响工期。淹水沉井又可分为井壁后泥浆淹水沉井和井壁后压气淹水沉井两种，前者在整个施

169

170

工过程中保持井筒内淹水水位高于地下水位 1～2m。在沉井壁后环形空间灌注触变泥浆，它是以膨润土为主要原料，加水和化学处理剂（碱、羧甲基纤维素）混合搅拌而成的一种液态减阻材料，其特性是静止时为不易流动的凝胶状态，搅动时变成易于流动的溶胶状态。通过埋设在井壁内的管路，将触变泥浆灌注在沉井壁后的环形空间内，把井壁和地层隔开，借助泥浆柱压力，维护土层稳定，防止塌陷并可在沉井下沉时减少沉井外壁的摩擦阻力。用触变泥浆减阻，经济效益较好；但在恢复井壁与土层的固着力和保证泥浆护壁的可靠性方面，还有待研究改进。壁后压气淹水沉井即在沉井外壁上，按压缩空气可能克服的作用面积，预留气龛，在气龛底部设喷气小孔与井壁内的压气管路相连，构成施放压气的通道。沉井需下沉时，按施工的要求压力依次打开管路阀门，压气由喷气孔喷出，沿井壁外围扩散上升，形成一个空气帷幕，减少周边的摩擦阻力，促使井筒下沉。该法可控制施放压气的时间，有利于控制井筒偏斜。

（2）振动沉井

在预制的薄壁长段井筒上部装有井帽，在其上安置振动机，带动井筒振动，加大井筒的下沉力，并促使井壁四周土壤液化，减少沉井周边的摩擦阻力，加快下沉速度。本法优点是机械化程度高，成井速度快，成本低。由于振动机的加载有一定限度，在遇到砾卵石层时，井壁容易断裂，且地面及井筒周围受振动影响，适用条件受到限制。

4. 沉井下沉过程中遇到的问题及处理

沉井在施工下沉过程中常会遇到倾斜、突沉、难沉和流砂等问题。

（1）倾斜

沉井施工过程中，在下沉不深时，倾斜最易发生。导致倾斜的主要原因有：场地表层土质不理想，如筑岛表面土质松软、制作场地或河底高低不平、软硬不均等；制作误差或不均匀浇筑，如刃脚制作质量差，井壁与刃脚中线不重合或浇筑中未能均匀浇筑混凝土；不均匀挖土及撤除垫木方法不合理；下沉过程中刃脚遇障碍物阻挡，挖松土堆放不合理，或单侧受水流冲击淘空等引起的沉井受力不对称。纠正倾斜时，根据产生倾斜的原因，通常可用除土、压重、顶部施加水平力或刃脚下支垫等方法处理，关键是弄清倾斜原因。若沉井倾斜，可通过加速高侧下沉、控制低侧下沉速度方法，如在高侧集中挖土、加重物或用高压射水冲松土层，低侧回填砂石，如果还不能达到要求，可在井顶施加外力扶正，空气幕沉井也可采用单侧压气纠偏。若中心偏移则先挖除井内土体，使井底中心向设计中心倾斜，然后再对侧挖土，使沉井恢复竖直，如此反复至沉井逐步移近设计中心。当刃脚遇障碍物时，须先清除然后下沉。

（2）突沉

软土地区沉井施工时，经常发生突沉现象，导致沉井倾斜或超沉。突沉的主要原因是在该类地层内挖土下沉时，井壁摩阻力小，当刃脚下土被挖除后，沉井支承减小太多所致。当漏砂或严重塑流险情出现时，可改为不排水开挖，并保持井内外的水位相平或井内水位略高于井外。在其他情况下，主要是控制均匀挖土，在刃脚处挖土不宜过深，或在设计时采用增大刃脚踏面宽度或增设底梁的措施提高沉井下沉阻力。

（3）难沉

难沉是指沉井下沉过慢或停沉。引起难沉的原因主要有：井内开挖深度不够、沉井发生偏斜或刃脚下遇到障碍物、坚硬岩层，导致正面阻力过大，沉井下沉困难；沉井自重小于井壁摩阻力、井壁无减阻措施或泥浆套、空气幕等遭到破坏，引起下沉力不足。

根据难沉的原因，解决难沉的措施主要是增加下沉力和减少下沉阻力。增加下沉力的方法有：在井顶加压砂袋、钢轨等重物或提前接筑下节沉井增大沉井下沉力；不排水下沉时，可井内抽水，减少浮力，增大下沉力，此时注意土体产生流砂破坏的可能。减小下沉阻力的方法有：改变沉井外观形式，如沉井外形设计成阶梯形、钟形，或使外壁光滑；设计中根据计算增设一些减小摩阻力的设施，如井壁内埋设高压射水管组，射水冲击周围土层、利用泥浆套或空气幕减小周围摩阻等；增大开挖范围和深度，采用 100～200g 炸药起爆挖除障碍物助沉（同一沉井每次只能起爆一次，需适当控制炮振次数），可以达到同时增大下沉力、减小下沉阻力的作用。

（4）流砂

粉、细砂层中沉井下沉时，经常出现流砂现象，必须采取措施进行处理，以免造成沉井倾斜。根据流砂产生的原因，即地层中动水压力的水头梯度大于临界值，因此需要控制挖土过程中的水头梯度的大小。常采用的方法有：采用井点、深井泵降水，降低井外水位，改变水头梯度大小、方向，使土层保持稳定，防止流砂发生；如果沉井排水下沉时发生流砂，可向井内灌水，减小水头梯度大小，或采取不排水除土，减小水头梯度。

5.3 沉井结构设计与计算

5.3.1 设计计算内容

沉井是深基础的一种类型，沉井在施工完毕后，由于它本身就是结构物的基础，就应按基础的要求进行各项验算；但在施工过程中，沉井是挡土、挡水的结构物，因而还要对沉井本身进行结构设计和计算。所以沉井的设计与计算包括沉井基础与沉井结构两方面的设计计算内容。

沉井结构在施工阶段必须具有足够的强度和刚度，以保证沉井能稳定、可靠地下沉到拟定的设计标高。待沉到设计标高，全部结构浇筑完毕并正式交付使用后，结构的传力体系、荷载和受力状态均与沉井在施工下沉阶段很不相同。因此，应保证沉井结构在施工阶段和使用阶段中均有足够的安全度。

跟其他结构物的设计类似，沉井设计计算前必须掌握如下有关资料：上部结构尺寸要求，沉井结构设计荷载；水文和地质资料（如设计水位、施工水位、冲刷线或地下水位标高，土的物理力学性质，沉井通过的土层有无障碍物等）；拟采用的施工方法（排水或不排水下沉，筑岛或防水围堰的标高等）。

沉井结构设计的主要内容包括：

1. 沉井建筑平面布置和主要尺寸的确定

2. 使用阶段的强度计算（包括承受动载）

（1）沉井作为整体结构，对地基和周围岩土介质的破坏验算。

（2）顶板及底板的内力计算及配筋。

（3）估算沉井的抗浮系数，以控制底板的厚度等。

3. 施工阶段强度计算

（1）沉井下沉系数的验算，参考已建类似的沉井结构，初定沉井的几个主要尺寸，如沉井平面尺寸、沉井高度、井孔尺寸及井壁厚度等，并估算下沉系数，以控制沉速；

（2）刃脚的挠曲计算；

（3）井壁的受弯计算；

（4）井壁的吊空受拉计算；

（5）井壁水平方向受力和配筋计算。

首先需要根据上部结构特点、沉井的用途要求、荷载大小及水文和地质情况，结合沉井的构造要求及施工方法，拟定出沉井埋深、高度和分节及平面形状和尺寸，井孔大小及布置，井壁厚度和尺寸，封底混凝土和顶板厚度等。

沉井底面标高，可根据沉井的用途、上部或下部结构尺寸要求，设计荷载大小，结合水文地质资料及施工方法来确定。沉井顶面，一般要求埋入地面以下 0.2m，或在地下水位以上 0.5m。沉井的顶面与底面高差为沉井的高度。

沉井的平面形状应根据上部结构物的平面形状和荷载大小来确定。如沉井作为烟囱的基础，应采用圆形；沉井作为桥墩基础，一般为椭圆形。当上部建筑物的平面面积不大时，用一个单孔沉井，否则应用多排孔大型沉井，或用多个沉井组合。沉井顶面尺寸每边至少应大于上部结构 20cm，以适应沉井下沉过程中可能发生的少量偏差。

通常沉井井壁的厚度，由强度和沉井自重下沉要求计算确定。初步设计时，可先估取大中型沉井井壁厚度为 0.5～1.0m，内隔墙的厚度为 0.5m 左右。小型沉井井壁厚度为 0.3～0.4m。

5.3.2 沉井结构工作状态下的设计与计算

当沉井埋置深度在最大冲刷线以下较浅仅数米时，这时可以不考虑基础侧面土的横向抗力影响，而按浅基础设计计算规定，分别验算地基强度、沉井结构的稳定性和沉降。

一般要求沉井结构下沉到坚实的土层或岩层上，其作为地下建筑结构物，荷载较小，而基底支承于坚实土层或岩层上，故地基的强度和变形通常不会存在问题。但沉井作为建筑物的深基础时，荷载较大，必须验算地基承载力，一般要求地基强度满足以下条件：

$$F + G \leqslant R_{\mathrm{p}} + R_{\mathrm{s}} \tag{5-1}$$

式中　F——沉井顶面处作用的荷载（kN）；

　　　G——沉井及井孔填充物的自重（kN）；

　　　R_{p}——沉井底部地基土的总反力（kN）；

　　　R_{s}——沉井侧面的总摩阻力（kN）。

沉井底部地基土的总反力 R_{p} 等于该处土的承载力设计值 f 与支承面积 A 的乘积，即：

$$R_{\mathrm{p}} = fA \tag{5-2}$$

考虑沉井四周地表土被松动，则此部分土的摩擦力不计。可假定井侧摩阻力沿深度呈梯形分布，即 5m 范围的摩擦力可按三角形分布，5m 以下为矩形分布，如图（5-14）所示。故沉井侧面的摩阻力总和为：

$$R_{\mathrm{s}} = U \sum q_i h_i \tag{5-3}$$

式中　U——沉井的周长（m）；

　　　h_i——各土层厚度（m）；

　　　q_i——i 土层井壁单位面积摩阻力，根据实际条件或查表 5-1 选用。

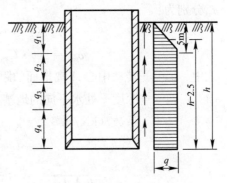

图 5-14　井侧摩阻力分布假定

土与井壁摩阻力经验值　　　　　　　　　　表 5-1

土的名称	土与井壁的摩阻力 q（kPa）
砂卵石	18～30
砂砾石	15～20
砂土	12～25
流塑黏性土、粉土	10～12
软塑及可塑黏性土	12～25
土、粉土	25～50
硬塑黏性土、粉土泥浆套	3～5

注：本表适用于深度不超过 30m 的沉井。

当埋深较大时，沉井周围土体对沉井的约束作用不可忽视，此时在验算地基应力、变形及沉井的稳定性时，需要考虑沉井侧面土体弹性抗力的影响。沉井结构由于其结构构造特点，自身刚度很大。假定沉井结构在横向外力作用下只发生转动，没有挠曲变形，此时对于埋深较大的沉井结构，可按刚性桩计算内力和土抗力。

考虑沉井侧壁土体弹性抗力时，在计算中常作如下基本假定：

① 地基土为弹性变形介质，水平向地基系数随深度成正比例增加；

② 不考虑基础与土之间的粘结力和摩阻力；

③ 沉井刚度与土的刚度之比视为无限大，横向力作用下只能发生刚体转动。

根据基础底面的地基土层地质情况，分两种情况讨论。

1. 非岩石地基上沉井基础的计算

当沉井基础受到水平力 H 及偏心竖向力 N 作用时（图 5-15），为了方便分析，把外力等效转变为中心荷载和水平力的共同作用，转变后的水平力 H 距离基底的作用高度 λ 为：

$$\lambda = \frac{Ne + Hl}{H} = \frac{\Sigma M}{H} \qquad (5\text{-}4)$$

在水平力 H 作用下，沉井将围绕位于地面下 z_0 深度处的 A 点转动 ω 角（图 5-16），地面下深度 z 处深沉井基础产生的水平位移 Δx 和土的横向抗力 σ_{zx} 分别为：

$$\Delta x = (z_0 - z)\tan\omega \qquad (5\text{-}5)$$

$$\sigma_{zx} = \Delta x \cdot C_z = C_z(z_0 - z)\tan\omega \qquad (5\text{-}6)$$

式中　z_0——转动中心 A 离地面的距离；

　　　C_z——深度 z 处水平向的地基系数，$C_z = mz$（kN/m^3），m 为地基比例系数（kN/m^4）。

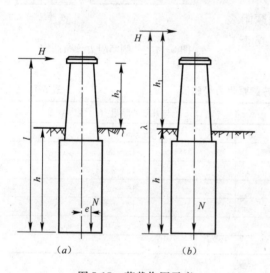

图 5-15　荷载作用示意

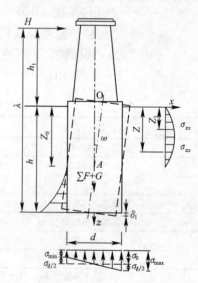

图 5-16　非岩石地基土计算示意图

将 C_z 值代入得：

$$\sigma_{zx} = mz(z_0 - z)\tan\omega \qquad (5\text{-}7)$$

由式（5-7）可见，土的横向抗力沿深度呈二次抛物线分布。

基础底面处的压应力，考虑到该水平面上的竖向地基系数 C_0 不变，故其压应力图形与基础竖向位移图相似。所以有：

$$\sigma_{\frac{d}{2}} = C_0 \delta_1 = C_0 \frac{d}{2} \tan\omega \qquad (5\text{-}8)$$

式中　d——基底宽度或直径。

为了求解两个未知数 z_0 和 ω 的值，可建立力的平衡和力矩平衡方程式，即

$\Sigma X = 0$

$$H - \int_0^h \sigma_{zx} b_1 \mathrm{d}z = H - b_1 m \tan\omega \int_0^h z(z_0 - z) \mathrm{d}z = 0 \qquad (5\text{-}9\mathrm{a})$$

$\Sigma M = 0$

$$Hh_1 - \int_0^h \sigma_{zx} b_1 z \mathrm{d}z - \sigma_{\frac{d}{2}} W = 0 \qquad (5\text{-}9\mathrm{b})$$

式中　b_1——基础计算宽度；

　　　W——为基底的截面模量。

对上二式联立求解，则有：

$$z_0 = \frac{\beta b_1 h^2 (4\lambda - h) + 6dW}{2\beta b_1 h(3\lambda - h)} \qquad (5\text{-}10)$$

$$\tan\omega = \frac{6H}{Amh} \qquad (5\text{-}11\mathrm{a})$$

$$\tan\omega = \frac{12\beta H(2h + 3h_1)}{mh(\beta b_1 h^3 + 18Wd)} \qquad (5\text{-}11\mathrm{b})$$

式中　β——深度 h 处沉井侧面的水平向地基系数与沉井底面的竖向地基系数的比值，

$$\beta = \frac{C_\mathrm{h}}{C_0} = \frac{mh}{C_0};$$

$$A = \frac{\beta b_1 h^3 + 18Wd}{2\beta(3\lambda - h)};$$

$$\lambda = h + h_1 \text{。}$$

将式（5-10）、式（5-11）代入式（5-7）、式（5-8）可得到：

$$\sigma_{zx} = \frac{6H}{Ah} z(z_0 - z) \qquad (5\text{-}12)$$

$$\sigma_{\frac{d}{2}} = \frac{3Hd}{A\beta} \qquad (5\text{-}13)$$

当有竖向荷载 N 及水平力 H 同时作用时（图 5-16），则基底边缘处的压应力为：

$$\sigma_{\min}^{\max} = \frac{N}{A_0} \pm \frac{3Hd}{A\beta} \qquad (5\text{-}14)$$

式中　A_0——基础底面积。

离地面或最大冲刷线以下 z 深度处沉井截面上的弯矩为：

$$M_z = H(h_1 + z) - \int_0^H \sigma_{zx} b_1 (z - z_1) \mathrm{d}z_1$$

$$= H(h_1 + z) - \frac{Hb_1 z^3}{2hA}(2z_0 - z) \qquad (5\text{-}15)$$

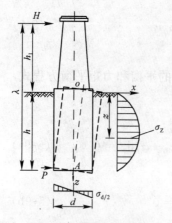

图 5-17 基底嵌入基岩
内沉井受力、变形模式

2. 基底嵌入基岩内的计算方法

若基底嵌入基岩内，因为岩石的强度高变形小，在水平力和竖直偏心荷载作用下，一般可假定基底不产生水平位移，则基础的旋转中心点 A 在基底中心处，即 $z_0 = h$（图 5-17）。实际上，在基底嵌入处还存在一个水平阻力 P，由于 P 到基底中心的力臂很小，可以忽略 P 对旋转中心的力矩。当基础有水平力 H 作用时，地面下 z 深度处产生的水平位移 Δx 和土的横向抗力 σ_{zx} 分别为：

$$\Delta x = (h - z)\tan\omega \tag{5-16}$$

$$\sigma_{zx} = mz\Delta x = mz(h - z)\tan\omega \tag{5-17}$$

基底边缘处的竖向应力为：

$$\sigma_{\frac{d}{2}} = C_0 \frac{d}{2}\tan\omega = \frac{mhd}{2\beta}\tan\omega \tag{5-18}$$

式中　C_0——岩石地基的抗力系数。

建立一个弯矩平衡方程求解 ω 值。

$$\sum M_A = 0$$

$$H(h + h_1) - \int_0^h \sigma_{zx}b_1(h - z)\mathrm{d}z - \sigma_{\frac{d}{2}}W = 0 \tag{5-19}$$

将 (5-17)、式 (5-18) 代入式 (5-19)，可解得：

$$\tan\omega = \frac{H}{mhD} \tag{5-20}$$

式中　$D = \dfrac{b_1\beta h^3 + 6Wd}{12\lambda\beta}$。

将 $\tan\omega$ 代入式 (5-17)、式 (5-18) 得：

$$\sigma_{zx} = (h - z)z\frac{H}{Dh} \tag{5-21}$$

$$\sigma_{\frac{d}{2}} = \frac{Hd}{2\beta D} \tag{5-22}$$

基底下的最大最小应力为：

$$\sigma_{\min}^{\max} = \frac{N}{A_0} \pm \frac{Hd}{2\beta D} \tag{5-23}$$

根据水平方向力的平衡，可以求出嵌岩处的水平阻力 P 为：

$$P = H - \int_0^h b_1\sigma_{zx}\mathrm{d}z$$

$$= H\left(1 - \frac{b_1h^2}{6D}\right) \tag{5-24}$$

地面以下 z 深度处沉井截面上的弯矩为：

$$M_z = H(h_1 + z) - \frac{b_1Hz^3}{12Dh}(2h - z) \tag{5-25}$$

3. 沉井对岩土体的作用验算

根据沉井的嵌固情况，按上面两种方法计算出沉井底面应力和沉井侧面横向应力 σ_{zx} 值后，应保证这两个应力不超过允许应力值，即按下列方法验算。

沉井底面最大压应力不应超过沉井底面处土的承载力设计值，即：

$$\sigma_{max} \leqslant f \tag{5-26}$$

横向抗力 σ_{zx} 值应小于沉井周围土的极限抗力值。计算时可认为基础在外力作用下产生位移时，深度 z 处基础一侧产生主动土压力 σ_a，而被挤压侧受到被动土压力 σ_p 作用，因此其极限抗力为：

$$\sigma_{zx} \leqslant \sigma_p - \sigma_a \tag{5-27}$$

由朗金土压力理论可知：

$$\sigma_p = \gamma z \tan^2\left(45° + \frac{\varphi}{2}\right) + 2c\tan\left(45° + \frac{\varphi}{2}\right)$$

$$\sigma_a = \gamma z \tan^2\left(45° - \frac{\varphi}{2}\right) - 2c\tan\left(45° - \frac{\varphi}{2}\right)$$

代入得：

$$\sigma_{zx} \leqslant \frac{4}{\cos\varphi}(\gamma z \tan\varphi + c) \tag{5-28}$$

式中　γ——土的重度；

φ、c——分别为土的内摩擦角和黏聚力。

考虑到桥梁结构性质和荷载情况，且经验表明最大的横向抗力大致在 $z = h/3$ 和 $z = h$ 处，以此代入上式可得：

$$\sigma_{\frac{h}{3}x} \leqslant \eta_1 \eta_2 \frac{4}{\cos\varphi}\left(\frac{\gamma h}{3}\tan\varphi + c\right) \tag{5-29}$$

$$\sigma_{hx} \leqslant \eta_1 \eta_2 \frac{4}{\cos\varphi}(\gamma h \tan\varphi + c) \tag{5-30}$$

式中　$\sigma_{\frac{h}{3}x}$——相应于 $z = \dfrac{h}{3}$ 深度处的土横向抗力，h 为沉井基础的埋置深度；

σ_{hx}——相应于 $z = h$ 深度处的土横向抗力；

η_1——取决于上部结构形式的系数，一般取 $\eta_1 = 1$，对于拱桥可取 $\eta_1 = 0.7$；

η_2——考虑恒载对基础重心所产生的弯矩 M_g 在总弯矩 M 中所占百分比的系数，即 $\eta_2 = 1 - 0.8\dfrac{M_g}{M}$。

4. 混凝土封底及顶盖的验算

（1）封底混凝土计算

1）底板沉井计算

作用在沉井的底板上荷载（如图 5-18 所示）为：

$$q = P - g$$

式中　P——底板下最大的静水压力和地基反力中的较大者（kN/m²）；

g——底板自重（kN/m²）。

178

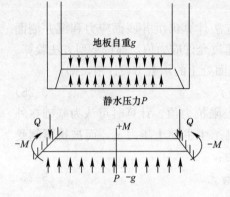

图 5-18　沉井底板荷载图

底板的计算模型要根据底板两侧井壁上的支承情况来决定。根据底板长宽比，按单向板或双向板计算内力并配筋。

2）沉井底梁计算

采用底梁可以有效降低沉井底部钢筋用量。在沉井底面面积较大时，效果更为明显。底横梁下的地基反力使底梁向上弯曲变形，作用在底梁上的反力可以按下式计算：

$$q = \bar{q} \cdot b - q'$$

式中　$\bar{q}$——地基平均反力（kN/m^2）；

　　　b——与地基接触的底横梁宽度（m）；

　　　q'——底横梁单位长度的梁自重（kN/m）。

上式计算出的 q 值如果大于地基土的极限承载力，则取极限承载力。

底横梁与井壁的连接介于固端与铰支之间，此时底横梁跨中的弯矩系数可取-1/16，支点处的弯矩系数大小相等，符号相反，如图 5-19 所示。

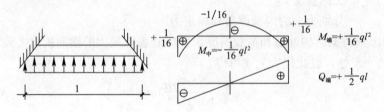

图 5-19　底横梁内力计算图

（2）钢筋混凝土盖板的计算

空心或井孔内填以砾砂石的沉井，井顶必须浇筑钢筋混凝土顶板，用以支承上部结构荷载。顶板厚度一般预先拟定再进行配筋计算，计算时按承受最不利均布荷载的双向板考虑。

当上部结构平面全部位于井孔内时，还应验算顶板的剪应力和井壁支承压力；若部分支承于井壁上则不需进行顶板的剪力验算，但需进行井壁的压应力验算。

5. 沉井抗浮稳定

当沉井封底后，达到混凝土设计强度。井内抽干积水时，沉井内部尚未安装设备或浇筑混凝土前，此沉井类似置于地下水中的一只空筒，应有足够的自重，避免在地下水的浮托力作用下沉井产生上浮。即沉井的抗浮稳定系数应满足下式要求：

$$k = \frac{G + R_f}{P_w} \geqslant 1.05$$

式中　P_w——地下水对沉井的总浮力；

R_f——沉井上浮时，侧壁土对沉井的反向摩阻力。

5.3.3 沉井在施工过程中的设计计算

1. 自重下沉验算

为保证沉井施工时能顺利下沉，必须设计沉井的自重（不排水下沉者应扣除浮力）大于沉井外壁的摩擦阻力和端阻力之和，将两者之比定义为下沉系数，即下沉系数应满足下式要求：

$$K = \frac{G}{R_s + R_p} > 1.15 \sim 1.25 \tag{5-31}$$

$$R_s = \sum_{i=1}^{n} q_{si} A_i \tag{5-32}$$

式中　K——下沉系数，应根据土类别及施工条件取大于 1 的数值；

　　　G——施工阶段的沉井自重（kN），应包括井壁、横梁和隔墙的重量以及施工时临时钢封门等的全部重量，当采用不排水下沉时，尚应考虑水的浮力对井重的减轻效应；

　　　R_p——刃脚踏面下、接地隔墙、底横梁下端阻力的总和（kN），底面上每单位面积所受的阻力，视土质情况而异，没有实测资料时可参见表 5-2，一般在踏面处视为均匀分布，在斜面处，可按三角形分布计算；

　　　R_s——沉井井壁与土壤间的摩阻力（kN）；

　　　q_{si}——第 i 层土对井壁的单位摩阻力（kN/m²），经验值可参见表 5-2；

　　　A_i——第 i 层土中的沉井侧面积（m²）。

井壁摩阻力及底部端阻力　　　　　　　　　　　表 5-2

土壤类型	土对单位井壁的单位摩擦力（kN/m²）		端面下土壤单位面积端阻力（kN/m²）	
	土壤密度小、含水量多	土壤密度大、含水量小	土壤软弱、含水量多	土壤紧实、含水量少
砂性土	15	30		
黏性土	15.5～25	55	120～300	300～600
泥浆套	3～7			

在实际工作中，井壁摩擦力的分布形式，有许多不同的假定。一种是取入土全深范围内为常数的假定，如图 5-20（a）所示，即按式（5-32）计算；一种是假定在深度 0～5m 范围内单位面积摩阻力按三角形分布，5m 以下为常数，这时总摩阻力在 5m 范围以内只算一半，如图 5-20（b）所示；还有一种假定，认为摩阻力不仅与土的类别有关系，还与土的埋深有关系，埋深越大的土，能提供的摩阻力越大，这时摩阻力随深度增加呈三角形分布，如图 5-20（c）所示。当沉井的刚度较大时，作用于井壁的正压力可视为静止土压力，摩阻力可以认为等于静止土压力乘以土与井壁间的摩擦系数得到。土与井壁间的摩擦系数 u 可取为 0.4，所以，在深度 z 处的摩阻力强度为：

$$q_{si} = K_0 \cdot \gamma \cdot z \cdot u \tag{5-33}$$

式中　K_0——静止土压力系数，可按表 5-3 取值；

　　　γ——土的重度（kN/m³）。

静止土压力系数　　　　　　　　表 5-3

土　名	K_0	土　名	K_0
砾石、卵石	0.2	粉土	0.35～0.45
砂土	0.25	黏土	0.55

对于小型薄壁阶梯形井壁的圆形沉井，它的侧面摩擦力亦有很多种不同的取法，可参考图 5-20（d）所示的假定。

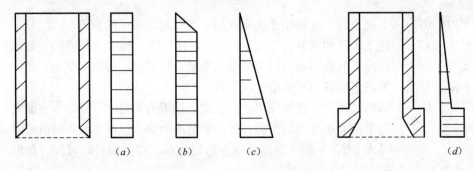

| （a） | （b） | （c） | | （d） |

图 5-20　井壁摩阻力的分布形式

【例题 8-1】　已知某沉井的各构件自重如表 5-4 所示，设所处地层为粉质黏土层，土对井壁的平均极限摩阻力为 15kPa，设底横梁下的土已掏空，井壁刃脚底下的土体极限端阻力为 80kPa，当沉井下沉到接近设计标高时，计算其下沉系数。

【解】　（1）沉井自重计算数据统计表见表 5-4。

沉井自重计算数据表　　　　　　　　表 5-4

序　号	构　件	数　量	长（m）	宽（m）	高（m）	材料重度（kN/m³）	重量（kN）
1	井壁	2	30	0.9	7.5	25	10125
2	底横梁	6	13	0.7	1.2	25	1638
3	顶横梁	6	13	0.7	0.6	25	819
4	沉井自重						12582

（2）下沉阻力。

土体对井壁侧面极限摩阻力为：

$$R_s = 2 \times 30 \times 7.5 \times 15 = 6750 \text{kN}$$

刃脚底面与土体接触面积为：

$$R_p = 2 \times 30 \times 0.9 = 54 \text{m}^2$$

土体对刃脚底面极限端阻力为：

$$54 \times 80 = 4320 \text{kN}$$

∴ 下沉系数　$k = \dfrac{G}{R_p + R_s} = \dfrac{12582}{4320 + 6750} = 1.14$（满足要求）

应当指出，目前对侧面单位摩擦力的量值及分布规律还远没有了解清楚，实践中发现多数轻型沉井的下沉系数小于 1（0.65～0.9）时，在施工中却一般都能下沉到预定标高。说明在上述计算中，摩阻力和端阻力的取值偏大。近年来在工程实践中亦逐渐采用直接测量或间接测量摩擦力的方法，对摩擦力的大小、分布规律作进一步研究。

当不能满足上式要求时，可选择相应措施尽量满足要求：如加大井壁厚度或调整取土井尺寸；如为不排水下沉者，则下沉到一定深度后可采用排水下沉；增加附加荷载或射水助沉；采用泥浆润滑套或壁后压气法等措施。

2. 沉井刃脚受力计算

沉井在下沉过程中，随着刃脚入土深度变化，其受力也在变化，需要进行刃脚受力验算，一般采用简化算法，近似地将刃脚看作是固定于刃脚根部井壁处的悬臂梁，验算刃脚部分向外和向内挠曲的悬臂状态受力情况，并据此进行刃脚内侧和外侧竖向钢筋的配筋计算。

刃脚竖向受力情况一般截取单位宽度井壁来分析，把刃脚视为固定在井壁上的悬臂梁，梁的跨度即为刃脚高度。内力分析时分向内和向外挠曲两种情况。

（1）刃脚向外挠曲的内力计算（配置内侧钢筋）

图 5-21 展示了刃脚在下沉过程中的受力情况。通常沉井刚开始下沉时，刃脚下土体的正面阻力和内侧土体对刃脚斜面的阻力有将刃脚向外推挤的作用，刃脚处于不利状态，此时图 5-21 中的 e_2 和 w_2 均为 0，$z = h_k$。有的规范还要求当沉井沉入一半深时，验算刃脚向外挠曲的配筋，此时可假定 $z = 1\text{m}$。两种情况下，对沉井因自

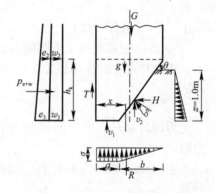

图 5-21 刃脚向外挠曲受力示意图

重引起的刃脚底面和内斜面上的土体抵抗刃脚下沉而使其向外挠曲的情形进行受力分析，作用在刃脚高度范围内的外力有：

① 作用在刃脚外侧单位宽度上的土压力及水压力的合力为：

$$p_{e+w} = \frac{1}{2}(p_{e_2+w_2} + p_{e_3+w_3})h_k \tag{5-34}$$

式中　$p_{e_2+w_2}$——作用在刃脚根部处的土压力及水压力强度之和；

　　　$p_{e_3+w_3}$——刃脚底面处的土压力及水压力强度之和；

　　　h_k——刃脚高度；

　　　t——p_{e+w} 力的作用点（离刃脚根部的距离），为：

$$t = \frac{h_k}{3} \cdot \frac{2p_{e_3+w_3} + p_{e_2+w_2}}{p_{e_3+w_3} + p_{e_2+w_2}} \tag{5-35}$$

地面下深度 h_i 处刃脚承受的土压力 e_i 可按朗金主动土压力公式计算，即：

$$e_i = \gamma_i h_i \tan^2\left(45 - \frac{\varphi}{2}\right) \tag{5-36}$$

式中　γ_i——h_i 高度范围内土的平均重度，在水位以下应考虑浮力；

　　　h_i——计算位置至地面的距离。

水压力 w_i 的计算公式为 $w_i = \gamma_w h_{wi}$，其中 γ_w 为水的重度，h_{wi} 为计算位置至水面的距离。

② 作用在刃脚外侧单位宽度上的摩阻力 T_i 可按下列二式计算，并取其较小者，这样取值偏于安全：

$$T = \tau h_k \tag{5-37}$$

或

$$T = 0.5E \tag{5-38}$$

式中　τ——土与井壁间单位面积上的摩阻力；

　　　h_k——刃脚高度；

　　　E——刃脚外侧总的主动土压力，即 $E = \frac{1}{2}h_k(e_3 + e_2)$。

③ 刃脚（单位宽度）自重 g 为：

$$g = \frac{\lambda + a}{2} h_k \cdot \gamma_c \tag{5-39}$$

式中　λ——井壁厚度；

　　　γ_c——钢筋混凝土刃脚的容重，不排水施工时应扣除浮力。

刃脚自重 g 的作用位置为：

$$x = \frac{\lambda + a\lambda - 2a^2}{6(\lambda + a)} \tag{5-40}$$

刃脚自重并不大，同时其力臂也较小，产生的弯矩很小，实用上可以忽略。

④ 刃脚下抵抗力的计算。刃脚下竖向反力 R（取单位宽度）可按下式计算：

$$R = G + g - T - T' \approx G - T' \tag{5-41}$$

式中　G——沿井壁周长单位宽度上沉井的自重（按全沉井高度计算），不排水挖土时应扣除浸入水中部分的浮力。

将 R 分解为作用在踏面下土的竖向反力 V_1 和刃脚斜面下土的竖向反力 V_2。H 为斜面下的水平向土反力，水平反力 H 呈三角形分布（刃脚斜面上水平反力 H 作用点离刃脚底面 $z/3$）。V_2 与 H 共同构成斜面上的土反力。假定 V_1 为均匀分布，其强度为 σ（见图 5-21）。

T' 为沉井入土部分单位宽度上的摩阻力。当刚开始入土时，其值为 0；当下沉一半时，按实际数值计算。

T 为刃脚部分所受侧阻力，此部分所占比例一般很小，实用上可以忽略，结果稍偏安全。

$$R = V_1 + V_2 \tag{5-42}$$

$$\frac{V_1}{V_2} = \frac{a\sigma}{0.5b\sigma} = \frac{2a}{b} \tag{5-43}$$

联立式（5-42）和式（5-43）解得：

$$V_2 = \frac{b}{2a+b}R \qquad (5\text{-}44a)$$

$$V_1 = R - V_2 \qquad (5\text{-}44b)$$

$$H = V_2 \tan(\theta - \delta) \qquad (5\text{-}45)$$

式中　a——刃脚踏面宽度；

　　　b——切入土中部分刃脚斜面的水平投影长度；

　　　θ——刃脚斜面与水平面夹角；

　　　δ——土与刃脚斜面之间的外摩擦角，约为 $10°\sim30°$。

⑤ 求出以上各外力的数值、方向及作用点后，再算出各力对刃脚根部中心轴的弯矩总和值 M、竖向力 N 及剪力 V。

根据 M、N 及 V 值就可验算刃脚根部应力并计算出刃脚内侧所需的竖向钢筋用量。一般刃脚内侧竖向钢筋截面积不宜少于刃脚根部截面积的 0.15%。刃脚的竖直钢筋应伸入根部以上有足够的锚固长度。

【例题 8-2】 设某矩形沉井的自重为 25790kN，井壁周长为 100m。井高 7.8m，一次性下沉。其刃脚的踏面宽 $a=40$cm，$b=45$cm，刃脚高度 85cm。地基土为淤泥质黏土，重度 16kN/m³，内摩擦角为 8°，土体与刃脚间的外摩擦角为 10°，侧阻力极限值 12kPa。试求当刃脚刚刚完全没入土中时，刃脚向外挠曲所需的竖直钢筋的数量。

【解】 井壁单位长度上沉井自重：

$$G = \frac{25790}{100} = 257.9\text{kN/m}$$

刃脚下竖向反力：

$$R = G - T' = 257.9 - 0 = 257.9\text{kN/m}$$

根据公式（5-44a）可知：

刃脚斜面下的土的竖直反力：

$$V_2 = \frac{b}{2a+b}R = \frac{0.45}{2\times0.4+0.45}257.9 = 92.8\text{kN/m}$$

刃脚踏面下的土的竖直反力：

$$V_1 = R - V_2 = 257.9 - 92.8 = 165.1\text{kN/m}$$

刃脚斜面与水平面夹角：

$$\theta = \arctan\frac{85}{45} = 62.1°$$

作用在斜面上的水平反力：

$$H = V_2\tan(\theta - \delta) = 92.8 \times \tan(62.1° - 10°) = 119.2\text{kN/m}$$

刃脚踏面处的土压力强度：

$$e = \gamma h \tan^2\left(45 - \frac{\varphi}{2}\right) = 16 \times 0.85 \times \tan^2(45 - 8/2) = 10.3\text{kPa}$$

则土压力的大小为：

$$p = \frac{1}{2}h_k \times e = \frac{1}{2}0.85 \times 10.3 = 4.4\text{kN/m}$$

184

对刃脚根部截面中心点取矩，可得 M 为：

$$M = V_1 \times \left(\frac{0.4+0.45}{2} - \frac{0.4}{2}\right) + H \times \left(\frac{2}{3} \times 0.85\right)$$

$$- V_2 \times \left(\frac{0.4+0.45}{2} - \frac{2}{3} \times 0.45\right) - p \times \left(\frac{2}{3} \times 0.85\right)$$

$$= 165.1 \times 0.225 + 119.2 \times 0.567 - 92.8 \times 0.125 - 4.4 \times 0.567$$

$$= 90.6 \text{kN} \cdot \text{m}$$

此处忽略了 g 所产生弯矩的影响，结果偏于安全。可见弯矩比较小，按构造配筋即可，选用直径 18mm 钢筋，间距 200mm，配筋率 0.15%。

（2）刃脚向内挠曲的内力计算（配置外侧钢筋）

计算刃脚向内挠曲的最不利情况是沉井已下沉至设计标高，刃脚下的土已挖空或部分掏空，同时尚未浇筑封底混凝土，没有横向支撑。这时，井壁外侧的最大水土压力将使刃脚产生最大的向内挠曲，如图 5-22 所示。可将刃脚视为根部固定在井壁的悬臂梁，计算最大的向内弯矩，配置外侧竖向钢筋。

刃脚自重 g 和外侧摩阻力 T 对于刃脚根部截面的弯矩值所占的比重都很小，可以忽略不计。这样，刃脚向内挠曲计算中，起决定性作用的是水、土压力 P_{e+w}。

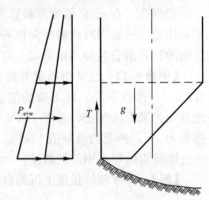

图 5-22　刃脚向内挠曲受力示意图

水压力计算应注意实际施工情况，不排水下沉时为偏于安全，一般井壁外侧水压力以 100% 计算，井内水压力取 50%，也可以按施工中可能出现的水头差计算；若排水下沉时，不透水土取静水压力的 70%，透水性土按 100% 计算。再由外力计算出对刃脚根部中心轴的弯矩、竖向力及剪力，以此求得刃脚外壁钢筋用量，其配筋构造要求与向外挠曲相同。

如果井壁刃脚附近设有槽口，除了验算刃脚根部截面以外，还应验算槽口位置薄弱截面的强度。

3. 施工阶段的井壁计算

沉井有各种类型和形态，施工时的具体措施也有所不同，应按照其具体施工工况做出分析与判断。

（1）井壁在竖直平面内的受弯验算

大型沉井第一节制作时，下面常垫以垫木。沉井开始下沉时，需要抽去垫木。当垫木逐渐减少，最终只剩下定位垫木时，沉井的工作状态类似于支承在少数支点上的深梁。此时，虽然回填到踏面下的砂子有支承作用，但可略去不计，使分析结果偏于安全。如果施工过程中注意每抽去一根垫木就进行仔细地密实回填，则一部分沉井重量将传递到砂垫层上，而不是全部作用于垫木，这样实际的弯矩值将比忽略回填土的计算弯矩值少很多。

图 5-23 显示了矩形沉井最后支承在四个定位垫木上的情况。沉井长边处于不利状态下，而每个长边有两个支点，根据材料力学的分析，长边井壁在跨中产生正弯矩，在支座产生负弯矩。从一般的结构原理考虑，支座的布置原则是让长边的正负弯矩近似相等。当沉井平面的长宽比大于 1.5 时，一般可取 $L_1 = 0.15L$；$L_2 = 0.7L$。应当注意，由于沉井的长高比通常很小，按材料力学分析的内力与实际的情况出入很大，必要时应按弹性力学理论或有限元分析得出实际的弯矩结果，再验算配筋。

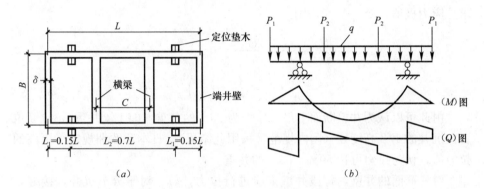

图 5-23　支承在定位垫木上的沉井计算图

对于其他类型的沉井，如有更多支点的矩形沉井或圆形沉井，则按相应的实际受力模型进行分析。对于一般的中小沉井，根据近年来的工程实践经验，可将刃脚踏面直接搁放在砂垫层的混凝土垫板上制作沉井，不再设垫木，此时的计算分析应根据实际情况简化。

（2）井壁吊空时竖向受拉验算（吊空配筋）

沉井下沉时如果偏斜，必须及时纠偏，此时会产生纵向弯曲并使井壁受到垂直方向拉应力。沉井在下沉将至设计标高时，刃脚下的土已被挖空，但沉井上部被摩擦力较大的土体夹住（这一般在下部土层比上部土层软的情况下出现），这时下部沉井呈悬挂状态，形成"吊空"现象，井壁有在自重作用下被拉裂或拉断的可能。这两种情况发生时，都需要沉井井壁在竖向配置一定的受拉钢筋来抵抗，因而应验算井壁的竖向抗拉能力。

拉应力的大小与井壁摩阻力分布图形有关，可以近似假定沿沉井高度呈倒三角形分布，如图 5-24 所示，地面处摩阻力最大，沉井底面处为 0。

设沉井自重为 G，h 为沉井的入土深度，U 为井壁的周长，τ 为地面处井壁上的摩阻力，τ_x 为距刃脚底 x 处的摩阻力。由于竖向静力平衡：

$$G = \frac{1}{2}\tau h U$$

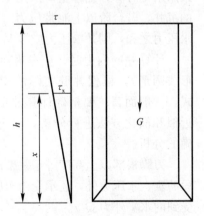

图 5-24　井壁吊空验算示意图

$$\tau = \frac{2G}{hU} \tag{5-46}$$

$$\tau_x = \frac{\tau}{h}x = \frac{2Gx}{h^2U}$$

离刃脚底 x 处井壁的拉力为 S_x，其值为：

$$S_x = \frac{Gx}{h} - \frac{\tau_x}{2}xU = \frac{Gx}{h} - \frac{Gx^2}{h^2} \tag{5-47}$$

求拉应力极值，令 $\dfrac{\mathrm{d}S_x}{\mathrm{d}x}=0$，则

$$\frac{\mathrm{d}S_x}{\mathrm{d}x} = \frac{G}{h} - \frac{2Gx}{h^2} = 0 \qquad x = \frac{1}{2}h$$

$$S_{max} = \frac{G}{h} \cdot \frac{h}{2} - \frac{G}{h^2} \cdot \left(\frac{h}{2}\right)^2 = \frac{1}{4}G \tag{5-48}$$

由此可以认为井壁断面上最大拉力为 25% 的井重（即 1/4 井重），拉断位置在沉井的 1/2 高度处（国内规范常采用此结果）。日本和欧洲规定了更高的拉力值，认为拉力可达 50%~65% 的井重。

对变截面的井壁，每段井壁都应进行拉力计算。对于分节沉井，接缝处混凝土的拉应力可由接缝钢筋承受，并按接缝钢筋所在位置发生的拉应力设置。

对采用泥浆润滑套下沉的沉井，虽然沉井在泥浆套内不会出现箍住"吊空"现象，但纠偏时的纵向弯矩也仍然可能产生，此时宜设置纵筋，一般根据经验按全断面的 0.2%~0.25% 配置。

（3）井壁横向受力计算（水平方向水土压力作用）

沉井下沉过程中，井壁受到来自水平方向水土压力作用，向沉井内部弯曲凹进。当沉井沉至设计标高，刃脚下土已挖空而尚未封底时，井壁承受的水、土压力为最大，水压力用 w 表示，土压力用 e_a 表示，假定按直线分布，如图 5-25 所示。计算时可对沉井进行竖向分段，分段高度不宜太大，各段的侧向压力分别计算。水、土压力可以分算也可以合算，一般来说，砂性土宜采用水土分算，黏性土可采用水土合算也可采用水土分算。采用泥浆套下沉的沉井，若台阶以上泥浆压力（即泥浆相对密度乘泥浆高度）大于上述土、水压力之和，则井壁压力应按泥浆压力计算。

计算井壁内力时，应考虑沉井的结构布置形式（如有无隔墙，截面方形或圆形），根据井壁实际的支承条件，合理简化受力模型，确定计算图式。一般而言，要精确计算井壁的受力是困难而复杂的，对一般沉井采用近似和简化方法进行分析，对重要沉井可以用有限元等数值方法进行较精确的分析。

刃脚根部以上高度等于井壁厚度的一段井壁（图 5-26），除承受作用于该段的土、水压力外，还承受由刃脚悬臂作用传来的水平剪力（即刃脚内挠时受到的水平外力 Q_1）。

下面对常见结构形态的沉井受水平力作用下的受力模型进行分析。

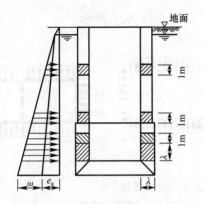

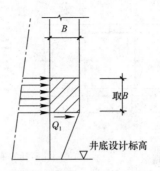

图 5-25　井壁框架受力示意　　　图 5-26　刃脚上方井壁受力图

如果沉井截面是单孔矩形，如图 5-27 所示，可按简单水平框架分析。

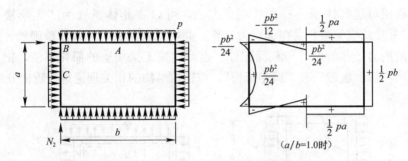

图 5-27　沉井单孔矩形框架受力

A 点处的弯矩：

$$M_A = \frac{1}{24}(-2K^2 + 2K + 1)pb^2 \tag{5-49}$$

B 点处的弯矩：

$$M_B = -\frac{1}{12}(K^2 - K + 1)pb^2 \tag{5-50}$$

C 点处的弯矩：

$$M_C = \frac{1}{24}(K^2 + 2K - 2)pb^2 \tag{5-51}$$

轴向力：

$$N_1 = \frac{1}{2}pa \tag{5-52}$$

$$N_2 = \frac{1}{2}pb \tag{5-53}$$

式中，$K = a/b$，a 为短边长度，b 为长边长度。

如果沉井截面内有两道横向隔墙，如图 5-28（a）所示，横隔墙在受力分析时，其节点可视为铰接或固端分析。如果隔墙与井壁的相对刚度小（相对刚度可用两者的 d/λ 的相对比值大小来衡量），可将横隔墙作为两端铰支于侧向井壁上的撑杆考虑，如图 5-28（b）所示。如果隔墙与井壁刚度接近，可将

187

隔墙与井壁连接节点视作固接来考虑，如图 5-28（c）所示。

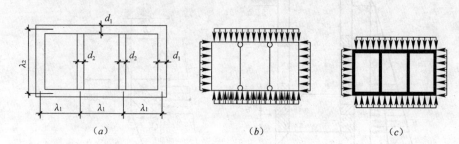

图 5-28 有两道横隔墙的沉井

（a）平面图；（b）铰支受力模型；（c）固接受力模型

如果沉井截面内不能设置横隔墙，仅靠双向横梁支撑，如图 5-29 所示。试想将图 5-29（a）顺时针旋转 90°，则左侧的井壁将变为顶板，此板下面的支撑横梁将起到柱子一样的作用，那么，可以将此体系视为"无梁楼盖体系"，并按此模型进行井壁的内力计算。应用有限元法，可以较精确地计算出井壁的内力，并由此进行截面配筋。也可以按无梁楼盖的简化算法，把井壁划分为"柱上板带"和"跨中板带"，按建筑结构的相关理论进行近似分析。

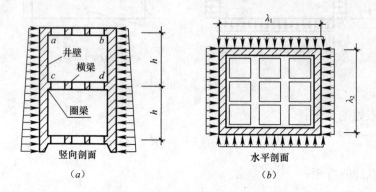

图 5-29 由双向横梁支撑的沉井

（a）竖向剖面；（b）水平剖面

本章小结

1. 本章首先介绍了沉井结构的基本概念，通过学习沉井结构的特点和适用范围，可以加深对基本概念的理解。

2. 了解沉井结构的分类方法、种类和构造对正确选择合适的沉井结构具有重要作用，也是初步设计阶段进行结构选型工作的基础。

3. 对于沉井结构而言，其设计施工有很强的关联性。了解沉井施工的基本流程是设计出一个成功沉井的必要前提。

4. 沉井的设计计算内容主要包括沉井在工作状态下的设计计算与施工过程中的设计计算两个方面。前者主要把沉井视为深基础验算地基承载力及对周围岩土介质的影响，后者重点掌握下沉系数和刃脚的计算分析。

思考题

5-1 沉井主要有哪些优缺点？工程建设中沉井基础的应用范围是什么？

5-2 沉井分类方法有哪些？试按材料、平面形状、竖向剖面形状对沉井分类。

5-3 简述沉井主要由哪几部分组成，简要介绍各部分的作用。

5-4 简述沉井的主要施工工序。

5-5 沉井下沉过程中发生倾斜、突沉、难沉及流砂的原因是什么？有何处理措施？

5-6 简述沉井结构设计计算上的特点及其需要进行的主要验算项目。

5-7 某一圆形沉井基础直径为 8m，作用在沉井上的竖向荷载 17324kN，水平荷载 489kN，弯矩大小为 7418kN·m，$\eta_1 = \eta_2 = 1.0$。沉井埋深 9m，土质为中密砂砾层，重度 19kN/m³，内摩擦角 32°，试验算该沉井基础的横向土抗力和地基承载力。

5-8 已知某矩形沉井自重 2687t，沉井的平面尺寸为 26m×22m，高为 9.6m，一次性下沉。假定刃脚踏面宽度 $a = 30$cm，$b = 40$cm，刃脚高度 75cm，求沉井刃脚所需的配筋数量。

第6章
盾构法装配式圆形衬砌结构

本章知识点

> 主要内容：盾构法隧道特点、适用条件，盾构法隧道类型与荷载
> 　　　　　计算、衬砌管片设计，圆形衬砌结构设计。
> 基本要求：掌握盾构法隧道的优缺点，了解其在隧道工程中起的
> 　　　　　作用；对隧道衬砌有一个基本的了解；了解圆形衬砌
> 　　　　　结构的计算方法。
> 重　　点：盾构法在隧道工程中的作用及适用范围；隧道工程管
> 　　　　　片的分类及其原理；各种衬砌的优缺点；盾构隧道中
> 　　　　　的荷载计算；圆形衬砌隧道的一些基本知识。
> 难　　点：盾构隧道中的荷载计算，需要力学基础；需要计算过
> 　　　　　程中涉及的各个理论；太沙基理论等有一个清楚的认
> 　　　　　识；圆形衬砌结构中的矩阵分析。

6.1　概述

盾构法是在地面下暗挖隧道的一种施工方法，是一个既可以支撑地层压力又可以在地层中推进的活动钢筒结构。因其具有对周围环境影响小、施工不受风雨等气候影响、便于施工管理等独特优点而在隧道施工领域独树一帜。

盾构法施工是使用盾构机，一边控制开挖面及围岩不发生坍塌失稳，一边进行隧道掘进、出渣，并在盾构机内拼装管片形成衬砌，实施壁后注浆，从而在不扰动围岩的基础上修筑隧道的办法。在前端设置支撑和开挖土体的装置；中段安装有顶进所需的千斤顶；尾部可以拼装预制或现浇隧道衬砌环。盾构机每推进一环距离，就在盾构机尾部支护下拼装（或现浇）一环衬砌，并向衬砌环外围的空气中压注水泥砂浆，以防止隧道及地面下沉。

用盾构法修建隧道开始于 1818 年，至今已有近 200 年历史，当时由法国工程师布鲁诺尔（M. I. Brunel）研究，并取得了隧道盾构的发明专利。1825年在英国泰晤士河下首次用矩形盾构建造隧道，实际上它是一个活动的施工防护装置，1869 年英国工程师格雷托海瑞（J. H. Greathead）成功地应用了P. W. Barlow 式盾构修建英国伦敦泰晤士河下水底隧道以后，才使盾构得到普遍的承认。1874 年在英国伦敦城南线修建隧道时，格雷托海瑞创造了比较

完整的用压缩空气来防水的气压盾构施工工艺，使水底隧道施工工艺有了长足的发展，并为现代化盾构奠定了基础。在美国纽约，采用气压盾构法施工成功地建造了19座重要的水底隧道，应用于道路、地铁、煤气和上下水道等，其中最有名的哈德逊河下的厚兰（Holland）道路隧道，第一次解决了人工通风问题，林肯道路隧道采用"盲开挖"，即在淤泥地层中采用闭胸式盾构挤压入地道，仅将20％的土体放入隧道的挤压施工法，一昼夜内其推进速度达13.5m，最好的月进度达317m。后来德国、苏联、日本等国也都采用并发展盾构法施工工艺，特别是近代日本盾构法得到了迅速发展，用途越来越广，并研制了大量新型盾构机械，如机械化盾构、半机械化盾构、局部气压盾构、泥水加压盾构和土压平衡（泥土加压）盾构，与此同时，盾构施工配套设备与管理技术也获得了发展。

我国在1957年北京下水道工程中首次使用2.6m小盾构（当时称盾甲法）以后，从1963年起先后设计制造了外径为3.6m、4.2m、5.8m、10.2m等不同直径的盾构机械，因此，在松软含水地层中修建隧道、水底隧道及地下铁道时采用各种不同形式的盾构施工最有意义，特别是该施工方法属地表以下暗挖施工，不受地面交通、河道、航运、潮汐、季节等条件的影响，能比较经济合理地保证隧道安全施工。当然盾构法也存在一些缺点，如：盾构机与附属设备的设计和制造以及建造端工作井等辅助工程设施均需要投入较多的时间和资金；在隧道断面尺寸多变的区段适应能力差等。

6.1.1 盾构隧道的功用、特点和适用范围

近年来，随着城市化人口激增和城市基础设施相对落后的矛盾日益加剧，城市道路交通、房屋等基础设施需要不断更新和改善，特别是在人口密集、交通繁忙的大城市中，涌现出各类地下建筑物、地下管线、地下铁道等地下建筑结构。在这些地下工程中，由于受到施工现场、道路交通、市政建设等城市环境因素的限制，使得传统的施工方法难以普遍使用。在这种情况下，对城市正常机能影响较小的隧道施工方法——盾构施工具有明显的优势，得到了较为广泛的应用。另外，随着城市地下空间的开发利用，隧道间相互交叉，与其他地下建筑结构物的穿插重叠，施工现场的小规模化，促使常规的盾构技术向着特殊化、多元化的方向发展。为适应这一实际条件，在国内外出现了大量的新型盾构技术。

区别于明挖法等隧道施工技术，盾构施工技术的主要特点可以归纳为以下几点：

（1）具有良好的隐蔽性，噪声、振动引起的公害小，施工费用不受埋置深度大的影响，机械化及自动化程度高，劳动强度低。

（2）隧道穿越河底、海底及地上建筑群下部时，可完全不影响航道通行和地上建筑的正常使用。

（3）适宜在不同颗粒条件的土层中施工。尤其在松软含水地层中修建埋深较大的长隧道往往具有技术和经济方面的优越性。

（4）多车道的隧道可以做到分期施工、分期运营，可以减少一次性投资。

盾构法施工的缺点在于：

1）盾构施工是不可后退的。盾构施工一旦开始，盾构机就无法后退。因此，盾构施工的前期工作非常重要，一旦遇到障碍物或刀头磨损等问题只能通过实施辅助施工措施后，打开隔板上设置的出入孔进行压力舱处理。

2）盾构是一种价格昂贵、针对性很强的专用施工机械，对于每一条用盾构法施工的隧道，必须根据施工隧道的断面大小、埋深条件、地基围岩的基本条件进行设计、制造或改造。

3）对隧道曲线半径过小或隧道顶部覆土太浅时，施工困难较大，而且不够安全，特别是饱和含水松软土层，在隧道上方一定范围内地表沉陷难以完全防止，拼装衬砌时对衬砌整体防水技术要求很高。

盾构（图6-1）是一种开挖、支护、推进、衬砌等多种作业一体化的大型暗挖隧道施工机械，是由在外部荷载作用下，对内部能起保护作用的盾壳部分，以及在该保护下，在前部能用切削机开挖，在后部能边衬砌边掘进的功能齐全的各种设备所组成。盾构机的"盾"是指保护开挖面稳定性的刀盘和压力舱、支护围岩的盾形钢壳。"构"是指构成隧道衬砌的管片和壁后注浆体。

图6-1　盾构示意图

盾构主要由盾壳、开挖机构、推进机构、拼装机构和附属设备五部分组成。

1. 盾壳

盾壳是由钢板焊接成的壳体，由切口环、支撑环和盾尾三部分组成（图6-2）。

（1）切口环部分

它位于盾构的最前端，施工时切入地层，掩护开挖作业。切口环前端设有刃口，刃口大都采用耐磨钢材焊成，以减少切土时对地层的扰动。该部分长度主要取决于开挖面支撑形式及操作人员的多少。在手工挖掘式盾构中，如果在稳定的地层中切口环上下长度可以相等，在开挖面不能自稳的地层（淤泥、流砂）中切口环顶部比底部长，就像帽檐一样，有的还设有千斤顶操作的活动前檐，以增加掩护长度。

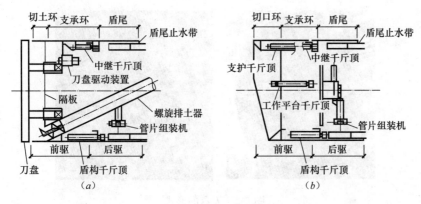

图 6-2　盾构的构成

(a) 闭胸式盾构；(b) 敞开式盾构

(2) 支撑环部分

支撑环紧接于切口环后，处在盾构中部，是一个刚性较好的圆形结构。所有的地层压力、千斤顶的顶力以及切口、盾尾、衬砌拼装时传来的施工荷载均由支撑环承担。其外沿布置盾构推进千斤顶。大型盾构占用空间较大，所有液压动力设备、操作控制台、衬砌拼装器等都布置在这里，中、小盾构则把部分设备放到盾构后面。

(3) 盾尾部分

盾尾主要用于掩护隧道衬砌的安装工作，一般由盾构外壳钢板延长构成。为防止水、土及注浆材料从盾尾与衬砌之间进入盾构内，在盾尾末端设有密封装置。盾尾密封装置因盾构位置的千变万化而极易损坏，因此要求材料富有弹性、耐磨、耐撕拉等特点。盾尾的长度和厚度要从结构上、承受压力、满足更换密封装置等方面考虑。

2. 开挖机构

盾构开挖机构必须根据是否需要提高掘进速度、减轻劳动强度、保持开挖面稳定、确保施工安全的原则来选型，同时必须充分考虑盾构形式、刀盘形式、刀盘支承方式、刀盘开口、刀头等因素。开挖装置均设置在切口环部分，由切削刀盘、泥水（土）室（仓）、切削刀盘支承系统、切削刀盘驱动系统等部分组成。

(1) 切削刀盘

切削刀盘包括刀盘，主、副刀梁，切削刀头，转鼓等。刀盘结构有轮辐形和面板形（图 6-3），可根据施工条件、土质条件决定。刀槽开口大小与主、副刀槽的个数取决于地下水量、开挖速度、砾石大小等因素。刀梁均在刀槽的中间，断面呈箱形，是开挖机构中的传力与承力结构。刀梁上固定着刀头，刀头分切削刀、超挖刀、切割刀、保护刀等。数量最多的是切削刀，呈环状或螺旋状，安装于刀梁上。转鼓呈阶梯形环状结构，前端有凸台，通过凸台与切削刀盘上的环形座相连接。转鼓的后端连接有环状接盘，接盘上有内、外齿圈，供马达驱动刀盘正、逆转。

193

图 6-3　刀盘的形式

（2）泥水（土）室（仓）

由切削刀盘、切口环锥形切口、固定鼓、转鼓、支承密封结构、圆形隔板围成的区域称为泥水室。在泥水室的上部有压力泥水的进入口，下部有搅拌器和泥浆排出口。泥水室和开挖面之间只有刀槽，刀盘与切口环端部接缝处是相通的，其余部分为完全封闭状态。

对于土压平衡式盾构，泥土室由刀盘、转鼓、中间隔板所围成的空间，转鼓呈内锥形，前端与切削刀盘外缘连成一体，后端与中间隔板相配合。泥土仓与开挖面之间的唯一通道是刀槽，其余部分处于完全封闭状态。

（3）切削刀盘支承系统

刀盘的支承方式必须按适合口径、土质条件等要求选定，必须考虑与排土机构的组合方式等因素。各种刀盘支承方式的功能上的特点因盾构的直径而异。主要包括以下几种类型（图6-4）：

1）中心支承方式：其结构简单，黏性土附着的可能性少，中小型泥水加压盾构的刀盘多用中心支承式。

2）周边支承方式：由固定鼓、转鼓、复合式或多唇式密封环、径向、轴向轴承等组成。这种支承方式具有作业空间大，受力较好，小口径时砾石的处理较为容易等特点。大型的泥水加压盾构常用这种类型支承刀盘。

3）混合支承方式：既有周边支承，也有中心支承。这是大型土压平衡盾构常用的刀盘支撑形式。

4）切削刀盘驱动系统：刀盘的驱动方式有下列几种：

① 液压电动机驱动方式，其特点是转速控制、扭矩管理、微调容易；

② 电动机驱动方式，其特点是效率高、洞内环境好（噪声小，洞内温度上升小）；

③ 液压千斤顶驱动方式，主要是采用摆动切削等间断驱动方式使用。

3. 推进机构

推进机构主要由盾构千斤顶和液压设备组成，液压设备由液压泵、驱动马达、操作控制装置、油冷却装置和输油管路组成。盾构千斤顶沿支承环圆周均匀分布，千斤顶的台数和每个千斤顶推力要根据盾构外径、总推力大小、衬砌构造、隧道端面形状等条件而定。

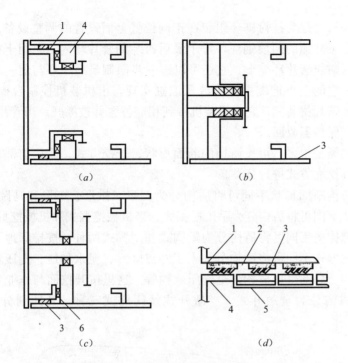

图 6-4 刀盘支承与密封结构

(*a*) 周边支承式；(*b*) 中心支承式；(*c*) 混合支承式；(*d*) 密封结构

1—转鼓；2—润滑油脂腔；3—多唇密封环；4—固定鼓；5—润滑油注入管道；6—轴承

盾构机依靠推进千斤顶将推力作用在已拼装好的管片上。推进千斤顶的另一端固定在中盾上，通过位于后续台车上的推进液压泵向推进千斤顶提供液压油，将中盾、前盾及刀盘推向盾构机开挖面。

4. 拼装机构

拼装机构即为衬砌拼装系统，由举重臂和驱动部分组成。其工作原理是将管片组装成指定形状的机械，举重臂在一端具有用来夹住管片或砌块装置的杠杆，另一端是一个平衡机构，用它来平衡衬砌构件的重量，从而使举重臂易于转动。一般举重臂安装在支承环后部。中小型盾构因受空间限制，有的也安装在盾构后面的台车上。举重臂作旋转、径向运动，还能沿隧道中线作往复运动，完成这些运动的精度应能保证待装配的衬砌管片的螺栓孔与已拼装好的管片螺栓孔对好，以便插入螺栓固定。

5. 附属设备

不同的盾构类型具有不同的附属设备，主要包括操作控制设备、动力变电设备、后续台车设备、真圆保持器等。

操作控制设备有开挖面状态监控设备、盾构位置与状态的检测控制设备、泥浆的输送与排出的控制设备等。

后续台车设备包括动力组台车、自动闸门台车、碎石机台车、注浆设备台车、送排泥泵台车等。后续台车根据形状可分为门形台车、单侧配置台车等可根据隧道直径、工程特点适当选择。

195

真圆保持器是为把衬砌环组装在正确位置上而设置的调整设备。靠两个液压缸可上下伸缩的两段钢环，置于最后拼装的管片环内。它用于在灌浆压力不均匀时防止管片环变形。它还可以进一步限制最后一环与前一环之间的位移变化。它的上下伸缩由两个液压油缸实现，由拼装机控制台操作控制。当最后一环管片拼装完，它由拼装机带到相应位置并被撑开。当管片固定后，才能将真圆保持器收回。

盾构的类型很多，可按盾构的断面形状、开挖方式、盾构前部构造、排水与稳定开挖面方式进行分类。

按照盾构断面形状不同可将盾构分为圆形、拱形、矩形和马蹄形四种；按开挖方式不同可将盾构分为手工挖掘式、半机械挖掘式和机械挖掘式三种；按盾构前部构造不同可将盾构分为敞胸式和闭胸式两种；按排除地下水与稳定开挖面的方式不同可将盾构分为人工井点降水、泥水加压、土压平衡式的无气压盾构、局部气压盾构、全气压盾构等。这里按开挖面与作业室之间隔墙构造将盾构分为全敞开式、半敞开式及闭胸式三种。具体划分如图6-5所示。

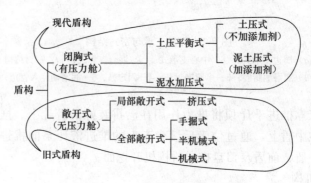

图6-5　盾构分类示意图

在盾构使用的早期阶段，没有压力舱的敞开式盾构曾受到广泛的使用。但是近10年来，由于设置压力舱的闭胸式盾构在控制围岩稳定性方面发挥出的卓越作用，敞开式盾构的使用越来越少，可以将其称为旧式盾构。而现在常说的、常用的多为闭胸式盾构，也可将其称为现代盾构。闭胸式盾构又可分为土压平衡式盾构和泥水加压式盾构。在土压平衡式盾构中，又可根据在开挖面或压力舱内是否添加促进泥土塑性流动的添加剂（泥浆、减水剂、泡沫等）分为土压式和泥土压式两种。敞开式盾构可分为全面敞开式和部分敞开式盾构。全面敞开式盾构可根据开挖形式分为手掘式盾构、半机械式盾构和机械式盾构三种。半敞开式盾构有挤压式盾构。

1. 全敞开式盾构

全敞开式是指没有隔墙，大部分开挖面呈敞露状态的盾构机，以开挖面能够自立稳定作为前提。对于不能自立稳定的开挖面，要通过辅助施工等方法使其能够满足自立稳定条件。

（1）手掘式盾构。手掘式盾构机的正面是敞开的，通常设置有防止开挖顶面坍塌的活动前檐及上承千斤顶、工作面千斤顶及防止开挖面坍塌的挡土千斤顶。施工人员可以随时观察地层的变化情况，及时采取应对措施；当在地层中遇到桩、孤石等障碍物时，比较容易处理。在施工过程中，其开挖面可以根据地质条件采用全部敞开式，也可以采取正面支撑随开挖随支撑。在某些疏散的砂性地层，还可以按照土的内摩擦角将开挖面分为几层。这时，就把盾构称为棚式盾构。对于直径较大的盾构（直径≥4m左右），还在盾构切口环中部设置活动平台，既可以用于防止上层土层塌落，又便于操作。

手掘式盾构机适应的土质是自稳性强的洪积层压实的砂、砂砾、固结粉砂和黏土。对于开挖面不能自稳的冲积层软弱砂层、粉砂和黏土，施工时必须采取稳定开挖面的辅助施工法，如采用压气施工法，或采取改良地基、降低地下水位等措施。这种盾构构造简单、故障少、造价低，但施工效率低，劳动强度大，不适宜大工程长距离掘进。

（2）半机械式盾构。半机械式盾构在手掘式盾构正面装上挖土机械来代替人工开挖和卸土。根据地层条件，可以安装反铲挖土机或螺旋切削机，如果土质坚硬，可安装软岩掘进机的切削头子，其使用范围基本上和手掘式一样。这种盾构较人工开挖盾构提高了掘进效率，降低了劳动强度。但是由于在盾构开挖面内安装了挖掘机械，所以给安装正面支撑千斤顶和支撑工作带来一定困难。

（3）机械式盾构。机械式盾构是在手掘式盾构的切口部分，安装与盾构直径同样大小的大刀盘，在刀盘背面设有土斗，当刀盘旋转挖掘土层的同时，将弃土连续装在土斗内并提升，再将弃土卸至带式运输机上，以实现全断面切削开挖，若地层能够自立或采取辅助措施后能自立，可用开胸机械式盾构，如果地层较差则应采用闭胸机械式盾构。这种盾构可以连续进行机械开挖和排土，适用于长、大隧道施工。

2. 半敞开式盾构

半敞开式是指挤压式盾构机（图6-6）。这种盾构机的特点是在隔墙的某处设置有可调节开口面积的排土口。半敞开式盾构可分为全挤压及半挤压两种，前者是将手掘式盾构的开挖工作面用胸板封闭起来，把土层挡在胸板外，

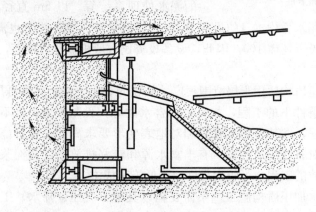

图6-6 挤压式盾构

这样就比较安全可靠，没有水、砂涌入及土体坍塌的危险，并省去了出土工序；后者是在胸板上局部开孔，当盾构推进时土体从孔中挤入盾构，装车外运，劳动条件比手掘式盾构大为改善，效率也成倍提高，该类型的盾构机仅适用于软、可塑的黏土层，使用范围比较狭窄。全挤压施工由于有较大隆起变形，只能用于空阔的地段或河底、海滩等处；半挤压施工虽然能在城市房屋、街道下进行，但对地层扰动大，地面变形也很难避免。

3. 闭胸式盾构

所谓闭胸式盾构是通过密封隔板和开挖面之间形成压力舱，用以保持充满泥砂或泥水的压力舱内的压力，以保证开挖面稳定性的机械式盾构形式。盾构施工时，通过对密封泥土舱中的压力进行控制，使其与开挖面土层水、土压力保持平衡，从而使开挖面土层保持稳定。施工人员不能直接观察开挖面土层工况，而是通过各种检测传感装置进行显示和自动控制。闭胸式盾构主要有泥水加压和土压平衡两大类型。

（1）泥水加压盾构

泥水加压盾构从问世距今仅有20余年历史，却已在盾构施工技术领域占有重要的地位。图6-7所示是泥水加压盾构简图。其最大特点是用有压泥水使开挖面地层保持稳定，开挖面土体的稳定可分为推进时和停推时两种情况。推进时开挖面土体的稳定主要靠加压泥水保持；盾构停止推进时，因泥水压力中土颗粒沉淀，部分压力由刀盘面板承受。必要时可关闭进土槽口的闸门板，以提高支承能力。

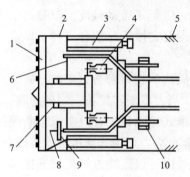

图 6-7　泥水加压盾构构造简图
1-刀盘；2-盾壳；3-盾构千斤顶；
4-刀盘转动液压马达；5-盾尾密封；
6-密封隔舱板；7-大刀盘中心轴；
8-密封泥水舱；9-搅拌机；10-管片拼装机

采用泥水加压盾构方式修建隧道，施工时对土体搅动较小，盾构推进后隧道上方地表的沉降量可控制在 10mm 以内，易于保护周围环境。但这类盾构所需的配套设备多，包括一套自动控制和泥水输送的系统、专门的泥水处理系统等。以 5m 直径的中型盾构为例，假定泥水盾构本身的投资为 100，则其控制系统的投资也需 100，地面泥水处理的投资还需 100。因此，设备投资比一般机械化盾构高，这是它的主要缺点。

泥水加压盾构适用土层范围很广，从软弱黏土、砂土到砂砾层都可适用。对一些特定条件下的工程，如大量的含水砂砾，无黏聚力、极不稳定土层和覆土浅的工程，尤其是超大直径和对地表变形要求高的工程都能显示其优越性。另外，对有些场地较宽、有丰富水源和较好排放条件或泥浆仅需做简单沉淀处理排放的工程，可较大程度地降低施工成本。

采用泥水加压盾构施工，不需要辅以其他（气压、降水）工艺来稳定开挖面土层，其施工质量好、效率高、安全可靠。然而它需要一套技术较复杂的泥水分离处理设备，投资较高，占地面积大，尤其是在城市施工困难较大。

（2）土压平衡式盾构

土压平衡式盾构（图 6-8），又称削土密闭式或泥土加压式盾构，是在局部气压及泥水加压盾构基础上发展起来的一种适用于含水饱和软弱地层中施工的新型盾构。在盾构密封泥土舱内利用开挖下的泥土直接支护开挖面土层，既具有泥水加压盾构的优点，又消除了复杂的泥水分离处理设施，受到工程界的普

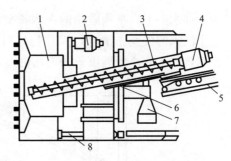

图 6-8　土压平衡盾构简图

1-刀盘；2-刀盘驱动液压马达；3-螺旋输送机；4-螺旋机液压马达；5-带式运输机；6-螺旋机闸门千斤顶；7-衬砌拼装机；8-盾构千斤顶

遍重视。土压平衡盾构可根据不同的地质条件采取不同的技术措施，设计成不同的类型，能适应从松软黏性土到砂砾土层范围内各种土层施工。

普通型土压平衡盾构适用于松软黏性土，一般采用面板式刀盘，进土槽口约宽 200～500mm，刀盘开口率约为 20%～40%，另外在螺旋输送机排土口处装有排土闸门，有利于控制泥土舱内土压和排土量。普通型土压平衡盾构将刀盘切削下的泥土送入泥土舱，再通过螺旋输送机向后排出。由于泥土经过刀盘切削和扰动后会增加塑流性，在受到刀盘切削和螺旋输送机传送后也会变得更为松软，使泥土舱内的土压能均匀传递。通过调节螺旋机转速或盾构推进速度，调节密封泥土舱内的土压并使其接近开挖面静止土压，保持开挖面土层的稳定。当泥土含砂量超过一定限度时，泥土流动性差，靠刀盘切削扰动难以达到足够塑流状态，有时会压密固结，产生拱效应。当地下水量丰富时，通过螺旋输送机的泥土就不能起到止水作用，无法进行施工。此

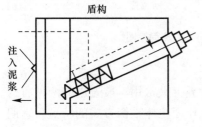

图 6-9　加泥型土压平衡

时应在普通型土压平衡盾构的基础上增加特殊泥浆压注系统，即形成加泥型土压平衡盾构（图 6-9）。向刀盘面板、泥土舱和螺旋输送机内注入特殊土泥浆材料，再通过刀盘开挖搅拌作用，使之与开挖下来的泥土混合，使其转变为流动性好、不适用水性泥土，符合土压平衡盾构施工要求。

为了降低刀盘传动功率和减小泥土移动阻力，加泥型土压平衡盾构刀盘为有辐条的开放式结构，开口面积接近 100%，并在刀盘背面伸出若干搅拌叶片，以便对泥土进行强力搅拌，使其变成具有塑流性和不透水性的泥土。

在砂层、砂砾层透水性较大的土层中，还可以采用加水型土压平衡盾构（图 6-10）。这种盾构是在普通型土压平衡盾构基础上，在螺旋输送机的排土口接上一个排土调整箱，在排土调整箱中注入压力水，并使其与开挖面土层地下水压保持平衡。经过螺旋输送机将弃土排入调整箱内与压力水混合后形成泥浆，再通过管道向地面排送。开挖面的土压仍由密封泥土舱土压进行平

199

衡。加水型土压平衡盾构的泥水排放系统与泥水加压盾构相似，不同点主要在于注入的主要是清水，无黏粒材料，无需对注入的水进行浓度、相对密度控制，泥水分离处理设备和工艺也大为简化。

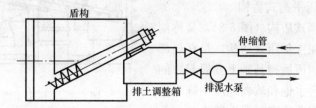

图 6-10　加水型平衡盾构简图

这种盾构刀盘一般采用面板式结构，进土槽口尺寸可根据土体中砾石最大尺寸来决定，刀盘开口率一般约为 20%～60%。泥浆型土压平衡盾构适用于土质松软、透水性好、易于崩塌的积水砂砾层或覆土较浅、泥水易喷出地面和易产生地表变形的极差地层的施工。图 6-11 所示是泥浆型土压平衡盾构工艺流程简图，它具有土压平衡盾构和泥水加压盾构的双重特征。从图中可以看出，泥浆型土压平衡盾构泥土舱的泥浆供入系统和排出系统是两个回路，所以从泥浆排出系统操作所造成的压力波动，对泥土舱内支护压力无大影响，使盾构操作控制更为简便。该机通常采用面板结构，由于泥浆型土压平衡盾构多用于巨砾土层，因此排土多采用带式螺旋机，可比同样大小中心轴式螺旋输送机排出的石块粒径大一倍左右。

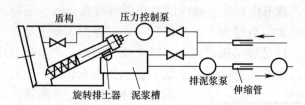

图 6-11　泥浆型土压平衡盾构工艺流程简图

（3）土压平衡式盾构和泥水加压盾构

土压平衡式盾构和泥水加压盾构是目前世界上最常用、最先进的两种盾构形式，它们各自代表了不同出土方式和不同工作面土体平衡方式的特点。它们各自都有优点和缺点，不能简单地说哪一种盾构更先进。从 1984 年以后普遍认为，土压平衡盾构的地质条件的适应性比泥水加压盾构更强。它较适应于在软弱的冲积层中掘进，但在砾石层或砂土层中，只要加入适当的黏土后，也能发挥出土压平衡盾构应有的特点。泥水加压盾构只有在以砂性土为主的洪积层中采用才较为有利，而在黏性土为主的冲积层中施工时，盾构性能虽然能适应无疑，但是需要较高的泥水处理费用。泥水加压盾构施工引起的地表沉降量可控制在 10mm 以内。土压平衡盾构施工引起的地表沉降量可控制在 20mm 以内。

对两种盾构进行选型时，工程师应根据工程的具体情况和要求加以评估，因为优点和缺点有时是可以转化的。例如，在以黏性土为主的冲积土层中，如果采用泥水加压盾构施工所产生的泥水可不做任何处理而直接送入江河与大海中时，宜选择泥水加压式盾构；在水头高度很高（＞50m）的江川和海峡水底下施工时，即使土体条件更适合于土压平衡盾构，但是当螺旋输送机筒体内的搅拌土难以起到封水作用，或者经过计算，螺旋机体内的螺旋土柱可能失稳时，盾构选型需慎重对待，必要时拟做模拟试验后再决定是否可采用土压平衡盾构。

当盾构处在城市中心区域掘进，并且满足工作面的水压条件

$$p_w \leqslant 0.4\text{MPa} \tag{6-1}$$

地质条件为冲积土层时，通常采用土压平衡盾构更经济合理。在沿海城市的软土地层中开挖隧道的机械较多采用土压平衡盾构。

6.1.2 盾构法施工

现代盾构能适用于各种复杂的工程地质和水文地质条件，从流动性很大的第四纪淤泥质土层到中风化和微风化岩层。既可用来修建小断面的区间隧道，也可以修建大断面的车站隧道。而且施工速度较快（5～40m/d），对控制地面沉降有较大把握。但应指出，盾构法施工在盾构与附属设备的设计和制造及建造端头工作井等工程设施上需要较多的时间和投资。同时，盾构法的施工技术方案和施工细节对岩层条件的依赖性，较之其他方法尤甚。这就要求事先对沿线的工程地质和水文地质条件做到细致的勘探工作，并要根据围岩的复杂程度做好各种应变的准备。因此，只有在地面交通繁忙，地上建筑物和地下管线密布，对地面沉降要求严格的地区，不宜采用明挖法，且地下水发育，围岩稳定性差，或隧道很长且工期要求紧迫，不能采用矿山法施工时，采用盾构法施工才是经济合理的。

下面介绍盾构法施工概貌及适用范围。盾构法施工概貌可以采用图 6-12 表示。

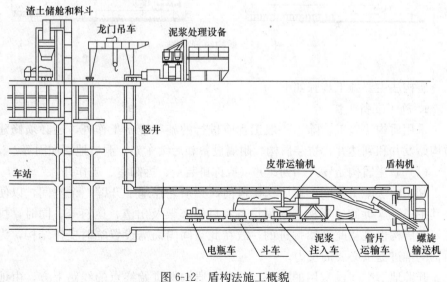

图 6-12 盾构法施工概貌

（1）在盾构法隧道的起始端和终端各建一个工作井；

（2）盾构在起始端工作井内安装就位；

（3）依靠盾构千斤顶推力（作用在新拼装好的衬砌和工作井后壁上）将盾构从起始工作的墙壁开孔处推出；

（4）盾构在地层中沿着设计轴线推进，在推进的同时不断出土和安装衬砌管片；

（5）及时地向衬砌背后的空隙注浆，防止地层移动和固定衬砌环位置；

（6）盾构进入终端工作井并被拆除，如施工需要，也可穿越工作井再向前推进。

盾构机是这种施工法中的主要施工机械。它是一个既能承受围岩压力又能在地层中自动前进的圆筒形隧道工程机械，但也有少数为矩形、马蹄形和多圆形断面的。从纵向可将盾构分为切口环、支承环和盾尾三部分。切口环是盾构的前导部分，在其内部和前方可以设置各种类型的开挖和支撑地层的装置；支承环是盾构的主要承载结构，沿其内周边均匀地装有推动盾构前进的千斤顶，以及开挖机械的驱动装置和排土装置；盾尾主要是进行衬砌作业的场所，其内部设置衬砌拼装机，尾部有盾尾密封刷、同步压浆管和盾尾密封刷油膏注入管等。切口环和支承环都是用厚钢板焊成的光壁筒形结构，如图 6-13 所示。

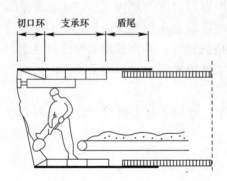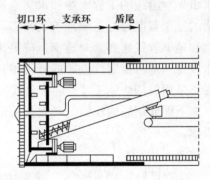

图 6-13 盾构纵剖面图

盾构法主要施工步骤如下：

1. 施工准备工作

采用盾构法施工，除了一般工程应进行的施工准备工作外，还必须修建盾构始发井和到达井，拼装盾构、附属设备和后续车架，洞口地层加固等。

（1）修建盾构始发井和到达井（或称拼装室、拆卸室、工作井）

和矿山法施工不同，在盾构掘进前，必须先在地下开辟一个空间，以便在其中拼装（拆卸）盾构、附属设备和后续车架及出渣、运料等。同时，拼装好的盾构也是从此开始掘进的，故在此空间内尚需设置临时支撑结构，为盾构的推进提供必要的反力。

开辟地下空间最常用的方法，就是在盾构掘进始终点的线路上方，由地面向下开凿一座直达未来区间隧道底面以下的竖井，其底端可作为盾构拼装（拆卸）室。盾构正式掘进时，此竖井可采用地下连续墙，用沉井法、冻结法或普通矿山法修建。盾构始发（到达）井的水平面形状多数为矩形的，平面净空尺寸要根据盾构直径、长度、需要同时拼装的盾构数目及运营时的功能而定，一般在盾构外侧留 0.75～0.8m 的空间，容许一个拼装工人工作即可。如果地下铁道车站采用明挖法施工，则区间隧道的盾构拼装（拆卸）室常设在车站两端，成为车站结构的一部分，并与车站结构一起施工。但这部分结构暂不封顶和覆土，留作盾构施工时的运输井。若到达的盾构在此不拆卸，而是调头，则拆卸室的平面尺寸将根据盾构调头的要求而定。在盾构拼装（拆卸）室的端墙上应预留出盾构通过的开口，又称封门。这些封门最初起挡土和防止渗漏的作用，一旦盾构安装调试结束，盾构刀盘抵住端墙，要求封门能尽快拆除或打开。根据拼装室周围的地质条件，可以采用不同的封门制作方案。这里主要介绍现浇钢筋混凝土封门。一般按盾构外径尺寸在井壁上预埋环形钢板，板厚为 8～10mm，宽度等于井壁厚度，环向钢板切断了围护结构的竖向受力钢筋，所以封门周边要作构造处理。这种封门制作和施工简单，结构安全，但是拆除时要用大量人力凿除，费工费时。

（2）盾构拼装

在盾构拼装前，先在拼装室底部铺设 50cm 厚的混凝土垫层，其表面与盾构外表面相适应，在垫层内埋设钢轨，轨顶伸出垫层约 5cm，可作为盾构推进时的导向轨，并能防止盾构旋转。若拼装室将来要作他用，则垫层将被凿除，费工费时。此时可改用由型钢拼成的盾构支承平台，其上亦需有向导和防止旋转的装置。

由于起重设备和运输条件的限制，通常盾构都拆卸成切口环、支承环、盾尾 3 节运到工地，然后用起重机将其逐一放入井下的垫层或支承平台上。切口环与支承环用螺栓连成整体，并在螺栓连接面外圈加薄层电焊，以保持其密封性。盾尾与支承环之间则采用对接焊连接。在拼装好的盾构后面，尚需设置由型钢拼成的刚度很大的反力支架和传力管片。根据推出盾构需要开动的千斤顶数目和总推力进行反力支架的设计和传力管片的排列。一般来说，这种传力管片都不封闭成环，故两侧都要设计支撑将其支撑住。

（3）洞口地层加固

当盾构工作井周围地层为自稳能力差、透水性强的松散砂土或饱和含水黏土时，如不对其进行加固处理，则在凿除封门后，必将会有大量土体和地下水向工作井内塌陷，导致洞周大面积地表下沉，危及地下管线和附近建筑物。目前，常用的加固方法有注浆、旋喷、深层搅拌、井点降水、冻结法等，可根据土体种类（黏性土、砂性土、砂砾土、腐殖土）、渗透系数和标贯值、加固深度和范围、加固的主要目的（防水或提高强度）、工程规模和工期、环境要求等条件进行选择。加固后的土体应有一定的自立性、防水性和强度，一般以单轴无侧限抗压强度约等于 0.3MPa 为宜。太高则刀盘切土困难，易引发机械故障。

2. 盾构掘进

盾构掘进中所产生的问题，因所采用的盾构类型而异，下面仅讨论密封型盾构掘进的问题

（1）洞口密封装置和盾构出洞顺序

为了增加开挖面的稳定，在盾构未进入加固土体前，就需要适当地向开挖面注水或注入泥浆，因此洞口要有妥善的密封止水装置，以防此开挖面泥浆流失。目前，常用的密封止水装置有滑板式结构和铰链式结构。滑板式结构是由橡胶密封板和防倒钢滑板组成，盾构通过密封装置前，将滑板滑下，盾构通过后，将滑板滑上去顶住管片，防止橡胶垫板倒退；铰链式结构的防倒钢板是铰接的，始终压在橡胶垫板上，盾构通过密封止水装置前后，无须人工调整。

（2）盾构掘进施工管理

1）施工管理中的挖掘管理。对土压平衡式盾构来说，通过开挖面管理（刀盘和密封舱内的渣土压力）、添加剂注入管理、切削土量管理和盾构机管理使开挖面土压稳定在设定值附近。目前，挖掘管理已经实行自动化控制，用智能化系统来频繁调整开挖速度以控制开挖面孔隙水压力，维持在天然地层孔隙水压力上下（泥水盾构），或维护天然地层不受干扰，优化选择密封舱渣土压力（土压盾构）。

2）施工管理中的线形管理。通过一套测量系统随时掌握正在掘进中盾构的位置和姿态，并通过计算机将盾构的位置和姿态与隧道设计轴线相比较，找出偏差数值和原因，下达调整盾构姿态应启动的千斤顶的模式，从最佳角度位置移动盾构，使其蛇形前进的曲线与隧道轴线尽可能接近。

3）施工管理中的注浆管理。通过浆体、注浆压力、注浆开始时间与注浆量的优化选择，达到能及时填满衬砌与周围地层之间的环向间隙，防止地层移动，增加行车的稳定性和结构的抗震性能。

对于浆体的要求有：应具有能充分填满间隙的流动性，注入后必须在规定时间内硬化；必须具有超过周围地层的静强度，保证衬砌与周围地层的共同作用，减少地层移动；具有一定的动强度，以满足抗震要求；产生的体积收缩小；受到地下水稀释不引起材料的离析等。

6.1.3　设计计算内容

隧道建设费用中隧道衬砌费用往往占整个隧道工程造价的 40%～50%，为此，隧道衬砌结构必须根据安全可靠、经济合理的原则进行设计。盾构法施工的隧道衬砌结构到 20 世纪 60 年代已逐渐推广应用装配式钢筋混凝土管片。

首先，隧道衬砌结构必须根据工程需要满足结构的强度和刚度要求，能承受隧道所经过的土层压力、水压力以及一些特殊荷载。在已知外荷载的作用下，按梁式模型计算埋在土中圆环的内力和位移以及管片（如钢筋混凝土管片）的裂缝宽度限制等。

在核算隧道衬砌强度的安全系数时，通常计算断面选择在覆土最深、顶压与侧压相差最大处，并且按施工阶段和使用阶段荷载最不利组合情况下的管片强度、变形以及裂缝宽度计算（允许有裂缝，但要有限制：截面裂缝宽度应小于等于0.1mm）；同时按使用阶段与特殊荷载阶段组合情况下的管片强度验算（变形和裂缝开展不予考虑）。另外再选择覆土最浅的断面处进行使用阶段和特殊荷载阶段组合情况下的管片强度验算。衬砌结构强度安全系数设定按《公路隧道设计规范》JTG D70—2004的要求设计。偏压构件可取强度安全系数$k=1.55$。考虑特殊荷载时可按特殊规定进行。此时的混凝土的强度提高系数（已考虑半年后的后期强度）为1.3～1.45；16锰钢的提高系数为1.00～1.15。

其次，是否能满足所提出的安全质量指标要求：如裂缝开展宽度，接缝变形和直径变形的允许量，隧道抗渗防漏指标，结构安全度，衬砌内表面平整度要求等。其目的主要是对衬砌结构能提供一个满足使用要求的工作环境，保持隧道内部的干燥和洁净。特别是饱和含水地层中采用钢筋混凝土管片结构，衬砌漏水这个矛盾非常突出，要求更高。

盾构法隧道的设计内容基本上可以分为三个阶段进行，第一阶段为隧道的方案设计，以确定隧道的线路、线形、埋置深度以及隧道的横断面形状与尺寸等；第二阶段为衬砌结构与构造设计，其中包括管片的分类、厚度、分块、接头形式、管片孔洞、螺孔等；第三阶段为管片内力的计算及断面设计。

6.2 盾构隧道

6.2.1 盾构隧道结构类型

1. 衬砌断面的形式与选型

盾构法隧道的衬砌结构在施工阶段作为隧道施工的支护结构，用于保护开挖面以防止土体变形、坍塌及泥水渗入，并承受盾构推进时千斤顶顶力及其他施工荷载；在隧道竣工后作为永久性支撑结构，并防止泥水渗入，同时支承衬砌周围的水、土压力以及使用阶段和某些特殊需要的荷载，以满足结构的预期使用要求。因而，必须依据隧道的使用目的，围岩条件以及施工方法，合理选择衬砌的强度、结构、形式和种类等。根据这些条件，盾构隧道横断面一般有圆形、矩形、半圆形、马蹄形等多种形式，衬砌最常用的横断面形式为圆形与矩形。在饱和含水软土地层中修建地下隧道，由于顶压和侧压较为接近，较有利的结构形式是选用圆形结构。目前在地下隧道施工中盾构法应用得十分普遍，装配式圆形衬砌结构在一些城市的地下铁道、市政管道等方面的应用也较为广泛和普遍。

（1）内部使用限界的确定

隧道内部轮廓的净尺寸应根据建筑限界或工艺要求并考虑曲线影响及盾构施工偏差和隧道不均匀沉降来决定。

对于地下铁道，为了确保列车安全运行，凡接近地下铁道线路的各种建筑物（隧道衬砌、站台等）及设备、管线，必须与线路保持一定距离。因此，应根据线路上运行的车辆在横断面上所占有的一定空间，正确决定内部使用限界。

1）车辆限界。车辆限界是指在平、直线路上运行中的车辆，可能达到的最大运动包迹线，就是车辆在运行中横断面的极限位置，车辆任何部分都不得超出这个限界。在确定车辆限界的各个控制点时，除考虑车辆外轮廓横断面的尺寸外，还需考虑到制造上的公差、车轮和钢轨之间及在支承中的机械间隙、车体横向摆动和在弹簧上颤动倾斜等。

2）建筑限界。建筑限界是决定隧道内轮廓尺寸的依据，是在车辆限界以外一个形状类似的轮廓。任何固定的结构、设备、管线等都不得侵入这个限界以内。建筑限界由车辆限界外增加适量安全间隙来求得，其值一般为 150～200mm。

一般说来，内部使用限界是根据列车或车辆，以设计速度在直线上运行条件确定的。曲线上的限界，由于车辆纵轴的偏移及外轨超高，而使车体向内侧倾斜，因而需要加宽，其值视线路条件确定。

（2）圆形隧道断面的优点与组成

隧道衬砌断面形状虽然可以采用半圆形、马蹄形、长方形等形式，但最普遍采用的截面形式是圆形。因为圆形隧道衬砌断面有以下优点：

1）可以等同地承受各方向外部压力，尤其是在饱和含水软土地层中修建地下隧道，由于顶压、侧压较为接近，更可显示出圆形隧道断面的优越性；

2）施工中易于盾构推进；

3）便于管片的制作、拼装；

4）盾构即使发生转动，对断面的利用也无大碍。

用于圆形隧道的拼装式管片衬砌一般由若干块组成，分块的数量由隧道直径、受力要求、运输和拼装能力等因素确定。管片类型分为标准块、邻接块和封顶块三类。管片的宽度一般为 700～1200mm，厚度为隧道外径的 5%～6%，块与块、环与环之间用螺栓连接。

（3）单双层衬砌的选用

隧道衬砌是直接支承于地层，既保持规定的隧道净空，防止渗漏，同时又能承受施工荷载的结构。通常它是由管片拼装的一次衬砌和必要时在其内面灌注混凝土的二次衬砌所组成。一次衬砌为承重结构的主体，二次衬砌主要是为了一次衬砌的补强和防止漏水与侵蚀而修筑的。近年来，由于防水或截水材料质量的提高，可以考虑省略二次衬砌，采用单层的一次衬砌，既承重又防水。对于有压的输水隧道，为了承受较大的内水压力，需做二次衬砌。

综上所述，应根据隧道的功能、外围土层的特点、隧道受力等条件，分别选用单层装配式衬砌，或在单层装配式衬砌内再浇筑整体式混凝土、钢筋混凝土内衬的双层衬砌等。

双层衬砌施工周期长，造价贵，且它的止水效果在很大程度上还是取决于外层衬砌的施工质量、渗漏情况，所以只有当隧道功能有特殊要求时，才选用双层衬砌。通常在满足工程使用要求的前提下，应优先选用单层装配式钢筋混凝土衬砌。单层预制装配式钢筋混凝土衬砌的施工工艺简单，工程施工周期短，节省投资。

近年来，由于钢筋混凝土管片制作精度的提高和新型防水材料的应用，管片衬砌的渗漏水显著减少，故已经可以省略二次衬砌。例如，我国于1989年建的上海延安东路水底公路隧道，即采用单层钢筋混凝土衬砌，防水效果较好，已达到国际先进水平。

2. 衬砌的分类及其比较

（1）按材料及形式分类

1）钢筋混凝土管片

① 箱形管片。一般用于较大直径的隧道。单块管片重量较轻，管片本身强度不如平板形管片，在盾构顶力作用下容易开裂（见图6-14）。

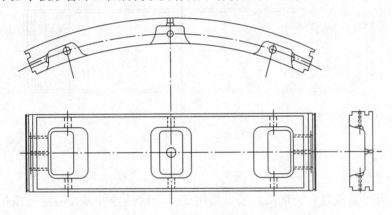

图6-14 箱形管片（钢筋混凝土）

② 平板形管片。用于较小直径的隧道，单块管片重量较重，对盾构千斤顶顶力具有较大的抵抗能力，正常运营时对隧道通风阻力较小（见图6-15）。

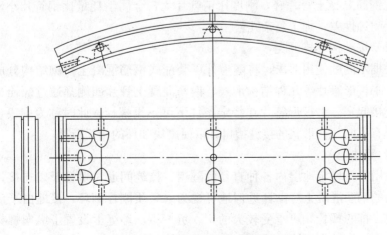

图6-15 平板形管片（钢筋混凝土）

2）铸铁管片

国外在饱和含水不稳定地层中修建隧道时较多采用铸铁管片，最初采用的铸铁材料全为灰口铸铁，第二次世界大战后逐步改用球墨铸铁，其延性和强度接近于钢材，因此管片就显得较轻，耐蚀性好，机械加工后管片精度高，能有效地防渗抗漏。缺点是金属消耗量大，机械加工量也大，价格昂贵。近十几年来已逐步由钢筋混凝土管片所取代。由于铸铁管片具有脆性破坏的特性，不宜用作承受冲击荷重的隧道衬砌结构（见图6-16）。

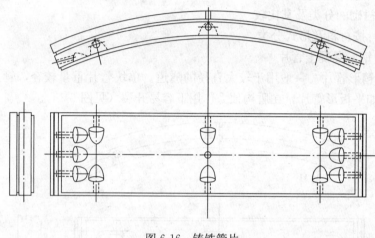

图 6-16　铸铁管片

3）钢管片

优点是重量轻，强度高。缺点是刚度小，耐锈蚀性差，需进行机械加工以满足防水要求。成本昂贵，金属消耗量大，国外在使用钢管片的同时，再在其内浇筑混凝土或钢筋混凝土内衬。

4）复合管片

外壳采用钢板制成，在钢壳内浇筑钢筋混凝土，组成复合结构，这样其重量比钢筋混凝土管片轻，刚度比钢管片大，金属消耗量比钢管片小，缺点是钢板耐蚀性差，加工复杂冗繁。

（2）按结构形式分类

根据不同的使用要求，将隧道外层装配式钢筋混凝土衬砌结构分成箱形管片、平板形管片等几种结构形式。钢筋混凝土管片四侧都通过螺栓与相邻管片连接起来。平板形管片在特定条件下可不设螺栓，此时称为砌块，砌块四侧设有不同几何形状的接缝槽口，以便砌块和环的相互衔接。

1）管片

适用于不稳定地层内各种直径的隧道，接缝间通过螺栓予以连接。由错缝拼装的钢筋混凝土衬砌环近似地可视为一匀质刚性圆环，接缝由于设置了一排或二排的螺栓，可承受较大的正、负弯矩。环缝上设置了纵向螺栓，使隧道衬砌结构具有抵抗隧道纵向变形的能力。管片由于设置了数量众多的环、纵向螺栓，这样使管片拼装速度大为降低，增加工人劳动强度，也相应地增高了施工费用和衬砌费用。

2）砌块

一般适用于含水量较少的稳定地层内。由于隧道衬砌的分块要求，使由砌块拼成的圆环（超过三块以上）成为一个不稳定的多铰圆形结构。衬砌结构在通过变形后（变形量必须予以限制）地层介质对衬砌环的约束使圆环得以稳定。砌块间以及相邻环间接缝防水、防泥必须得到满意的解决，否则会引起圆环变形量的急剧增加而导致圆环丧失稳定，形成工程事故。砌块由于在接缝上不设置螺栓，施工拼装速度就可加快，隧道的施工和衬砌费用也随之而降低。

（3）按形成方式分类

按衬砌的形成方式可将衬砌分为装配式衬砌和挤压混凝土衬砌。装配式衬砌圆环一般是由分块的预制管片在盾尾拼装而成的，按照管片所在位置及拼装顺序不同可将管片划分为标准块，邻接块和封顶块，衬砌的预制构件有铸铁、钢、混凝土、钢筋混凝土管片和砌块之分。我国目前广泛使用的是钢筋混凝土管片或砌块。与整体式现浇衬砌相比，装配式衬砌的特点在于：

1）安装后能立即承受荷载；

2）管片生产工厂化，质量易于保证，管片安装机械化，方便快捷；

3）在其接缝处防水需要采取特别有效的措施。

近年来，国外发展有在盾尾后现浇混凝土的挤压式衬砌工艺，即在盾尾刚浇捣而未硬化的混凝土处于高压作用下，作为盾尾推进的后座，盾尾在推进的过程中，不产生建筑空隙，空隙由注入的混凝土直接填充。挤压混凝土衬砌施工方法的特点是：

1）自动化程度高，施工速度快；

2）整体式衬砌结构可以达到理想的受力、防水要求，建成的隧道有满意的使用效果；

3）采用钢纤维混凝土能提高薄型衬砌的抗裂性能；

4）在渗透性较大的砂砾层中要达到防水要求尚有困难。

德国豪赫帝夫国际建筑工程公司研制的掺钢纤维挤压混凝土衬砌已在汉堡、罗马和里昂等地的地铁工程中得到了成功的应用，日本也在不少软土隧道的施工中采用了这种施工方法。

（4）按构造形式分类

大致可分为单层及双层衬砌两种形式。修建在饱和含水软土地层内的隧道，由于隧道防水（特别是接缝防水）问题还没有得到完善的解决，影响了单层衬砌的使用，因此较多的还是选择双层衬砌结构。双层衬砌结构外层是装配式衬砌结构，内层是内衬混凝土或钢筋混凝土层。例如，在地下铁道的区间隧道以及一些市政管道也已采用这种双层衬砌结构形式。由于采用了双层衬砌。导致了下列的一系列问题，如：开挖断面增大，增加了出土量；施工工序复杂，延长了施工期限，导致了隧道建设成本的增加。为此目前不少国家正在研究解决单层衬砌的防水技术和使用效果，以逐步取代双层衬砌结构。另一种做法是在目前隧道防水尚未得到较为满意解决的条件下，把外层衬砌视作施工时的临时支撑结构，这样就简化了外层衬砌的要求。在内层衬砌施工前，对外层衬砌进行清理、疏通，做必要的结构构造处理，然后再浇捣内衬层．并使内层衬砌与外层衬砌连成一起视作整体结构（或近似整体结构）以共同抵抗荷载。

3. 装配式钢筋混凝土管片构造

目前国内外应用装配式钢筋混凝土衬砌建造隧道越来越普遍，为此将其构造情况介绍如下：

（1）环宽（管片宽度）

管片宽度指沿隧道纵向量测的管片尺寸。根据国内外修建隧道的实践经验，环宽一般为 500~1200mm，目前一般为 1000mm。从便于搬运、组装以及在隧道曲线上的施工，考虑盾尾长度等条件，管片宽度小一些为好。但是，从降低隧道总长的管片制造成本，减少易出现漏水等缺陷的接头部数量，提高施工速度等方面考虑，则管片宽度大一些为好。管片宽度应根据隧道的断面，结合实际施工经验，选择在经济性、施工性方面较合理的尺寸。一般在灵敏度不变的情况下，大隧道管片的宽度可比小隧道管片的宽度大一些。

当盾构在曲线段推进时必须设有楔形管片环，它可分为曲线用和蛇行修正用两种。在曲线用楔形管片环中，其中缓曲线用楔形管片环的楔形量，可以考虑与蛇行修正用楔形管片环相同，以减少楔形管片环的种类。楔形量除了应根据管片种类、管片宽度、管片环外径、曲线半径、曲线区间楔形管片环使用比例、管片制作的方便性确定外，还应根据盾尾操作空隙而定。表 6-1 中列出了隧道外径与管片环宽楔形量的经验数值。

管片环宽楔形量、楔形角　　　表 6-1

管片环外径 D	$D<4m$	$4m\leqslant D<6m$	$6m\leqslant D<8m$	$8m\leqslant D<10m$	$10m<D$
楔形量（mm）	$15\sim75$	$30\sim80$	$30\sim90$	$40\sim90$	$40\sim70$
楔形角	$20'\sim115'$	$20'\sim70'$	$15'\sim50'$	$15'\sim35'$	$10'\sim25'$

（2）管片厚度

管片的厚度一般需要经过计算而定。根据工程实践，管片厚度可取隧道外径的 4%~6%，隧道直径大则取小值，隧道直径小则取大值。

$$h_\mathrm{s} = (0.04 - 0.06)D \tag{6-2}$$

式中　D——隧道的外径（m）；

　　　h_s——管片的厚度（m）。

钢筋混凝土管片，一般取 $0.05D$，管片厚度的模数常取 50mm。管片混凝土抗渗等级为 0.6MPa 时，腔格处的不渗透最小厚度为 120mm。

（3）管片环分块

管片环分块应根据隧道的直径大小、螺栓安装位置的互换性（错缝拼装时）而定。管片环一般由数块 A 型管片、两块 B 型管片和一块可在最后在顶点附近封顶的 K 型管片组成，其中 A、B、K 分别为标准块、邻接块和封顶块，封顶块有大、小两种，小封顶块的弧长 S 为 600～900mm。K 型管片可分为半径方向插入型 K 型管片和轴线方向插入型 K 型管片（图 6-17），在隧道半径方向上设有锥度，沿隧道内侧插入者称为半径方向插入型 K 型管片，在轴向设有锥度沿隧道轴向插入者称为轴线方向插入型 K 型管片。

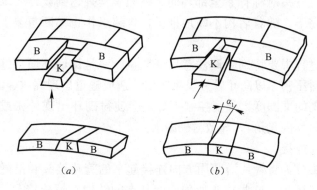

(a)　　　　(b)

图 6-17　管片分块示意图

从过去的经验和实际运用情况来看，根据管片的外径，一般小断面隧道可分为 4～6 块，铁路隧道等分块为 6～11 块，单线地下铁道衬砌可分为 6～8 块，双线地下铁道衬砌可分为 8～10 块，其中分为 6～8 块的较多（3A＋2B＋K）。管片最大弧的弦长一般不宜超过 4m，衬砌越薄，其长度应越短。

（4）衬砌拼装（管片拼装）

隧道衬砌是在盾构尾部壳保护下的空间内进行拼装的。拼装的衬砌以铸铁、钢、钢筋混凝土或钢与钢筋混凝土的复合材料等制成的管片或砌块，形式很多。通常根据结构受力及使用要求，确定盾构及衬砌结构形式之后，其拼装方法也就大致确定了。拼装方法可分为重臂拼装或拱托架拼装（一种简单老式的拼装方法，拱托架比隧道衬砌内径略小，呈半圆或稍大于半圆的弧形钢制构架。通过滑轮、千斤顶、钢丝绳和卷扬机将管片或砌块牵引到架子上面，再用千斤顶顶到设计位置），采用通缝拼装（管片的纵缝环对齐）或错缝拼装（利用衬砌本身来传递圆环内力，一般环间错开 1/3～1/2 管片）。有螺栓连接的管片或无螺栓连接的砌块等。

在拼装管片或砌块的过程中，主要应解决管片或砌块的运送、就位、成环以及衬砌的防水等工作。为此首先必须充分做好准备工作：如举重臂的安全检查、拼装车架的配合、盾构底部的清洗、防止盾构的后退、有关拼装材料（如螺栓、垫圈以及拼装工具扳手）的准备、并按预定位置放好等，以提高拼装速度。

拼装方法按其程序可分为"先纵后环"和"先环后纵"两种。先环后纵是拼装前将所有盾构千斤顶缩回；管片先拼成圆环，然后拼装好的圆环沿纵向靠拢形成衬砌，拧紧纵向螺栓。这种方法的优点是环面平整，纵缝拼装质量好；缺点是在盾构机易产生后退的地段，不宜采用。先纵后环的方法是可以有效地防止盾构后退。拼一块缩回这部分的千斤顶，其他千斤顶仍在支撑着盾构。这样逐块轮流，直至拼装成环，即先纵后环。

采用举重臂拼装管片的原则应是自下而上，左右交叉，最后封顶成环。若采用纵向插入的封顶管片，则举重臂沿隧道轴向移动的距离要加长，盾构顶部几只盾构千斤顶的冲程也要加长，一般均设计成二级千斤顶。待管片全部拼装好，再分头对称拧紧全部环向、纵向螺栓，达到设计要求后，才算一环管片拼装完毕。随着盾构不断地推进，拼装工作也不断重复上述步骤，直至隧道建成。

在拼装过程中要特别强调注意保证质量。一是保证环面接缝平整，纵向通缝防水涂料压密，以防止管片呈喇叭状，造成隧道出现漏水、漏泥的情况；二是注意衬砌的准圆度，圆度控制不好，会使衬砌环出现外张或内张角（向圆心方向张角称内张角），导致衬砌漏水。

（5）管片连接

管片接头分为将管片沿圆周方向连接起来的管片接头和沿隧道轴向连接起来的管片环接头。这些接头所采用的基本的结构有螺栓接头、铰接头、销插入式、楔接头、榫槽接头等。

螺栓接头是管片接头和管片环接头上最为常用的接头结构，可分为弯螺栓接头和直螺栓接头两种，其中弯螺栓接头多用于平板形管片，直螺栓接头主要用于管片间纵、环向接头。但有的平板型管片不用螺栓接头，而采用榫槽式接头或球铰式接头。这种不用螺栓连接的管片也称砌块。铰接头结构主要作为多铰环的管片接头使用，在地基条件良好的英国和俄罗斯得到广泛应用。榫槽接头设有凹凸，通过凹凸部位的啮合作用进行的力传递，可作为管片接头来使用，但主要是作为管片环接头使用的接头结构。

管片接头通常是将数个螺栓配置为1排或2排。不管管片的种类如何，当管片高度不大时，管片连接螺栓可配置在1排上，单排螺栓孔的位置一般在离管片内侧1/4～1/2厚度处；当高度较大时，为确保强度和刚度，一般都配置为2排，外排螺栓承受负弯矩，内排螺栓承受正弯矩，每一排螺栓配有2～3根螺栓组成。管片精度（产品精度）直接影响隧道的拼装和防水质量。精度不够时，管片成环后的环向接缝会产生内张或外张条件，影响圆环受力和防水性能。管片各部位精度的参考指标见表6-2。

管片尺寸允许误差（mm）　　　　　　　表 6-2

项 目	厚 度	宽 度	外 径	弧长或弦长	螺孔间距	环缝	纵缝内张或外张
单块	−3.0	±1.0	—	±0.5	±0.5	—	—
	−1.0	±0.5					
水平整环拼装	—	—	±1.5 / 0	—	±1	1.5	1.0

6.2.2 盾构隧道荷载计算

衬砌的设计不仅应满足隧道使用阶段的承载及使用功能要求，而且还必须满足施工过程中的安全性要求。表 6-3 列举了设计时应考虑的荷载种类。基本荷载是设计时所必须考虑的荷载。附加荷载是在施工中或竣工后作用的荷载，是根据隧道的使用目的，施工条件以及周围环境进行考虑的荷载。另外，特殊荷载是根据围岩

	荷载分类	表 6-3
基本荷载	1. 地层压力 2. 水压力 3. 自重 4. 上覆荷载的影响 5. 地基抗力	
附加荷载	6. 内部荷载 7. 施工荷载 8. 地震的影响	
特殊荷载	9. 平行配置隧道的影响 10. 接近施工的影响 11. 其他	

条件、隧道的使用条件所必须特殊考虑的荷载。在具体设计计算时，往往考虑组合工况，可以参照表 6-4 选择计算工况组合。

计算工况荷载组合表   表 6-4

荷载种类 计算工区	荷载组合系数	第一组合施工阶段	第二组合运行阶段	第三组合地震验算
地面超载	1.4	√	√	√
结构自重	1.2	√	√	√
地层垂直水土压力	1.2	√	√	√
水平水土压力	1.2	√	√	√
外水压力	1.2		√	√
道路设计荷载	1.4		√	√
盾构千斤顶顶力	1.2	√		
不均匀注浆压力	1.2	√		
地震荷载	1.3			√

1. 基本使用阶段（衬砌环宽按 1m 考虑）

荷载简图如图 6-18 所示。

（1）自重

$$g = \gamma_h \cdot \delta \tag{6-3}$$

式中 γ_h——钢筋混凝土重度（kN/m³），一般 γ_h 采用 25kN/m³；

δ——管片厚度（m），当采用箱形管片时可考虑采用折算厚度。

（2）竖向土压

$$q = \sum_{i=1}^{n} \gamma_i \cdot h_i \tag{6-4}$$

式中 γ_i——衬砌顶部以上各个土层的重度，在地下水位以下的土层重度取土的浮重度（kN/m³）；

h_i——衬砌顶部以上各个土层的厚度（m）。

（3）拱背土压

$$G = 2\left(1 - \frac{\pi}{4}\right)R_H^2 \cdot \gamma = 0.43 R_H^2 \cdot \gamma \tag{6-5}$$

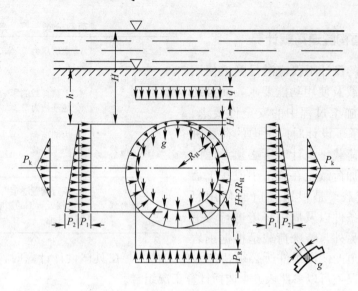

图 6-18　计算简图

式中　γ——土重度（kN/m³）；

　　　R_H——衬砌圆环计算半径（m）。

（4）地面超载

当隧道埋深较浅时，必须考虑地面荷载的影响，一般取 20kN/m²。此项荷载可累加到竖向土压项去。

（5）侧向均匀主动土压

$$p_1 = q \cdot \tan^2\left(45° - \frac{\varphi}{2}\right) - 2c \cdot \tan\left(45° - \frac{\varphi}{2}\right) \qquad (6-6)$$

式中　q——竖向土压（kN/m³）；

γ、φ、c——分别为衬砌圆环侧向各个土层的土体重度、内摩擦角、黏聚力的加权平均值。

$$\gamma = \frac{\gamma_1 h_1 + \gamma_2 h_2 + \cdots + \gamma_n h_n}{h_1 + h_2 + \cdots + h_n} \qquad (6-7)$$

$$\varphi = \frac{\varphi_1 h_1 + \varphi_2 h_2 + \cdots + \varphi_n h_n}{h_1 + h_2 + \cdots + h_n} \qquad (6-8)$$

$$c = \frac{c_1 h_1 + c_2 h_2 + \cdots + c_n h_n}{h_1 + h_2 + \cdots + h_n} \qquad (6-9)$$

（6）侧向三角形主动土压

$$p_2 = 2R_H \cdot \gamma \cdot \tan^2\left(45° - \frac{\varphi}{2}\right) \qquad (6-10)$$

（7）侧向土体抗力

按温克尔局部变形理论计算，抗力图形呈等腰三角形，抗力范围按与水平直径上下呈 45°考虑。

$$P_K = k \cdot y (kN/m^2) \qquad (6-11)$$

$$y = \frac{(2q - p_1 - p_2 + \pi q) R_H^4}{24(\eta EJ + 0.045 k R_H^4)} \qquad (6-12)$$

式中　　k——衬砌圆环侧向地层（弹性）基床系数（kN/m^3）；

　　　　y——衬砌圆环在水平直径处的变形量（m）；

　　EJ——衬砌圆环抗弯刚度$kN\cdot m^2$；

　　　　η——衬砌圆环抗弯刚度的折减系数，$\eta=0.25\sim0.8$。

（8）水压

按静水压考虑。

（9）拱底反力

$$P_R = q + \pi g + 0.2146 R_H \gamma - \frac{\pi}{2} R_H \cdot \gamma_w \tag{6-13}$$

式中符号含义同前，其中 γ_w 为水的重度。

用目前土力学理论和有关公式计算隧道外围的荷载情况，计算结果往往是较为粗糙，有时甚至会出现与实际外荷载情况截然相反的情况。较为可行的办法是先做一般的理论计算，再进行实地的现场量测，根据试验结果对原来设计进行必要的修改。按目前已有的一些资料来看，衬砌外荷载的数值和分布情况与隧道埋设地层的水文地质情况、隧道施工、隧道衬砌本身的刚度有着十分密切的关系。下面就荷载确定的一些有关问题作必要的说明。

1）竖向土压

一般计算公式都按隧道顶部全部土压考虑，按 $\gamma\cdot h$ 计算，这种计算方法在软黏土情况下较为适合，国内外的一些观测资料都说明了这一点。我国在软黏土层中修建地下隧道工程时做了一些土压量测工作，日本滨橙町隧道也在软黏土层中进行了量测，量测结果都表明隧道衬砌顶部荷载随着时间而增加到一定值，拱顶部土压十分接近于全部覆土 $\gamma\cdot h$ 的荷重。

当隧道埋设在土体本身具有较大的抗剪强度的地层内（例如在砂土层中），且隧道埋设深度又超过隧道衬砌的外径（$H>D$）时，顶部土压就小于全土压 $\gamma\cdot h$ 值，这就可按所谓"松动高度"理论进行计算。这时候，用得较普遍的是美国太沙基公式以及苏联的普罗托季雅柯诺夫公式。详见表 6-5 及图 6-19。

竖向土压（松动荷载）　　　　　　　　　　　表 6-5

太沙基公式	$p = \dfrac{B_0(\gamma - c/B_0)}{\tan\varphi}\left[1 - \exp\left(-\dfrac{h}{B_0}\tan\varphi\right)\right] + q \cdot \exp\left(-\dfrac{h}{B_0}\tan\varphi\right)$
普氏公式	$p = \dfrac{2}{3}\gamma\dfrac{B_0}{\tan\varphi}$

2）侧向主动土压

侧向主动土压大都按朗金公式 $p = \gamma H \cdot \tan^2\left(45° - \dfrac{\varphi}{2}\right) - 2c \cdot \tan\left(45° - \dfrac{\varphi}{2}\right)$ 计算。但侧压常受地层、施工方法和衬砌结构刚度的影响，有时会出现很大的差异。例如在采用挤压盾构法施工时，刚开始时侧压很大，而顶压则小于侧压，隧道出现"竖鸭蛋"现象。这种现象在我国的一些地下

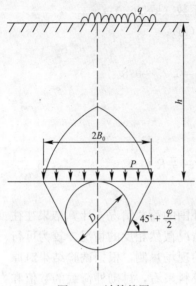

图 6-19 计算简图

工程以及美国哈德逊河下的林肯隧道中都出现类似现象。采用进土量较多的盾构施工时，侧压就不会出现上述现象，详见图 6-20。

侧压的计算在含水砂土层中，往往采用水土分离原则计算，而在含水黏土层中则采用水、土不分离的原则。

土体侧压系数的取值大小对隧道衬砌结构内力计算有着十分密切的关系，在确定侧压系数时必须谨慎对待，日本隧道衬砌设计常对侧压系数选择范围大致在 0.3～0.8 之间，也有不超过 0.7 的做法。

3）地层侧向弹性抗力

衬砌结构由于外荷载作用，在水平方向产生向外的横向变形的同时，衬砌外围土体介质也相应会对衬砌结构产生抵抗压力，以阻止衬砌结构进一步变形。目前，在设计实用计算中应用较为普遍的是温克尔局部变形理论，假设土体侧向弹性抗力：

$$p_k = k \cdot y \tag{6-14}$$

式中　k——地层（弹性）基床系数（kN/m^3）；

y——衬砌在水平直径方向最终变形值（m）。

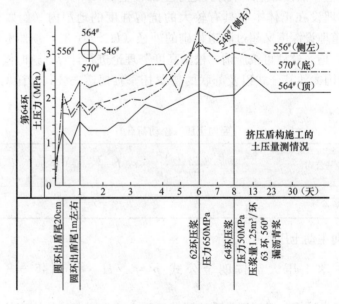

图 6-20　侧向主动土压变化图

在静荷载作用的情况下，较好的地层条件（标准贯入度 $N > 4$）就可以考虑 p_k。当 $N < 2$ 时，p_k 值就几乎等于零，没有工程的实用意义。在动荷载作用下，

特别是瞬时荷重作用下（加荷速率很快，加荷时间较短），即使在饱和含水软土地层中，也会存在着一定的动抗力。有关地层基床系数 k 值见表6-6。

地层基床系数值　　　　　表 6-6

土的种类	k（kN/m^3）	土的种类	k（kN/m^3）
固结密实黏性土 极坚实砂质土	$30000 \sim 50000$	中等黏性土 松散砂质土	$5000 \sim 10000$ $0 \sim 10000$
密实砂质土 硬黏性土	$10000 \sim 30000$	软弱黏性土 非常软黏性土	$0 \sim 5000$ 0

在静载条件下，土体的地层基床系数 k 值可以通过实测试验取得，国外通常在隧道或竖井的侧壁内预先按设水平刚性板进行测定，方形或圆环的刚性板尺寸一般分别为30、50、70、100cm，利用千斤顶将刚性板自隧道水平方向向土层顶进，通过 σ_y 曲线可测得需要的 k 值，试验中测得的 k 值还需要经过一定的换算公式应用到隧道衬砌设计中去。

换算公式：

$$k_H = k_0 \left(\frac{B}{30}\right)^{-1} \tag{6-15}$$

式中　　k_H——采用地层基床系数（kN/m^3）；

　　　　k_0——利用 30cm×30cm 的刚性板测得的地层基床系数（kN/m^3）；

　　　　B——换算用的宽度即试验用方形或圆形的刚性板尺寸（cm）。

上述有关地层基床系数 k 的取值是在"静荷载"的状态下测得的，而在动荷载（瞬时荷载）作用时加荷速度很快，则 k 值就会迅速提高，即使在饱和含水软黏土层中，也会出现一定的土体抗力。

A. 在上海松软饱和含水地层中，采用快速加载方法测得土层是存在着一定的水平地层抗力的。

B. 地层水平基床系数 k_H 值并非常数，随着应力增大，位移增加，地层基床系数就相应减小。

$$k_{\sigma=1.76} = (0.14 \sim 0.57)k_{\sigma=0.45} \tag{6-16}$$

$$k_{\delta=0.6} = 0.6k_{\delta=0.1} \tag{6-17}$$

C. 快速加荷测得的 k 值比慢速大得多（参见图6-21）。

$$k_{t=3s} = (2.5 \sim 3)k_{t=60s} \tag{6-18}$$

D. $k \approx 0.04E$

式中　　E——土体压缩模量。

侧向弹性抗力 p_k 的取用与否以及其值的大小和抗力分布图形选择的不同，对衬砌结构内力的计算结果影响甚大。从图6-22中可看到，随着 k 值的变化，衬砌结构内力 M、N 值也随之相应的变化，特别是当 k 为 $0 \sim 10000 kN/m^3$ 时，内力变化尤为突出。在实际工程的算例中也常遇到当 $k=0$ 时，衬砌结构内力

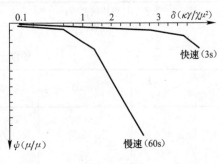

图 6-21　不同加荷载速度下的 k 值

值较大，需进行大量的配筋。而当 $k=10000 \sim 20000 \mathrm{kN/m^3}$ 时，内力值就会出现较大的变化——弯矩 M 值减小，而轴力 N 增加，衬砌有时会出现构造配筋的情况，对工程的经济意义很大。因此，在考虑确定 k 值的指标时，必须谨慎、合理。国外的一些工程设计上常在选取 k 值的同时，还结合考虑主动侧压系数的取值，其目的在于使衬砌结构具有一定的抗弯能力，保证结构具有一定的安全度。考虑主动侧压系数 ξ 取用 k 值时可参考表 6-7、表 6-8。

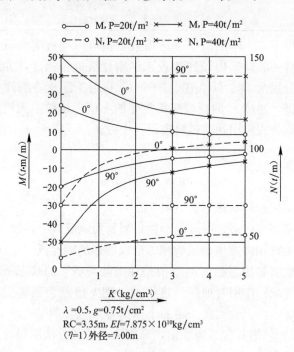

图 6-22 衬砌内力随 k 值变化图

黏性土（$\mathrm{kN/m^3}$） 表 6-7

ξ \ k	0	2500	5000	10000
0.6	—	—	√	√
0.7	√	√	√	√
0.8	√	√	√	√
0.9	√	√	—	—

注："√"表示可取用的范围；
　　"—"表示不可取用。

砂性土（$\mathrm{kN/m^3}$） 表 6-8

ξ \ k	10000	20000	30000	40000
0.4	—	—	√	√
0.5	√	√	√	√
0.6	√	√	√	√
0.7	√	√	—	—

2. 施工阶段

隧道衬砌结构在到达基本使用阶段前，已经历了一系列的施工阶段荷载的考验；衬砌结构在施工阶段有可能碰到比基本使用阶段更为不利的工作条件，产生了极为不利的内力状态，导致出现了衬砌结构的开裂、破碎、变形、沉陷和漏水等严重情况。这种情况尤以在盾构推进过程为甚，必须进行现场观测和相应的附加验算，并提出改进措施。

（1）管片拼装

钢筋混凝土管片拼装成环时，对纵向接缝拧紧螺栓，由于管片制作精度不高，环面接触不平，往往在拧紧螺栓时，使管片局部出现较大的集中应力，导致管片开裂和存在着局部内应力。

（2）盾构推进

由于制作和拼装的误差，管片的环缝面往往是参差不平的。当盾构千斤顶施加在环缝面上，特别是千斤顶顶力存在偏心状态情况下，极易使管片开裂和顶碎。这种现象在目前往往被看作为衬砌设计的一个重要的控制因素。由于管片在环缝面上的支承条件不够明确，在承受盾构千斤顶顶力时，衬砌环的受力难以确切计算，一般采用盾构总的推力除以衬砌环环缝面积计算。

$$\sigma = \frac{P}{F} \leqslant [\sigma]/K \tag{6-19}$$

式中　　P——盾构总推力（kN）；

　　　　F——环缝面积（m²）；

　　　$[\sigma]$——混凝土容许抗压强度（kPa）；

　　　　K——安全系数，一般取 $K \geqslant 3$。

对钢筋混凝土箱形管片进行顶力试验表明，千斤顶顶力在管片环面上的作用位置，大大影响管片的纵向承载力。当千斤顶顶力的作用中心点施加在管片板部位置上，承载力较大，当千斤顶顶力中心稍稍落在环肋面上，其承载力即明显的降低，而当顶力中心点较多地落在环肋面上，承载力将大大降低，管片极易顶碎和崩裂。目前在解决这一矛盾时，大多对合理选择管片形式，提高钢模制作精度和管片混凝土强度，改进管片拼装质量等方面予以高度的注意。

（3）衬砌背后压注

为了改善衬砌结构的工作条件和防止地面出现大量的沉降量，在衬砌背后的建筑空隙内注以水泥浆或水泥砂浆等材料。在软土地层中注浆材料常不是均匀分布在衬砌四周，而仅是局部聚集在注浆孔的一定范围内，过高的注浆压力常引起圆环变形和出现局部的集中应力，封顶楔形块管片也会向内滑移，为了控制这种不利工作条件的出现，必须对注浆压力进行一定的控制。

（4）衬砌环刚出盾尾的初期

衬砌顶部土压即迅速作用到衬砌上，而侧压却因某种原因未能及时作用，这时衬砌可能处于比基本使用阶段更为不利的工作条件。

衬砌结构在施工阶段引起的不利工作条件的因素很多，难以事先估计。目前一般的处理方法是从实地观测和提出相应改进措施外，还常采用一个笼统的附加安全系数，以保证衬砌结构一定的安全度。

3. 特殊荷载阶段

衬砌结构除对上述两个工作阶段进行结构验算外，根据使用需要还得进行特殊荷载阶段的验算，这种特殊荷载往往属于瞬时性的荷载，且荷载作用时间又短，但这个工作阶段的验算往往是控制衬砌结构设计的关键。在此阶段进行结构验算时，可合理选择结构的附加安全系数和适当提高建筑材料的物理力学性能指标。

6.2.3 隧道衬砌设计要求

本节着重介绍钢筋混凝土管片衬砌的设计方法和有关的一些要求。

隧道衬砌结构的设计必须满足两个基本要求，一是满足施工阶段及使用阶段结构强度、刚度的要求，用以承受诸如水、土压力以及一些特殊使用要求的外荷载；二是能提供一个满足使用功能要求的环境条件，保持隧道内部的干燥和洁净。特别是在饱和含水软土地层中采用装配式钢筋混凝土管片结构，尤以衬砌防水这个矛盾更为突出，与工程成功与否关系较大，必须予以注意。

隧道衬砌结构必须根据工程的使用要求（埋深程度、横断面几何尺寸以及其他使用要求等）所选定的隧道施工方法，隧道沿线的地层地质，水文情况进行必要的设计验算和选择。由于隧道建设费用昂贵（在联邦德国，隧道和高架铁道费用的比例大致是 3:1）而隧道衬砌费用则往往又占整个隧道工程造价的 40%～50%，故要求隧道衬砌结构的设计必须根据安全可靠、经济合理原则进行选择。

已故的美国土力学太沙基教授（K. Trzaghi）曾在他的一篇关于论述美国芝加哥地下铁道盾构施工的钢筋混凝土衬砌中谈到，浇筑混凝土衬砌显著地增大了隧道的挠曲刚度。在一个完全柔性的隧道中，衬砌弯矩随着壳体厚度的增加而增加，因此无论从结构或经济角度考虑，可得出这样规律，即：壳体应根据工程的需要尽可能薄一些。太沙基的这种观点在目前也有现实的指导意义。

1. 钢筋混凝土管片的设计要求和方法

（1）按照强度、变形、裂缝限制等要求分别进行验算。

（2）确定衬砌结构的几个工作阶段——施工荷载阶段、基本使用荷载阶段和特殊荷载阶段，提出各个工作阶段的荷载和安全质量指标要求（衬砌裂缝宽度、接缝变形和直径变形的允许值、隧道抗渗防漏指标、结构安全度、衬砌内表面平整度要求等），然后进行各个工作阶段和组合工作阶段的结构验算。

2. 结构计算方法的选择

目前装配式圆隧道衬砌结构的计算方法大都把衬砌环看作一按自由变形的匀质（等刚度）圆环计算，而接缝上的刚度不足往往采用衬砌环的错缝拼装予以弥补。这种加强接缝刚度的处理和匀质（等刚度）圆环计算方法在饱和含水地层中的隧道衬砌计算用得较为普遍。

由于实际上衬砌环接缝刚度远远小于断面部分的刚度（要做到匀质等刚度圆环几乎是不可能的），因此可以将接缝视作一个"铰"处理。整个圆环变成一个多铰圆环。在不稳定地层中，多铰圆环结构（铰的数量大于 8 个）处于结构不稳定状态，圆环外围土层介质给圆环结构提供了附加约束，这种约束常随着多铰圆环的变形而提供了相应的地层抗力，于是多铰圆环就处于稳定状态。在地层较好的情况下，衬砌环按多铰圆环计算是十分经济合理的。当按多铰圆环计算时，必须根据工程的使用要求，对圆环变形量要有一定的限制，并对施工要求提出必要的技术措施。

整个隧道衬砌费用昂贵，而影响隧道衬砌设计的因素又繁多而且不够完全明确，因此目前对衬砌结构的设计步骤大都先按使用要求设计验算，提出衬砌结构设计方案，进行能满足各种使用要求的结构试验，参照试验结果对原设计方案进行必要的修改和加强，这样才能予以投产并付之使用。当然，上述的做法还是不够完备的；在衬砌投入工程使用后，设计人员极有必要去现场进行实地观察，获得现场有关的第一手资料，积累经验，丰富知识，对衬砌结构设计方案做进一步的修改和完善。

6.2.4 计算简图

圆形隧道衬砌的计算方法较多。在饱和含水地层中（淤泥、流砂、含水砂层、稀释黏土等土体），因内摩擦角 φ 值很小，主动与被动土压力几乎是相等的，结构变形不能产生很大抗力，故常假定结构可以自由变形，不受地层约束，认为圆环只是处在外部荷载及与之平衡的底部地层反力作用下工作（地层反力分布情况也较复杂）。结构物的承载能力由其材料性能截面尺寸大小决定。

装配式圆衬砌根据不同的防水要求，选择不同的连接构造，无论采用错缝拼装还是通缝拼装，都按整体考虑，事实上接缝处的刚度远远小于断面部分的刚度，与整体式等刚度圆形衬砌差异更大。据日本资料可知，接头刚度折减系数 η，对于铸铁管片 $\eta=0.9\sim1.0$；钢筋混凝土管片 $\eta=0.5\sim0.7$。但为了便于计算，特别是早期的铸铁（钢筋混凝土）管片，纵向采用双排螺栓，错缝拼装连接，仍近似地将这种圆环视为整体式等刚度匀质圆环。

简言之，在饱和含水地层中上述这种按整体式自由变形匀质圆环计算的方法，尽管存在着一些问题仍然得到较为普遍的应用，是一种常用的方法。下面重点说明衬砌内力计算方法。

1. 按自由变形均质圆环计算内力

在饱和含水软土地层中，主要由于工程上的防水要求，对由装配式衬砌组成的衬砌圆环，其接缝必须具有一定的刚度，以减少接缝变形量。由于相邻环间接缝的拼装，并设置一定数量的纵向螺栓或在环缝上设有凹凸榫槽，使纵缝刚度有一定的提高。因此，圆环可近似地认为是一均质刚性圆环。衬砌圆环上的荷载分布见图 6-23。

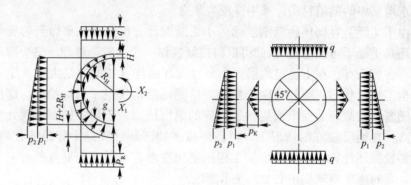

图 6-23　荷载分布图

由于荷载的对称性，故整个圆环为二次超静定结构。按结构力学力法原理，可解出各个截面上的 M、N 值。

圆环内力详见表 6-9，其中所示圆环内力均以 1m 为单位，若环宽为 b（一般 $b=0.5\sim1$m），则内力 M、N 值尚应乘以 b。弯矩 M 以内缘受拉为正，外缘受拉为负。轴力 N 以受压为正，受拉为负。

2. 考虑土体介质侧向弹性抗力的圆环内力计算仍按均质刚度圆环计算

土体抗力图形分布在水平直径上下各 45° 范围内，在水平直径处：

$$P_K = ky(1 - \sqrt{2}\,|\cos\alpha|) \tag{6-20}$$

圆环水平直径处受荷载后最终半径变形值为：

$$y = \frac{(2q - p_1 - p_2 + \pi q)R_H^4}{24(\eta EJ + 0.045kR_H^4)} \tag{6-21}$$

式中　η——圆环刚度有效系数，$\eta=0.25\sim0.8$。

由 P_K 引起的圆环内力 M、N、Q 参见表 6-10。

将由 P_K 引起的圆环内力和其他衬砌外荷载引起的圆环内力叠加，即得最终的圆环内力。

断面内力系数表　　　　　　　　　　　　　　　　　表 6-9

荷重	截面位置	内力		p
		$M(t-m)$	$N(t)$	g
自重	$0-\pi$	$gR_H^2(1 - 0.5\cos\alpha - \alpha\sin\alpha)$	$gR_H(\alpha\sin\alpha - 0.5\cos\alpha)$	Q
上荷重	$0-\pi$	$qR_H^2(0.193 + 0.106\cos\alpha - 0.5\sin^2\alpha)$	$qR_H(\sin^2\alpha - 0.106\cos\alpha)$	P_R
	$\dfrac{\pi}{2}-\pi$	$qR_H^2(0.693 + 0.106\cos\alpha - \sin\alpha)$	$qR_H(\sin\alpha - 0.106\cos\alpha)$	
底部反力	$0-\dfrac{\pi}{2}$	$P_R R_H^2(0.057 - 0.106\cos\alpha)$	$0.106P_R R_H\cos\alpha$	P_R
	$\dfrac{\pi}{2}-\pi$	$P_R R_H^2(-0.443 + \sin\alpha - 0.106\cos\alpha - 0.5\sin^2\alpha)$	$P_R R_H(\sin^2\alpha - \sin\alpha - 0.106\cos\alpha)$	

荷重	截面位置	内力		p
		$M(t-m)$	$N(t)$	g
水压	$0-\pi$	$-R_H^2(0.5-0.25\cos\alpha-0.52\sin\alpha)$	$R_H^2(1-0.25\cos\alpha-0.52\sin\alpha)+HR$	
均布荷载	$0-\pi$	$P_1R_H^2(0.25-0.5\cos^2\alpha)$	$P_1R_H\cos^2\alpha$	P_1
侧压	$0-\pi$	$P_2R_H^2(0.25\sin^2\alpha+0.083\cos^3\alpha$ $-0.063\cos\alpha-0.125)$	$P_2R_H\cos\alpha(0.063+0.5\cos\alpha$ $-0.25\cos^2\alpha)$	P_2

注：R_H—衬砌计算半径（m）

　　α—计算断面与圆环垂直轴的夹角。

P_K 引起的圆环内力表　　　　　　　　　　表 6-10

内　力	$0\leqslant\alpha\leqslant\dfrac{\pi}{4}$	$\dfrac{\pi}{4}\leqslant\alpha\leqslant\dfrac{\pi}{2}$
M	$(0.2346-0.3536\cos\alpha)P_KR_H^2$	$(-0.3487+0.5\cos^2\alpha+0.2357\cos^3\alpha)P_KR_H^2$
N	$0.3536\cos\alpha P_KR_H$	$(-0.707\cos\alpha+\cos^2\alpha+0.707\sin^2\alpha)P_KR_H$
Q	$0.3536\sin\alpha P_KR_H$	$(\sin\alpha\cos\alpha-0.707\cos^2\alpha\sin\alpha)P_KR_H$

3. 日本惯用修正法

错缝拼装的衬砌圆环，可通过环间剪切键或凹凸榫槽等结构使接头部分弯矩传递到相邻管片。对于错缝拼装的管片，挠曲刚度较小的接头承受的弯矩不同于与之邻接的挠曲刚度较大的管片承受的弯矩。事实上这种弯矩传递主要由环间剪切来完成。目前考虑接头的影响主要通过假定弯矩传递的比例来实现。推荐两种估算方法，即 $\eta-\xi$ 法和旋转弹簧（半铰）（$K-\xi$ 法）。

（1）$\eta-\xi$ 法

首先将衬砌环按均质圆环计算，但考虑纵缝接头的存在，导致整体抗弯刚度降低，取圆环抗弯刚度为 ηEI（η 为抗弯刚性的有效率，$\eta\leqslant1$）。计算圆环水平直径处变位 y，两侧抗力 $p_k=k_y$ 后，考虑错缝拼装管片接头部弯矩的传递，错缝拼装弯矩重分配见图 6-24。

其中　　　　$M=M_i+M_j$

接头处内力

$$M_j=(1-\xi)\times M \qquad (6-22)$$
$$N_j=N \qquad (6-23)$$

对于管片，则

$$M_s=(1+\xi)\times M \qquad (6-24)$$
$$N_s=N \qquad (6-25)$$

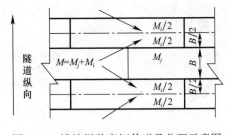

图 6-24　错缝拼装弯矩传递及分配示意图

式中　ξ——弯矩调整系数；

　M、N——分别为均质圆环计算弯矩和轴力；

M_j、N_j——分别为调整后的接头弯矩和轴力；

M_s、N_s——分别为调整后管片本体弯矩和轴力。

根据试验结果：$0.6\leqslant\eta\leqslant0.8$，$0.3\leqslant\xi\leqslant0.5$。如果管片环内没有接头，则 $\eta=1$，$\xi=0$。

（2）K—ξ法

在该法中用一个旋转弹簧（半铰）模拟接头，且假定弯矩与转角 θ 成正比，由此计算构件内力，如图 6-25 和下式：

$$M = K\theta$$

式中　K——旋转弹簧常数（kN·m/rad），通常根据试验来确定或根据以往设计计算的实践来确定。

如果管片环没有接头，则 $K=\infty$，$\xi=0$。又若假定管片环的接头为铰接，则 $K=0$，$\xi=1$。

4. 按多铰圆环计算圆环内力

随着工程实践的不断增多以及不断的试验研究，管形结构的连接方式正由刚性连接向柔性连接（无螺栓连接的砌块或设有单排满足防水、拼装施工要求的螺栓，其位置在接头断面中和轴处）过渡，砌块端面为圆柱形的中心传力接头或为各种几何形状的榫槽（榫槽特意做得很深）。这样可将接缝可以看作一个"铰"。整个圆环变成一个多铰圆环，见图 6-26。多铰圆环虽属不稳定结构，但因有外围土层提供的附加约束和多铰圆环的变形而提供了相应的地层抗力，促使多铰圆环仍处于稳定状态。这时装配式圆形抗力，促使多铰圆环仍处于稳定状态。这时装配式圆形衬砌环就可按有弹性抗力的多铰圆环方法计算。多铰圆环的接缝构造，可分为设置防水螺栓，设置拼装施工要求用的螺栓，或不设置螺栓而代以各种几何形状的榫槽几种形式。

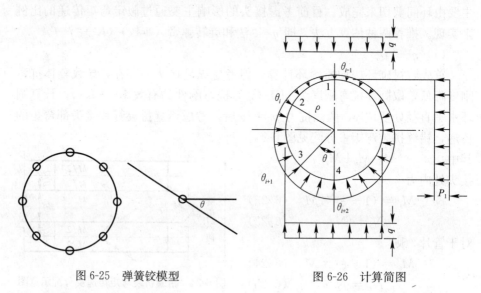

图 6-25　弹簧铰模型　　　　　　　图 6-26　计算简图

6.2.5　内力计算

内力按多铰圆环计算有多种方法，这里仅介绍日本山本法。

山本法计算原理在于圆环多铰衬砌环在主动土压和被动土压作用下产生变形，圆环由一不稳定结构逐渐转变成稳定结构，圆环变形过程中，铰不发生突变。这样多铰系衬砌环在地层中就不会引起破坏，能发挥稳定结构的机能。

1. 计算中的几个假定

（1）适用于圆形结构。

（2）衬砌环在转动时，管片或砌块视作刚体处理。

（3）衬砌环外围土抗力按均匀变形式分布，土抗力的计算要满足对衬砌环稳定性的要求，土抗力作用方向全部朝向圆心。

（4）计算中不计圆环与土体介质间的摩擦力，这对于满足结构稳定性是偏于安全的。

（5）土抗力和变位间关系按温克尔公式计算。

2. 计算方法

具有 n 个衬砌组成的多铰圆环结构计算如图 6-26，$(n-1)$ 个铰由地层约束，而剩下一个成为非约束铰，其位置经常在主动土压力一侧，整个结构可以按静定结构来解析。

衬砌各个截面处地层抗力方程式：

$$q_{ai} = q_{i-1} + \frac{(q_i - q_{i-1})\alpha_i}{\theta_i - \theta_{i-1}} \qquad (6\text{-}26)$$

式中　q_{i-1}——$i-1$ 铰处的土层抗力（kN/m^2）；

$\quad\quad q_i$——i 铰处的土层抗力（kN/m^2）；

$\quad\quad \alpha_i$——以 q_i 为基轴的截面位置；

$\quad\quad \theta_i$——i 铰与垂直轴的夹角；

$\quad\quad \theta_{i-1}$——$i-1$ 铰与垂直轴的夹角。

解 1-2 杆（图 6-27）：

$$\theta_{i-1} = 0$$
$$\theta_i = 60°$$
$$\sum X = 0 \qquad (6\text{-}27)$$

$$H_1 = H_2 + Pr(1 - \cos\theta_i)$$
$$\quad + r \int_0^{\theta_i - \theta_{i-1}} \frac{q_2 \alpha_i}{\frac{\pi}{3}} \sin(\theta_{i-1} + \alpha_i) d\alpha_i$$

$$\therefore H_1 = H_2 + 0.5Pr + 0.327 q_2 r$$
$$(6\text{-}28)$$

$$\sum Y = 0 \qquad (6\text{-}29)$$

$$V_2 = qr\sin\theta_i + r \int_0^{\theta_i - \theta_{i-1}} \frac{q_2 \alpha_i}{\frac{\pi}{3}} \cos\alpha_i d\alpha_i$$
$$(6\text{-}30)$$

$$V_2 = 0.866qr + \frac{3q_2 r}{\pi}\left(\frac{\sqrt{3}\pi - 3}{6}\right)$$
$$= 0.866 q_2 r + 0.388 q_2 r \quad (6\text{-}31)$$

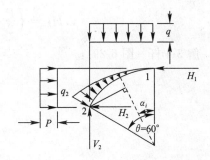

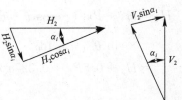

图 6-27　1-2 杆计算简图

$$\sum M_2 = 0 \tag{6-32}$$

$$0.5H_1 r = q\,\frac{(r\sin\theta_i)^2}{2} + P\,\frac{[r(1-\cos\theta_i)]^2}{2} + \frac{3r^2}{\pi}q_2\int_0^{\theta_i-\theta_{i-1}}\sin(\theta_i-\theta_{i-1}-\alpha_i)\mathrm{d}\alpha_i$$

$$= 0.375qr^2 + 0.125Pr^2 + \frac{3r^2}{\pi}q_2\left(\frac{2\pi-3\sqrt{3}}{6}\right)$$

$$= 0.375qr^2 + 0.125Pr^2 + \left(\frac{2\pi-3\sqrt{3}}{2\pi}\right)q_2 r^2 \tag{6-33}$$

$$\therefore H_1 = (0.75q + 0.25P + 0.346q_2)r \tag{6-34}$$

解 2-3 杆（图 6-28）：

$$\sum X = 0 \tag{6-35}$$

$$H_2 + H_3 = P \cdot 2r\sin\frac{(\theta_i-\theta_{i-1})}{2}$$

$$+ \frac{3r}{\pi}\int_0^{\theta_i-\theta_{i-1}}\left[\frac{\pi}{3}q_2 + (q_3-q_2)\alpha_i\right]\cdot\sin(\theta_{i-1}+\alpha_i)\mathrm{d}\alpha_i$$

$$\therefore H_2 + H_3 = Pr + \frac{r}{2}(q_3 + q_2) \tag{6-36}$$

$$\sum Y = 0 \tag{6-37}$$

$$V_2 = V_3 - \frac{3r}{\pi}\int_0^{\theta_i-\theta_{i-1}}\left[\frac{\pi}{3}q_2 + (q_3-q_2)\alpha_i\right]\cdot\cos(\theta_{i-1}+\alpha_i)\mathrm{d}\alpha_i$$

$$= V_3 + 0.089(q_3 - q_2) \tag{6-38}$$

$$\sum M_3 = 0 \tag{6-39}$$

$$H_2 r = \frac{Pr^2}{2} + \frac{3r^2}{\pi}\int_0^{120°-60°}\left[\frac{\pi}{3}q_2 + (q_3-q_2)\alpha_i\right]\times\sin(\theta_i-\theta_{i-1}-\alpha_i)\mathrm{d}\alpha_i$$

$$= \frac{Pr^2}{2} + 0.173q_3 r^2 + 0.327q_2 r^2 \tag{6-40}$$

$$\therefore H_2 = \left(\frac{P}{2} + 0.173q_3 + 0.327q_2\right)r \tag{6-41}$$

解 3-4 杆（图 6-29）：

$$\theta_{i-1} = 120°$$

$$\theta_i = 180°$$

$$\theta_i - \theta_{i-1} = 180° - 120° = 60°$$

$$\sum X = 0 \tag{6-42}$$

$$H_4 = H_3 + Pr[1-\cos(\theta_i-\theta_{i-1})] + \frac{3r}{\pi}\int_0^{180°-120°}\left[\frac{\pi}{3}q + (q_4-q_3)\alpha_i\right]$$

$$\times\sin(\theta_{i-1}+\alpha_i)\mathrm{d}\alpha_i$$

$$= H_3 + 0.5Pr + 0.327q_3 r + 0.173q_4 \tag{6-43}$$

$$\sum Y = 0 \tag{6-44}$$

$$V_3 = qr\sin(\theta_i-\theta_{i-1}) - \frac{3r}{\pi}\int_0^{180°-120°}\left[\frac{\pi}{3}q_3 + (q_4-q_3)\alpha_i\right]\times\cos(\theta_{i-1}+\alpha_i)\mathrm{d}\alpha_i$$

$$= 0.866qr + 0.389q_3 + 0.478q_4 \tag{6-45}$$

$$\sum M_4 = 0 \tag{6-46}$$

$$H_3 r[1 - \cos(\theta_i - \theta_{i-1})] + \frac{P}{2}\{r[1 - \cos(\theta_i - \theta_{i-1})]\}^2 + q\frac{[r\sin(\theta_i - \theta_{i-1})]^2}{2}$$

$$+ \frac{3r^2}{\pi}\int_0^{180°-120°}\left[\frac{\pi}{3}q_3 + (q_4 - q_3)\alpha_i\right] \times \sin(\theta_i - \theta_{i-1} - \alpha_i)\mathrm{d}\alpha_i$$

$$= V_3 r\sin(\theta_i - \theta_{i-1}) = 0.866r \cdot V_3 \tag{6-47}$$

$$\therefore 0.866rV_3 = 0.5H_3 + \frac{Pr}{8} + 0.375qr + 0.328q_3 r + 0.173q_4 r \tag{6-48}$$

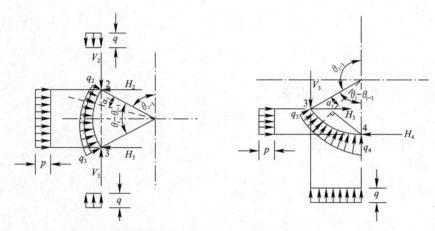

图 6-28　2-3 杆计算简图　　　　　图 6-29　3-4 杆计算简图

由以上九个方程解出九个未知数：q_2、q_3、q_4、H_1、H_2、H_3、H_4、V_2、V_3。
在上述几个未知数解出后，即可算出各个截面上的 M、N、Q 值。

各个约束铰的径向位移：

$$\mu = q/k \tag{6-49}$$

式中　k——土体（弹性）基床系数（kN/m³）。

3. 计算注意点

（1）衬砌圆环各个界面上的 q_i 值与侧向或底部的作用荷载叠加后的数值
要求有一定的控制，不能超越容许值。

（2）圆环除强度计算外，还得计算其变形及稳定状态。

圆环破坏条件：

以非约束铰为中心的三个铰 $(i-1)$、(i)、$(i+1)$ 的坐标系统排列在一
直线上，则结构丧失稳定。

6.2.6　构造和配筋

1. 衬砌断面设计

衬砌结构在各个工作阶段的内力计算完成后，就可分别或组合几个工作
阶段的内力情况进行断面设计。断面选择在各个不同工作阶段具有不同的内
容和要求。在基本使用荷载阶段，需进行抗裂或裂缝限制设计，强度和变形

228

等验算，而在组合基本荷载阶段和特殊荷载阶段的衬砌内力时，一般仅进行强度的检验，变形和裂缝开展可不予以考虑。

对一些使用要求较高的隧道工程，衬砌必须进行抗裂或裂缝宽度限制的计算，以防止钢筋锈蚀而影响工程使用寿命。

（1）抗裂计算

当衬砌不允许出现裂缝时，需进行抗裂计算。

偏压构件断面上的内力分别为弯矩 M、轴向力 N。

混凝土抗拉极限应变值：

$$\xi_1 = 0.6 R_1 (1 + 0.3\beta^2) \times 10^{-5} \tag{6-50}$$

$$\beta = \frac{\mu}{d} \tag{6-51}$$

$$\mu = \frac{A_g}{bh} \times 100\% \tag{6-52}$$

式中　μ——断面含钢百分率；

$$\xi_l \approx 1.5 \sim 2.5 \times 10^{-4}$$

受拉钢筋的应变值：

$$\xi_g = \frac{h_0 - x}{h - x} \xi_l \tag{6-53}$$

混凝土最大压应变：

$$\xi_h = \frac{x}{h - x_1} \xi_l \tag{6-54}$$

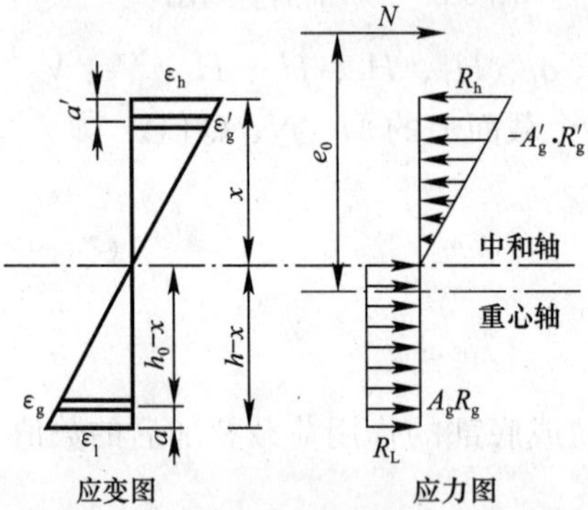

受压钢筋的应变值：

$$\xi_g' = \frac{x - a'}{x} \xi_h = \frac{x - a'}{h - x} \xi_l \tag{6-55}$$

求出裂缝出现前的中和轴 x 的位置（见图 6-30）：

$$\sum X = 0 \tag{6-56}$$

$$N + (h - x)b \cdot x \cdot R_1 + A_g \xi_g E_g$$

$$= A_g' \xi_g' E_g + \frac{1}{2} R_h \cdot x \cdot b \tag{6-57}$$

从上式可解出中和轴高度 x。

$$\sum M_{A_g} = 0 \tag{6-58}$$

$$KN(e_0 + h_0 - x) + (h - x)b \cdot R_1 \left(\frac{h - x}{2} - a \right)$$

$$= \frac{1}{2} R_h \cdot x \cdot b \left(\frac{2}{3} x + h_0 - x \right) + A_g' R_g' (h_0 - a') \tag{6-59}$$

由上式可求出 K。

如对偏心距 e_0 取矩，则

$$N(K_{e_0} e_0 + h_0 - x) + (h - x)b \cdot R_1 \left(\frac{h - x}{2} - a \right)$$

图 6-30

应变图　　　应力图

$$= \frac{1}{2} R_{\mathrm{h}} \cdot x \cdot b \left(\frac{2}{3} x + h_0 - x \right) + A_{\mathrm{g}}' R_{\mathrm{g}}' (h_0 - a') \qquad (6\text{-}60)$$

式中　A_{g}'、A_{g}——受压、受拉钢筋面积（mm^2）；

　　　R_{h}——裂缝出现前混凝土压应力（MPa）；

　　　b、h——衬砌断面的宽度、高度（mm）；

　　　ξ_l、ξ_{g}——混凝土截面纤维最大拉应变和受拉钢筋应变值；

　　　ξ_{h}、ξ_{g}'——混凝土截面纤维最大压应变和受压钢筋应变值；

　　　E_{g}——钢筋的弹性模量（MPa）。

由上式可求出 K_{e_0}。

由式（6-59）和式（6-60）求出的 K 或 K_{e_0} 都要求大于或等于 1.3，（K、K_{e_0} 均为安全系数，K_{e_0} 为按偏心距 e_0 取值）。

一般隧道衬砌结构常处于偏心受压状态，由于衬砌结构受荷载情况常常不够明确，实际的大偏心受压状态下，结构的承载能力往往是由受拉情况下特别是弯矩 M 值控制，故为偏于安全计，常按 K_{e_0} 验算。

（2）裂缝宽度验算

对于裂缝宽度限制的计算可参阅《混凝土结构设计规范》GB 50010—2010、《水工混凝土结构设计规范》SL 191—2008 等。

2. 衬砌断面强度计算

衬砌结构应根据不同工作阶段的最不利内力，按偏压构件进行强度计算和截面设计。基本使用荷载阶段隧道衬砌构件的强度计算，可按《混凝土结构设计规范》GB 50010—2010 进行。

基本使用荷载和特殊荷载组合阶段的强度安全系数可按特殊规定进行。由于隧道衬砌结构接缝部分的刚度较为薄弱，通过相邻环间采用错缝拼装以及利用纵向螺栓或环缝面上的凹凸榫槽加强接缝刚度。这样，接缝部位上的部分弯矩 M 值可通过纵向构造设置，传递到相邻环的截面上去（环缝面上的纵向传递能力必须事先估算并于事后通过结构试验予以检定）。从国外的一些资料来看，这种纵向传递能力大致为（20%～40%）M。这样，断面强度计算时，其弯矩 M 值应乘以传递系数 1.3，而接缝部位则乘以折减系数 0.7。

3. 衬砌圆环的直径变形计算

为满足隧道使用上和结构计算的需要，必须对衬砌圆环直径的变形量计算和控制，直径变形的计算可采用一般结构力学方法求得。由于变形计算与衬砌圆环刚度 EI 值有关，装配式衬砌组成正圆环 EI 值很难用计算方法表达出来，必须通过衬砌结构整环试验测得，从国外的一些有关资料知道衬砌实测的刚度 EI 值远比理论计算的 EI 值小，其比例可称为刚度效率 η，η 与隧道衬砌直径，断面厚度、接缝构造，位置及其数值等均有密切关系，大致在 0.25～0.8 之间。

衬砌圆环的水平直径变形计算（图 6-31）：

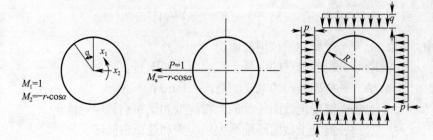

图 6-31 计算简图

$$M_1 = 1 \tag{6-61}$$

$$M_2 = -r\cos\alpha \tag{6-62}$$

$$\delta_{11} = \int \frac{M_1^2 \mathrm{d}s}{EI} \tag{6-63}$$

$$\delta_{22} = \int \frac{M_2^2 \mathrm{d}s}{EI} \tag{6-64}$$

$$M_a = -r\cos\alpha \tag{6-65}$$

$$\delta_{1a} = \int \frac{M_1 \cdot M_a \mathrm{d}s}{EI} \tag{6-66}$$

$$\delta_{2a} = \int \frac{M_2 \cdot M_a \mathrm{d}s}{EI} \tag{6-67}$$

$$M_q = -\frac{1}{2}q \cdot (r\sin\alpha)^2 \tag{6-68}$$

$$M_p = -\frac{1}{2}Pr^2 \cdot (1 - r\cos\alpha)^2 \tag{6-69}$$

$$\delta_{aq} = \int \frac{M_a \cdot M_q \mathrm{d}s}{EI} \tag{6-70}$$

$$\delta_{ap} = \int \frac{Ma \cdot M_p \mathrm{d}s}{EI}$$

$$\therefore y_{水平} = x_1 \cdot \delta_{1a} + x_2 \cdot \delta_{2a} + \delta_{ap} + \delta_{aq} \tag{6-71}$$

式中 x_1、x_2——已解出的圆环超静定内力。

列出各种荷载条件下的圆环水平直径变形系数   表 6-11

编 号	荷重形式	水平直径处（半径方向）	图 示
1	铅直分布荷重 q	$\frac{1}{12}qr^4/EI$	
2	水平均布荷重 p	$-\frac{1}{12}qr^4/EI$	
3	等边分布荷重	0	

编　号	荷重形式	水平直径处（半径方向）	图　示
4	等腰三角形分布荷重	$-0.0454 p_k r^4 / EI$	
5	自重	$0.1304 g_k r^4 / EI$	

衬砌圆环垂直直径的计算与水平直径相似，不予重复。

4. 纵向接缝计算

衬砌结构纵向接缝的计算在基本使用荷载阶段需分别进行接缝变形及接缝强度的计算。在基本使用荷载和特殊荷载组合阶段需进行接缝强度计算。

（1）接缝张开的验算

管片拼装之际由于受到螺栓预应力 σ_1 的作用，在接缝上产生预压应力 σ_{c1}、σ_{c2}，（图 6-32），其计算式为：

$$\frac{\sigma_{c1}}{\sigma_{c2}} = \frac{N}{F} \pm \frac{N \cdot e_0}{W} \tag{6-72}$$

$$N = \sigma_1 \cdot A_g \tag{6-73}$$

式中　N——螺栓预应力 σ_1 引起的轴向力；

　　　e_0——螺栓与重心轴偏心距；

F、W——衬砌截面面积（m²）和截面矩（m³）。

当接缝受到外荷载后的应力状态（图 6-33）：

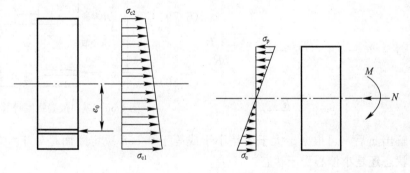

图 6-32　应力图　　　　　图 6-33　应力图

$$\frac{\sigma_{c1}}{\sigma_{c2}} = \frac{N}{F} \pm \frac{N \cdot e_0}{W} \tag{6-74}$$

∴最终接缝应力（见图 6-34）：

$$\sigma_p = \sigma_{a2} - \sigma_{c2} \tag{6-75}$$

$$\sigma_c = \sigma_{c1} + \sigma_{a1} \tag{6-76}$$

接缝变形量：

$$\Delta l = \frac{\sigma_p}{E} l \tag{6-77}$$

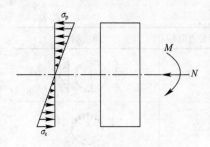

图 6-34 最终接缝应力

式中 E——防水涂料抗拉弹性模量（MPa）；

l——涂料厚度（m）。

当 σ_p 出现拉应力，而 σ_p 又小于接缝涂料与接缝面的粘结力或其变形量在涂料的弹性变形范围内，则接缝不会张开或接缝虽有一定张开而不影响接缝防水使用要求。

（2）纵向接缝强度计算

由装配式衬砌结构组成的隧道衬砌，接缝是结构最关键的部位，从一些实际的试验来看，装配式衬砌结构破坏大都开始于薄弱的接缝处，因此接缝构造设计及其强度计算在整个结构设计中占重要地位。而接缝强度的计算方法目前大都很不完善，都采用一种近似的计算方法，实际的接缝承载能力必须通过接头试验和整环试验求得，所以目前对装配式钢筋混凝土管片结构的接头试验进行得较为广泛和普遍。接缝强度的安全系数可以根据工程实际的使用要求进行确定，一般接缝强度的安全系数应大于断面强度安全系数。

接缝强度计算方法中，近似地把螺栓看作受拉钢筋按钢筋混凝土截面进行。接缝计算时，一般先假定螺栓直径、数量和位置，然后对接缝强度的安全度进行验算。

计算中和轴 x（见图 6-35）：

$$\sum M_N = 0 \tag{6-78}$$

$$b \cdot x \cdot R_W \left(e - h_0 + \frac{x}{2} \right) - A_g R_g e = 0 \tag{6-79}$$

$$x = h_0 - e + \sqrt{(h_0 - e)^2 - \frac{2A_g R_g e}{b R_W}} \tag{6-80}$$

图 6-35 纵向接缝强度计算简图

式中 $$e = e_0 + \frac{h}{2} - a$$

解出 x 后，可根据 x 大于还是小于或等于 $0.55h$ 决定断面是处于大偏心受压状态还是小偏心受压状态。

当 $x \leqslant 0.55h_0$，属于大偏心受压。

$$\sum M_{R_W} = 0 \tag{6-81}$$

$$N \left(K_{e_0} e_0 - \frac{h}{2} + \frac{x}{2} \right) = A_g R_g \left(h_0 - \frac{x}{2} \right) \tag{6-82}$$

$$K_{e_0} = \frac{A_g R_g \left(h_0 - \frac{x}{2} \right) + N \left(\frac{h}{2} - \frac{x}{2} \right)}{N e_0} \tag{6-83}$$

当 $x > 0.55h_0$ 时属于小偏心受压。

$$\sum M_{A_g} = 0 \tag{6-84}$$

$$K = \frac{0.55bh_0^2 R_a}{Ne} \qquad (6-85)$$

计算出来的 K 或 K_{e0} 在基本使用荷载阶段要满足不小于 1.55 的要求，在基本使用荷载和特殊荷载组合阶段则必须满足特殊规定的需要。

纵向接缝中环向螺栓位置 a（高度）设置（见图 6-36）在设有双排螺栓时（管片厚度大于 400mm），内外排螺栓孔的位置离管片内外二侧不小于 100mm，而当仅设有单排螺栓时，则螺栓孔的位置离管片内侧螺栓孔位置大致为管片厚度的 1/3 处。

对箱形管片的端肋厚度也需要进行必要的验算：验算时可近似地按三边固定、一边自由的钢筋混凝土板进行计算，一般箱形管片端肋厚度大致等于或大于环肋的宽度。由于端肋厚度的确定关联着接缝的承载能力和成千上万只螺栓的长度，对衬砌造价具有一定影响，必须慎重对待。

曾对箱形管片的端肋结果进行过观测试验。试验说明：由于环向螺栓集中分布在端肋方向的中间，端肋具有一定的柔性，中间部位变形小，而两侧则变形大，由于接缝柔性的存在，使接缝上的几个螺栓表现出不同的工作效能，两旁侧螺栓的工作效能为 100%，则中间螺栓约为 90%。端肋在承受正弯矩时破坏的迹象是先在端肋与环肋交界处出现裂缝，随着荷载的增加，在螺栓附近出现八字裂缝，荷载继续增加，交界处裂缝和八字裂缝宽度增加，到接近破坏荷载时，新的裂缝不断增加，交界处裂缝和八字裂缝宽度大致达到 1mm 左右（见图 6-37），端肋构造钢筋可参阅图 6-38。

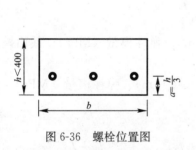

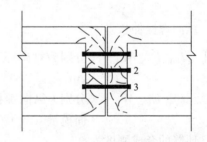

图 6-36　螺栓位置图　　　　　图 6-37　八字裂缝

平板形管片纵缝上的螺栓钢盒是接缝上的主要受力构件，螺栓在受力后通过螺栓钢盒传到管片上去，螺栓钢盒，特别是端板的选择的设计原则，应与螺栓等强。螺栓钢盒的端板也可近似地按三边固定、一边自由的双向板进行计算。从试验资料及已有使用资料来看，钢盒端板厚度大致为螺栓直径的 0.65～0.75 倍，螺栓钢盒耗钢量较多，约占整个衬砌用钢量的 20%～25%，若应用在大直径的隧道衬砌中，则所占比例更大，不太经济。

5. 环缝的近似计算

盾构在地层中推进，由于施工工艺的复杂多变，其影响和扰动地层的程度在沿隧道纵向长度范围内也有所不同。装配式隧道衬砌建造在这种地层内就会引起隧道纵向变形，由于装配式隧道衬砌接缝密封情况不好，引起隧道底部漏水泥，从而产生隧道不均匀沉降和环面的相互错动。此外，隧道穿越

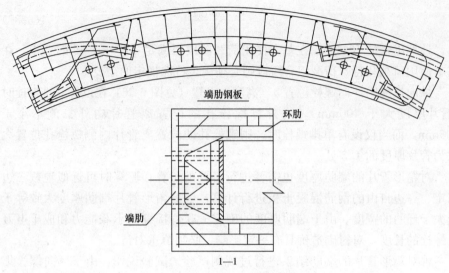

图 6-38 端肋构造钢筋配筋图

建筑物，隧道的立体交叉，盾构推进时千斤顶顶力引起的大偏心荷重，瞬时局部动荷重的作用，都会引起隧道纵向变形。衬砌的环缝构造必须考虑上述的各种因素，而在环缝构造的设计中对纵向螺栓的选择是最重要的。

环缝是由钢筋混凝土管片和纵向螺栓两部分组成。

环缝的综合伸长量 $\qquad \Delta l = \Delta l_1 + \Delta l_2$ （6-86）

管片伸长量 $\qquad \Delta l_1 = \dfrac{M l_1}{E_1 W_1}$ （6-87）

纵向螺栓伸长量 $\qquad \Delta l_2 = \dfrac{M l_2}{E_2 W_2}$ （6-88）

式中 l_1、E_1、W_1——分别为衬砌环宽（m）、弹性模量（MPa）、截面模量（m^3）；

l_2、E_2、W_2——分别为纵向螺栓的长度（m）、弹性模量（MPa）、截面模量（m^3）。

环缝的合成刚度为：

$$(EW)_{合} = \frac{M(l_1 + l_2)}{\Delta l} = \frac{M(l_1 + l_2)}{\dfrac{M l_1}{E_1 W_1} + \dfrac{M l_2}{E_2 W_2}} = \frac{l_1 + l_2}{\dfrac{l_1}{E_1 W_1} + \dfrac{l_2}{E_2 W_2}} \qquad (6\text{-}89)$$

环缝的合成抗弯强度为：

$$M_{合} = (EW)_{合} \cdot \xi_{合} \qquad (6\text{-}90)$$

$$\xi_{合} = \frac{\Delta l_{合}}{l_{合}} = \frac{l_1 \xi_1 + l_2 \xi_2}{l_1 + l_2} \qquad (6\text{-}91)$$

$$\xi_2 = \frac{\sigma_2}{E_2} \qquad (6\text{-}92)$$

$$\xi_1 = \xi_2 \frac{E_2 W_2}{E_1 W_1} \qquad (6\text{-}93)$$

【例题 6-1】 如图 6-39 和图 6-40 所示，已知盾构隧道尺寸及钢筋数量、型号、分布位置。

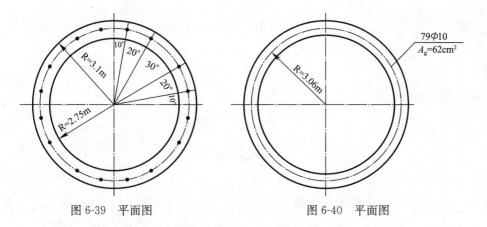

图 6-39　平面图　　　　　　　　　图 6-40　平面图

（1）求 16 只纵向螺栓的抗弯刚度（不按合成断面考虑）。

已知 M30（螺栓螺纹直径为 30mm）纵向螺栓，45 钢，$A_g = 5.19\text{cm}^2$，$R_g = 3600\text{kg/cm}^2$，$r = 2.84\text{m}$。

$$M = 4A_g r R_g \left(\cos10° + \frac{\cos30°}{\cos10°}\cos30° + \frac{\cos60°}{\cos10°}\cos60° + \frac{\cos80°}{\cos10°}\cos80° \right)$$

$$= 4 \times 5.19 \times 2.84 \times 3600 \times \left(0.98481 + \frac{0.866^2 + 0.5^2 + 0.1737^2}{0.9848} \right)$$

$$= 431 \times 10^5 \text{kg} \cdot \text{cm} = 431\text{t} \cdot \text{m}$$

（2）求钢筋混凝土管片的纵向抗弯刚度。

已知：配有纵向钢筋 79φ10，$A_g = 79 \times 0.785 = 62\text{cm}^2$，$R_g = 3200\text{kg/cm}^2$。

混凝土面积：　　　　$A_h = \pi(3.1^2 - 2.75^2) = 64400\text{cm}^2$

对环形断面进行计算：

$$\alpha = \frac{\varphi}{\pi} = \frac{A_g R_g}{A_h R_w + 2A_g R_g} = \frac{62 \times 3200}{64400 \times 290 + 2 \times 62 \times 3200} = 0.0104 < 0.3$$

$$\sin\varphi = \sin\alpha\pi = \sin0.0104 \times 180° = 0.03267$$

$$M = \left[A_h R_w \left(\frac{r_1 + r_2}{2} \right) + 2A_g R_g \times r_g \right] \times \frac{\sin\varphi}{\pi}$$

$$= \left[64400 \times 290 \times \left(\frac{310 + 275}{2} \right) + 2 \times 62 \times 3200 \times 306 \right] \times \frac{0.033}{3.1416}$$

$$= 586.6 \times 10^5 \text{kg} \cdot \text{cm}$$

$$= 586.6\text{t} \cdot \text{m}$$

（3）求钢筋混凝土管片和纵向螺栓的合成纵向抗弯刚度。

管片宽度：90cm，螺栓长度 18.5cm。

弹性模量：混凝土　　　$E_1 = 3.3 \times 10^5 \text{kg/cm}^2$

钢　　　　　　　　　　$E_1 = 2.1 \times 10^6 \text{kg/cm}^2$

断面模量：

混凝土　　　$W_1 = \dfrac{0.1 \times (6.2^4 \times 5.5^4)}{3.1} = 8.9 \times 10^6 \text{cm}^3$

螺栓

$$W_2 = \frac{nA_g r^2}{r} = 4 \times 5.19 \times 2.84^2 \times 10^4 \times [\cos^2 10° + \cos^2 30° + \cos^2 60° \cos^2 80°]/$$
$$(2.84 \times 10^2)$$
$$= 1.18 \times 10^4 \text{ cm}^3$$

$$(EW)_{合} = \frac{90 + 18.5}{\dfrac{90}{3.3 \times 10^5 \times 8.9 \times 10^6} + \dfrac{18.5}{2.1 \times 10^6 \times 1.18 \times 10^4}}$$
$$= 13.97 \times 10^{10}$$

据公式(6-92)螺栓应变值：$\xi_2 = \dfrac{3600}{2.1 \times 10^6} = 1.7 \times 10^{-3}$

据公式(6-93)，混凝土应变值：

$$\xi_1 = \xi_2 \times \frac{E_2 W_2}{E_1 W_1} = 1.7 \times 10^{-3} \times \frac{2.1 \times 10^6 \times 1.18 \times 10^4}{3.3 \times 10^5 \times 8.9 \times 10^6}$$
$$= 0.143 \times 10^{-4}$$

根据公式(6-91)得：

$$\xi_{合} = \frac{90 \times 0.143 \times 10^{-4} + 18.5 \times 1.7 \times 10^{-3}}{108.5} = 0.302 \times 10^{-3}$$

根据公式(6-90)得：

$$M_{合} = (EW)_{合} \cdot \xi_{合} = 13.97 \times 10^{10} \times 0.302 \times 10^{-3}$$
$$= 422 \times 10^5 \text{ kg} \cdot \text{cm} = 422 \text{t} \cdot \text{m}$$

6. 隧道防水及其综合处理

在饱和含水软土地层中采用装配式钢筋混凝土管片作为隧道衬砌，除应满足结构强度和刚度的要求外，另一重要的技术课题是完满地解决隧道防水问题，以获得一个干燥的使用环境。例如在地下铁道的区间隧道内，潮湿的工作环境会使衬砌（特别是一些金属附件）和设备加速锈蚀，隧道内的湿度增加，会使人感到不舒适。要能比较完美地解决隧道防水的问题，必须从管片生产工艺、衬砌结构设计、接缝防水材料等几个方面进行综合处理，其中尤以接缝防水材料的选择为突出的技术关键。

隧道防水不但在隧道正常运营期间能满足预期的要求，即使在盾构施工期间，也得予以严密注意，不及时对泥、水流入隧道进行堵塞和处理，会引起较严重的隧道不均匀纵向沉陷和横向变形，导致工程事故的发生。

（1）衬砌的抗渗

衬砌埋设在含水地层内，承受着一定静水压力，衬砌在这种静水压的作用下必须具有相当的抗渗能力，衬砌本身的抗渗能力在下列几个方面得到满足后才能具有相应的保证：

1）合理提出衬砌本身的抗渗指标。

2）经过抗渗试验的混凝土的合适配合比，严格控制水灰比，一般不大于0.4，另加塑化剂以增加混凝土的和易性。

3）衬砌构件的最小混凝土厚度和钢筋保护层。

4）管片生产工艺：振捣方式和养护条件的选择。

5）严格的产品质量检验制度。

6）减少管片在堆放、运输和拼装过程中的损坏率。

（2）管片制作精度

国内外隧道施工实践表明，管片制作精度对于隧道防水效果具有很大的影响。钢筋混凝土管片在含水地层中应用和发展往往受到限制，其主要原因就在于管片制作精度不够而引起隧道漏水。制作精度较差的管片，再加上拼装误差的累积，往往导致衬砌拼装缝不密贴而出现了较大的初始裂隙，当管片防水密封垫的弹性变形量不能适应这一初始裂隙时就出现了漏水现象。另外，管片制作精度的不够，在盾构推进过程中造成管片的顶碎和开裂，同样造成了漏水的现象。

初始缝隙量愈大，则对防水密封垫的要求愈高，也就愈难达到满足使用的要求，从已有的试验资料来看，以合成橡胶（氯丁橡胶或丁苯橡胶）为基材的齿槽形管片定型密封垫防水效果较好。在两个静水压作用下，其容许弹性变形量为2～3mm，不致漏水，并从密封垫的构造上，周密地解决了管片角部的水密问题。要能生产出高精度的钢筋混凝土管片，就必须要有一个高精度的钢模。这种钢模必须进行机械加工。并具有足够的刚度（特别是要确保两侧模的刚度），管片与钢模的重量比为1∶2。钢模的使用必须有一个严格的操作制度。采用这种高精度的钢模时在最初生产的管片较易保证精度，而在使用一个时期之后，就会产生翘曲、变形、松脱等现象，必须随时注意精度的检验，对钢模作相应的维修和保养。国外钢模在生产了400～500块管片后必须检修。

从已有资料看，日本生产的管片具有±1mm的精度（钢模制作精度是±0.5mm），一般精度大致在1.5～2mm，而圆环拼装直径的误差是±10mm。

（3）接缝防水的基本技术要求

对接缝防水材料的基本要求为：

1）保持永久的弹性状态和具有足够的承压能力，使之适应隧道长期处于"蠕动"状态而产生的接缝张开和错动。

2）具有令人满意的弹性龄期和工作效能。

3）与混凝土构件具有一定的粘结力。

4）能适应地下水的侵蚀。

环、纵缝上的防水密封垫除了要满足上述的基本要求外，还得按各自所承担的工作效能相应提出不一样的要求。环缝密封垫需要有足够的承压能力和弹性复原力，能承受均布盾构千斤顶顶力，防止管片顶碎。并在千斤顶顶力往复作用下，密封垫仍保持良好的弹性变形性能。纵缝密封垫具有比环缝密封垫相对较低的承压能力，能对管片的纵缝初始缝隙进行填平补齐，并对局部的集中应力具有一定的缓冲和抑制作用。

管片接缝除了设置防水密封垫外，是在环、纵缝沿隧道内侧设置嵌缝槽，材料在大于衬砌外壁的静水压作用下，根据已有的施工实践资料来看，较可靠的是在槽内填嵌密封防水材料，要求嵌缝防水在大于衬砌外壁静水压作用下，能适应隧道接缝变形达到防水的要求。嵌缝材料最好在隧道变形已趋于基本稳定的情况下进行施工。一般情况下，正在施工的隧道内，盾构推力影响不到的区段，即可进行嵌缝作业。

（4）二次衬砌

在目前隧道接缝防水尚未能完全满足要求的情况下，在地铁区间隧道内较多的是采用双层衬砌。在外层装配式衬砌已趋基本稳定的情况下，进行二次内衬浇捣，在内衬混凝土浇筑前应对隧道内侧的渗漏点进行修补堵漏，污泥以高压水冲浇、清理。内衬混凝土层的厚度根据防水和内衬混凝土施工的需要，至少不得小于150mm，也有厚达300mm的。双层衬砌的做法不一，有在外层衬砌结构内直接浇捣两次内衬混凝土的，喷筑20mm厚的找平层后浇筑内衬混凝土层的；也有在外层衬砌的内侧面先铺设油毡或合成橡胶类的防水层，在防水层上浇内衬混凝土一般采用混凝土泵再加钢模台车配合分段进行，每段大致为8～10m左右。内衬混凝土每24h进行一个施工循环。使用这种内衬施工方法往往使隧道顶拱部分混凝土质量不易保证，尚需预留压浆孔进行压注填实。一般城市地下铁道的区间隧道大都采用这种方法。除了上述方法外，也有用喷射混凝土进行二次衬砌。

衬砌防水还有其他的一些附加措施可以采用，诸如隧道外围的压浆以及地层注浆等，视不同情况予以采用。

6.3 圆形衬砌结构的矩阵力法分析

隧道衬砌是一种地下建筑结构，它与一般地上建筑结构不同。首先，对地上建筑结构而言，作用荷载是比较明确的；而作用在隧道衬砌上的荷载大小和分布规律却不那么明确。其次，由于隧道衬砌与周围地层紧密接触，在受力过程中变形受到地层的约束，衬砌朝向围岩变形的区域，将引起地层施加于衬砌的弹性抗力，形成"抗力区"。荷载的大小和分布规律与围岩特征和施工因素有关。而抗力区的范围和抗力的大小，与荷载的大小和分布情况及衬砌结构的形状、刚度有关。所以，隧道衬砌计算实为一相当复杂的力学运算课题。

以往，由于采用手算方法，为了简化计算，大多对荷载或抗力图形作种种假设，以易于求解。这样，虽然使运算过程简化，利于人工计算，但离实际较远。随着电子计算机的迅速发展而兴起的结构矩阵分析法，为我们提供了一个有力的运算工具，能对一些复杂结构进行较符合实际的分析。

6.3.1 隧道衬砌内力分析的一般概念

在外荷载作用下，隧道衬砌的变形和位移将引起衬砌和围岩的相互作用。由于相互作用而产生的弹性抗力又以法线方向布置的，连接衬砌单元节点与围岩之间的弹簧支承，由局部变形理论，以一个 k 值来表示弹簧支承所代表范围内的围岩弹性特征。与法向抗力存在的同时，并考虑衬砌与围岩之间的摩擦力作用。但若为了简化计算则弹簧支承可按衬砌的垂直方向布置，而略去摩擦力不计。

衬砌与围岩相互作用的范围由计算结果最后确定。因此，原则上可在每一节点上都布置一根弹簧支承；但根据施工实际情况，拱顶回填一般不密实，可以认为拱顶竖轴左右两侧 40mm 范围内一般不会发生相互作用，此范围内之弹簧支承可不布置。我们假定弹簧支承只能承受轴向压力，若计算结果显示某根弹簧支承受拉时，则将此根弹簧支承取消后重算，直至弹簧支承均为受压时止。

在进行结构矩阵分析时，我们把隧道衬砌看作是许多离散化的偏心受压等直杆单元（即衬砌单元）和弹簧支承单元的集合体。边墙底是弹性固定的，可以产生垂直下沉和转动；但由于墙底摩擦力甚大，假定其不可能产生水平位移，以一刚性的水平链杆表示此作用。图 6-41 是隧道衬砌内力分析的一般计算图式。但实际运算时尚须把竖向和水平分布荷载转换成作用在节点上的等效节点荷载。图中显示的是离散化曲边墙衬砌单元和弹簧支承单元的集合体。

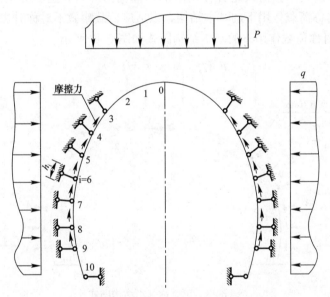

图 6-41　隧道衬砌一般计算图

对于有仰拱的衬砌，由于一般都是仰拱后于边墙施工，对衬砌内力影响不大，故在计算图式中不考虑仰拱的作用。图 6-42 是离散化的衬砌单元和弹簧支承单元的局部放大图。在衬砌单元的端点作用有弯矩和轴向力；由于剪切引起的变形在结构变形中的影响很小，故略去端点的剪力不计，弹簧支承单元的端点则仅作用有轴向力。

6.3.2　基本结构图式

在用矩阵力法进行衬砌内力分析时，需要在计算简图上选取合理的基本结构图式，以确定需要求解的多余力系 $\{X\}$。

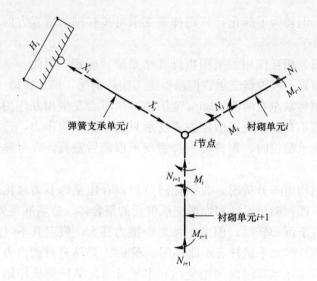

图 6-42 杆单元

为便于进行不同荷载组合作用下的衬砌内力分析，这里分别选取正对称荷载和反对称荷载作用下的基本结构，以适应荷载略微不对称时之情况。

1. 正对称荷载作用下的基本结构图式如图 6-43 所示。

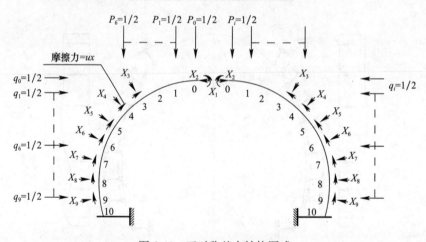

图 6-43 正对称基本结构图式

为满足衬砌内力分析的一定精度要求，我们可将衬砌离散为 20 个单元，半跨衬砌为 10 个单元。考虑到应力控制截面一般都在拱部，故又将半跨衬砌的拱部分成 6 个单元，边墙为 4 个单元，并在节点 3～9 的部位布置径向和水平弹簧支承，得出如图 6-41 所示计算图式。将图 6-41 所示图式沿拱顶截面切开，并将弹簧支承去掉，而以未知力系 $\{X\}$ 代替原有的联系。这样做是为了较直观地鉴别弹簧支承的拉、压值，以便于出现拉力值时将其撤除，调整基本结构图式重新计算。由于荷载与结构均对称，故拱顶反对称的未知剪力为 O，由此得出如图 6-43 所示基本结构图式，并可取半跨计算。图中取节点荷载 $P_1 = \dfrac{1}{2}$，$q_1 = \dfrac{1}{2}$ 是为了方便作不同荷载图形的组合。特别是对称结构承受略为不对称的侧向偏压荷载时，可以较方便地利用正、反对称荷载作用下的计算方法。

2. 反对称荷载作用下的基本结构图式如图 6-44 所示。

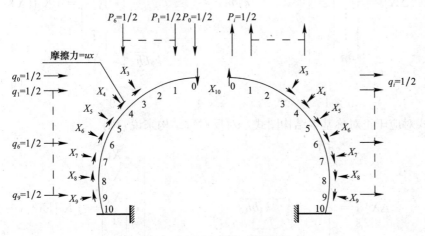

图 6-44 反对称基本结构

对称结构在反对称荷载作用下只产生反对称的未知力，故基本结构可取如图 6-43 所示的图式。可仍取半跨进行计算，将左半跨的计算结果取反号即为右半跨的计算结果。

为了适用于多种不同地质情况的组合岩层，无论是正对称或反对称基本结构，在计算弹性抗力时分别相应于 X_3，X_4，……X_9 取弹性抗力系数 K_3，K_4，……K_9，为图式边墙底抗力系数取为 K_{10}，摩擦系数取为 μ_3，μ_4，……μ_9。

6.3.3 衬砌内力的矩阵运算式

当衬砌承受一组荷载 $\{P\}$ 作用时。单元节点处衬砌截面的内力运算式为：

$$\{S\} = [\gamma_{sx}]'\{X\} + [\gamma_{sp}]'\{P\} \qquad (6\text{-}94)$$

式中　$[\gamma_{sx}]'$ 为多余力——衬砌内力变换矩阵；

$[\gamma_{sp}]'$ 为外荷载——衬砌内力变换矩阵。

由变形谐调条件或最小能量原理可建立力法方程

$$[F_{XX}]\{X\} + [F_{XP}]\{P\} = \{0\} \qquad (6\text{-}95)$$

式中的两个位移柔度矩阵 $[F_{XX}]$ 和 $[F_{XP}]$ 包含了弹簧支承变位的因素。若直接按此方程解多余力，则将使许多有关矩阵的阶数大为增加，当所布置的弹簧支承增多或必需取整个衬砌结构运算时，尤为显著。为了降低有关矩阵的阶数，方便计算，我们把弹簧支承变位因素从上式的左端抽出，根据变形协调条件建立新的力法方程：

$$[F_{XX}]\{X\} + [F_{XP}]\{P\} = \{\Delta X\} \qquad (6\text{-}96)$$

式中　$\{\Delta X\}$——多余力点位移矩阵，其展开式为：

$$\{\Delta X\} = \begin{Bmatrix} \delta_{x1} \\ \delta_{x2} \\ \delta_{x3} \\ \vdots \\ \vdots \\ \delta_{x9} \end{Bmatrix} = \begin{bmatrix} 0 & & & & 0 \\ & 0 & & & \\ & & -\dfrac{1}{k_3 b h_3} & & \\ & & & \ddots & \\ 0 & & & & -\dfrac{1}{k_9 b h_9} \end{bmatrix} \cdot \begin{Bmatrix} X_1 \\ X_2 \\ X_3 \\ \vdots \\ \vdots \\ X_9 \end{Bmatrix} = [K]\{X\}$$

(6-97)

$$9 \times 1 \qquad\qquad 9 \times 9 \qquad\qquad 9 \times 1$$

上式对应于正对称基本结构图式，对反对称结构来说，则

$$\{\Delta X\}_{反} = \begin{bmatrix} 0 & & & & 0 \\ & 0 & & & \\ & & -\dfrac{1}{k_3 b h_3} & & \\ & & & \ddots & \\ 0 & & & & -\dfrac{1}{k_9 b h_9} \end{bmatrix} \cdot \begin{Bmatrix} X_1 \\ X_2 \\ X_3 \\ \vdots \\ \vdots \\ X_9 \end{Bmatrix} = [K]\{X\} \quad (6\text{-}98)$$

因此，式（6-96）可写为：

$$[F_{XX}]\{X\} + [F_{XP}]\{P\} = [K]\{X\}$$
$$([F_{XX}] - [K])\{X\} + [F_{XP}]\{P\} = \{0\} \tag{6-99}$$

为了便于做多种荷载图式的计算，我们采用影响线形式来求衬砌内力。在各节点移动加载。这样，作用的某一组荷载将变成 n 组，形成一个方阵 $[P]$，即

$$\begin{array}{cccccc} & 1 & 2 & 3 & \cdots\cdots & n \end{array}$$
$$[P] = \begin{bmatrix} 1 & 0 & & & 0 \\ 0 & 1 & & & \\ & & 1 & & \\ & & & \ddots & 0 \\ 0 & & & 0 & 1 \end{bmatrix}$$

以 $[P]$ 代替式（6-99）的 $\{P\}$，得：

$$([F_{XX}] - [K])\{X\} + [F_{XP}]\{P\} = \{0\} \tag{6-100}$$
$$[X] = -([F_{XX}] - [K])^{-1}[F_{XP}] \tag{6-101}$$

而

$$[F_{XX}] = [\gamma_{SX}]^T [F_0][\gamma_{SX}]$$
$$[F_{XP}] = [\gamma_{SX}]^T [F_0][\gamma_{SP}]$$

式中 $[\gamma_{SX}]$、$[\gamma_{SP}]$——多余力或荷载的单元节点力变换矩阵。

但此时 $[F_{XX}]$ 和 $[F_{XP}]$ 两个柔度矩阵的计算已不包含弹簧支承变位的因素。以 $[P]$ 代替式（6-94）中的 $\{P\}$，便可求出竖向节点荷载或水平节点荷载作用下正、反对称结构的内力影响线：

$${S} = [\gamma_{sx}]'{X} + [\gamma_{sp}]' \tag{6-102}$$

进而求出各种荷载作用下正,反对称结构的内力:

$${S} = ([\gamma_{sx}]'{X} + [\gamma_{sp}]'){P} \tag{6-103}$$

再经适当的组合叠加,便可得各种荷载组合作用下的衬砌内力。

以上运算式中的符号规定为:弯矩以使衬砌内缘受拉为正,轴力以受压为正。

从矩阵运算式中可以看出,求得了 $[\gamma_{SX}]$、$[\gamma_{SP}]$、$[\gamma_{Sq}]$ 和 $[\gamma_{SX}]'$、$[\gamma_{SP}]'$、$[\gamma_{Sq}]'$ 以及 $[F_0]$、$[K]$ 等有关矩阵后,便可解出衬砌的最终内力。这些矩阵的具体运算形成,这里从略。

6.3.4 各种荷载形式及其等效节点荷载

根据隧道规范要求,围岩压力应考虑多种分布图式。为了进行结构矩阵分析,应将分布荷载转换为等效节点荷载。但是,由于围岩压力值及分布形式都存在着相当的不定性,所以在转换为节点荷载时我们只是近似地转换而不严格按照等效原则。

下面根据围岩压力的实地量测调查资料和施工实际情况,拟订几种荷载图式。

1. 竖向荷载

(1) 衬砌自重

将衬砌各单元的重量近似地作用于单元节点上,(轴线上) 如图 6-45 所示,并用 ${p_1}$ 表示。

(2) 匀布荷载

将匀布荷载化为集中力作用在 0~6 节点上,如图 6-46 所示,得列阵 ${p_2}$。

(3) 均布荷载加集中力

此组荷载为考虑采用上导坑施工,因地质不良以致纵横梁不能拆除,引起局部荷载集中传递之情况,如图 6-47 所示并以 ${p_3}$ 表示。

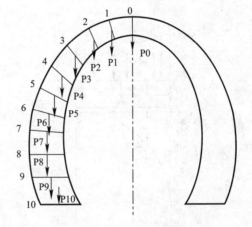

图 6-45 衬砌自重

(4) 若拱顶部分未回填好而形成空穴,则此部分荷载可能卸至拱腰(设为节点 2~3 之间),而形成图 6-48 所示的荷载图式,并以 ${p_{23}}$ 表示。

(5) 三角形马鞍荷载

此组荷载设想荷载集度由拱轴向两侧增加的情况,可将之分解为均布荷载与三角形荷载叠加而得,如图 6-49 所示。

均布荷载之等效节点荷载可利用图 6-46 已求出的 ${P_2}$ 值,而这里只需将三角形荷载(最大纵标为 $np-p$)化为节点荷载近似地作用于 0~6 节点上即可,以 ${P_4}$ 表之。

$${P_4} = {P_2} + {P_4'}$$

243

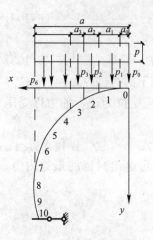 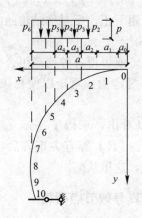 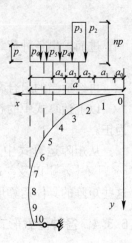

图 6-46 均布荷载转化图　　　图 6-47 均布荷载加集中力　　　图 6-48 拱顶卸荷

式中　$\{P_4'\}$——三角形荷载的节点荷载。

（6）马鞍形荷载

此组荷载设想拱顶回填不密实，而部分荷载卸载至拱腰 2～3 节点间之情况（图 6-50），以 $\{P_5\}$ 表示。

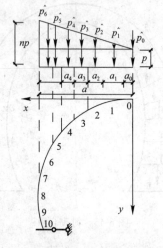 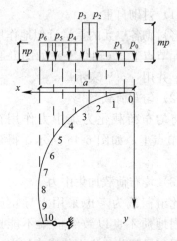

图 6-49 荷载叠加　　　　　　　　图 6-50 拱顶卸荷

以上六种荷载均为作用于对称基本结构上的对称荷载，下面再考虑一种偏载形式。

（7）偏压荷载

此组荷载为检查对称结构在偏压荷载作用下的安全度，在实际运算时可将它分解为一组作用在对称基本结构上纵坐标值为 $(np+p)/2$ 的对称匀布荷载的节点荷载 $\{P_7\}$，以及一组作用在反对称基本结构上最大纵坐标值为 $(np-p)/2$ 的反对称三角形荷载的节点荷载 $\{P_6\}$（图 6-51）。分别算出衬砌内力值而后叠加，即得竖向偏压荷载作用下的衬砌内力。

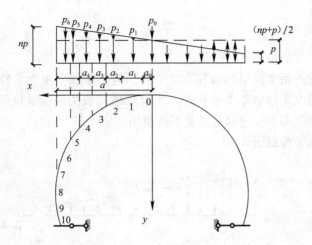

图 6-51 竖向偏压荷载

以上考虑了多种竖向荷载图式，但各种荷载的平均分布集度应不大于按隧道规范中的公式所算出的值。

2. 侧向水平荷载

按隧道规范规定，侧向围岩压力按水平均布压力考虑，而其集度为：

$$q = up \qquad (6\text{-}104)$$

式中　p——竖向均布荷载的集度（N/m²）；

　　　u——侧压力系数，可按《公路隧道设计规范》表 3-7 中所列数值查用。

对于以上五组竖向对称外荷载而言，图 6-47～图 6-49 中标示的 p 即为本公式中的 p；图 6-50 中的 np 等于本公式中的 p；而图 6-49 则需算出其当量匀布荷载值作为本公式中的 p 使用。对应于对称的竖向外荷载，侧向水平荷载亦一律按对称荷载考虑（见图 6-52）。而相应于竖向偏压荷载的情况，我们采用如下两种侧压荷载形式：

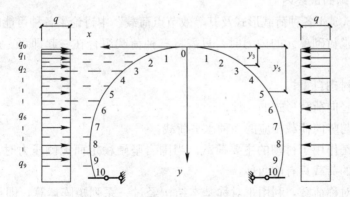

图 6-52　对称水平荷载

（1）对称水平荷载

即仅考虑竖向有微量偏压荷载，而其侧压力则看作是对称作用的。此时按图 6-51，np 和 p 之标示值算出当量均布荷载 p' 仍为：

$$p' = \frac{1}{2}(np + p)$$

（2）不对称的偏压水平荷载

此种情况适用于地层倾角较大之围岩。但由于我们主要是针对荷载与结构均对称的情况来选取基本结构的，所以水平荷载的偏压值也不宜过大。否则，计算成果将离实际过远，甚至不能使用。图 6-53 是相应于竖向偏压荷载的侧向偏压水平荷载图式。

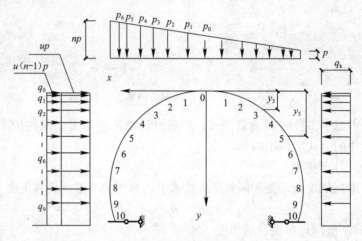

图 6-53 内力组合

其左右侧水平均布荷载为：

$$q_{左} = unp = up + u(n-1)p$$

$$q_{右} = up$$

6.3.5 衬砌在各种荷载组合作用下的最终内力和承载能力计算

1. 衬砌的最终内力

在"6.3.4 各种荷载形式及其等效节点荷载"中讨论了各种可能的荷载形式。但在求衬砌单元的内力时，只需将三种荷载组合在一起即可。此三种荷载为：

（1）衬砌自重；

（2）竖向荷载形式的一种；

（3）与竖向荷载相应的一种水平荷载。

它们是作用于衬砌的主要荷载。当围岩坚硬稳定而无侧压力时，则作用于衬砌上的荷载只有前两种。

对于对称荷载，利用正对称基本结构经过一系列矩阵运算，即可得 $\{S\}$ 值。但由我们按式（6-101）和式（6-102）求出的影响线 $[X]$ 和 $[S]$ 是取 $p_i = \frac{1}{2}$ 和 $q_i = \frac{1}{2}$ 计算的。所以在计算衬砌内力时需按下列各式修正为：

$$\{S\}_{自} = 2([\gamma_{SX}]'[X] + [\gamma_{SP}]')\{P_1\} \tag{6-105}$$

$$\{S\}_P = 2([\gamma_{SX}]'[X] + [\gamma_{SP}]')\{P_i\} \qquad (6\text{-}106)$$

$$\{S\}_q = 2([\gamma_{SX}]'[X] + [\gamma_{Sq}]')\{q_n\} \qquad (6\text{-}107)$$

上列式中的 $\{S\}$ 是 22×1 阶矩阵，其中前 11 个元素是衬砌 $0 \sim 10$ 截面的偏心弯矩 $M_0 \sim M_{10}$；而后 11 个元素则是轴力 $N_0 \sim N_{10}$。由于衬砌自重列矩阵 $\{P_1\}$ 内未包括 P_7、P_8、P_9、P_{10}，故需将 $\{S\}$ 自矩阵中的元素 N_7、N_8、N_9、N_{10} 加以修正为：

$$N'_6 = N_7 + P_7$$

$$N'_8 = N_8 + P_7 + P_8$$

$$N'_9 = N_9 + P_7 + P_8 + P_9$$

$$N'_{10} = N_{10} + P_7 + P_8 + P_9 + P_{10}$$

最终的衬砌内力为：

$$\{S\} = \{S\}_自 + \{S\}_p + \{S\}_q \qquad (6\text{-}108)$$

对曲边墙衬砌的 $\{S\}_自$ 来说，这里略去了对 $M_7 \sim M_{10}$ 的修正，考虑到普通采用的曲墙斜率都较小，对衬砌边墙的内力值不会有大的影响。

对于竖向偏压情况，求解衬砌最终内力的过程稍为繁杂一些。

（4）荷载为偏压，水平荷载为对称作用的情况

$$\{S\}_自 = 2([\gamma_{SX}]'[X] + [\gamma_{SP}]')\{P_1\} \qquad (6\text{-}109)$$

$$\{S\}_{p6} = 2([\gamma_{SX}]'_反[X]_反 + [\gamma_{SP}]')\{P_6\} \qquad (6\text{-}110)$$

$$\{S\}_{p7} = 2([\gamma_{SX}]'[X] + [\gamma_{SP}]')\{P_7\} \qquad (6\text{-}111)$$

$$\{S\}_{qn} = 2([\gamma_{SX}]'[X] + [\gamma_{SP}]')\{P_n\} \qquad (6\text{-}112)$$

衬砌的最终内力为：

$$\{S\}_左 = \{S\}_自 + \{S\}_{p6} + \{S\}_{p7} + \{S\}_{qn} \qquad (6\text{-}113)$$

$$\{S\}_右 = \{S\}_自 - \{S\}_{p6} + \{S\}_{p7} + \{S\}_{qn} \qquad (6\text{-}114)$$

式（6-112）中的 $\{p_n\}$ 是对应于竖向偏压当量均布荷载求得的水平节点荷载列矩阵。

（5）竖向和水平荷载均为偏压的情况

此时可把作用在衬砌上的水平偏压荷载看作是由一组其集度为 up 的对称荷载和一组集度为 $u(n-1)p$ 的单侧荷载所组成（图 6-53）。而单侧荷载又可分解为作用于衬砌两侧的大小相等的一组对称荷载和一组反对称荷载。设相应于荷载集度为 up 的节点荷载列阵为 $\{q_5\}$，相应于 $u(n-1)p$ 的节点荷载列阵为 $\{q_6\}$，则可求出衬砌内力为：

$$\{S\}_{q5} = 2([\gamma_{SX}]'[X] + [\gamma_{Sq}]')\{q_5\} \qquad (6\text{-}115)$$

$$\{S\}_{q6} = ([\gamma_{SX}]'[X] + [\gamma_{Sq}]')\{q_6\} \qquad (6\text{-}116)$$

$$\{S\}_{q6}^F = ([\gamma_{SX}]'_反[X]_反 + [\gamma_{Sq}]')\{q_6\} \qquad (6\text{-}117)$$

衬砌左、右侧的最终内力为：

$$\{S\}_左 = \{S\}_自 + \{S\}_{p6} + \{S\}_{p7} + \{S\}_{q5} + \{S\}_{q6} + \{S\}_{q6}^F \qquad (6\text{-}118)$$

$$\{S\}_右 = \{S\}_自 - \{S\}_{p6} + \{S\}_{p7} + \{S\}_{q5} + \{S\}_{q6} - \{S\}_{q6}^F \qquad (6\text{-}119)$$

式中，$\{S\}_自$、$\{S\}_{p6}$、$\{S\}_{p7}$ 与式（6-109）、式（6-110）、式（6-111）之表达式相同。

248

2. 衬砌承载能力检算

根据所算出的各种荷载组合作用下的衬砌最终内力 M、N，便可算出各截面的偏心距 e，而后按《公路隧道设计规范》中的公式（3-3）和式（3-4）检验在已知荷载作用下衬砌的安全度。也可以先求出竖向荷载集度 $p=1$ 时的衬砌单元内力，然后在满足规定的安全系数条件下，求出衬砌的设计承载能力，将当量均布荷载 p' 与按《公路隧道设计规范》中的公式（3-1）算出的均布荷载值对比，以查看其安全度。

此外，为了检查墙底土体承载力是否满足设计要求，可利用材料力学公式算出墙底外侧边缘的土体应力：

$$\sigma = \frac{N}{A} \pm \frac{M}{W} \qquad (6\text{-}120)$$

式中　N——为弯矩和轴力；

　　A、W——为承压面积和截面模量。

本章小结

1. 本章主要介绍盾构法隧道的基本概念以及装配式圆衬砌隧道的构造和设计内容，考虑到地下隧道受力情况复杂、计算机技术的飞速发展，本章也借助矩阵力法对圆形衬砌结构进行了分析。

2. 简要介绍了盾构机的组成、分类和施工过程，便于读者掌握盾构法隧道的各个优缺点，了解其在隧道工程中起的作用。

3. 详细介绍隧道衬砌的不同类型以及其在岩土压力下的荷载组合、计算理论和不同条件下的计算方法。

4. 简要介绍了盾构隧道的构造和配筋，其中包括衬砌断面设计、断面强度计算、衬砌圆环的直径变形计算、纵向接缝计算、环缝的近似计算、隧道防水及其综合处理。

思考题

6-1　盾构法隧道的使用条件及特点是什么？

6-2　盾构法隧道衬砌管片形式有哪些？

6-3　盾构法隧道结构的水土荷载如何计算？试分析地层抗力对隧道结构内里的影响？

6-4　盾构法隧道结构设计模式有哪些？各有何优缺点？如何考虑接头的影响？

6-5　盾构法圆形衬砌管片拼装方式有哪些？各有何优缺点及适用性？

6-6　盾构法隧道衬砌内力分布与管片结构有何关系？

6-7　盾构法隧道衬砌结构断面选择时都应验算哪些内容？在验算时都应注意什么？

6-8 盾构法隧道衬砌结构的防水、抗渗可以采用哪些措施？

6-9 简述圆形衬砌结构的矩阵力法分析步骤。

6-10 如图 6-54 所示为一软土地区地铁盾构隧道的横断面，由一块封顶块 K，两块邻接块 L，两块标准块 B 以及一块封底块 D，六块管片组成，衬砌外径 6200mm，厚度 350mm，采用通缝拼装，混凝土强度为 C50，环向螺栓为 5.8 级。管片裂缝宽度允许值为 0.2mm，接缝张开允许值为 3mm。地面超载为 20kPa。试计算衬砌内力，画出内力图并进行隧道裂缝、接缝张开等验算及管片配筋计算。

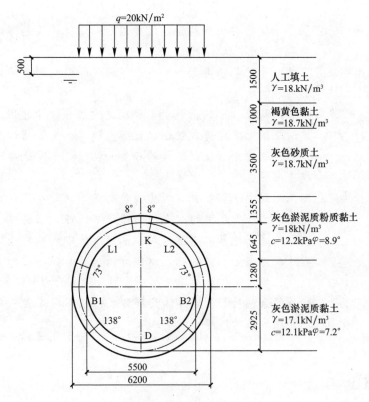

图 6-54　工程地质条件

第7章
沉管结构

本章知识点

> **主要内容**：沉管结构的类型和构造；结构设计；管段连接和防水技术；沉管基础设计。
>
> **基本要求**：了解沉管结构的类型和特点；了解沉管结构的设计计算内容和方法。
>
> **重　　点**：沉管结构设计中的荷载类型和确定方法，计算过程中不同阶段考虑的荷载组合以及浮力验算；沉管结构防水材料的选择以及变形缝的布置和构造；不同地质环境中沉管基础的处理方法。
>
> **难　　点**：不同形式的沉管结构计算中荷载的确定较复杂，特别是水压力和土压力的确定，由于是不定值，需要根据实际工况来计算，难度较大；抗浮设计中干舷的选择以及抗浮安全系数的确定以实际工况为基础，另外考虑横、纵向结构计算以及配筋，涉及较多的力学计算，计算复杂；对管段连接的处理方式以及不同沉管基础的处理方法的理解，需要加深一定的实际工程背景。

7.1　概述

7.1.1　沉管的概念

　　地球是由陆地与海洋组成的，两块陆地中间常常被海峡分割，在不同条件下形成两个区域，从而造成交通障碍以及文化经济等差异。因此，人们就有了连接海峡两岸的想法。漫长的历史过程中，连接海峡两岸的主要方式有三种：轮渡、修建桥梁以及隧道。这些渡越方案各有其优缺点以及适用范围，可根据交通需要以及工程水文、气候、地质条件等因素因地制宜地进行选择。

　　轮渡受气象条件的影响较大，并且不能直接连通，因此，人员物资转运十分麻烦；桥梁的建设往往受跨度、水深的影响，且建成运营后也同样受气象条件的影响。而修建海峡隧道既可以穿越较大跨度直接连通海峡两岸，又可以在运营后很少受气象条件影响，能保持连续通行。因此，随着技术的发展，由水下隧道的连接方式来代替高桥已经成为一种趋势。目前世界上已经建成了许多海峡隧道，而且有更多的隧道正在研究和建设中。

例如，20世纪40年代的日本关门海峡即采用隧道连接，是世界上最早的海峡隧道，随后又在海峡上建成了桥梁，使两岸连接更为畅通。1988年，日本青函隧道竣工，使本州和北海道之间实现了铁路运输。英法海峡隧道从拿破仑时代以来曾两次开挖（中途都停了下来），最终于1993年隧道全部贯通并投入运营。1996年，丹麦大海峡隧道竣工，使丹麦和欧洲基本上连接起来了，实现了把瑞典和德国连成一体的计划，从而整个欧洲几乎都能陆路相通。

20世纪70年代，直布罗陀海峡通道开始勘察，西班牙及摩洛哥交换了协议并分别设立了勘察机构，并和日本、英国、法国等协作进行勘察设计。最初确定有桥梁及隧道两个方案，原定1990年内确立最终方案，但由于种种原因未能按时实现。从摩洛哥的丹吉尔向北，海上距离约28km，海峡水深300m，故桥梁方案在技术上十分困难，加之还有政治因素的影响，所以单独的桥梁方案较难实现。现在初步确定采用桥梁和隧道的组合方案，即在航道下用隧道，而其余部分采用架浮桥连接。直布罗陀海峡通道和英法海峡通道相比，它将连接欧亚及非洲两片大陆，而具有划时代的意义。

在亚洲，目前计划将建的有日韩对马海峡隧道、台湾海峡隧道、马六甲海峡隧道、爪哇岛与苏门答腊岛之间的巽［xùn］他海峡隧道、宗谷海峡隧道和间宫海峡通道。经过约十年的勘察及方案设计，现已在日本侧佐贺县的呼子进行长约400m的试验斜井开挖，从而对地质地形状况有了很好的了解。日韩隧道构想为亚洲高速公路的一部分，现有多个方案正在比选之中，而最终方案的确定还得考虑韩国的政治形势。

在我国，随着经济的发展和技术的进步，特别是许多越水隧道成功建成运营的工程实例，使得人们的观念发生了变化。人们逐渐意识到"遇水架桥"不再是唯一的选择，而在许多情况下采用水下沟通两岸的方式更为优越。到目前为止，我国大陆建成的海底隧道已超过10座。

在上海的黄浦江，先后修建了打浦路、延安东路和延安东路复线三座城市道路隧道；而1999年初又建成了两条上海地铁二号线黄浦江区间隧道，计划中的轨道交通明珠线还将建成4条黄浦江隧道。目前已建成的黄浦江隧道均采用盾构施工，而黄浦江吴淞口隧道将拟采用沉管法。

自20世纪90年代以来，我国大陆除建成了众所周知的多条黄浦江隧道外，还建成了广州珠江沉管隧道和宁波甬江沉管隧道。而广州珠江沉管隧道和宁波甬江沉管隧道都是采用国内技术进行设计和施工的，其运营情况和防水效果均十分良好。

京沪高速铁路中穿越长江的南京上元门隧道由铁道部第四勘察设计院完成设计。该隧道采用沉管隧道方案，沉埋段长约1930m，全长约5765m。由铁道部第四勘察设计院承担编制的武汉长江水底隧道（含地铁）的预可行性研究报告也已于1999年6月完成，该隧道也拟采用沉管隧道方案，沉埋段长约1300m，全长约3.2km。正在规划研究的水底隧道工程还有：连接辽东半岛和胶东半岛的渤海海底隧道，长约57km；连接上海和南通的长江水底隧道，长约7km；上海至宁波的杭州湾水底隧道，最长的隧道方案长约52km，隧道建成后沪甬两地的运输距离较经杭州钱塘江大桥的运输距离缩短约250km；另外还有其他穿越长江的水底隧道；台湾海峡隧道目前由清华大学进行可行性研究。

水底隧道的施工方法主要有五种：围堤明挖法、矿山法、气压沉箱法、盾构法以及沉管法。矿山法不适用于软土地层；气压沉箱法仅适用于较窄的河道；围堤明挖法较经济，但对水路交通的干扰较大，故采用不多。因而，在水底隧道的施工中，较常用的是盾构法和沉管法。

沉管法曾称作预制管段沉放法：先在隧址以外的预制场制作隧道管段，制成以后用拖轮拖运到隧址指定位置上，待管段定位就绪后，往管段中注水加载使之下沉，然后将沉设完毕的管段在水下连接起来，最后覆土回填完成隧道。用这种施工方法建设的水底隧道称为"沉管隧道"（如图7-1所示）。

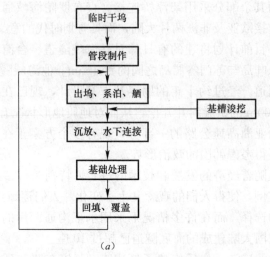

(a)

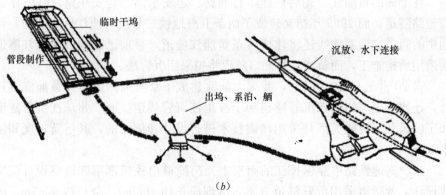

(b)

图 7-1　沉管结构施工作业图

(a) 沉管隧道的施工工艺流程图；(b) 沉管施工场景图

7.1.2 沉管的适用范围和特点

一百多年来,大多数的水底隧道施工都用盾构法。但从 20 世纪 50 年代起,由于沉管法的主要技术难关相继突破,科技的进步解决了两项关键技术:水力压接法和基础处理。这使得沉管法施工方便、防水可靠、造价便宜等优点更明显突出。所以,在近年来的水底隧道施工中,沉管法已取代了曾经首选的盾构法。

沉管法的主要优点是:①隧道可以紧贴河床最低点设置,隧道较短;②隧道主体结构在干坞中工厂化预制,因而可以保持良好的制作质量和水密性;③对地基的适应性强;④接头数量少,只有管节之间的连接接头,并采用 GINA 和 OMEGA 止水带两道防水屏障,隧道的防水性能好。

沉管法的主要缺点有:①需要一个占用较大场地的干坞,在市区内很难实施,需在远离市区较远的地方建造干坞;②基槽开挖数量较大且需进行清淤,对航运和市区环境的影响较大;③河(海)床地形地貌复杂的情况下,会大幅增加施工难度和造价;④管节浮运、沉放作业需考虑水文、气象等条件的影响,有时需短期局部封航;⑤水体流速会影响管段沉放的准确度,超过一定流速可能导致沉管无法施工。

综上所述,我们可以得出沉管结构的主要特点有:

(1) 隧道的施工质量容易控制。

首先,预制管段都是在临时干坞里浇筑的,施工场地集中、管理方便,沉管结构和防水层的施工质量均比其他施工方法易于控制。其次,需在隧址现场施工的隧管接缝非常少,漏水的机会亦相应地大为减少。例如,同样一段 100m 长的双车道水底隧道中,如用盾构法施工,则需在现场处理的施工接缝长达 4730m 左右;如用沉管法施工,则仅为 40m 左右。两者的比例为 118:1,漏水的机会自然成百倍地减少。而自从水底沉管隧道施工中采用了水力压接法以后,大量的施工实践证明,接缝的实际施工质量(包括竣工时以及不均匀沉降产生之后)能够保证达到"滴水不漏"。

(2) 建筑单价和工程总价均较低。

这是因为:①水上挖土单价比地下挖土单价低;②每节长达 100m 左右的管段整体制作,完成后从水面上整体拖运,所需的制作和运输费用比大量管片分块制作,完成后用汽车运送到隧址工地所需的费用要低得多;③接缝数量少,费用随之亦少等原因,沉管隧道的延米单价也就比盾构隧道较低。此外,由于沉管所需覆土很薄,甚至可以没有,而水底沉管隧道的总长比盾构隧道短得多,所以工程总价也相应大幅度降低。

(3) 施工期短。

沉管隧道的总施工期短于用其他方法建筑的水底隧道,但这还不是其主要特点。比较突出的是它的隧址现场施工期比较短。因为在沉管隧道施工中,筑造临时干坞和浇制预制管段等大量工作均不在现场上进行,所以现场工期较短。在市区里建设水底隧道时,城市生活因施工作业而受到干扰和影响的时间，以沉管隧道为最短。

（4）操作条件好，施工较安全。沉管结构基本上没有地下作业，水下作业亦极少，气压作业则完全不用，因而施工较为安全。

（5）对地质条件的适应性强，能在流砂层中施工，不需特殊设备或措施。

（6）适用水深范围几乎是无限制的。沉管结构在实际工程中曾达到水下60m，如以潜水作业的最大深度作为限度，则沉管隧道的最大深度可达70m。

（7）断面形状选择的自由度较大，断面空间的利用率较高，一个断面内可容纳4～8个车道。

（8）水流较急时，沉设困难，须用作业台施工。

（9）施工时须与航道部分密切配合，采取措施（如暂时的航道迁移等）以保证航道畅通。

7.2 沉管结构

7.2.1 沉管结构的类型和构造

1. 沉管结构的类型

沉管结构主要有两种基本类型：钢壳管段隧道和混凝土管段隧道。

第一座钢壳管段沉管隧道是20世纪初在北美建成的。目前，全世界修建的钢壳管段沉管隧道大多在北美，日本也修建了几座，欧洲采用得不多。

钢壳管段沉管隧道是钢壳与混凝土的组合结构。钢壳主要起着防水作用，混凝土主要作为镇载物并承受压力、同时也有助于结构的需要。由于钢壳具有弹性，因此完工的钢壳管段沉管隧道可以看作为一个具有柔性的整体结构。其施工中的特点是，钢壳在船坞内预制，下水后浮在水面上浇灌钢壳内的大部分混凝土，钢壳既是浇灌混凝土的外模板又是隧道的防水层，省去了钢筋混凝土管段预制所需的干坞工程。

混凝土管段隧道最早出现在欧洲。半个世纪以前，在荷兰的鹿特丹建成了第一座欧洲的沉管隧道。此后，这种施工方法得到了极大的简化和优化。现今全世界约建成了40多座混凝土管段沉管隧道。混凝土管段沉管隧道大多数在欧洲，其中约有一半在荷兰。亚洲的日本、中国也修建了几座混凝土管段沉管隧道。

混凝土管段沉管隧道的主要特点是隧道的管段由钢筋混凝土制成，钢筋混凝土用于结构构造和作为镇载物。尽管大多数新近建造的混凝土管段沉管隧道没有防水薄膜，但以前建造的使用了混凝土管段的沉管隧道一般都使用了钢板或沥青防水薄膜。大多数完工的混凝土管段由多个节段组成，管节长约20～25m，用柔性接缝将其连在一起。因为每一管节是一个整体结构，所以更易控制混凝土的灌注和限制管节内的结构力。只有极少数的混凝土管段沉管隧道有刚性的隧道接缝。沉管预制一般在干坞内进行，而临时干坞工程量较大，管段预制时须采取严格的施工措施防止混凝土产生裂缝。

相比较而言，两种沉管结构的差异主要有以下几个方面：

（1）两种结构形式在断面形状与布局上的差异

在自然环境方面，如水深、河道宽度和河床条件，没有哪种结构更占优势。在这些方面，它们的特点相似。它们之间的差异在于断面轮廓，施工工期和需要的施工设备这些方面。

钢壳结构在施工期间承受的荷载最大。在这些荷载中，管体下水和整个管体飘浮时产生的纵向荷载比较容易调整，而浇筑混凝土时产生的横向荷载则比较麻烦。到目前为止，除日本的几座矩形箱式隧道外，钢壳隧道大多数都是圆形断面。而矩形箱式隧道要求比普通隧道采用更重型的钢结构。

混凝土管段结构在断面的选择上具有很大的灵活性。这个特点使它在某些应用上具有占支配地位的优势。混凝土管段隧道的使用范围已从波塞（Poscy）隧道的单孔双车道圆形断面发展到基尔（Kir）隧道的简单复式三车道双孔矩形断面，之后到更为复杂的斯凯尔特（Scheldt）隧道的容纳公路、铁路和自行车道的多孔矩形断面。

圆形钢管公路隧道至今仍限制在每孔两车道，目前直径最大的是美国的福特·麦克亨利（Fort Mchenry）隧道，其内径为 10.4m。此隧道路缘间行车道的宽度为 7.9m，竖向净空为 4.9m，小于英国通常的 5.1m 净空。若设置三车道，隧道内径需要约 13m，这就要进行结构补强。而对于三车道来说，矩形混凝土管段一般更为适合。超过这个尺寸，水压荷载和浮力问题引起的困难便会随之而来。

美国的钢壳隧道除近期几个外都为圆形断面，而日本在其方法上似乎显得更为灵活，其修建的第一座庵治河（Aji）隧道，就在较短距离上采用了矩形钢壳结构，接下来要修建的两座羽田（Hanada）隧道也设计成矩形断面。最近其又在铁路隧道中采用了圆形断面，如小型的双孔多摩河（Tama River）隧道。

尽管钢壳管段在断面形状和布局上不如混凝土管段那么灵活，但是它的使用范围仍然较广。沉管隧道值得推广的另一项进展是在三车道隧道中采用了椭圆形断面，这样就减少了行车道下面和交通用空间上方的剩余部分。美国最近修建的第三座伊利莎白河（Elizabeth River）隧道就采用了折中的马蹄形断面。

对位于高水压、深水域中的隧道，采用圆形断面具有较为明显的优势。例如在 1985 年提出的横穿英吉利海峡的欧洲线路计划，包含一段位于海峡中段航道下面长 20km 的沉埋管段。该计划采用行车道宽为 9.8m、带有硬路肩的复式双车道隧道，而中心服务通道较大且无间断，隧道内径为 12.9m、环厚为 0.8m，英国顾问工程师提出与香港越港隧道设计相似的双孔圆形断面的钢结构。此设计能够承受 60m 左右高的水压，而且可以提供相当大的抵抗力来承受可能的沉船荷载。

法国的一项比较方案采用的是顶部、底部为平面、两侧为半圆形的菱形断面结构，外形尺寸约为 24m×13m。隧道中央部分包括两个矩形交通孔室，一个交通孔位于另一个上面，两侧的半圆形空间作为通风道。而与其他钢结构隧道设计不同的是，其结构类似于坦克外壳的双层结构，具有内外两层壳，中间有夹腹板和加劲杆，夹层空间用混凝土充填，使混凝土和钢结构共同起作用。但一些部位的剪切力相当高，因此这种设计可能需要进一步的研究。不过它仍是一个很有趣的建议，而且在其他地方有可能得到应用。

综上可知，混凝土管段易于适应不同布局和尺寸的断面，具有明显的自然优势。钢壳管段较为适用于圆形断面，在应用上缺乏灵活性，但在采用变更的形状和布局情况下，其也可在超出常规实践的范围里运用。

(2) 两种结构形式对隧道通风设计的影响

就公路隧道而言，圆形断面在通风及其所需设施这个问题上更具优势。

对于长度为 500～1000m 的双车道双向隧道，采用半横向通风的系统，而接近于 1000m 的隧道最好使用全横向通风系统。这两种系统的通风管道都需要专用空间，圆形断面利用行车空间顶部和下部现有的弧形空间自然满足了这一需求，并且能够达到所需的通风量。而圆形断面在双车道钢壳隧道结构中也具有同样的优势，这使钢结构形式在 500～1000m 长的双车道隧道中十分具有吸引力。例如在美国就有许多这样的例子，班克赫德（Bankhead）、底特律—温莎（Detroit-Windsor）、瓦什伯恩（Washburn）、贝敦（Baytown）和伊丽莎白河（Elizabeth River）隧道等。

对于类似长度为 1000～2000m 的隧道，通常采用全横向通风系统。圆形断面因其行车道下部空间可设置进风道、顶部空间可设置排风道，所以同样适用，但不太适合于较大的通风量。同样，由于两种因素的共同作用，使钢结构形式十分具有吸引力。这种类型的实例如汉普顿公路（Hampton Road）隧道和两座切萨皮克湾（Chesapeake Bay）隧道。

如果长度为 500～1000m 的隧道采用 2×2 车道，且每孔道为单向车流的话，那么就可以考虑采用混凝土管段。此时可采用纵向通风系统，这样就不需要设置专门的通风管道，从而就不用考虑圆形断面所提供的弧形空间。所以修建这样一座四车道隧道，一般不会比修建双车道隧道费用高出太多。这种类型的矩形混凝土管段的实例有柯恩（Coen）隧道和贝纳鲁克斯（Benelux）隧道。

对于长度为 1000～2000m 的 2×2 车道隧道，是采用半横向通风系统还是采用全横向通风系统意见不同。香港的第一座跨港隧道，采用的是一种特殊方式的半横向通风系统，系统配有防止在交通堵塞情况下空气堵塞的设施以及在火灾事故中将半横向通风转换为缩减的横向通风方式的设施。这种方式已经在工程实践中展示出令人满意的效果。不过在美国也有在这样长度的隧道采用全横向通风系统的示例，如巴尔的摩（Baltimore）隧道。

随着隧道长度的增加，安设风管的空间越来越不能满足通风量的需求，尤其是横向通风系统。而矩形断面的通风道尺寸适合空气流通，并且能使投资与运营效益达到最佳平衡。不过在实践中，这种平衡只能是笼统的概念：

首先，投资安排可能倾向于较低的初期投资；其次，而未来利率、电力消耗、机械发散率、交通流量和其他因素的不确定性使得评估具有不确定性。另外，矩形断面，即混凝土矩形管段对设置管线和铺设电缆较为有利：一般长度在1500～2000m的隧道，采用混凝土矩形管段可能比圆形钢壳管段具有优势；长度超过2000m，矩形断面通常具有决定性优势。不过这些通风评价都是对公路隧道而言，并不适用于铁路隧道，而且对两种结构形式的选择影响不大。

（3）两种结构形式对防水设计的影响

钢壳管段和混凝土管段两种形式显著的区别在于其采用的防水方法。这一点非常重要，因为渗漏会对结构混凝土和钢筋产生损害，对内部装修、设施及产生不利影响。隧道建成后，要想接近结构体的外部是非常困难的，而内部采取补救措施效果有限，还可能严重干扰隧道的运营，所以进行建后修补是十分困难的。故隧道防水方法的选取十分重要。

对于钢壳管段，钢壳本身具有一定的防水性能。通常钢管在工厂附近利用特制设备制作，管段的大量焊接工作由自动焊机完成，并对所有焊缝做有效的检验。管段接头部位需要焊接搭板以使管段在沉埋管整个长度上能有效地连为一体。管段下水前，可用皂液涂抹法和压缩空气法检查整个壳体的防水性能。由于管段深埋于水道的河床之下，发生严重腐蚀的可能性很小，其在实践中已证实可不必顾虑。但工程中常利用阴极防腐法和喷混凝土涂层来保护钢管，以防万一。

对于混凝土管段，结构本身不具有防水功能。管段的防水设施施工如下：在管段底板用钢板包裹并延伸至部分侧墙，而剩余侧墙及顶板用沥青或类似的防水薄膜包裹，而防水膜与钢板之间的接缝必须在现场进行拼接。也可以采用在管段四面全部安设钢板的方法以达到防水效果，但这种做法费用昂贵，且钢板的安设及其之间连接可能会很困难，故较少采用。

许多隧道的实践已经证明，经过仔细设计而加工成的防水薄膜能够达到很好的防水效果。但这种方法存在较为根本的缺点：其铺设现场条件不理想，施工期间防水性试验或检验的只能在船坞充满水后通过检查管体内部来检测，而这时对漏水处的补救将付出很大代价。

荷兰已经成功利用高效防渗混凝土，并采取特殊的措施密封混凝土接缝，达到防止混凝土收缩或其他原因而导致开裂的效果。但这种方法要取得成功，需要精湛的施工工艺，且施工完毕后不能马上进行试验和检测。

另外，还应考虑结构自身的防水作用。管段是基本的简单结构，若不考虑钢壳内部的加劲板和纵向钢筋，整个管段可看成是由一系列单个的混凝土环沿整座隧道首尾相接铺设而成。土压和水压产生的荷载主要由混凝土环承受，竖向荷载引起的纵向弯曲由钢壳结构承受，而钢壳结构具有可延展性，一般不会遭到损害。纵向热效应由混凝土环直接承受或者分离吸收，必要时也能由钢壳结构的变形活动吸收。总之，钢壳防水层是比较安全的。

相比圆形钢壳管段，矩形混凝土管段结构较为复杂，其必须设计合适的防水形式并有效评估其防水性能的可靠性。土压和水压引起的横向弯曲和剪切荷载，将会使混凝土内部产生一定的拉应力，从而导致混凝土开裂。而由收缩、徐变和热效应引起的纵向位移也会导致混凝土裂缝。纵向位移大小还受由土压引起的摩擦力的影响，可以对其进行补强、加压或提供活动节缝来控制。与钢壳结构相比较，混凝土结构不仅防水性差，而且发生渗漏的后果也更严重。

（4）两种结构形式对沉管施工的影响

在满足特定隧道实际要求的情况下，钢壳管段无须花费时间修筑浇筑管段的船坞且管段可以连续沉放，所以其施工工期较混凝土管段更短。下面以一座 10m×100m 长的公路隧道为例说明。

如采用钢壳管段法，在前期工作和装配设计完成，8 个月后各管段开始逐月下水。第一节管段混凝土的浇筑和配备工作需用 3 个月，再加上 1 个月的飘浮期，也即 12 个月后管段的沉放工作将准备就绪。然后建造好沉设设备，完成第一节管段施工所需要的隧道现场及通风建筑，并充分地疏浚好沟槽。接着开始沉放管段，以 1 个月为 1 个循环，则所有管段在第 22 个月末即全部沉放就位。另外考虑到 5 个月的装修和设备安装时间以及 3 个月的处理偶发事件用时间，整个隧道应在 30 个月后竣工。

如采用混凝土管段法，工期时间随环境的不同而明显变化。假如管段分两批制作，每批五节浇筑工期为 6 个月，那么第一批管段将在 18 个月后完成。考虑到需要一段合适的时间运走管段，修整船坞并排干水，那么第二批管段可能在 26 个月后完成。而最后一节管段可在第 31 个月末沉放就位，全部工程竣工需要 39 个月，这比采用钢壳法推迟了 9 个月。

香港跨港隧道原先设计为矩形混凝土管段，预计工期需用 54 个月。后因空间狭小、浇筑船坞场地与隧道现场相距较远（6 英里）、场地条件困难，而改用钢壳法施工。整个钢壳管段共 15 节，每节长约 100m，最终实际工期仅为 35 个月，比原先工期缩短了 19 个月。

穿越丹麦斯多贝尔特（Storebelt）海峡的铁路隧道同时对钢壳形式和混凝土形式进行招标，要求施工工期约为 39 个月，管段计划 39 节，每节长约 144m。就投标者来说，钢壳形式标价较低，其中部分原因就是对于这样长度的隧道而言，钢壳形式施工工期短，而混凝土形式预计需要建造三个独立的浇筑船坞使工期较长。

北威尔士康维隧道（Conwy Tunnel）的情况正好相反。此隧道包括 6 节管段，每节长 118m，要求施工工期约为 48 个月，也同时对钢壳形式和混凝土进行招标，但最终没有投标选择钢壳形式的。究其原因可能是建造造船厂困难，或者是规定的施工工期较长，从而采用钢壳形式在缩短工期上的优势就不够明显，从而选择混凝土形式。在两种管段形式都可采用的情况下，施工工期的限定使得某种形式较为有利。如果程序更为灵活，施工工期更加弹性，那么可能会更好地考虑工期的价值。而这种情况可能发生在私人投资的工程上，包括承包商负责投资、设计和施工的工程。

不同结构形式的隧道都要求有各自的施工设备：钢壳隧道常需要有合适

的造船厂，而混凝土管段需要有合适的靠近航道的土地用于建造浇筑干坞。设备的选择上有一定的困难，并且对施工方案的选择会产生重要影响。例如当地的船厂不能制造钢壳管段时，那么只能在靠近隧道施工现场的附近建造一个特定的管段制作场地。香港跨港隧道采用的就是这种做法，其钢板原料和其他钢配件从英国船运而来，在港建设一个场地面积约为 $4ha^2$ 的管节制作场。但浇筑干坞的问题就不一样了，场地需求面积相当大（可能超过 $6ha^2$），在现场很难满足其场地需求，这样管段就必须得从别处拖运来，使得航道可能会加深。而干坞本身就是一项重大工程，其建造有一定的危险性，并且在建造区由于地下水位的下降，也可能会给附近结构物带来一定的损害。干坞浇筑在管理上同样也存在一些问题，按照商业标准允许投标者寻求浇筑干坞场地可能是有利的，但是由于规划和环境上的限制，使他们在有限时间内做到这些较为困难。不过有一种可减少所需空间及费用的方法，即将浇筑干坞和明挖引道的开挖进行一体施工。这方面的典型实例如加拿大蒙特利尔的勒方汀（La Fontaine）隧道以及近期的香港东港跨港（Hong Kong Eastern-Harbour Crossing）隧道。

由于传统因素及其他相关因素的影响，每一个国家都倾向于采取自己特定的隧道修建方式。而两种不同方法的风格似乎代表了新、旧两个不同世界的态度与方法：钢壳结构方法直观，且施工速度快、工程坚实耐用。虽然它可能不是最为经济的方法，但它已得到验证，并得以广泛地应用。混凝土管段结构在设计和施工方法上都较为复杂，且施工工期较长，不过有时它更为经济。

2. 沉管结构的构造

从 7.1.1 节我们得知，沉管结构施工时，先在隧址以外建造临时干坞，其两端用临时封墙封闭起来，然后在干坞内制作钢筋混凝土隧道管段（道路隧道管段每节长 60～140m，目前最长的达 268m，但大多都是 100m 左右）。干坞制成后，向临时干坞内灌水使管段逐节浮出水面，然后用拖轮托运到指定位置，并在设计隧位处开挖一个水底沟槽。待管段定位就绪后，向管段里灌水压载使之下沉至预定的位置，最后在水下把这些沉设完毕的管段连接好，如图 7-1 所示。

由此我们可知沉管结构施工包含两个部分：隧道管段和管段连接。其中管段连接又包括连接的结构性和连接处的止水措施。因此，在后面章节中，我们将依次介绍隧道管段结构设计、管段连接排水设计以及沉管结构基础设计相关部分的内容。

7.2.2　结构设计

从构造上看，沉管隧道设计的内容较多、涉及面较广，概括起来主要有：总体几何设计、结构设计、通风设计、照明设计、内装设计、给水排水设计、供电设计以及运行管理设施设计等。而总体几何设计常是决定隧道工程设计成败的关键，其构思是否先进，会对整个工程的经济性和合理性产生根本性

260

的影响。决不能简单地把工程能否建成、通车，视作衡量设计成败的标准。

20 世纪 60 年代以后，水底道路隧道的设计都十分注重总体几何设计的革新，尽可能地把洞口建筑移近水边（有的工程实例甚至已经把洞口移到河中），从而降低覆盖率。这样虽然增加了引道支挡的建筑高度，给引道的设计和施工增加不少麻烦，同时也增加了局部工程费用，但在通风方式设计领域产生了根本性的变革。许多 20 世纪 60 年代和 70 年代建成的水底隧道，其隧管中都未设置风道，甚至连通风机房也没有。这使得土建费或设备费、建设费或运行费都大幅降低，必须引起高度重视。

由于专业以及篇幅的原因，本节我们仅重点介绍沉管结构设计内容中的结构设计部分。

1. 沉管结构的荷载

作用在沉管结构上的荷载有：结构自重、水压力、土压力、浮力、施工荷载、预应力、波浪和水流压力、沉降摩擦力、车辆活载、沉船荷载、地基反力、混凝土收缩影响、变温影响、不均匀沉降影响、地震荷载等，具体见表 7-1。

沉管荷载表　　　　　　　　　　　　　　　　　表 7-1

序　号	荷载类型	横　向	纵　向
1	水土压力、结构自重、管段内外压载重	★	★
2	管内建筑及车辆荷载	★	★
3	混凝土收缩应力	★	
4	浮力、地基反力	★	★
5	施工荷载	★	★
6	温差应力	★	★
7	不均匀沉降产生的应力		★
8	沉船抛锚及河道疏浚产生的特殊荷载	★	★
9	地震荷载	★	★

注：1. 表中"★"标记表示作用有该种荷载；
　　2. 表中 1、2、3、4 项为基本荷载；5、6、7 为附加荷载；8、9 为偶然荷载。

上述荷载中，只有结构自重及其相应的地基反力是恒载。钢筋混凝土的重度可分别按 24.6kN/m³（浮运阶段）及 24.2kN/m³（使用阶段）计算。至于路面下压载混凝土的重度，由于其密实度稍差，一般可按 22.5kN/m³ 计算。

水压力是作用在管段结构上的主要荷载之一。在覆土较小的区段中，水压力常是作用在管段上的最大荷载。设计时要按各种荷载组合情况分别计算正常高、低潮水位的水压力，以及台风或若干年一遇（如 100 年一遇）特大洪水水位的水压力。

土压力是作用在管段结构上的另一主要荷载，且通常不是恒载。例如，作用在管段顶面上的垂直土压力，一般为河床底面到管段顶面之间的土体重量。但在河床不稳定的场合下，还要考虑河床变迁产生的附加土荷载。作用在管段侧边上的水平土压力也是变化的，隧道刚建成时的侧向土压力往往较小，最终慢慢达到静止土压力，设计时应按不利组合分别取其最小值与最大值。

管段所受浮力也是一个变量。管段所受浮力一般等于其排水量，但沉放在黏性土层中管段所受的浮力，有时也因"滞后现象"的作用而大于排水量。

施工荷载主要是端封墙、定位塔、压载等引起的，在进行浮力设计时应给予考虑。而在计算浮运阶段的纵向弯矩时，施工荷载是主要作用荷载。如果施工荷载所引起的纵向负弯矩过大，则可调整压载水罐（或水柜）的位置来抵消一部分。

波浪力一般较小，不会影响配筋。水流压力对结构设计影响亦不大，但必须通过进行水工模拟试验予以确定，以便确定沉没工艺及设备。

沉降摩擦力是在覆土回填之后，沟槽底部受荷不均的情况下发生的。沉管底下的荷载比较小、沉降亦小，而其两侧荷载较大、沉降亦大；所以在沉管侧壁的外侧，就会受到沉降摩擦力的作用（图 7-2）。如在沉管侧壁防水层之外再喷涂一层软沥青，则可使此项沉降摩擦力大为减小。

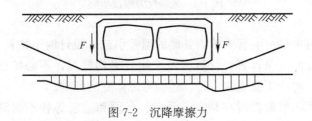

图 7-2　沉降摩擦力

车辆活载在进行横断面分析时，一般忽略不计。在进行道路隧道的纵断面结构分析时，亦略去不计。

沉船荷载是船只失事后恰巧沉在隧道顶上时，所产生的特殊荷载。荷载的大小，应视船只的类型、吨位、装载情况、沉没方式、覆土厚度以及隧顶土面是否突出于两侧河床底面等许多因素而定。因此在设计时只能作假设估计，不能统作规定。而在以往的沉管设计中，常假定沉船荷载为 $50 \sim 130 \mathrm{kN/m^2}$ 左右。不过由于其发生的概率太小，犹如设计地上建筑时没有必要考虑飞机的失事荷载一样，近年对计算时考虑沉船荷载的必要性也有不同的看法。

地基反力的分布规律，常做的基本假定有：（1）反力按直线分布；（2）反力强度与各点地基沉降成正比（温克尔假定）；（3）假定地基为半无限弹性体，按弹性理论计算反力。在按温克尔假定设计时，可以采用单一地基系数或者多种地基系数。日本东京港第一航道水底道路隧道在设计时考虑到沉管底较宽（37.4m），基础处理时会有不匀之处，因而采用了单一地基系数计算，同时也采用了不同组合的多地基系数计算进行比较，最后作出了内力包络图（图 7-3）。

混凝土收缩主要由施工缝两侧不同龄期混凝土的（剩余）收缩差引起。因此应按初步的施工计划，规定施工缝两侧混凝土的龄期差，并设定其收缩差。

261

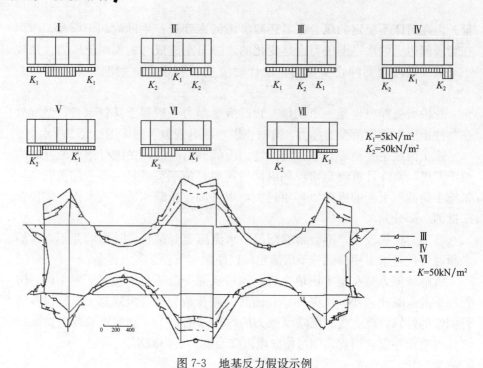

图 7-3 地基反力假设示例

变温影响主要由沉管外壁内外侧的温差引起。设计时可按持续 5～7 天的最高气温或最低气温计算，计算时可采用日平均气温，不必按昼夜最高或最低气温计算。而计算温变应力时，还应考虑徐变的影响。

管段计算应根据管段在预制、浮运、沉设和运营等各不同阶段进行荷载组合，荷载组合一般考虑以下三种：

（1）基本荷载；

（2）基本荷载＋附加荷载；

（3）基本荷载＋偶然荷载。

2. 沉管结构的浮力设计

在沉管结构设计中，有一点与其他地下建筑迥然不同：必须处理好浮力与重量间的关系，也即所谓的浮力设计。浮力设计的内容包括干舷的选定和抗浮安全系数的验算，其目的是确定沉管结构最终的高度和外廓尺寸。

（1）干舷

管段在浮运时，为了保持稳定，必须使管顶露出水面，露出的部分就称作干舷。具有一定干舷的管段，遇到风浪发生倾侧后，其会自动产生一个反倾力矩 M_t（图 7-4），从而使管段恢复平衡。

矩形断面的管段，干舷多为 10～15cm。圆形、八角形或花篮形断面的管段（图 7-5），因顶宽较小，干舷高度多为 40～50cm。干舷高度不宜过小，否则稳定性差。

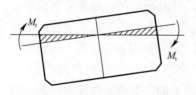

图 7-4 管段的干舷与反倾力矩

但干舷高度也不宜过大，因为沉管沉没时，要灌注一定数量的压载水以消除相当于干舷高度的浮力。干舷高度越大，所需压载水罐（或水柜）的容量越大，从而就不经济。

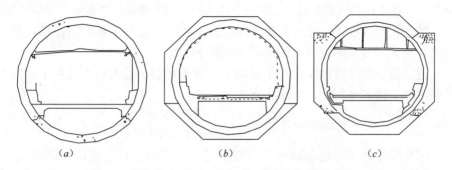

图 7-5　圆形、八角形和花篮形断面
(a) 圆形；(b) 八角形；(c) 花篮形

在极个别的情况下，由于沉管的结构厚度较大，无法自浮（即没有干舷），则须于顶部设置浮筒助浮，或在管段顶上设置钢围堰，以产生必要的干舷。

在制作管段时，混凝土重度和模板尺寸总有一定幅度的变动和误差。同时，在涨落潮以及各施工阶段中，河水比重也会有一定幅度的变动。所以在进行浮力设计时，应按最大混凝土重度、最大混凝土体积和最小河水密度来计算。

在进行干舷设计时，干舷计算的理论值也受到很多因素影响，其计算公式如下：

$$B - G = WLf\gamma_w$$

对于矩形断面的管节，根据浮力平衡原则有：

$$f = \frac{B - G}{WL\gamma_w}$$

式中　f——干舷高度；

　　　W——管节全宽；

　　　L——管节全长；

　　　γ_w——水的重度；

　　　B——管节总排水量，即全沉没后的总浮力；

　　　G——管节重量。

对于顶面带有倒角的矩形断面管节，其浮力平衡方程为：

$$B - G = (W - 2a + f)fL\gamma_w$$

即：

$$f^2 + (W - 2a)f - \frac{B - G}{L\gamma_w} = 0$$

式中　a——管节顶面倒角宽度；

　　　其余符号意义与上式相同。

（2）抗浮安全系数

管段沉设阶段，抗浮安全系数应取为 1.05~1.10。管段沉设完毕后进行抛土回填时，周围的河水会变浑浊，使得河水密度变大，从而浮力将会变大。因此施工阶段的抗浮安全系数必须保证在1.05以上，否则很易导致"复浮"。施工阶段的抗浮安全系数，应根据覆土回填开始前的情况进行计算。因此临时安设在管段上施工设备（如索具、定位塔、出入筒、端封墙等）的重量，均应不计。

管段使用阶段，抗浮安全系数应取为1.2～1.5。计算使用阶段的抗浮安全系数时，可考虑两侧填土负摩擦力的部分作用。

进行抗浮设计时，应按最小混凝土容重和体积、最大河水比重来计算各个阶段的抗浮安全系数，其计算公式为：

$$抗浮安全系数 = \frac{管体重量}{管体所占的空间 \times \gamma_{w\max}}$$

式中的管体重量已包括内部压载的混凝土重量，$\gamma_{w\max}$为最大河水密度。在实际情况中，如果考虑覆土重量与管段侧面负摩擦力的作用，则抗浮安全系数会增大。

（3）沉管结构的外轮廓尺寸

隧孔的内净宽度和车行道净空高度，必须根据沉管隧道使用阶段的通风要求及行车界限等来确定。而沉管结构（图7-6）的全高以及其他外廓尺寸必须满足沉管抗浮设计要求，因此这些尺寸都必须经过多次浮力计算和结构分析才能予以确定。

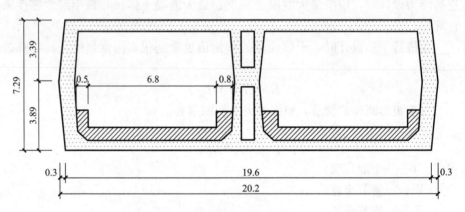

图7-6 沉管结构的外轮廓尺寸（m）

3. 沉管结构计算与配筋

（1）横向结构计算

沉管横截面多为多孔（单孔的极少）箱形框架，其管段横断面内力一般按弹性支撑型框架结构计算。由于荷载组合种类较多，箱形框架的结构分析必须经过"假定构件尺寸-分析内力-修正尺寸-复算内力"的几次循环。而在同一节管段（一般为100m长）中，因隧道纵坡和河底标高变化的关系，各处断面所受水、土压力会不同（尤其是接近岸边时，荷载常急剧变化），不能仅按一个横断面的结构分析结果来进行整节管段的横向配筋。因此横向结构计算的工作量非常大。但自从计算机普及之后，利用一般平面杆系结构分析的通用程序，使计算工作量大大减小。

接下来分别介绍钢壳管段和混凝土管段设计的横向结构分析：

钢壳管段中，钢壳和混凝土是作为一个整体共同作用的，在浇灌混凝土时钢壳起着模板的作用，而灌注后的管段与干船坞方式的管段是一样的。但在设计上，由于钢壳较难与混凝土成为一体，加之腐蚀、残留应力的问题，很难将其视为一个有效的承载构件。现也正在进行如何把钢壳和混凝土当作组合构件来设计的研究，该研究将钢壳的横向强度简化成具有一定间隔的横向肋，从而形成各自独立的横向闭合框架来承受作用在肋间的荷载作用。不过目前大多仍将钢壳当作临时构件来设计。

钢壳的横向断面一般取决于灌注混凝土时所产生的应力。在混凝土灌注过程中，钢壳吃水深度和水压不断增加，从而设计断面也将不断变化。所以应对各个施工阶段的混凝土重量和水压进行应力计算，然后由最危险状态决定钢壳断面。横断方向混凝土的灌注一般是按从下往上的顺序进行的。但对长方形断面管段，因管壁上混凝土是按集中荷载作用的，为不使变形和应力过大，应科学安排灌注量和灌注顺序。

对用干船坞制作的钢筋混凝土管段，在决定横断面时重点要注意对浮力的平衡，而从施工的角度来看，应力方面不会有什么问题。在进行结构应力计算时，一般将其处理为作用在地基上的平面骨架结构来考虑，而地基反力系数由地层性质和基础宽度等因素决定。如果干船坞处在软弱的地基上，要先进行地基处理或采用桩基，以防止在制作过程因地基处理不当而对管段产生有害应力。

混凝土管段横断面的厚度，一般按钢筋混凝土构件计算即可。但沉管隧道主要受水压、土压的作用，所以设计的荷载大都是恒载。同时，管段在水下进行维修也是较为困难的。因此混凝土和钢筋应力的目标设计值，要根据开裂宽度、混凝土流变等因素，并加以充分研究后才能选定。另外构件的厚度还要考虑施工时钢筋的布置，特别是上水深大和大断面的沉管隧道，应遵循大直径、小间距的原则，且使必要的钢筋量大于 $200kg/m$。

除土压、水压、自重外，还要考虑地震、地层下沉、温度等因素的影响。例如当回填土比既有地层重量大时，管段侧面地层会下沉，将使横断面的应力受到一定影响。此影响要按管段底面的下沉量和作用在管段侧面的摩擦力来判断计算。温度变化的影响，主要表现在构件内部温差所产生的应力及隧道外周构件和中壁温差所产生的应力，应加以研究。

（2）纵向结构计算

在施工阶段，纵向受力分析主要计算浮运和沉设施工荷载（定位塔、端封墙等）所引起的内力。而使用阶段一般按弹性地基梁理论进行计算。在进行沉管隧道纵断面设计时，除考虑各种荷载外，还要考虑温变和地基不均匀沉降等作用，并根据隧道性能要求进行合理组合。

钢壳管段纵断面设计时，可以把整个钢壳视为沿纵断方向的梁，然后根据施工荷载研究其强度和变形。其设计状态可分为：进水时、混凝土灌注时、拖航停泊时等。钢壳在制作及纵向进水时会产生比较大的应力，故多由此状态确定断面尺寸，而其他状态下的应力也应进行计算和考虑。混凝土灌注时

265

的应力，根据混凝土的一次灌注量、灌注地点以及灌注顺序的不同而变化较大。因此，一次混凝土灌注的区段和顺序，要按使断面应力最小的原则确定。混凝土灌注时的变形，因各灌注阶段的变形是重合的，所以即使荷载在最终阶段分布是均匀的，也会有残余变形。所以，在决定灌注顺序时，要考虑管段的轴向变形。

除上述状态外，在牵引和停泊时的波浪会对结构产生局部集中应力作用，故要考虑对结构自身的加强。

混凝土管段纵断面设计时，除考虑混凝土灌注、牵引及沉放时的状态外，还要考虑完成后地震、地层下沉及温度变化等的影响。

同横断面设计一样，施工过程一般不能起决定性作用。混凝土大体积灌注时，会因温度的变化和混凝土的干燥收缩而开裂，在设计阶段应加以研究。

混凝土沉管隧道沉设后，沿纵向有不均匀荷载作用以及基础地层有压密沉降时，要考虑地层下沉的影响。护岸附近沉管隧道上部至地层部分的回填土导致了荷载的不均匀性，并使沉管隧道产生弹性下沉，所以隧道可按坐落在弹性地基梁上来设计。

对于温度变化的影响，一般的混凝土结构设计时考虑 10～15℃ 的温度变化量，若采用可挠性接头，设计时要计算出伸缩量。沉管隧道的长度较长，管体的断面面积较大，可挠性接头的伸缩量也越大。而采用刚性接头时，因约束变形，沿轴向产生的轴向力不能忽视。

（3）结构验算及配筋

沉管结构的截面和配筋设计，应遵照交通部《公路桥涵设计通用规范》JTG D60—2004 进行。

为了抗剪需要，沉管结构宜采用 28d 强度等级为 C30～C45 的混凝土。设计时可根据施工进度计划的安排，充分利用后期强度。干坞规模小，需要分批浇筑时，可按更长的龄期计算。沉管结构在外防水层保护下的最大容许裂缝宽度为 0.15～0.2mm，因此不宜采用Ⅲ级或Ⅲ级以上的钢筋。钢筋容许应力一般限于 135～160MPa，设计时采用的容许应力可按不同荷载组合情况，分别加以相应的提高率（见表 7-2）。

不同荷载组合条件下的钢筋许用应力提高率　　　　　　　　　表 7-2

荷载组合条件	提高率
结构自重＋保护层、路面、压载重量＋覆土荷载＋土压力＋高潮水压力	0
结构自重＋保护层、路面、压载重量＋覆土荷载＋土压力＋低潮水压力	0
结构自重＋保护层、路面、压载重量＋覆土荷载＋土压力＋台风时或特大洪水位水压力	30%
结构自重＋保护层、路面、压载重量＋覆土荷载＋土压力＋高潮水压力＋变温影响	15%
结构自重＋保护层、路面、压载重量＋覆土荷载＋土压力＋高潮水压力＋特殊荷载（如沉船、地震等）混凝土的主拉应力	30%
其他应力	50%

注：沉管结构的纵向钢筋，一般不应少于 0.25%。

4. 预应力在沉管结构中的应用

一般情况下，沉管隧道多采用普通钢筋混凝土结构。这是因为沉管结构的厚度往往不是由强度决定的（而是取决于抗浮安全系数），所以预应力的优点在沉管结构中不能充分发挥。虽然预应力混凝土有助于提高结构的抗渗性，但由于结构厚度大、所施预应力不高，单纯为了防水而采用预应力混凝土结构不够经济。故沉管隧道一般不采用预应力钢筋混凝土结构，而多用普通钢筋混凝土结构。

然而当隧孔跨度较大（例如三车道以上），而水、土压力又较大（例如达到 $300\sim400\text{kN/m}^2$）时，作用在沉管结构的顶、底板的剪力较大，若采用普通钢筋混凝土，就必须放大支托。但放大后的支托是不容许侵入车边净空界限的，因此只能相应地增加沉管结构的全高度（常需增加 $1\sim1.5\text{m}$），这必然导致：

（1）增加沉管的排水量，但为保证规定的抗浮安全系数，又要相应地增加压载混凝土的数量；

（2）增加水底沟槽的开挖深度，亦即增加潜挖土方量；

（3）增加引道深度，不但使引道的支挡结构受到更大的土压力，从而增加这部分结构的工程量，有时还会遇到其他水文地质上的困难；

（4）增加隧道全长、总工程量和总造价。

在这种情况下，采用预应力钢筋混凝土结构就可得到较经济的效果。有的沉管隧道仅在水深最大处采用预应力钢筋混凝土结构，其余部分仍用普通钢筋混凝土结构，这样可以更好地发挥预应力的优点。荷兰鹿特丹市的佩纳勒克斯（Benelux）水底道路隧道就是一例。

沉管结构横断面采用预应力钢筋混凝土时有两种做法：全预应力和部分预应力。

哈瓦那市的阿尔曼德斯（Almendares）河的水底道路隧道（建成于 1953 年）是世界上第一条采用预应力钢筋混凝土的沉管隧道。该隧道在顶、底板的上、下两侧对称地布置直索（图 7-7）。而这种布索方式在荷载较大时不够经济，所以其后所有采用预应力的沉管隧道都改用了弯索。

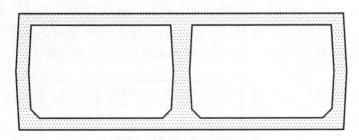

图 7-7　阿尔曼德斯隧道断面

然而，在采用弯索以后又遇到了另外的问题。沉管隧道要到沉设开始之后才陆续承受水、土压力的作用，而这些作用远比沉管结构的自重大得多（有时大到十几倍以上），使得难以在管段沉设、回填等工作进行时逐步施加预应力。全部预应力索都必须在干坞制作中张拉完毕，并做好压浆和锚具的防水处理。因此为了保持平衡，就得在预应力索的对侧配置大量非预应力钢筋以防结构开裂过限。但配置的非预应力钢筋在管段沉设和回填完毕之后，不能起永久性作用，从而造成了浪费。

267

为了避免这种浪费，可在隧孔跨中的顶、底板之间设置临时对拉预应力筋。在干坞中张拉预应力索时，同时张拉临时对拉预应力筋，使之有效替代沉设和回填完毕后的水、土压力作用。待沉设施工开始后，随着水、土压力的增加，逐步卸载临时拉筋中的应力。这样就可省去大量不起永久作用的普通钢筋。1967年建成的加拿大勒方汀（La Fontaine）水底道路沉管隧道，就是采用这样的方法（图7-8）。

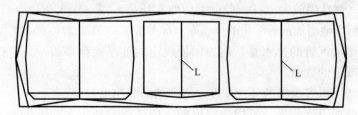

图7-8　勒方汀隧道断面

在现已建成的预应力钢筋混凝土沉管隧道中，采用部分预应力的较多，且一般都配置了相应的非预应力钢筋，以作临时抗衡之用。

7.2.3　管段连接和防水技术

1. 变形缝的布置与构造

钢筋混凝土沉管结构，如无适当的措施，很容易因隧道纵向变形而开裂。假定混凝土浇筑温度为 $5\sim15℃$，沉管外侧温度为 $10℃$，内侧温度为 $0\sim25℃$，而整个沉管隧道又是整体无缝的，那么在变温影响下所产生的纵向应力可达 $40kg/m^2$，沉管结构势必发生严重的开裂。又如，管段在干坞中预制时，一般都是先浇筑底板，若干时日后再浇筑竖墙和底板。两次浇筑混凝土的龄期、弹性模量、剩余收缩率均不相同，后浇的混凝土因不能自由收缩而受到偏心受拉内力的作用，常易发生如图7-9所示的裂缝。此外，不均匀沉降、地震影响等都可能导致管段开裂。这种纵向变形所引起的裂缝都是通透的，对防水很不利。因此，在设计中必须采取适当措施加以防止。

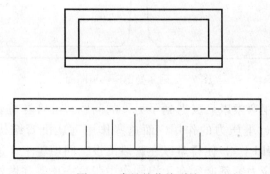

图7-9　常见的收缩裂缝

最有效的措施是在垂直于隧道轴线的方向设置变形缝，把每节管段分剖成若干节段。根据各国的实践经验，节段的长度不宜过大，一般为15～

20m左右（图7-10）。

所设置变形缝在构造上主要满足三个
要求：

· 能适应一定幅度的线变形与角
变形；

· 施工阶段能传递弯矩，使用阶段能
传递剪力；

· 变形前后均能防水。

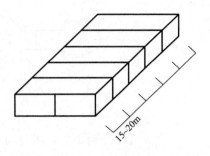

图7-10 变形缝的布置

为满足第一个要求，变形缝左右两侧节段端面之间要留一小段间隙。间
隙用防水材料充填，其宽度应按温变幅度与角变量来决定，一般不少于2cm。

在管段浮运时，为了保持管段的整体性，变形缝要能传递由波浪引起
的纵向弯矩。如管段的纵向钢筋在变形缝处全部切断，则需安设临时的预
应力索（或预应力筋），待沉设完毕后，再行撤去。如不设临时预应力设
施，则可将变形缝处的外侧纵向钢筋切断，待沉设完毕后再切断内侧纵向
钢筋（图7-11）。

为传递横向剪力，宜采用台阶缝；为保证变形前后均能防水，各变形缝
处均设置一道止水缝带，如图7-12所示。

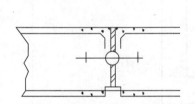

图7-11 变形缝的临时传力措施

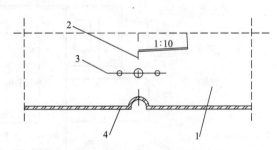

图7-12 变形缝的抗剪措施

1-管壁；2-变形缝；3-钢片橡胶止水带；4-止水钢板

2. 止水缝带

管段各节段间的变形缝，是保证管段不裂、不漏的"安全阀"，必须进行
精心的设计和施工。在变形缝的各组成部分中，最为重要的是止水带，其有
较强的变形适应能力，并且能有效地防止渗漏。

止水带的种类与形式很多。铜片等金属止水带现已很少采用。塑料（聚
氯乙烯）止水带弹性较差，只能适应幅度较小的变形，预制管段中用的不多。
在管段中用得较普遍的是橡胶止水带和钢边橡胶止水带。

橡胶止水带是用生胶或含胶率大于70%的天然橡胶，或合成橡胶（如氯
丁橡胶等）制成，有平板形和带管孔两种。带管孔具有较高的柔度，能承受
较大的剪切差动变形。

钢边橡胶止水带是在橡胶止水带的两端夹一扁钢片而成（图7-13），其有
效提高了止水效果并节约了橡胶，现在国外已普遍推广。

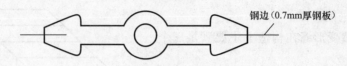

钢边（0.7mm厚钢板）

图 7-13　钢边橡胶止水带

3. 管端接头

管段沉设完毕之后，须与前面已沉设好的管段（简称既设管段）或竖井接合起来，因连接工作在水下进行，故亦称水下连接。

管段接头具有以下要求：第一是水密性，要求在施工和运营各阶段均不漏水；第二是接头应具有抵抗各种荷载作用和变形的能力；第三是接头各构件功能明确，造价适度；第四是接头施工性好，施工质量有保证，方便检修。

常用接头由 GINA 带、OMEGA 带以及水平剪切键、竖直剪切键、波形连接键、端钢壳和相应的连接件组成。其中 GINA 带和 OMEGA 带起防水作用，水平剪切键承受水平剪力，竖直剪切键承受竖直剪力及抵抗不均匀沉降，波形连接件增加接头的抗弯剪能力，端钢壳主要起连接端封门和其他部件及调整隧道纵坡的作用（图 7-14a）。

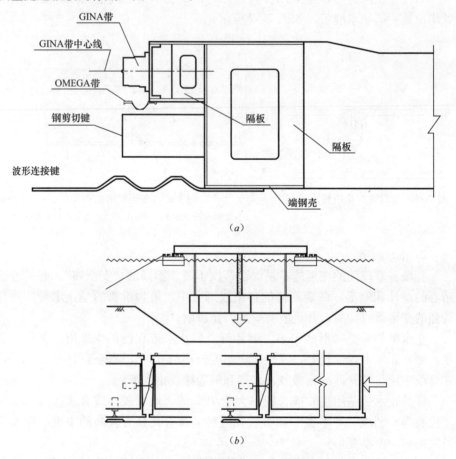

（a）

（b）

图 7-14　管段接头构造及水力压接法
（a）GINA 止水带接头构造图；（b）水下压接示意图

水下连接的方法有两种：水下混凝土连接法和水力压接法。目前使用较多的是水力压接法。

水力压接法就是利用作用在管段上的巨大水压力使安装在管段前端面（即靠近已设管段或竖井的端面）周边上的一圈胶垫发生压缩变形，从而形成水密性良好的管段间接头。在管段下沉完成后，先将新设管段拉向既设管段并紧密靠上，这时胶垫产生了第一次压缩变形，具有初步止水作用。随即将既设管段后端端封墙与新设管段前端端封墙之间的水（这时这部分水已与河水隔离）排走。排水之前，作用在新设管段前后端封墙上的水压力是相互平衡的。排水之后，作用在前端封墙上的水压力变成一个大气压，于是作用在后端封墙上的巨大水压力就将管段推向前方，使胶垫产生第二次压缩变形（图7-14b）。经二次压缩变形后的胶垫，使管段接头具有非常可靠的水密性。水力压接法具有工艺简单、施工方便、质量可靠、工料费省等优点，目前已在各国水底隧道工程中普遍采用。

4. 沉管的防水措施

沉管结构防水措施包括外防水（管段表面防水）和内防水（管段自身防水）。外防水的发展总共经历了以下几个阶段。

早期的沉管隧道采用的都是钢壳圆形、八角形或花篮形管段，其利用船厂里的设备和船台制成钢壳，待钢壳下水之后再在浮态下浇筑衬砌混凝土。在施工阶段钢壳起着外膜的作用，在使用阶段钢壳又起着防水层的作用。但钢壳防水也存在不少缺点，如耗钢量大、焊接质量不易保证、防锈问题未切实解决、钢板与混凝土之间粘结不良等。

20世纪40年代初，矩形钢筋混凝土管段开始应用于水底道路隧道，由先前利用船台制作改由用干坞进行整体浇筑。从施工需求来说，本可改用其他更省的办法来制作外模，但当时认为只有钢壳才是比较可靠的防水措施，所以最初的矩形短管仍是用四边包裹的钢壳作为外模，不但底板下边及两侧墙外边用钢板防水，连顶板上面亦用钢板防水。

20世纪50年代以后，开始改用三边包裹的钢壳作为外模，顶板上的钢板改用柔性防水层代替，这样不但节省了钢材、降低了造价，而且也更利于施工。1956年以后，又发展成只在底板处采用钢板防水，而另外三边采用柔性防水的做法。防水钢板采用拼接贴封连接，很少采用焊接，故不存在焊接质量问题。拼接缝的做法有两种：①先嵌石棉绳，再用沥青灌缝，最后在缝上封贴两层卷材（约20cm宽）；②在接缝处用合成橡胶粘结约20cm宽的钢板条贴封。

防水钢板一般4～6mm厚，比防水钢壳薄很多，且无须设置加强筋及支撑，其单位面积用钢量仅为钢壳的1/4左右。钢板的锈蚀速率一般为：海水中0.1mm/a，淡水中0.05mm/a，平均0.075mm/a。

20世纪60年代初，一些沉管隧道开始采用全部柔性防水的做法。

柔性防水层的种类亦很多，最早的是沥青油毡，20世纪50年代开始使用玻璃纤维布油毡，到20世纪60年代后期，异丁橡胶卷材开始应用于管段防

271

水中。近年来，涂料防水逐步代替施工较麻烦的卷材防水，运用得越来越广泛。

卷材防水是用胶料把多层沥青卷材或合成橡胶类卷材胶成一体，从而达到可靠的防水效果。涂料防水相比卷材防水而言，操作工艺简单，且可以直接在平整度较差的混凝土面上施工。但其延伸率不足，在管段防水中尚未普遍推广。

除外防水外，管段自身亦是一项极为重要的防水措施。管段在混凝土浇筑凝固过程中会产生大量裂纹，而导致开裂的原因有很多，采用单一的方法是不够的，必须多种方法配合使用才行。这些方法中涉及的有：混凝土配合比的构成、降低地板和侧墙之间的温差、施工期间的特殊措施等。例如：①在管段降到适当温度时再拆除模板；②在顶板新浇筑的混凝土上覆盖一层隔热性能较好的木模板以降低侧墙内外层以及侧墙与底板之间的温差；③连续浇灌以解决不同时间浇灌所导致的温差问题，但这种方法在宽大型的道路隧道管段中难以实现。

7.2.4　沉管基础

1. 地质条件与沉管基础

在工程建设中，地上建筑应根据地基地质条件选择适当的基础，否则就会产生对建筑物有害的沉降。如有流砂层，施工难度还会增加，必须采取特殊措施（如疏干等）。但在水底沉管隧道中，情况就完全不同：首先，不会产生由于土壤固结或剪切破坏所引起的沉降；其次，在沉管沉设后，作用在沟槽地面的荷载非增却减。

开槽前，作用在槽底 A-A 面（图 7-15）上的初始压力 P_0（单位 kN/m^2）为：

$$P_0 = \gamma_s(H+C)$$

式中　γ_s——土壤的浮重度，5～9kN/m^3；

H——沉管的全高（m）；

C——覆土厚度，一般为 0.5m，有特殊需要时为 1.5m。

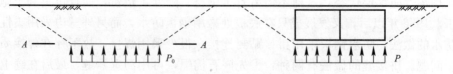

图 7-15　管段底面上的压力分布

在管段沉设、覆土回填完毕后，作用在槽底 A-A 面上的压力为：

$$P = (\gamma_t - 10)H$$

式中　γ_t——竣工后，管段的等效重度（包括覆土重量在内）（kN/m^3）。

设 $\gamma_s=7$kN/m^3，$H=8$m，$C=0.5$m，$\gamma_t=12.5$kN/m^3，则：

$$P_0 = 7 \times (8+0.5) = 59.5\text{kN/m}^2$$

$$P = (12.5-10) \times 8 = 20\text{kN/m}^2 \ll P_0$$

所以沉管隧道很少需要构筑人工基础以解决沉降问题。

此外，沉管隧道是在水下进行开挖沟槽施工的，不会产生流砂现象。遇到流砂时，不必像地上建筑或其他方法施工的水底隧道（如明挖隧道、盾构隧道等）那样采用费用较高的疏干措施。

所以，沉管隧道对各种地质条件的适应性很强，几乎没有什么复杂的地质隧道施工。正因如此，一般水底沉管隧道施工时不必像其他水底隧道施工法那样，须在施工前进行大量的水下钻探工作。

2. 沉管基础处理

沉管隧道对各种地质条件的适应性都很强，这是它的一个很重要的特点。但沉管隧道在用挖泥船开槽作业后的槽底表面十分不平整，使得槽底表面与沉管底面之间存在着很多不规则空隙。这些不规则空隙会导致地基因受力不均匀而产生局部破坏，使沉管结构受到较高的局部应力而开裂。因此在沉管隧道中必须进行基础垫平处理，以消除这些有害空隙，其处理方法主要如图 7-16 所示。

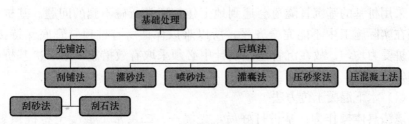

图 7-16 沉管基础处理方法

沉管隧道基础的处理方法大体可分为两类：先铺法和后填法。先铺法是在管段沉设之前，先在槽底上铺好砂、石垫层，然后将管段沉设在这垫层上，适用于底宽较小的沉管工程。后填法是在管段沉设完毕之后，再进行垫平作业，大多（除灌砂法之外）适用于底宽较大的沉管工程。各种处理方法都是为了消除基底的不均匀空隙，但由于不同方法之间"垫平"途径的差别，其效果以及费用上的出入都很大，计算时须详作比较。

3. 软弱土层中的沉管基础

如果沉管下的地基土特别软弱、容许承载力非常小，则仅作"垫平"处理是不够的。虽然这种情况比较少见，但仍应认真对待。解决的办法有：

（1）以砂置换软弱土层；

（2）打砂桩并加荷预压；

（3）减轻沉管重量；

（4）采用桩基。

方法（1）工程费用较大，且在地震时有液化危险，不适用于砂源较远的情况，如在震区内则更不安全。丹麦的帘姆菲奥特斯（Limfjords）水底道路隧道采用的就是此法，将软弱土层全部挖去，用砂回填至原土面，如图 7-17 所示；方法（2）工程费用亦较大，且不论加荷多少，要使地基土达到固结密实所需的时间都很长，对工期影响较大，从而一般不用；方法（3）能有效减少沉降，但由于沉管抗浮安全系数不大，从而减轻沉管重量的办法并不实用。

综上，只有方法（4）较为适宜。

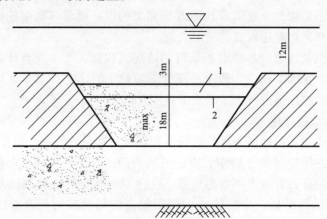

图 7-17　砂置换法

1-砂置换；2-隧道底高程

采用桩基的基沉管隧道会遇到地上建筑通常所碰不到的问题。基桩桩顶标高在实际施工中不能完全齐平，所以难以保证所有桩顶与管底保持接触，使基桩受力均匀。故在沉管基础设计中必须采取有效措施，来解决基桩受力不均匀的状况，常有以下三种方法：

（1）水下混凝土传力法

该法具体操作为：基桩打好后，先浇一、二层水下混凝土将桩顶裹住，然后在水下铺一层砂石垫层，从而使沉管荷载经砂石垫层和水下混凝土层传到桩基上去。美国的本克海特（Bankhead，1940 年建成）水底道路隧道等曾用过此法（图 7-18）。

（2）砂浆囊袋传力法

该法具体操作为：在管段底部与桩底之间，用大型化纤囊袋灌注水泥砂浆加以垫实，从而使所有基桩均能同时受力。所用囊袋不但要有较高的强度，还要有充分的透水性，以保证灌注砂浆时囊内河水能顺利地排除囊外。所用砂浆强度略

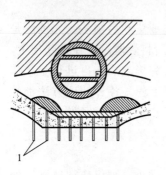

图 7-18　水下混凝土传力法

1-水下混凝土

高于地基土的抗压强度即可，但要求流动度要高。故一般常在水泥砂浆中掺入适量的半脱土砂浆，以减少工程费用。瑞典的汀斯达特水底道路隧道（Tjngstad，1968 年建成）曾用过此法（图 7-19）。

（3）活动桩顶法

该法的具体操作为：先在基桩顶端设一小段预制混凝土活动桩顶，待管段沉设完毕后，向活动桩顶与桩身之间的空腔中灌注水泥砂浆，直至活动桩顶升到与管底密贴接触为止，从而使基桩受力均匀（图 7-20）。该方法首次运用的记录，是在荷兰鹿特丹市的地下铁道河中的沉管隧道工程中。随后日本东京港第一航道水底道路隧道（1973 年建成）采用了一种钢制的活动桩顶，基桩顶部与活动桩间的空隙用软垫层垫实，而垫层厚度则按预

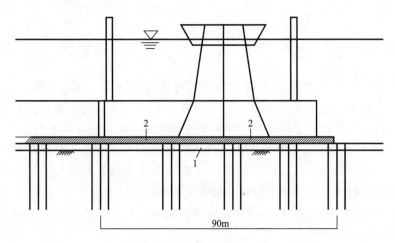

图 7-19　砂浆囊袋传力法

1-砂、石垫层；2-砂浆囊袋

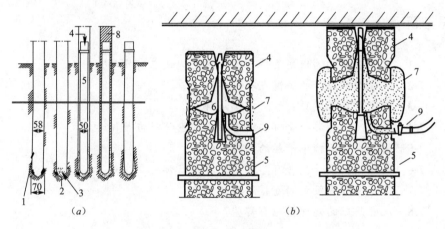

图 7-20　活动桩顶法之一

1-钢管桩；2-桩靴；3-水泥浆；4-活动桩顶；5-预制混凝土桩；

6-导向管；7-尼龙布囊；8-灌水；9-压浆管

计沉降量来决定。待管段沉设完毕之后，用砂浆将管底与活动桩间的空隙灌注填实（图 7-21）。

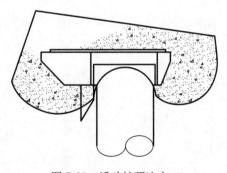

图 7-21　活动桩顶法之二

276

本章小结

1. 本章结合工程实例介绍了沉管结构的基本概念，包括类型、特点等，并在此基础上给出了沉管结构设计的内容与方法及其注意事项，其中包括沉管结构的结构设计、管段连接、防水设计以及沉管基础的处理等内容。

2. 重点介绍了沉管结构设计中的荷载类型和确定方法，计算过程中不同阶段考虑的荷载组合以及浮力验算，以及沉管结构防水材料的选择以及变形缝的布置和构造，不同地质环境中沉管基础的处理方法。

3. 简要介绍了沉管结构的类型特点、构造、施工工艺及过程，以及沉管结构设计的配筋计算。

4. 由浅入深地阐述了沉管结构的相关内容，从基本概念到结构设计再到基础处理，都需要结合工程实例以及相关规范进行理解和掌握。

思考题

7-1 沉管法结构的使用条件如何？它的优缺点有哪些？

7-2 沉管结构设计的关键点有哪些？

7-3 沉管结构管段接头方式有哪几种？

7-4 管段沉放的浮力受哪些因素影响？设计时应如何考虑？

7-5 简述沉管运输中干舷的意义。

7-6 沉管结构设计包含哪些方面？各自有哪些要求？

7-7 简述沉管管段之间连接处理的方法。

7-8 沉管基础的处理措施有哪些？

第8章
引道结构

本章知识点

主要内容：引道的特点和分类，分离式引道支挡结构，整体式引道结构设计，引道防水与排水。

基本要求：了解引道结构的类型和特点，了解引道结构的设计计算内容和方法。

重　　点：不同引道结构的适用环境以及作用原理；悬臂式引道结构的强度计算及其稳定验算；整体式引道结构的强度计算及稳定验算；引道结构的防水和排水方式。

难　　点：对于不同条件下，悬臂式引道支挡结构的内力分析及其稳定验算，需要扎实的土力学基础和力学基础，有一定的难度；对于整体式引道结构底板和侧墙的力学模型及其作用原理，需要清晰的力学概念。

8.1 概述

引道是城市道路系统中立交地道、水底隧道的峒门与地面间的连接段，也是地下铁道车辆牵出线的重要组成部分。它实质上是一种沿着纵向变深度的堑壕。在软土地区中，为了保证行车安全，减少土方工程，必须在引道两侧建造适当形式的支挡结构，如图8-1所示。其主要任务是挡土、挡水（地下水）和防洪（地面水）。

立交桥是随着我国社会经济和交通运输的增长而发展起来的，虽然当前我们更多的是关注大跨度桥梁的兴建，但也应该看到，下穿桥以其更为经济的造价同样实用的功能服务于社会。与上跨式立交桥相比，下穿桥的桥长缩短，其引道长度仅有上跨引桥长度的三分之一左右，且道路投资比上跨方案低得多，综合考虑总体路桥投资仅为上跨式立交桥的三分之一左右。同时，下穿式立交道路能节约市政道路占地，降低了拆迁和征地的费用，符合城市的长远发展利益，并且有利于控制噪声污染，与周围建筑环境的协调处理更为容易。随着城市交通的发展，下穿桥的应用前景十分宽广。因此，作为下穿桥工程重要组成部分的引道结构设计也将变得越来越重要。

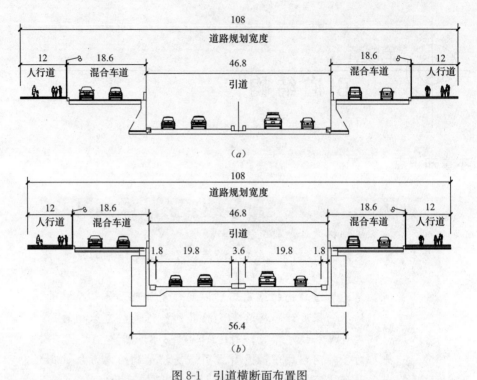

图 8-1 引道横断面布置图

（a）引道（挡土墙）段横断面布置图；（b）引道（U形槽）段横断面布置图

过去，引道建筑常被视作工程的次要从属部分，而不认真地深入研究，甚至认为引道段越短越经济。近年来，随着城市隧道建设数量的增加，对引道布置原则的认识已有不少新的发展。例如，在水底隧道中，缩短覆盖段长度，而增加引道段的长度比例已作为一种比较经济合理的技术措施之一。

8.1.1 工程应用实例

1. 工程概况

某下穿道位于道路交汇处，下穿道为双向六车道。辅道为地面道路，双向四车道，全长 520m。其中敞开段长 350m，遮光段长 40m；暗埋段长 130m。暗埋段采用整体式矩形框架钢筋混凝土结构，敞开段采用 U 形坞式钢筋混凝土结构。围护结构选用地连墙或搅拌桩重力式挡墙，地连墙、重力式挡墙施工时，围护结构仅作为基坑的临时支护，不参与使用阶段侧墙受力。本工程实例部分资料来自于设计单位上海市政工程设计研究总院（集团）有限公司。

2. 主要设计规范

（1）《混凝土结构设计规范》GB 50010—2010

（2）《公路隧道设计规范》JTG D70—2004

（3）《公路桥涵设计通用规范》JTG D60—2004

（4）《建筑结构荷载规范》GB 50009—2012

(5)《建筑抗震设计规范》GB 50011—2010

(6)《建筑桩基技术规范》JGJ 94—2008

(7)《建筑基坑支护技术规程》JGJ 120—2012

(8)《建筑地基基础设计规范》GB 50007—2011

(9)《公路钢筋混凝土及预应力混凝土桥涵设计规范》JTG D62—2004

(10)《公路桥涵地基与基础设计规范》JTG D63—2007

(11)《钢结构设计规范》GB 50017—2003

(12)《地下工程防水技术规范》GB 50108—2008

(13)《工业建筑防腐蚀设计规范》GB 50046—2008

(14)《混凝土结构耐久性设计规范》GB/T 50476—2008

(15)《城市桥梁设计规范》CJJ 11—2011

以及各种地方标准。

3. 工程地质资料

引道结构工程设计应具备以下资料：

(1)岩土工程勘察报告；

(2)建筑物总平面图、用地红线图；

(3)建筑物地下建筑结构设计资料以及桩基础或地基处理设计资料；

(4)引道环境调查报告，包括引道周边建筑物、构筑物、地下管线、地下设施及地下交通工程等的相关资料。

以上资料中，主要依据岩土工程勘察报告。岩土工程勘察报告一般包括以下四个主要部分：

(1)地基土的组成及物理力学性质；

(2)水文地质条件；

(3)抗震设防及砂土液化判别；

(4)不良地质现象及特殊岩土。

4. 技术标准

(1)设计荷载：地道顶面地面道路：公路-Ⅰ级，地道内道路（主线地道）：公路-Ⅰ级；

(2)地道结构净空高度：5.8m（5m 道路限界＋0.18～0.415m 铺装＋0.385m 照明灯具等）；

(3)地道结构净宽度 27.5m（1.0m 检修道＋0.5m 侧向余宽＋10.75m 车道宽＋0.5m 侧向余宽＋2.0m 中隔墙及侧石＋0.5m 侧向余宽＋10.75m 车道宽＋0.5m 侧向余宽＋1.0m 检修道）；

(4)本工程场地地处抗震设防烈度 7 度区，设计地震分组为第一组，设计基本地震加速度为 0.10g，特征周期为 0.35s，工程重要性系数 1.3；

(5)结构自重：钢筋混凝土 $\gamma_1＝25kN/m^3$，素混凝土 $\gamma_2＝22kN/m^3$；

(6)地面超载：不超过 20 kN/m^2；

(7)浮力：按最高地下水位的全部水浮力计。抗浮安全系数 1.05（不考虑侧壁摩阻力）；

（8）侧向水土荷载：填土及砂土层按水土分算计，其余按水土合算计；

（9）竖直水压力：$\gamma_w = 10\text{kN/m}^2$；

（10）耐久性设计环境类别：Ⅲ（Ⅲa）类。

本工程敞开段横断面设计图如图8-2所示。

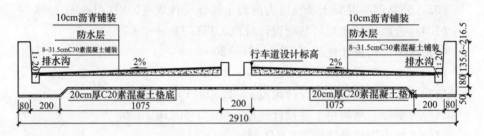

图8-2 敞开段横断面设计图（单位：cm）

5. 设计原则

（1）贯彻执行国家的技术经济政策，按技术标准要求，使结构设计安全可靠、技术先进、经济合理、方便施工。

（2）根据地道所处位置的环境条件、工程技术要求与水文地质和道路状况，经技术、经济、工期、施工方式、环境影响和使用效果综合比较选定适当的结构形式、埋置深度和施工方案。

（3）结构设计以地质勘察资料为依据，按工程不同地段的不同结构形式、施工方法、使用条件及荷载特性等选择合理的设计方法分段设计。

（4）地道净高满足建筑、通风、设备、使用以及施工工艺等要求，并考虑施工误差、结构变形和后期沉降的影响。

（5）考虑减少施工中和建成后对环境造成的不利影响。

（6）结构使用年限100年，安全等级为一级，按施工阶段和使用阶段，根据承载能力极限状态和正常使用极限状态的要求，对结构进行强度、刚度和稳定性计算，并进行裂缝开展宽度验算。结构分析模拟实际施工过程，对结构在施工阶段、使用阶段可能出现的永久荷载、可变荷载、特殊荷载按最不利荷载组合进行分析计算。

（7）裂缝宽度允许值根据结构类型、使用要求、所处环境条件等因素确定。按荷载短期效应并考虑长期效应组合的影响验算最大裂缝宽度小于0.2mm。

（8）结构抗浮按最高地下水位的全部水浮力设计，抗浮安全系数≥1.05（不考虑侧壁摩阻力）。

（9）根据周围环境条件、基坑开挖深度、支护结构功能等，确定基坑等级。

（10）根据基坑不同工程段的安全度要求，分段采用合理的支护体系。支护结构的设计按施工阶段最不利的荷载组合进行强度、变形及稳定性计算。

（11）基坑围护地下连续墙插入深度的确定，根据不同地质情况必须满足地下连续墙的抗倾覆稳定、基坑整体稳定性、坑底土体的抗隆起稳定性、抗管涌稳定性和渗流稳定性的计算要求。

（12）地道使用阶段钢筋混凝土结构根据防水抗渗的要求，进行防水抗渗设计。

（13）地道工程作为公共交通运输系统的组成部分，结构设计以满足施工、使用、规划、防火、抗震、防水、通风等各方面的内容。遵循结构坚固、耐久、受力合理、施工安全快捷、造价适当的原则。

6. 施工图设计

本工程平面布置图如图 8-3 所示，立面布置图如图 8-4 所示。

8.1.2 引道的支挡结构分类与特点

引道支挡结构的形式很多，须根据使用要求、地形、工程地质、水文地质情况和施工条件等来决定，但大体上可分为墙形（分离式引道）和槽形（整体式引道）两大类。

1. 墙形支挡结构

墙形支挡结构的种类也有很多，可简单归纳如下：按土的开挖顺序可分为两大类，第一类为先挖后筑墙，其分为重力型（半重力型）支挡结构、悬臂式或扶壁式支挡结构、加筋土型和锚定板型支挡结构三类；第二类为先筑墙后挖，其分为拉锚型支挡结构（板桩）、地下连续墙两类。地下连续墙又可分为钻孔桩壁型和槽壁型。

（1）重力型、半重力型支挡结构

重力型、半重力型支挡结构是由两侧重力式挡墙和路面部分构成分离式的引道，适用于堑壕深度不大的引道，重力式挡土墙是一种常用的挡土结构，它是依靠挡土墙本身的自重来平衡坑内外土压力差。墙身材料通常采用水泥土搅拌桩、旋喷桩（见图 8-5a）和浆砌块石（见图 8-5b），由于墙体抗拉、抗剪强度较小，因此墙身需做成厚而重的刚性墙以确保其强度及稳定性。

重力式挡土墙具有结构简单、施工方便、施工噪声低、振动小、速度快、止水效果好、造价经济等优点。缺点是宽度大，需占用地基红线内一定面积，而且墙身位移较大。重力式挡土墙主要适用于软土地区，环境要求不高，开挖深度小于或等于7m的情况。鉴于这类支挡结构在土力学和基础工程中已有阐述，这里不再重复。

（2）悬臂式或扶壁式支挡结构

悬臂式或扶壁式支挡结构是由两侧悬臂式或扶壁式挡土墙和路面部分构成分离式的引道。悬臂式挡土墙用钢筋混凝土建造，其稳定主要依靠墙踵悬臂以上的土的重量，而墙身拉应力由钢筋承担（见图 8-6）。悬臂式挡土墙的优点是能充分利用钢筋混凝土的受力性能，墙体的截面尺寸较小，可以承受较大的土压力。当墙高大于8m时，墙后填土较高，若采用悬臂式挡土墙会导致墙身过厚而不经济。通常沿墙的长度方向每隔1/3～1/2墙高设一道扶壁以保持挡土墙的整体性，增强悬臂式挡土墙中立壁的抗弯性能，这种挡土墙称为扶壁式挡土墙。

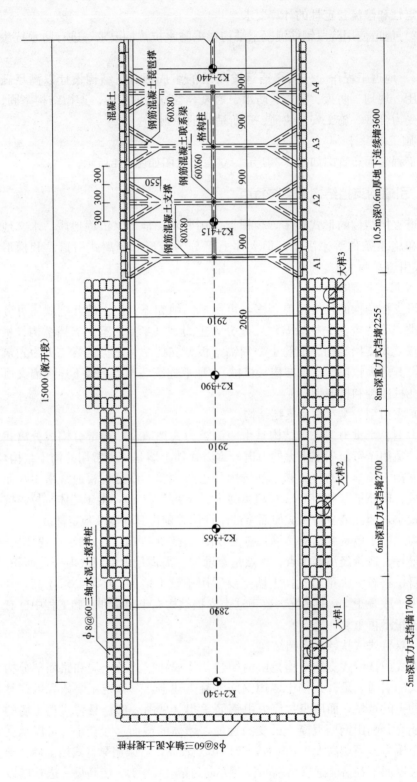

图 8-3 平面布置图

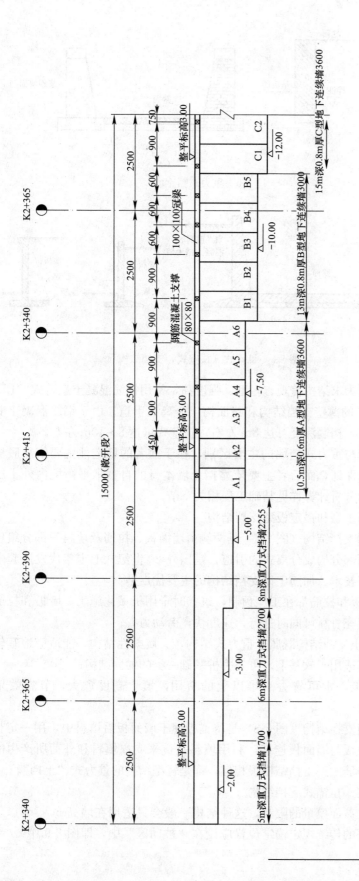

图 8-4 立面布置图

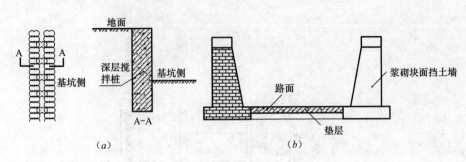

图 8-5 重力式挡土墙

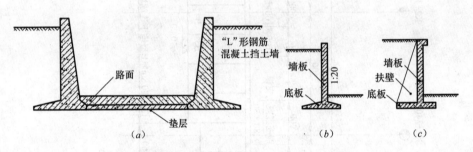

图 8-6 悬臂式（扶壁式）支挡结构

在城市里为求结构美观、轻型、强度高，常用钢筋混凝土悬臂式"L"形或"倒 T 形"的薄壁支挡结构和路面构成分离式引道。由于钢筋混凝土能承受较大的弯矩，挡墙深度可达 8m 左右，扶壁式可达 8～10m 左右。

薄壁挡墙与重力式挡墙的主要区别，在于前者的稳定性主要依靠底板上的填土重量来保证，而后者主要依靠挡土墙本身的自重来平衡坑内外土压力差。有关结构分析计算详见基础工程相关章节。

（3）加筋土型和锚定板型支挡结构

加筋土型支挡结构（图 8-7）是两侧由墙面板、拉筋及填料三部分组成的挡土墙和路面部分构成分离式的引道，是国外 20 世纪六七十年代发展起来的一种新型建筑技术。加筋土型支挡结构的主要优点是：

1）墙面板和拉筋都在工厂预制，筑壁时全用机械化施工，墙板和拉筋的铺设与分层填充骨料可同时进行，速度快，劳动力省；

2）加筋土支挡结构既属于重力式结构，又属柔性结构，能适应地基较大的变形，尤其适用于软基上，可省去桩基础一类的加固结构；

3）造价低，常可省去一半以上的费用，填土高度愈大，节省效果愈显著。

锚定板型支挡结构（图 8-8）是将锚板埋于墙面板后填料中，用一定长度的拉杆将锚定板与墙面板连接，利用填料自重来支撑填料和外荷所产生的侧压力。它与加筋土型支挡结构很相似，都是轻型结构的重力式"土挡墙"。

（4）板桩—拉锚式支挡结构

由于板桩截面模量的限制，这种结构一般会只适用在墙高 6～7m 以下的引道段。过去的传统规定锚定位置应设在"被动区"中，即图 8-9 中 *cd* 线之

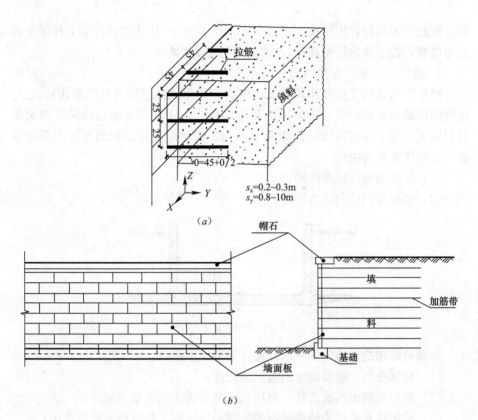

$s_x = 0.2 \sim 0.3\text{m}$
$s_y = 0.8 \sim 10\text{m}$

(a)

(b)

图 8-7 加筋土型支挡结构

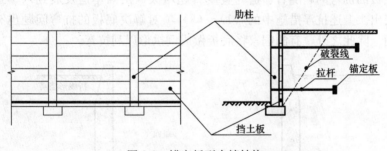

图 8-8 锚定板型支挡结构

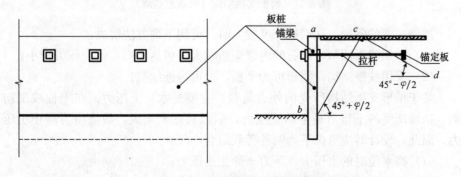

图 8-9 板桩—拉锚式支挡结构

后，按此规定拉杆长度很长，比较保守。20 世纪 60 年代以后许多工程师不再墨守成规，都把锚定位置移到 *cd* 线前面的 *bcd*"禁区"去了。

2. 槽形（U 形）支挡结构

槽形支挡结构又称整体式引道结构或者 U 形支挡结构（见图 8-10），它是由两侧挡墙与底板连成一个整体的静定结构。由于近年来引道的深度和宽度日趋增大，为了对付巨大的浮力和土压力，在槽形支挡结构的设计中必须采取一定的措施来解决：

（1）结构的整体抗浮问题；

（2）底板和挡墙的抗弯问题。

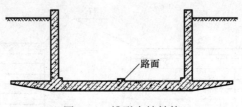

图 8-10　槽形支挡结构

为满足结构抗浮稳定的要求，通常采取以下办法：

（1）加厚底板，靠混凝土的重量来抗浮；

（2）将底板挑出挡墙之外，利用挑出部分填土的重量来抗浮；

（3）采用钻孔桩作为使用阶段的抗浮拉桩，施工阶段则起承压作用；

（4）采用折线形挡墙（见图 8-11）；

底板的抗弯问题随着引道的宽度日趋增大（由四车道发展到八车道）而特别突出。上述抗浮措施中的（1）～（3）项对解决底板的抗弯问题也有直接的效用。除此之外，有的国家将底板做成倒拱形以利抗弯。

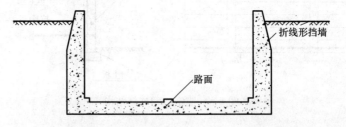

图 8-11　槽形支挡结构（折线形挡墙）

挡墙抗弯的问题，在引道深度较大时，可用下列方法解决：

（1）采用碎石回填，碎石的内摩擦角较大（可达 45°），侧向压力较小；

（2）采用扶壁结构，挡板可为平板，也可为连续拱。

关于槽形支挡结构所受的外力荷载，主要是水、土压力。在工程竣工初期，挡墙所受的土压力是主动土压力，但以后逐渐增大，最终将为静止土压力。因此，设计时应考虑下列两种荷载组合：

（1）高水位时的水压力、浮力＋静止土压力；

（2）低水位时的水压力、浮力＋主动土压力。

8.1.3 引道结构的沉降缝及伸缩缝

由于墙后水、土压力和地基压缩性沿墙长度方向的变化，会引起墙基的不均匀沉陷，必须每隔一定长度设置沉降缝以消除沉降对结构的影响；为了避免墙体因收缩和变温影响而引起裂缝，也必须每隔一定距离设置伸缩缝。在实践中，往往将这两者结合在一起设置。一般块石、片石挡墙隔 10～20m 设一道通缝，钢筋混凝土挡墙可隔 15～25m 设一道通缝。

8.2 悬臂式引道支挡结构

悬臂式引道支挡结构常采用钢筋混凝土排桩、木板桩、钢板桩、钢筋混凝土桩、地下连续墙等形式。悬臂式引道支挡结构依靠足够的入土深度和结构的抗弯刚度来挡土和控制墙后土体及结构的变形。悬臂式引道支挡结构对开挖深度十分敏感，容易产生大的变形，有可能对相邻建筑物产生不良的影响。这种结构适用于土质较好、开挖深度较小的路段。

引道支挡结构设计应从稳定、强度和变形等三个方面满足设计要求：

（1）稳定：引道支挡结构周围土体的稳定性，即不发生土体的滑动破坏，因渗流造成流砂、流土、管涌以及引道支挡结构体系的失稳。

（2）强度：支挡结构，包括支撑体系或锚杆结构的强度应满足构件强度和稳定设计的要求。

（3）变形：因引道开挖造成的地层移动及地下水位变化引起的地面变形，不得超过引道周围建筑物、地下设施的变形允许值，不得影响地下建筑结构的施工。

8.2.1 悬臂式引道支挡结构计算简图

悬臂式引道支挡结构的作用效应主要包括下列各项：

（1）土压力；

（2）静水压力、渗流压力；

（3）引道开挖影响范围以内的建、构筑物荷载、地面超载、施工荷载及邻近场地施工的影响；

（4）作为永久结构使用时建筑物的相关荷载作用；

（5）基坑周边主干道交通运输产生的荷载作用。

上述荷载中最重要的是土压力和水压力，其计算方法有"水土分算法"和"水土合算法"两种。根据土的有效应力原理，理论上对各种土均采用水土分算方法计算土压力更合理，但实际工程应用时，黏性土的孔隙水压力计算问题难以解决，因此对黏性土采用总应力法更为实用，可以通过将土与水作为一体的总应力强度指标反映孔隙水压力的作用。砂土采用水土分算计算土压力是可以做到的，因此对砂土采用水土分算方法。另外，《建筑基坑支护技术规程》JGJ 120-2012 规定对地下水位以下的黏性土、黏质粉土用水土合算，对地下水位以下的砂质粉土、砂土和碎石土用水土分算。

悬臂式支挡结构可取某一单元体（如单根桩或单位长度）进行内力分析及配筋或强度计算，此处不再重复。悬臂式支挡结构上部悬臂挡土，下部嵌入坑底下一定深度作为固定。宏观上看像是一端固定的悬臂梁，实际上二者有根本的不同之处。首先是确定不出固定端位置，因为杆件在两侧高低差土体作用下，每个截面均发生水平向位移和转角变形。其次，嵌入坑底以下部分的作用力分布很复杂，难以确定。因而期望以悬臂梁为基本结构体系，考虑杆件和土体的变形一致为条件来进行解题将是非常复杂的。现行的计算方法均采用对构件在整体失稳时的两侧荷载分布作一些假设，然后简化为静定的平衡问题来进行解题。

一般情况下，悬臂式支挡结构主动土压力、被动土压力可采用库仑或朗肯土压力理论计算。当对支护结构水平位移有严格限制时，应采用静止土压力计算。库仑土压理论和朗肯土压理论是工程中常用的两种经典土压理论，无论用库仑或朗肯理论计算土压力，由于其理论的假设与实际工作情况有一定的出入，只能看作是近似的方法，与实测数据有一定差异。一些试验结果

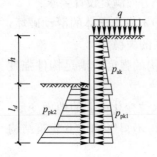

图 8-12 悬臂式支挡结构
受力简图

证明，库仑土压力理论在计算主动土压力时，与实际较为接近。在计算被动土压力时，其计算结果与实际相比，往往偏大。对于柔性悬臂式支挡结构，作用在支挡结构上的土压力及其分布规律取决于支护体的刚度及侧向位移条件。

根据实测结果，悬臂式支挡结构在土体作用下的受力简图如图 8-12 所示。

上图中，h 表为挡土高度，l_d 表示嵌入深度，其取值由下节讨论。作用在支挡结构上的主动土压力强度标准值（p_{ak}）可按下式确定：

（1）对于地下水位以上或水土合算的土层

$$p_{ak} = \sigma_{ak} K_{a,i} - 2c_i \sqrt{K_{a,i}} \tag{8-1}$$

$$K_{a,i} = \tan^2\left(45° - \frac{\varphi_i}{2}\right) \tag{8-2}$$

$$p_{pk} = \sigma_{pk} K_{p,i} + 2c_i \sqrt{K_{p,i}} \tag{8-3}$$

$$K_{p,i} = \tan^2\left(45° + \frac{\varphi_i}{2}\right) \tag{8-4}$$

式中　p_{ak}——支挡结构外侧，第 i 层土中计算点的主动土压力强度标准值（kPa）；当 $p_{ak} < 0$ 时，应取 $p_{ak} = 0$；

p_{pk}——支挡结构内侧，第 i 层土中计算点的被动土压力强度标准值（kPa）；

$K_{a,i}$、$K_{p,i}$——分别为第 i 层土的主动土压力系数、被动土压力系数；

c_i、φ_i——第 i 层土的黏聚力（kPa）、内摩擦角（°）；

σ_{ak}、σ_{pk}——分别为支挡结构外侧、内侧计算点的土中竖向应力标准值

（kPa），按下式计算：

$$\sigma_{ak} = \sigma_{ac} + q \qquad (8-5)$$

$$\sigma_{pk} = \sigma_{pc} \qquad (8-6)$$

σ_{ac}——支挡结构外侧计算点，由土的自重产生的竖向总应力（kPa）；

σ_{pc}——支挡结构内侧计算点，由土的自重产生的竖向总应力（kPa）；

q——支挡结构外侧附加荷载作用下计算点的土中附加竖向应力标准值（kPa）。

（2）对于水土分算的土层

$$p_{ak} = (\sigma_{ak} - u_a)K_{a,i} - 2c_i\sqrt{K_{a,i}} + u_a \qquad (8-7)$$

$$p_{pk} = (\sigma_{pk} - u_p)K_{p,i} + 2c_i\sqrt{K_{p,i}} + u_p \qquad (8-8)$$

式中　u_a、u_p——分别为支挡结构外侧、内侧计算点的水压力（kPa），按下式计算，

$$u_a = \gamma_w h_{wa} \qquad (8-9)$$

$$u_p = \gamma_w h_{wp} \qquad (8-10)$$

γ_w——地下水的重度（kN/m³），取 $\gamma_w = 10$kN/m³；

h_{wa}——支挡结构外侧地下水位至主动土压力强度计算点的垂直距离（m），对承压水，地下水位取测压管水位；当有多个含水层时，应以计算点所在含水层的地下水位为准；

h_{wp}——支挡结构内侧地下水位至被动土压力强度计算点的垂直距离（m），对承压水，地下水位取测压管水位。

当采用悬挂式截水帷幕时，应考虑地下水沿支护结构向基坑面的渗流对水压力的影响。采用悬挂式截水帷幕并插入引道下部相对不透水层时，引道内外的水压力，可按静水压力计算。

可看出，被动土压力除了在开挖侧出现，在非开挖侧的底部也会出现，也就是说它产生在主动土压力区内。这个简图只是一种定性描述，对于静定平衡问题，平行力系只能解两个未知数，要进行定量计算还须进一步假设，下面分两种情况进行分述：

悬臂式支挡结构宜采用平面杆系结构弹性支点法进行结构分析。

（1）支挡结构内外两侧作用的土质均匀，荷载图形有一定的规律性

可采用解析法，推导出一定的数学公式，便于应用。对于可进行推导的简图。这里给出图8-13所示的三种情况。

图8-13（a）适用于砂性土，假设 $C=0$，在杆下端右侧的被动土压力假设呈三角形分布。

图8-13（b）适用于砂性土，假设 $C=0$，但是杆下端右侧的被动土压力假设为一集中力 P_R 而作用在杆端处。

图8-13（c）与图8-13（b）的区别在于适用于黏性土，即 $C \neq 0$。

（2）悬臂式支挡结构处于不同的土层或有地下水作用

当悬臂式支挡桩全长范围内作用在不同的土层或者有地下水作用时，问题的解答很难用公式表达，只能采用试算的方法，因而计算简图应尽量的简

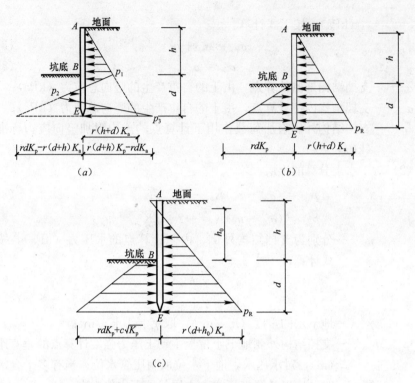

图 8-13 均质土层中桩身受力简图

(a) $(C=0)$；(b) $(C=0)$；(c) $(C\neq0)$

化，如图 8-14 (a) 所示。

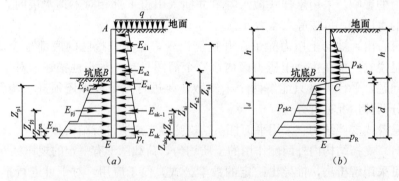

图 8-14 非匀质土层中桩身计算简图

可以把 BE 段的被动土压反力简化为一集中力而作用在杆件底端。这样未知数只有两个，即反力 P_R 和埋置深度 d，可作为静定平衡问题求解。

8.2.2 悬臂式引道支挡结构内力分析

1. 确定计算参数及计算简图

首先应根据地质勘探情况，确定各土层的力学指标参数 c、φ 值以及重度。根据地下水位和水量情况及各土层渗水的性能，确定堵水或降水、排水方案，以便确定水压力分布。此外，还要确定施工过程和原地已有的地面堆载。也可考虑在地面处自然放坡至一定深度，以便降低支挡高度。根据土层情况确定计算简图，采用图 8-14 所示的计算模型。

2. 确定嵌入深度

通过稳定分析确定嵌入深度是悬臂式支挡结构计算最重要的内容。整体稳定分析主要体现为确定杆件嵌入坑底的最小深度。只有当嵌入坑底部分大于这个长度时杆件才能保持平衡，处于稳定状态，否则杆件将产生旋转。计算这个稳定和不稳定的交界点，即嵌入临界深度，可用下列方法：当杆件全长有不同土层或有地下水作用时，根据上节所述，应采用图 8-14 所示计算简图。

先假设嵌入深度 d，然后分层计算主动土压力和被动土压力。

计算的原则为所有外力均对 E 点取矩，被动土压力产生的力矩须大于主动土压力产生的力矩，即应满足下式：

$$\sum_{i=1}^{n} E_{ai} Z_{ai} \leqslant \sum_{j=1}^{m} E_{pj} Z_{pj} \tag{8-11}$$

式中　E_{ai}——主动土压力区第 i 层土压力之和；

　　　Z_{ai}——主动土压力区第 i 层压力重心至取矩点（E）的距离；

　　　E_{pj}——被动土压力区第 j 层作用力合力值；

　　　Z_{pj}——被动土压力区第 j 层合力作用点至 E 点距离。

当 d 满足式（8-11）的等号要求时，这个所假设的埋深 d 值是临界状态。实际上应考虑安全储备的要求。规范引入嵌固稳定安全系数 K_{em}，使

$K_{em} \sum_{i=1}^{n} E_{ai} Z_{ai} \leqslant \sum_{j=1}^{m} E_{pj} Z_{pj}$，安全等级为一级、二级、三级的悬臂式支挡结构，$K_{em}$ 分别不应小于 1.25、1.2、1.15。

现行的计算均将图 8-14（b）中的 x 值视为有效的嵌入深度：其中 C 点为主动土压力与被动土压力相等的点，即从 C 点以下才有被动土压力，以上则均为主动土压力。这样实际埋深 t 值可按下式计算：

$$t = e + 1.2x = e + 1.2(d - e) \tag{8-12}$$

根据 $\sum X = 0$ 的平衡条件即可求出桩端的集中反力 P_R。

当土的性质单一或可化为均质土的情形，如图 8-13（a）、（b）和（c），可用解析法确定嵌入深度。

（1）图 8-13（a）情形

由 $\sum X = 0$，可求得：

$$\left(\frac{d}{h}\right)^{4} + \frac{K_p - 3K_a}{K_p - K_a}\left(\frac{d}{h}\right)^{3} - K_a \frac{7K_p - 3K_a}{(K_p - K_a)^2}\left(\frac{d}{h}\right)^{2}$$
$$- K_a \frac{5K_p - K_a}{(K_p - K_a)^2}\left(\frac{d}{h}\right) - \frac{K_a K_p}{(K_p - K_a)^2} = 0 \tag{8-13}$$

由上式求出 d/h 后，即可求得埋深 d 值，实际埋深应为：

$$t = e + 1.2(d - e) \tag{8-14}$$

（2）图 8-13（b）情形

令单元体上所有外力对 E 点取矩，且力矩总和等于零。即

$$\gamma d^3 K_p - \gamma(h+d)^3 K_a = 0 \tag{8-15}$$

可求得

$$d = \frac{h}{\sqrt[3]{\dfrac{K_p}{K_a}} - 1} \tag{8-16}$$

（3）图 8-13（c）情形

作用在单元体上端有部分出现拉应力状态，对单元体是有利的。为偏安全计，这部分荷载有时略去不计，即取有效高度 h_0。令单元体上所有外力对 E 点取矩，且力矩总和等于零。即

$$\gamma d^3 K_p + c \sqrt{K_p} d^2 - \gamma(h_0+d)^3 K_a = 0 \tag{8-17}$$

$$\gamma(K_p - K_a)d^3 + (6c \sqrt{K_p} - 3\gamma K_a h_0)d^2 - 3\gamma K_a h_0 d = \gamma K_a h_0^3 \tag{8-18}$$

式中

$$h_0 = h - \frac{2c}{\gamma \sqrt{K_a}}$$

《建筑基坑支护技术规程》JGJ 120—2012 规定：对悬臂式结构，尚不宜小于 $0.8h$，h 为计算工况下的引道开挖深度。

3. 内力计算或强度计算

（1）当土层为非均质土层时

当土层为非均质土层时，悬臂桩在剪力等于零以上部分所承受的土压力，如图 8-15 所示。首先由剪力等于零的条件确定最大弯矩所在截面位置，即

$$\sum_{i=1}^{n} E_{ai} - \sum_{j=1}^{k} E_{pj} = 0 \tag{8-19}$$

式中　n、k ——剪力 $Q=0$ 以上主动压力区和被动压力区的不同土层层数；

$\qquad E_{ai}$ ——剪力 $Q=0$ 以上各层土的主动土压力；

$\qquad E_{pj}$ ——坑底至 $Q=0$ 之间各层土的被动土压力。

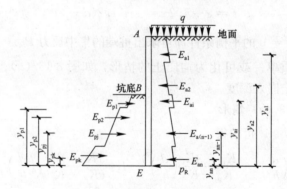

图 8-15　非匀质土层中桩身土压力简图

用试算法求得剪力为零的截面位置后，支护桩的最大弯矩值 M_{max}，可由下式求得：

$$M_{max} = \sum_{i=1}^{n} E_{ai}y_{ai} - \sum_{j=1}^{k} E_{pj}y_{pj} \tag{8-20}$$

式中 y_{ai}——剪力 $Q=0$ 以上各层土主动土压力作用点至剪力为零处的距离;

y_{pj}——基坑底至 $Q=0$ 之间各层土被动土压力作用点至剪力为零处的距离。

(2) 当土层为均质土层时

1) 图 8-13 (a)、(b) 的情形

当土层为均质土层时,且忽略黏聚力 c 及其他附加荷载的作用。图 8-13 (a)、(b) 情形的桩身最大弯矩 M_{max} 求解简图可统一归并为如图 8-16 所示。

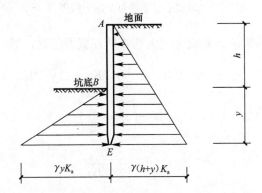

图 8-16 匀质土层中桩身土压力简图 ($c=0$)

首先由剪力为零的条件确定最大弯矩所在截面位置,即

$$\frac{1}{2}\gamma(h+y)^2 K_a = \frac{1}{2}\gamma y^2 K_p \tag{8-21}$$

式中 $K_a = \tan^2\left(45° - \dfrac{\varphi}{2}\right)$;

$K_p = \tan^2\left(45° + \dfrac{\varphi}{2}\right)$。

设 $\xi = K_p/K_a$,由式 (8-21) 可求出桩身最大弯矩截面位置:

$$y = h/(\sqrt{\xi} - 1) \tag{8-22}$$

支护桩的最大弯矩值 M_{max} 可由下式求出:

$$M_{max} = \frac{h+y}{3} \cdot \frac{(h+y)^2}{2} \cdot \gamma \cdot K_a - \frac{y}{3} \cdot \frac{y^2}{2} \cdot \gamma \cdot K_p$$

$$= \frac{\gamma}{6}[(h+y)^3 K_a - y^3 \cdot K_p] \tag{8-23}$$

把式 (8-22) 代入式 (8-23),整理得:

$$M_{max} = \frac{\gamma h^3 K_a}{6} \times \frac{\xi}{(\sqrt{\xi}-1)^2} \tag{8-24}$$

2) 图 8-13 (c) 情形

当地下土层为均质土层,并考虑黏聚力 c 时,悬臂桩所承受的土压力如图 8-17 所示。

293

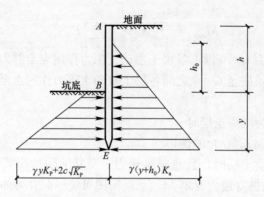

图 8-17　匀质土层中桩身土压力简图（$c \neq 0$）

首先由剪力为零的条件确定最大弯矩所在截面位置，即

$$\frac{1}{2}\gamma(h_0+y)^2 K_a = \frac{1}{2}\gamma y^2 K_p + 2cy\sqrt{K_p} \tag{8-25}$$

式中　$K_a=\tan^2\left(45°-\dfrac{\varphi}{2}\right)$；　$K_p=\tan^2\left(45°+\dfrac{\varphi}{2}\right)$

$$h_0 = h - \frac{2c}{\gamma\sqrt{K_a}}$$

即

$$\frac{1}{2}\gamma(K_p-K_a)y^2 + (2c\sqrt{K_p}-K_a\gamma h_0)y - \frac{1}{2}\gamma h_0^2 K_a = 0 \tag{8-26}$$

由式（8-26）可求出桩身弯矩最大截面位置 y 为：

$$y = \frac{-B+\sqrt{B^2-4AC}}{2A} \tag{8-27}$$

式中　$A=\dfrac{1}{2}\gamma(K_p-K_a)$；　$B=2c\sqrt{K_p}-K_a\gamma h_0$；　$C=-\dfrac{1}{2}\gamma h_0^2 K_a$。

支护桩的最大弯矩值 M_{max} 可由下式求得：

$$M_{max} = \frac{h_0+y}{3}\cdot\frac{(h_0+y)^2}{2}\cdot\gamma\cdot K_a - \frac{y}{3}\cdot\frac{y^2}{2}\cdot\gamma\cdot K_p - \frac{1}{2}y^2\cdot 2c\sqrt{K_p}$$

$$\tag{8-28}$$

式（8-21）～式（8-28）中　　h——支护高度；

　　　　　　　　　　　　　　y——基坑底至剪力为 0 点处的距离。

4. 位移计算

悬臂式支挡结构可视为弹性嵌固于土体中的悬臂结构，其顶端的位移计算是一个比较复杂的问题。对于悬臂式引道支挡结构，宜采用平面杆系结构弹性支点法进行结构分析（计算简图如图 8-18 所示）。

虽然荷载均为已知，但由于定不出边界值，要计算位移仍然是不定的。因而位移计算采取如下假设：设在引道底部附近选一基点 O，顶端的位移值由两部分组成：上段结构——O 点以上部分当作悬臂梁计算，下段结构——

$$M_{\max} = \sum_{i=1}^{n} E_{ai}y_{ai} - \sum_{j=1}^{k} E_{pj}y_{pj} \qquad (8-20)$$

式中　　y_{ai}——剪力 $Q=0$ 以上各层土主动土压力作用点至剪力为零处的距离；

y_{pj}——基坑底至 $Q=0$ 之间各层土被动土压力作用点至剪力为零处的距离。

（2）当土层为均质土层时

1）图 8-13（a）、（b）的情形

当土层为均质土层时，且忽略黏聚力 c 及其他附加荷载的作用。图 8-13（a）、（b）情形的桩身最大弯矩 $M_{\max}$ 求解简图可统一归并为如图 8-16 所示。

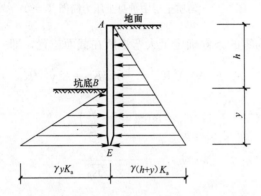

图 8-16　匀质土层中桩身土压力简图（$c=0$）

首先由剪力为零的条件确定最大弯矩所在截面位置，即

$$\frac{1}{2}\gamma(h+y)^2 K_a = \frac{1}{2}\gamma y^2 K_p \qquad (8-21)$$

式中　　$K_a = \tan^2\left(45°-\dfrac{\varphi}{2}\right)$；

$K_p = \tan^2\left(45°+\dfrac{\varphi}{2}\right)$。

设 $\xi = K_p/K_a$，由式（8-21）可求出桩身最大弯矩截面位置：

$$y = h/(\sqrt{\xi}-1) \qquad (8-22)$$

支护桩的最大弯矩值 $M_{\max}$ 可由下式求出：

$$M_{\max} = \frac{h+y}{3} \cdot \frac{(h+y)^2}{2} \cdot \gamma \cdot K_a - \frac{y}{3} \cdot \frac{y^2}{2} \cdot \gamma \cdot K_p$$

$$= \frac{\gamma}{6}\left[(h+y)^3 K_a - y^3 \cdot K_p\right] \qquad (8-23)$$

把式（8-22）代入式（8-23），整理得：

$$M_{\max} = \frac{\gamma h^3 K_a}{6} \times \frac{\xi}{(\sqrt{\xi}-1)^2} \qquad (8-24)$$

2）图 8-13（c）情形

当地下土层为均质土层，并考虑黏聚力 c 时，悬臂桩所承受的土压力如图 8-17 所示。

293

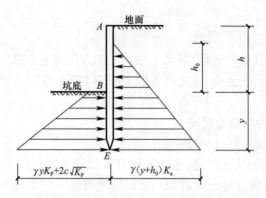

图 8-17　匀质土层中桩身土压力简图（$c \neq 0$）

首先由剪力为零的条件确定最大弯矩所在截面位置，即

$$\frac{1}{2}\gamma(h_0 + y)^2 K_a = \frac{1}{2}\gamma y^2 K_p + 2cy\sqrt{K_p} \qquad (8\text{-}25)$$

式中　$K_a = \tan^2\left(45° - \dfrac{\varphi}{2}\right)$；$K_p = \tan^2\left(45° + \dfrac{\varphi}{2}\right)$

$$h_0 = h - \frac{2c}{\gamma\sqrt{K_a}}$$

即

$$\frac{1}{2}\gamma(K_p - K_a)y^2 + (2c\sqrt{K_p} - K_a\gamma h_0)y - \frac{1}{2}\gamma h_0^2 K_a = 0 \qquad (8\text{-}26)$$

由式（8-26）可求出桩身弯矩最大截面位置 y 为：

$$y = \frac{-B + \sqrt{B^2 - 4AC}}{2A} \qquad (8\text{-}27)$$

式中　$A = \dfrac{1}{2}\gamma(K_p - K_a)$；$B = 2c\sqrt{K_p} - K_a\gamma h_0$；$C = -\dfrac{1}{2}\gamma h_0^2 K_a$。

支护桩的最大弯矩值 M_{max} 可由下式求得：

$$M_{max} = \frac{h_0 + y}{3} \cdot \frac{(h_0 + y)^2}{2} \cdot \gamma \cdot K_a - \frac{y}{3} \cdot \frac{y^2}{2} \cdot \gamma \cdot K_p - \frac{1}{2}y^2 \cdot 2c\sqrt{K_p}$$

$$(8\text{-}28)$$

式（8-21）～式（8-28）中　h——支护高度；

y——基坑底至剪力为 0 点处的距离。

4. 位移计算

悬臂式支挡结构可视为弹性嵌固于土体中的悬臂结构，其顶端的位移计算是一个比较复杂的问题。对于悬臂式引道支挡结构，宜采用平面杆系结构弹性支点法进行结构分析（计算简图如图 8-18 所示）。

虽然荷载均为已知，但由于定不出边界值，要计算位移仍然是不定的。因而位移计算采取如下假设：设在引道底部附近选一基点 O，顶端的位移值由两部分组成：上段结构——O 点以上部分当作悬臂梁计算，下段结构——

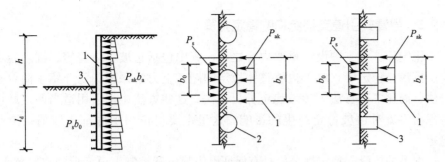

图 8-18 位移计算简图

(a) 圆形截面排桩计算宽度;(b) 矩形或工字形截面排桩计算

1-排桩对称中心线;2-圆形桩;3-矩形或工字形桩

按弹性地基梁计算。具体表达式如下:

$$s = \delta + \Delta + \theta y \tag{8-29}$$

式中　s——支挡桩顶端的总位移值;

　　　y——O 点以上长度;

　　　δ——按悬臂梁计算(固定端设在 O 点)顶端的位移值;

　　　Δ——O 点处桩的水平位移;

　　　θ——O 点处桩的转角。

s、y、δ、Δ、θ 如图 8-19~图 8-21 所示。O 点一般选取在坑底。

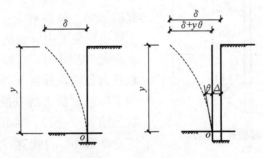

图 8-19 桩身变形图

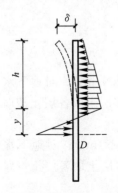

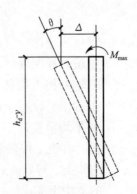

图 8-20 上段结构柔性变形值 δ　　　图 8-21 下段结构在 M_{max} 作用下的 θ 和 Δ

8.2.3 悬臂式引道支挡结构的稳定验算

稳定计算是支护设计重要内容之一，其中包括边坡整体稳定、抗隆起稳定、抗渗流稳定等。对于边坡整体稳定问题，土力学课程中已介绍了简单条分法、简化毕肖普法等边坡稳定分析方法。这些方法中，采用适当假定即可考虑由渗流对边坡稳定产生的影响。这里主要讨论引道底部土体的抗隆起稳定。

引道的抗隆起稳定性分析具有保证引道稳定和控制引道变形的重要意义。为此应对其进行重点研究，引道抗隆起安全系数应考虑设定上下限值，对适用不同地质条件的现有不同抗隆起稳定性计算公式，应按工程经验规定保证引道稳定的最低安全系数，而要满足不同环境条件下引道变形控制要求，则应根据坑侧地面沉降与一定计算公式所得的抗隆起安全系数的相关性，定出引道变形控制要求下的抗隆起安全系数的上限值，与引道支护挡墙水平位移的验算共同成为引道变形控制的充分条件。

引道抗隆起稳定的理论验算方法很多，这里介绍其中一种抗隆起稳定计算方法。

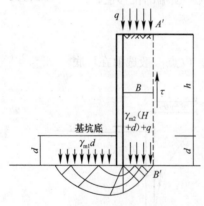

图 8-22 抗隆起验算示意图

在许多验算抗隆起安全系数的公式中，验算抗隆起安全系数时，仅仅给出了纯黏性土（$\varphi = 0$）或纯砂性土（$c = 0$）的公式，很少同时考虑土体 c、φ 对抗隆起的影响。显然对于一般的黏性土，在土体抗剪强度中应包括 c、φ 的因素。因此在此参照 Prandtl 和 Terzaghi 的地基承载力公式，并将支挡桩底面的平面作为求极限承载力的基准面，其滑动线形状如图 8-22 所示。采用下式进行抗隆起安全系数 K_{he} 的验算，以求得地下墙的入土深度：

$$K_{he} = \frac{\gamma_{m2} d N_q + c N_c}{\gamma_{m1}(h + d) + q} \tag{8-30}$$

式中　　d——墙体入土深度（m）；

h——基坑开挖深度（m）；

γ_{m1}——基坑外挡土构件底面以上土的重度（kN/m³）；对地下水位以下的砂土、碎石土、粉土取浮重度；对多层土取各层土按厚度加权的平均重度；

γ_{m2}——基坑内挡土构件底面以上土的重度（kN/m³）；对地下水位以下的砂土、碎石土、粉土取浮重度；对多层土取各层土按厚度加权的平均重度；

q——地面超载（kPa）；

N_c、N_q——地基承载力系数；

   c、φ——挡土构件底面以下土的黏聚力（kPa）、内摩擦角（°）。

采用 Prandtl 公式计算时，N_c、N_q 分别为：

$$N_q = \tan^2(45° + \varphi/2)e^{\pi\tan\varphi}, \quad N_c = (N_q - 1)/\tan\varphi \tag{8-31}$$

采用 Terzaghi 公式计算时，N_c、N_q 分别为：

$$N_q = \frac{1}{2}\left[\frac{e^{\left(\frac{3}{4}\pi - \frac{\varphi}{2}\right)\tan\varphi}}{\cos(45° + \varphi/2)}\right]^2, \quad N_c = (N_q - 1)/\tan\varphi \tag{8-32}$$

用该法验算抗隆起安全系数时，由于没有考虑图 8-22 中 $A'B'$ 面上土的抗剪强度对抗隆起的作用，故安全系数 K_{he} 可取得低一些，当采用式（8-30）、式（8-31）时，要求 $K_{he} \geqslant 1.10 \sim 1.20$；当采用式（8-30）、式（8-32）时，要求 $K_{he} \geqslant 1.15 \sim 1.25$。本法基本上可适用于各类土质条件。

虽然该验算方法将墙底面作为求极限承载力的基准面带有一定的近似性，但对于地下连续墙在基坑开挖时作为临时挡土结构物来说是安全可用的，在地下建筑结构物的底板、顶板等结构建成后，就不必再考虑隆起问题了。

除了考虑引道抗隆起稳定以外，还应考虑土体内的孔隙水压力变化对引道稳定性的影响。引道开挖时，土体处于卸载状态，土体内会产生负的孔隙水压力。假设开挖过程是瞬间完成的，则土的抗剪强度仍保持开挖前的水平。随着时间的延续，负孔隙水压力将逐渐消散，对应的有效应力逐渐降低，土的抗剪强度逐渐降低。所以开挖引道后应尽量在最短的时间内铺设垫层和浇筑底板。引道竣工时的稳定性优于它的长期稳定性，稳定安全度会随时间延长而降低，还应考虑引道的长期稳定性问题。

8.2.4 其他要求

引道支挡结构的正截面受弯承载力、斜截面受剪承载力应按现行国家标准《混凝土结构设计规范》GB 50010 的有关规定进行计算，但其弯矩、剪力设计值应依据《建筑基坑支护技术规程》JGJ 120—2012 按下式确定：

弯矩设计值 M

$$M = \gamma_0 \gamma_F M_k \tag{8-33}$$

剪力设计值 V

$$V = \gamma_0 \gamma_F V_k \tag{8-34}$$

式中 M_k——按作用标准组合计算的弯矩值（kN·m）；

   V_k——按作用标准组合计算的剪力值（kN）；

   γ_0——结构重要性系数；

   γ_F——作用基本组合的综合分项系数。支护结构构件按承载能力极限状态设计时，作用基本组合的综合分项系数 γ_F 不应小于 1.25。对安全等级为一级、二级、三级的支护结构，其结构重要性系数（γ_0）分别不应小于 1.1、1.0、0.9。

引道支挡结构的混凝土设计强度等级宜取 C30～C40。当其用于截水时，墙体混凝土抗渗等级不宜小于 P6，槽段接头应满足截水要求，墙体混凝土抗

297

渗等级应满足现行国家标准《地下工程防水技术规范》GB 50108 及其他相关规范的要求。

8.3 整体式引道支挡结构

整体式引道支挡结构是一种新型的支挡结构，既经济又美观，它既可应用于多车道分离、具有一定落差的立交引道路基工程中，也可应用于机、非混合车道引道路基工程中，是比较理想的下穿立交引道挡护工程，其应用具有以下几个优点：

（1）便于设计施工。设计有成熟的朗肯理论计算土压力和悬臂式挡墙的验算模式，不需滑动、倾覆稳定验算，省略了过多繁杂的计算过程，在计算机应用程序的协助下，非常方便。施工单位有成熟的钢筋混凝土结构的施工经验和成套的施工机械设备，有利于配套施工。

（2）便于施工管理。挡墙基坑开挖与路基拉槽同步进行，便于机械施工操作和材料集中堆放管理，保持工地整洁有序，排水设施、防撞设施和墙体结构同步流水线作业浇筑，有利于加快施工进度和养护工作。

（3）经济可靠。下穿引道路基挡护高度一般不高，地势平缓或低洼，地下水位较高，地基承载力相对较低，如采用片石圬工挡护，须加强地基处理和加大防护措施，造价相对较高，而槽式挡墙不需过多的地基处理，使用材料价格相对不高，特别对石料远运的地区，显得更为经济实惠。

（4）防渗效果好。挡墙双侧立壁与底板形成整体结构，密封性能和整体性能好，在地下水丰富地段，是隔离地表水下渗和地下水上渗的有效支挡结构，墙体受地下水和两侧土压力的影响小，不易变形破坏，能使路面积水有效地排出，减缓地面水和地下水对路面结构的双重影响。

（5）延缓路面寿命。挡墙底板可作为路面结构下的刚性地基，有利于增强路面结构的抗应变强度和抗弯刚度，能将路面传来的荷载应力较均匀地、快速地扩散传递到较大的地基范围内，有效地降低路面的不均匀沉降和层间滑移破坏。

（6）美化环境。槽式墙体是钢筋混凝土结构体，表面平整，便于广告装饰美化，排水设施、防撞（栏）设施、墙体及车流呈线形景观，给行人、游人及司乘人员心情舒畅的感觉，有利于交通安全。

8.3.1 结构截面尺寸的选择

整体式引道结构从外形上看与船坞结构极为相似，其尺寸大小主要根据用途、埋置深度和受力情况等决定。侧墙部分可参照钢筋混凝土悬臂式挡墙结构，墙背做成直壁，外侧做成 12.5：1 的斜坡。底板厚度主要取决于结构跨度和埋置深度。经验表明：底板厚度可取结构跨度的 1/10～1/6 较为适宜。底板两端伸出墙外的悬臂长度可按结构的抗浮稳定要求和所需的填土重量计算确定。

8.3.2 结构抗浮稳定验算

整体式引道结构受力平衡，不存在结构滑动和抗倾覆稳定的问题。但该结构修建在地下水位较高的松软地层中时，由于结构无顶板，中间为大开口不能覆土，就有可能使整个结构因水浮力的作用而发生上浮、倾侧、甚至底板起拱开裂，影响正常通车。因此在结构强度计算之前，先要进行结构的抗浮稳定验算，保证结构具有足够的重量（包括两侧挑臂上方的填土重量）以克服地下水的浮力作用。

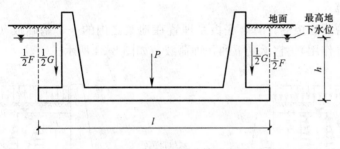

图 8-23 结构抗浮验算示意图

结构抗浮稳定验算可取结构纵向长度 1m 计算。结构抗浮稳定系数 K 为：

$$K = \frac{Q_{抗浮力}}{Q_{浮力}} \geq 1.1 \sim 1.2 \tag{8-35}$$

式中 $Q_{抗浮力} = P + F + G$；$Q_{浮力} = \gamma_水 hl$；

P——结构自重；

F——结构上浮时，滑动土和稳定土之间的摩阻力，对整体式引道为土体与墙背混凝土之间的摩擦力；

G——底板伸出悬臂端上方的填土土体重量；

$\gamma_水$——水重度；

h——底板底面至最高地下水位的高度；

l——底板宽度。

在具体计算时，由于抗浮力中的稳定土与滑动土间的摩阻力很难确定，尤其是大开挖后墙背为回填土，其施工密实度远远低于原状土。因此，计算时往往根据经验（或通过实验）来确定摩阻力，如对一般含水饱和的黏性土可取 $20kN/m^2$，或者偏安全地不考虑摩阻力。

另外，在渗透系数较小的黏性土中有人建议对理论浮力值打折扣，其范围在 $0.7 \sim 1.0$ 之间；对渗透系数大的砂性土则不打折扣，仍取 1.0。

8.3.3 引道结构强度计算

整体式引道结构是一个沿纵向高度逐步变化的结构，侧墙和底板的厚度都取决于它的埋置深度和水土压力的大小。为便于设计计算，常采用分段计算的办法，每段（两沉降缝之间为一段）截取埋置深度大的、单位长度为 1m 的截面，当作一个单元体的平面变形问题进行荷载计算和结构设计。当每段长度超过 30m 时，为使设计更为经济合理，可按最大的和二分之一处的两个截面分别进行计算和配筋。

引道结构的计算荷载一般仅考虑水土压力和地面超载，后者视施工机具和附近地表行驶车辆或堆积物的重量决定。它不考虑偶然荷载的作用，也不考虑引道底板上的车辆荷载，因车辆荷载直接与底板反力相平衡可不计入。

结构内力计算可将侧墙与底板分开进行。因为侧墙和底板之间系刚性连接，同时底板刚度较大，因此侧墙可视为下端固定的悬臂梁，能将内力传递到底板上，底板则按弹性地基梁计算，当然也可以将整个引道作为弹性地基梁进行计算。

下面说明底板的计算。底板系埋置在地基之内的一个基础板（按平面变形的梁一样作用）。它承受下列几种荷载，如图 8-24 所示。

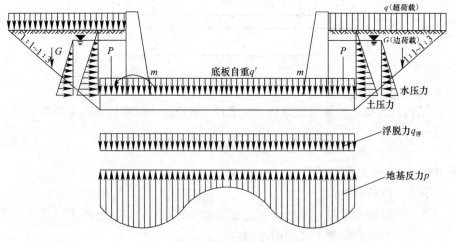

图 8-24　整体式引道结构受力情况

集中荷载（P）：侧墙自重及侧墙背后作用在底板伸出端上的土体重量，可用合力（P）代替。合力的作用点通过侧墙和土体重量的联合重心。

底板自重（q'）和地下水浮托力引起的向上作用的均布荷载（q）：两者可以叠加作为一个均布荷载（$q-q'$）考虑。它的大小随地下水位的变化而变化，为了分别验算底板的正负弯矩，应分别取最高地下水位和最低地下水位两种情况考虑。

弯矩（M）：由侧墙传来的，为了分别验算底板的正负弯矩，也应取最高地下水位和最低地下水位所产生的弯矩。

边荷载（G）：由于底板深嵌在地基内，施工时要挖去两边土方，施工完毕，又要回填。因此，两边的土体及施工与使用时的地面附加荷载通过地基土壤的横向变形作用将对地基反力及底板内力有所影响。理论上认为对底板有影响的土体范围是相当大的，但一般计算时常采用结构物两边的三角形土体的重量作为边荷载值。三角形土体的坡度取 1∶1～1∶3 之间。边荷载（G）的作用点通过三角土体的重心。

地基反力（p）：底板把承受的荷载传给地基，地基就对底板产生一个反作用力，即地基反力（p）。该值的大小是个比较复杂的问题，因底板埋置在地基之内，与普通放在地基上的基础梁（板）既有共同之点，亦有差异之处。严格地说，底板系搁置在一个有凹形缺口的半无限体上，地基的沉陷和一般基础梁的沉陷有所不同，但目前尚无这方面的计算方法。国外曾对这方面的刚性梁作过研究，认为由于两侧土体的影响，底板下的地基反力分布得较为均匀，从而降低了弯矩（约降低 $15\%\sim50\%$ 不等，视埋置深度和荷载是否均布而不同）。其次，底板深嵌在地基内，施工时要先挖去一部分土壤，这时地基下的土壤就会发生回弹现象。当浇捣底板混凝土时，下部土壤将再次受压，弹性模量 E_0 将发生变化。因此，地基反力（p）一般仍按地基上的梁（板）来计算。一般地说，这样近似计算得出的结果偏大，是属于安全的。具体计算时可按下列两种方法进行：

1. 近似计算法

当底板抗弯刚度较大，地下水位很高，抗浮稳定系数较小，而地基土壤又很松软时，往往近似地假定地基反力呈直线分布（即"刚性分布"）。此时，可根据底板承受的垂直荷载直接按静力平衡条件求得地基反力值。然后，按一般结构力学方法将基础梁作为静定结构计算其内力并配筋。由于这种方法计算简便，在初步设计及估算时经常采用。

该方法的缺点是没有考虑底板和地基的弹性使两者受力变形后仍保持接触的原则，边荷载的影响也无法考虑，因而计算结果往往比实际受力偏大。

2. 弹性地基梁法计算

假设地基是半无限大的连续弹性体，应用弹性理论公式计算底板受力后的地基沉陷，底板按搁置在这种弹性地基梁上的梁的原理来计算地基反力（p）。此时反力大小和分布形态都是未知的，要与底板内力计算时一起解得。

目前按弹性地基梁原理的计算方法很多，大致可归纳为局部变形原理和共同变形原理两类，但计算工作量一般都十分繁重。根据引道结构的特点，可采用共同变形原理——链杆法及表格法进行计算。链杆法的优点：计算原理简明，应用范围广泛，可用于各种结构；缺点是要解多元一次联立方程式。随着电子计算机的广泛应用，解联立方程式的困难已不成问题了。表格法是将各种荷载作用下的弹性地基梁的反力、剪力及弯矩的计算结果，制成许多现成表格，设计时利用这些表格可较快地求出梁的地基反力（p）及内力（Q、M），使计算工作大大简化，精度也较高。本章计算方法可详见结构力学弹性地基梁部分，这里不再重复。

在计算过程中地基反力（p）出现负值时，说明梁和地基之间出现拉应力（即所谓"脱离区"），显然是不合实际情况的，地基反力（p）必将重新分布。一般在遇到这种情况时处理的方法是：

当拉应力区域较小时，可以近似地认为没有影响，或采用某种特殊的锚固设施，如锚筋、拉桩等来承受拉应力。

当拉应力出现的区域较大，往往需修改设计，重新假定底板断面尺寸再行计算，以免出现负值。

302

8.4 引道结构防水与排水

8.4.1 引道结构防水设计

引道结构往往是在含水的岩土环境中修建的结构物，在其设计、施工和使用过程中，必须考虑水对引道结构的影响。如在引道结构施工过程中地下水的水位太高，将造成施工困难，必须进行降水处理。同时，由于地下水的渗透和侵蚀作用，使工程产生病害，轻者影响使用，严重者使工程报废，造成巨大的经济损失和严重的社会影响。因此，在引道的设计、施工阶段，甚至维护阶段，必须做好施工的降水、防水设施和施工工作。

《地下工程防水技术规范》GB 50108—2008 规定：地下工程防水的设计与施工应遵循"防、排、截、堵相结合，刚柔相济，因地制宜，综合治理"的原则。

规范从材性角度要求在地下工程防水中刚性防水材料和柔性防水材料结合使用。实际上目前地下工程不仅大量使用刚性防水材料，如结构主体采用防水混凝土，也大量使用柔性防水材料，如细部构造处的一些部位、主体结构加强防水层也采取柔性防水材料。因此，地下工程防水方案设计时要结合工程使用情况和地质环境条件等因素综合考虑。

地下工程的防水可分为两部分，一是结构主体防水，二是细部构造特别是施工缝、变形缝（诱导缝）、后浇带的防水。目前结构主体采用防水混凝土结构自防水，其防水效果尚好，而细部构造，特别是施工缝、变形缝的渗漏水现象较多。针对目前存在的这种情况，明挖法施工时不同防水等级的地下工程防水方案分为四部分内容，即主体、施工缝、后浇带、变形缝（诱导缝）。对于结构主体，目前普遍应用的是防水混凝土自防水结构，当工程的防水等级为一级时，应再增设两道其他防水层，当工程的防水等级为二级时，可视工程所处的水文地质条件、环境条件、工程设计使用年限等不同情况，应再增设一道其他防水层。之所以作这样的规定，除了确保工程的防水要求外，还考虑到下面的因素：即混凝土材料过去人们一直认为是永久性材料，但通过长期实践，人们逐渐认识到混凝土在地下工程中会受地下水侵蚀，其耐久性会受到影响。现在我国地下水特别是浅层地下水受污染比较严重，而防水混凝土又不是绝对不透水的材料，据测定抗渗等级为 P8 的防水混凝土的渗透系数为 $(5\sim8)\times10^{-10}$ cm/s。所以地下水对地下工程的混凝土结构、钢筋的侵蚀破坏已是一个不容忽视的问题。防水等级为一、二级的工程，多是一些比较重要、投资较大、要求使用年限长的工程，为确保这些工程的使用寿命，单靠防水混凝土来抵抗地下水的侵蚀其效果是有限的，而防水混凝土和其他防水层结合使用则可较好地解决这一矛盾。对于施工缝、后浇带、变形缝，应根据不同防水等级选用不同的防水措施，防水等级越高，拟采用的措施越多，一方面是为了解决目前缝隙渗漏率高的状况，另一方面是由于缝的工程量相对于结构主体来说要小得多，采用多种措施也能做到精心施工，容易保证工程质量。暗挖法与明挖法不同处是工程内垂直施工缝多，其防水做法与水平施工缝有所区别。

防水混凝土是通过调整配合比，掺加外加剂、掺合料等方法配制而成的一种混凝土，其抗渗等级是根据素混凝土试验室内试验测得，而地下工程结构主体中钢筋密布，对混凝土的抗渗性有不利影响，为确保地下工程结构主体的防水效果，故将地下工程结构主体的防水混凝土抗渗等级定为不小于P6。

沉降缝和伸缩缝统称变形缝，由于两者防水做法有很多相同之处，故一般不细加区分。但实际上两者是有一定区别的，沉降缝主要用在上部建筑变化明显的部位及地基差异较大的部位，而伸缩缝是为了解决因干缩变形和温度变化所引起的变形以避免产生裂缝而设置的，因此修编时针对这点对两种缝作了相应的规定。沉降缝的渗漏水比较多，除了选材、施工等诸多因素外，沉降量过大也是一个重要原因。目前常用的止水带中，带钢边的橡胶止水带虽大大增加了与混凝土的粘结力，但如沉降量过大，也会造成钢边止水带与混凝土脱开，使工程渗漏。根据现有材料适应变形能力的情况，本条规定了沉降缝最大允许沉降差值。

伸缩缝的设置距离一直是防水工程界关心的问题，目前就这一问题的探索和实践一直十分活跃，但尚未取得一致的看法。国外对伸缩缝间距的规定有三种情况，一是苏联、东欧、法国等国家，规定室内和土中的伸缩缝间距约为30～40m，而英国规定处于露天条件下连续浇筑钢筋混凝土构造物最小伸缩缝间距为7m；二是美国，没有明确规定伸缩缝的间距，而只要求设计者根据结构温度应力计算和配筋，自己确定合理的伸缩缝间距；三是日本，虽有要求，如伸缩缝间距不大于30m，施工缝间距为9m，但设计人员往往按自己的经验和各公司的内部规定进行设计。国内规定伸缩缝间距为30m，但由于地下工程的规模越来越大，而在城市中建设的地下工程工期往往有一定的要求，加上多设缝以后缝的防水处理难度较大，因此工程界采取了不少措施，如设置后浇带、加强带、诱导缝等，以取消伸缩缝或延长伸缩缝的间距。后浇带是过去常用的一种措施，这种措施对减少混凝土干缩和温度变化收缩产生的裂缝起到较好的抑制作用，但由于后浇带需待一定时间后才能浇筑混凝土，故在对工期要求较紧的工程中应用时受到一定限制。加强带是工程界使用的一种新的方法，它是在原规定的伸缩缝间距上，留出1m左右的距离，浇筑混凝土时缝间和其他地方同时浇筑，但缝间浇筑掺有膨胀剂的补偿收缩混凝土。宝鸡、沧州、济南等地采用这种方法后，伸缩缝间距可延长至60～80m。哈尔滨在混凝土中采用掺FS101外加剂措施后，伸缩缝间距达到80～100m。诱导缝是上海地铁采用的一种方法，在原设置伸缩缝的地方作好防水处理，并在结构受力许可的条件下减少这部分（1m左右）位置上的结构配筋，有意削弱这部分结构的强度，使混凝土伸缩应力造成的裂缝尽量在这一位置上产生。采用这一措施后，其他部位混凝土裂缝明显减少，这一方法虽有一定效果，但尚不能令人满意。

8.4.2 引道排水设计

引道排水应排除汇水区域的地面径流水和影响道路功能的地下水，其形式应根据当地规划、现场水文地质条件、立交形式等工程特点确定。根据《室外排水设计规范》GB 50014—2006（2011 年修订版）规定，引道排水的地面径流量计算，宜符合下列规定：

（1）设计重现期不小于 3a，重要区域标准可适当提高，同一立体交叉工程的不同部位可采用不同的重现期；

（2）地面集水时间宜为 5～10min；

（3）径流系数宜为 0.8～1.0；

（4）汇水面积应合理确定，宜采用高水高排、低水低排互不连通的系统，并应有防止高水进入低水系统的可靠措施；

（5）立体交叉地道排水应设独立的排水系统，其出水口必须可靠。当引道工程的最低点位于地下水位以下时，应采取排水或控制地下水的措施。

根据分散排除的原则和引道各部位排水特点的不同，引道排水可分为引道路面排水和引道地下排水两个主要方面。

1. 引道路面排水

引道路面排水是下穿工程中最易积水部位，汇水面积大，危害大，且一般不能自流排水。由于引道纵坡一般都较大，具有降雨时聚水较快的特点，若排除不及时就会威胁行车行人安全，以致中断道路交通，这一现实对排水系统有着较高的要求。但遗憾的是，很多城市没有把排水系统的建设提升到一个足够的高度来对待。比如在北京"7.21"暴雨中，大多数被淹没的立交桥都是下穿式立交。

下穿道路一般纵坡较大，通常在 2‰～3.5‰之间，其路面排水宜采用坡道截流，低洼路段集中排水的原则，确保下穿道路低洼路段不存在积水现象。一般采取在路面上入口处设置多算集水井来收集雨水。因此，进水口的位置、间距和尺寸对收集雨水的影响很大，常见的进水口形式有：

（1）开口式进水口

开口式进水口又称缘石开洞进水口，即在缘石或拦水带竖面上开口，让边沟内水流侧向流入，是下穿道路和其他公路路面排水广泛采用的形式之一，其优点是结构简单，不妨碍交通。由于是侧面拦截水流，开口式排水沟中的水流方向总是与入口处平面的法向垂直，所以排水效果较差。

（2）格栅式进水口

格栅式进水口又叫雨算子入水口，通常是在下穿公路上开口，以格栅覆盖，使边沟内水流向下流入，由于这种开口方式能直接拦截水流，截流效果较好，但是易遭泥砂、垃圾堵塞，失去截流作用。这类进水口分纵格型和横格型，纵格型开孔方向与下穿公路的路面水流方向一致，所以，模拟试验证明同样的尺度和开孔率，纵格型比横格型的截流效果要好，水流速度较大时，两者差别尤其明显。

（3）组合式进水口

组合式进水口是由开口式和格栅式组合成的进水口。下穿道路使用这种组合式入水口能有效的排出路面积水，在格栅式被堵塞时，侧面开口式入水口仍能起截流作用，防止入水口堵塞造成路面严重积水。

2. 地下排水系统的结构形式

由于下穿式道路地面标高比较低，下穿道路地下水水位高于路面部分容易渗入并侵蚀道路结构，且一般不能自流排水。因此，当立交工程最低点低于地下水位时，为了保证路基经常处于干燥状态，使其具有足够的强度和稳定性，需要采取必要的措施排除地下水。根据地下水排水特点，地下水的排除方法一般是埋设盲沟（渗沟或穿孔管）吸收、汇集地下水，使之自流入附近排水干管。若高程不允许自流排出时，则通过泵站提升排入地面排水系统。盲沟管一般设于车行道下，因此不仅要考虑其渗水作用，还要有一定的强度才能运输、安装使用。同时在适当长度上设置明窨井以检查盲沟管使用情况。

普通道路的地下排水系统通常有暗沟、渗井和渗沟。下穿道路属于挖方路段，所以传统的暗沟无法将地下水排出路界；渗井的作用是将路面水通过渗井渗入地下排出，而下穿道路的地下排水系统的主要作用是降低地下水位，因而下穿道路的地下排水系统不采用渗井，而是采用渗沟来降低地下水位。

引道的地下排水系统主要是由引道下相互连通的纵向和横向盲沟管组成。地道箱体两侧的盲沟系统经连通管穿过箱体后串通，一并进入地道泵站。盲沟系统通常呈"井"字形布置，根据渗流半径确定盲沟管的铺设间距。渗沟系统设计的优良与否，直接决定着下穿桥的使用寿命。按构造的不同，渗沟大致有三种形式，如图8-25所示。I式为填石渗沟，也称盲沟；II式下部设排水管；III式下部设石砌排水孔洞，三种形式均由排水层（石缝或管、洞）、反滤层和隔滤层所组成。

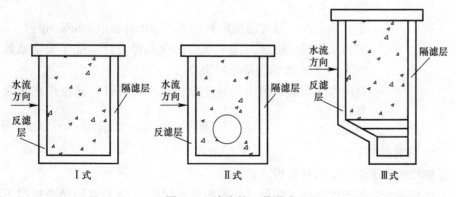

图8-25 渗沟的三种形式

8.5 整体式引道支挡结构算例

本算例是来自于某下穿道项目中的一个整体式引道截面，其截面尺寸和土层埋深及地质条件如图 8-26 所示。

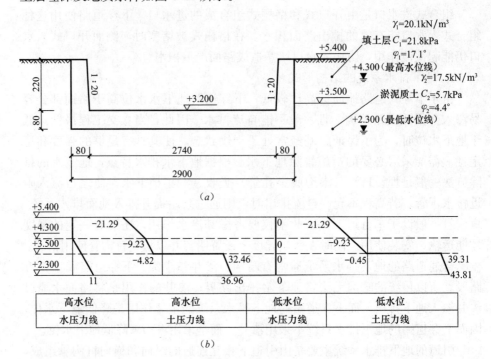

图 8-26 整体式引道截面尺寸及水压力线、土压力线

1. 设计依据

地质资料：根据钻孔指标（图 8-26）。

最高地下水位 +4.3m

最低地下水位 +2.3m

材　　料：钢筋 HPB300

混凝土 C30

荷　　载：不计动荷载，只考虑侧向静压力，附加荷载取 20kN/m²。

验算抗浮时，按最高地下水位的全部浮力计，抗浮安全系数为 1.05，不考虑侧壁摩阻力。

侧向水土荷载：填土及砂土层按水土分算计，其余按水土合算计。

竖向水压力：$\gamma_w = 10\text{kN/m}^3$。

2. 计算简图

侧墙视为下端固定的悬臂板（梁）。

底板视为置于弹性地基上的梁（为平面变形问题）。计算底板负弯矩时不考虑结构满水，侧墙弯矩对底板的影响采用 80％ 土压力（考虑填土不密实）和低水位时产生的弯矩。计算底板正弯矩时亦不考虑满水。侧墙传递弯矩采用 100％ 土压力和高水位产生的弯矩。

3. 抗浮验算

（1）浮力：　　$Q_{浮力} = 29.0 \times 1.9 \times 1 \times 10 = 551.0\text{kN}$

（2）抗浮力：

$$Q_{抗浮力} = 29.0 \times 0.8 \times 1.0 \times 25 + 2 \times \frac{0.69 + 0.8}{2} \times 2.2 \times 1.0 \times 25$$

$$= 661.95 \text{kN}$$

（3）抗浮验算： $\dfrac{Q_{抗浮力}}{Q_{浮力}} = \dfrac{661.95}{551.0} = 1.2 > 1.05$

4. 结构设计

（1）侧墙内力计算：按最高水位和全部土压力对侧墙进行强度设计，由于底板设计的需要，需计算低水位和 80％土压力时的侧墙内力。

1）高水位和全部土压力

$$M_x = \frac{1}{6} q \frac{x^3}{l} = \frac{36.96 x^3}{6 \times 14.5}$$

$$Q_x = \frac{1}{2} q \frac{x^2}{l} = \frac{36.96 x^2}{2 \times 14.5}$$

底端：

$$M = 1295.14 \text{kN} \cdot \text{m}$$

$$Q = 267.96 \text{kN}$$

2）低水位和 80％土压力时

$$q_{max} = 43.81 \times 80\% + 0 = 35.05 \text{kN} \cdot \text{m}$$

$$M_0 = \frac{35.05 \times 14.5^3}{6 \times 14.5} = 1228.2 \text{kN} \cdot \text{m}$$

$$Q_0 = \frac{35.05 \times 14.5^2}{2 \times 14.5} = 254.1 \text{kN}$$

（2）底板内力计算

1）底板荷载计算

① 均布荷载：为地下水之浮托力与底板自重叠加的结果。

高水位时 $q_1 = 1.9 \times 10 \times 1.0 - 0.8 \times 25 \times 1.0 = -1 \text{kN} \cdot \text{m}$

低水位时 $q_2 = 0 \times 10 \times 1.0 - 0.8 \times 25 \times 1.0 = -20 \text{kN} \cdot \text{m}$

此时底板是安全的。

② 集中荷载：侧墙自重 P

$$P = \frac{0.69 + 0.8}{2} \times 2.2 \times 1.0 \times 25 = 40.975 \text{kN}$$

集中力作用位置距中心距

$$l_p = \frac{0.69 \times 2.2 \times 25 \times 1.0 \times \left(13.7 + 0.8 - 0.69 + \dfrac{0.69}{2}\right)}{40.975}$$

$$+ \frac{\dfrac{1}{2}(0.8 - 0.69) \times 2.2 \times 25 \times 1.0 \times \left[13.7 + \dfrac{2}{3}(0.8 + 0.69)\right]}{40.975} = 14.19 \text{m}$$

③ 边荷载（包括 20kN/m^2 的超载影响）：因边荷载与梁上荷载相比对梁

的影响是很小的，所以没有必要分土层计算土重，而认为是一种单一的土体

$\gamma_0 \approx 20.1\text{kN/m}^3$

$$G = 20 \times 1.0 \times 2.0 + 1.1 \times 1.27 \times 1.0 \times 20.1 + \frac{1}{2} \times 0.73 \times 1.1 \times 1.0$$

$$\times 20.1 + 0.8 \times 0.73 \times 1.0 \times 10.1 + \frac{1}{2} \times 0.8 \times 0.54 \times 1.0 \times 10.1$$

$$+ \frac{1}{2} \times 0.73 \times 1.1 \times 1.0 \times 7.5$$

$$= 40 + 28.08 + 8.07 + 5.90 + 2.18 + 3.01 = 87.24\text{kN}$$

$$l_G = \frac{40 \times \left(14.5 + \frac{2.0}{2}\right) + 28.08 \times \left(14.5 + \frac{1.27}{2}\right)}{87.24}$$

$$+ \frac{8.07 \times \left(14.5 + 0.73 + \frac{0.73}{3}\right) + 5.9 \times \left(14.5 + \frac{0.73}{2}\right)}{87.24}$$

$$+ \frac{2.18 \times \left(14.5 + 0.73 + \frac{0.54}{3}\right) + 3.01 \times \left(14.5 + \frac{0.73}{3}\right)}{87.24} = 15.31\text{m}$$

④ 侧墙传递弯矩对底板的作用，计算底板正负弯矩须分低、高水位两种情况：

高水位时　　　　　　　$M_1 = 1295.14\text{kN} \cdot \text{m}$

低水位时　　　　　　　$M_2 = 1228.6\text{kN} \cdot \text{m}$

作用位置：　　　　　　$l_m = 13.7 + \frac{0.8}{2} = 14.1\text{m}$

2）底板内力计算

因底板受荷载对称，所以取一半（ξ 为正值）计算。

① 资料：梁之半跨 $l = 14.50\text{m}$

　　　　　梁高 $h = 0.80\text{m}$（即板厚度）

　　　　　混凝土弹性模量 $E = 3.0 \times 10^4 \text{N/mm}^2$

　　　　　淤泥质土形变模量 $E_0 = 3.45\text{N/mm}^2$

　　　　　计算柔性指标 t

$$t \approx 10 \frac{E_0}{E} \left(\frac{l}{h}\right)^3 = 10 \times \frac{3.45}{3.0 \times 10^4} \left(\frac{14.50}{0.8}\right)^3 = 6.847 \approx 7.0$$

计算截面 ξ 取 0、0.1、0.2、0.3、……0.9、1.0 等。

② 查表计算梁（底板）之内力（M、Q）和反压力 p

在均布的底板自重作用下：

$$q_1 = 1\text{kN/m}, \quad q_2 = 20\text{kN/m}$$

反压力：$p_1 = 0.01\bar{p}q_1 = 0.01\bar{p}$

　　　　$p_2 = 0.01\bar{p}q_2 = 0.20\bar{p}$

剪力：$Q_1 = 0.01\bar{Q}q_1 l = 0.145\bar{Q}$

$$Q_2 = 0.01\bar{Q}q_2 l = 2.9\bar{Q}$$
弯矩：$M_1 = 0.01\bar{M}q_1 l^2 = 2.10\bar{M}$

$$M_2 = 0.01\bar{M}q_2 l^2 = 42.05\bar{M}$$

X	0	1.45	2.9	4.35	5.8	7.25	8.7	10.15	11.6	13.05	14.5
ξ	0	0.1	0.2	0.3	0.4	0.5	0.6	0.7	0.8	0.9	1
$\bar{p}$[①]	0	0.91	1.82	2.73	3.64	4.55	5.46	6.37	7.28	8.19	—
$p_1 = 0.01\bar{p}$	0	0.01	0.02	0.03	0.04	0.05	0.05	0.06	0.07	0.08	—
$p_2 = 0.20\bar{p}$	0	0.18	0.36	0.55	0.73	0.91	1.09	1.27	1.46	1.64	—
$\bar{Q}$[①]	0	0.08	0.16	0.23	0.31	0.39	0.47	0.55	0.63	0.70	0
$Q_1 = 0.145\bar{Q}$	0	0.01	0.02	0.03	0.05	0.056	0.07	0.08	0.09	0.10	0
$Q_2 = 2.9\bar{Q}$	0	0.23	0.45	0.68	0.91	1.13	1.36	1.59	1.82	2.04	0
$\bar{M}$[①]	0	0.10	0.20	0.29	0.39	0.49	0.59	0.68	0.78	0.88	0
$M_1 = 2.10\bar{M}$	0	0.20	0.41	0.61	0.82	1.02	1.23	1.43	1.64	1.84	0
$M_2 = 42.05\bar{M}$	0	4.10	8.21	12.31	16.41	20.52	24.62	28.73	32.83	36.93	0

① 系数值可查有关水利专业用结构力学教材。

在集中力作用下： $P = 40.975\text{kN}$

P 到中心线的折算距离 $\alpha = \dfrac{14.19}{14.5} = 0.979 \approx 1.0$

反压力 $\qquad p = 0.01\bar{p}\dfrac{P}{l} = 0.01 \times \dfrac{40.975}{14.5}\bar{p} = 0.028\bar{p}$

剪力 $\qquad Q = \pm 0.01\bar{Q}P = \pm 0.01 \times 40.975\bar{Q} = \pm 0.41\bar{Q}$

弯矩 $\qquad M = 0.01\bar{M}Pl = 0.01 \times 40.975 \times 14.5\bar{M} = 5.94\bar{M}$

X	0	1.45	2.9	4.35	5.8	7.25	8.7	10.15	11.6	13.05	14.5
ξ	0	0.1	0.2	0.3	0.4	0.5	0.6	0.7	0.8	0.9	1
$\bar{p}_1$	8	14	22	33	46	65	91	131	196	309	—
$\bar{p}_2$	8	4	0	−3	−6	−10	−14	−20	−29	−43	—
$p_1 = 0.028\bar{p}_1$	0.22	0.39	0.62	0.92	1.29	1.82	2.55	3.67	5.49	8.65	—
$p_2 = 0.028\bar{p}_2$	0.22	0.11	0	−0.08	−0.17	−0.28	−0.39	−0.56	−0.81	−1.20	—
$p = p_1 + p_2$	0.5	0.50	0.62	0.84	1.12	1.54	2.16	3.11	4.68	7.45	—
$\bar{Q}_1$	−15	−14	−12	−9	−5	1	8	19	35	60	1000
$\bar{Q}_2$	−15	−15	−16	−15	−15	−14	−13	−11	−9	−5	0
$Q_1 = 0.41\bar{Q}_1$	−6.15	−5.74	−4.92	−3.69	−2.05	0.41	3.28	7.79	14.35	24.6	41.00
$Q_2 = -0.41\bar{Q}_2$	6.15	6.15	6.56	6.15	6.15	5.74	5.33	4.51	3.69	2.05	0

$Q=$ Q_1+Q_2	0	0.41	1.64	2.46	4.1	6.15	8.61	12.3	18.04	26.65	41.00
$\overline{M}_1$	−12	−13	−15	−16	−17	−17	−16	−15	−12	−8	0
$\overline{M}_2$	−12	−11	−9	−7	−6	−5	−3	−2	−1	0	0
$M_1=$ $5.94\overline{M}_1$	−71.28	−77.22	−89.1	−95.04	−100.98	−100.98	−95.04	−89.1	−71.28	−47.52	0
$M_2=$ $5.94\overline{M}_2$	−71.28	−65.34	−53.46	−41.58	−35.64	−29.7	−17.82	−11.88	−5.94	0	0
$M=$ M_1+M_2	−142.56	−142.56	−142.56	−136.62	−136.62	−130.68	−112.86	−100.98	−77.22	−47.52	0

在边荷载 G 的作用下，因无对称表格，故需进行叠加。

$$G = 87.24\text{kN}$$

G 到中心线的折算距离 $\alpha = \dfrac{15.31}{14.5} = 1.06 \approx 1.05$

反压力 $\qquad p = 0.01\overline{p}\,\dfrac{G}{l} = 0.01 \times \dfrac{87.246}{14.5}\overline{p} = 0.06\overline{p}$

剪力 $\qquad Q = \pm 0.01\overline{Q}P = \pm 0.01 \times 87.64\overline{Q} = 0.88\overline{Q}$

弯矩 $\qquad M = 0.01\overline{M}Pl = 0.01 \times 87.64 \times 14.5\overline{M} = 12.71\overline{M}$

X	0	1.45	2.9	4.35	5.8	7.25	8.7	10.15	11.6	13.05	14.5
ξ	0	0.1	0.2	0.3	0.4	0.5	0.6	0.7	0.8	0.9	1
$\overline{p}_1$[①]	10	12	15	18	21	24	25	21	3	−46	—
$\overline{p}_2$[①]	10	7	6	4	2	0	−2	−4	−9	−20	—
$\overline{p}=\overline{p}_1+\overline{p}_2$	20	19	21	22	23	24	23	17	−6	−66	—
$p=0.06\overline{p}$	1.2	1.14	1.26	1.32	1.38	1.44	1.38	1.02	−0.36	−3.96	—
$\overline{Q}_1$[①]	−3.1	−2.1	−0.7	0.9	2.9	5.2	7	10	11.4	9.7	0
$\overline{Q}_2$[①]	−3.1	−4	−4.6	−5.1	−5.4	−5.5	−5.4	−5.2	−4.5	−3.1	0
$\overline{Q}=\overline{Q}_1$ $+(-\overline{Q}_2)$	0	1.9	3.9	6	8.3	10.7	12.4	15.2	15.9	12.8	0
$Q=0.88\overline{Q}$	0	1.67	3.43	5.28	7.30	9.42	10.91	13.38	13.99	11.26	0
$\overline{M}_1$[①]	−4.5	−4.7	−4	−4.9	−4.7	−4.8	−3.6	−2.8	−1.7	−0.6	0
$\overline{M}_2$[①]	−4.5	−4.1	−3.7	−3.2	−2.7	−2.1	−1.6	−1	−0.6	−0.2	0
$\overline{M}=\overline{M}_1+\overline{M}_2$	−9	−8.8	−7.7	−8.1	−7.4	−6.9	−5.2	−3.8	−2.3	−0.8	0
$M=12.71\overline{M}$	−114.3	−111.76	−97.79	−102.87	−93.98	−87.63	−66.04	−48.26	−29.21	−10.16	0

① 边荷载作用下的计算系数可查徐芝纶编"弹性理论"，人民教育出版社，1979 年。

在弯矩 M_1、M_2 作用下：

$$M_1 = 1295.14\text{kN} \cdot \text{m}$$

$$M_2 = 1228.6\text{kN} \cdot \text{m}$$

M 到中心线的折算距离

$$\alpha = \frac{14.1}{14.5} = 0.97 \approx 1.0$$

反压力 $\quad p_1 = 0.01\bar{p}\dfrac{M_1}{l^2} = -0.01 \times \dfrac{1295.14}{14.5^2}\bar{p} = -0.062\bar{p}$

$\qquad\qquad p_2 = 0.01\bar{p}\dfrac{M_2}{l^2} = -0.01 \times \dfrac{1228.6}{14.5^2}\bar{p} = -0.059\bar{p}$

剪力 $\quad Q_1 = 0.01\bar{Q}\dfrac{M_1}{l} = -0.01 \times \dfrac{1295.14}{14.5}\bar{Q} = -0.89\bar{Q}$

$\qquad\qquad Q_2 = 0.01\bar{Q}\dfrac{M_2}{l} = -0.01 \times \dfrac{1228.6}{14.5}\bar{Q} = -0.85\bar{Q}$

弯矩 $\quad M_1 = 0.01\bar{M}M_1 = -0.01 \times 1295.14\bar{M} = -12.95\bar{M}$

$\qquad\qquad M_2 = 0.01\bar{M}M_2 = -0.01 \times 1228.6\bar{M} = -12.30\bar{M}$

X	0	1.45	2.9	4.35	5.8	7.25	8.7	10.15	11.6	13.05	14.5
ξ	0	0.1	0.2	0.3	0.4	0.5	0.6	0.7	0.8	0.9	1
$\bar{p}$	−66	−67	−64	−59	−49	−29	4	61	162	345	—
$p_1 = -0.062\bar{p}$	4.09	4.15	3.97	3.66	3.04	1.8	−0.25	−3.78	−10.04	−21.39	—
$p_2 = -0.059\bar{p}$	3.89	3.95	3.78	3.48	2.89	1.71	−0.24	−3.60	−9.56	−20.36	—
$\bar{Q}$	−58	−64	−71	−77	−82	−86	−88	−85	−74	−50	0
$Q_1 = -0.89\bar{Q}$	51.62	56.96	63.19	68.53	72.98	76.54	78.32	75.65	65.86	44.5	0
$Q_2 = -0.85\bar{Q}$	49.3	54.4	60.35	65.45	69.7	73.1	74.8	72.25	62.9	42.5	0
$\bar{M}$	−29	−35	−41	−49	−57	−65	−74	−83	−91	−97	−100 0
$M_1 = -12.95\bar{M}$	375.55	453.25	530.95	634.55	738.15	841.75	958.3	1074.85	1178.45	1256.15	1295.0 0
$M_2 = -12.30\bar{M}$	356.7	430.5	504.3	602.7	701.1	799.5	910.2	1020.9	1119.3	1193.1	1230.0 0

将各种荷载单独作用下的各对应值（反压力 P、剪力 Q 和弯矩 M）分别叠加。

反压力 P 的综合表：

X	0.00	1.45	2.9	4.35	5.80	7.25	8.70	10.15	11.60	13.05	14.50
ξ	0.0	0.1	0.2	0.3	0.4	0.5	0.6	0.7	0.8	0.9	1.0
q_1	−1	−1	−1	−1	−1	−1	−1	−1	−1	−1	−1
q_2	−20	−20	−20	−20	−20	−20	−20	−20	−20	−20	−20
p_{q_1}	0	0.01	0.02	0.03	0.04	0.05	0.05	0.06	0.07	0.08	—
p_{q_2}	0	0.18	0.36	0.55	0.73	0.91	1.09	1.27	1.46	1.64	—
p_{P}	0.45	0.50	0.62	0.84	1.12	1.54	2.16	3.11	4.68	7.45	—
P_{G}	1.2	1.14	1.26	1.32	1.38	1.44	1.38	1.02	−0.36	−3.96	—
p_{M_1}	4.09	4.15	3.97	3.66	3.04	1.8	−0.25	−3.78	−10.04	−21.39	—
p_{M_2}	3.89	3.95	3.78	3.48	2.89	1.71	−0.23	−3.6	−9.56	−20.36	—

311

$p_1=q_1+p_{q_1}$ $+p_P+p_G$ $+p_{M_1}$	4.74	4.80	4.86	4.85	4.57	3.82	2.34	−0.59	−6.66	−18.82	—
$p_2=q_2+p_{q_2}$ $+p_P+p_G$ $+p_{M_2}$	−14.46	−14.22	−13.98	−13.81	−13.88	−14.40	−15.61	−18.20	−23.79	−35.23	—

剪力 Q 的综合表：

X	0.00	1.45	2.9	4.35	5.80	7.25	8.70	10.15	11.60	13.05	14.50
ξ	0.0	0.1	0.2	0.3	0.4	0.5	0.6	0.7	0.8	0.9	1.0
Q_{q_1}	0	0.01	0.02	0.03	0.04	0.05	0.07	0.08	0.09	0.10	0
Q_{q_2}	0	0.23	0.45	0.68	0.91	1.13	1.36	1.59	1.81	2.04	0
Q_P	0	0.41	1.64	2.46	4.1	6.15	8.61	12.3	18.04	26.65	41.00
Q_G	0	1.67	3.43	5.28	7.30	9.42	10.91	13.38	13.99	11.26	0
Q_{M_1}	51.62	56.96	63.19	68.53	72.98	76.54	78.32	75.65	65.86	44.5	0
Q_{M_2}	49.3	54.4	60.35	65.45	69.7	73.1	74.8	72.25	62.9	42.5	0
$Q_1=Q_{q_1}+Q_P$ $+Q_G+Q_{M_1}$	51.62	59.05	68.28	76.30	84.43	92.16	97.91	101.4	97.98	82.52	41.00
$Q_2=Q_{q_2}+Q_P$ $+Q_G+Q_{M_2}$	49.3	56.71	65.88	73.87	82.01	89.80	95.68	99.51	96.75	82.46	41.00

弯矩 M 的综合表：

X	0.00	1.45	2.9	4.35	5.80	7.25	8.70	10.15	11.60	13.05	14.50
ξ	0.0	0.1	0.2	0.3	0.4	0.5	0.6	0.7	0.8	0.9	1.0
M_{q_1}	0	0.20	0.41	0.61	0.82	1.02	1.23	1.43	1.64	1.84	0
M_{q_2}	0	4.10	8.21	12.31	16.41	20.52	24.62	28.73	32.83	36.93	0
M_P	−142.56	−142.56	−142.56	−136.62	−136.62	−130.68	−112.86	−100.98	−77.22	−47.52	0
M_G	−114.3	−111.76	−97.79	−102.87	−93.98	−87.63	−66.04	−48.26	−29.21	−10.16	0
M_{M_1}	375.55	453.25	530.95	634.55	738.15	841.75	958.3	1074.85	1178.45	1256.15	1295.00
M_{M_2}	356.7	430.5	504.3	602.7	701.1	799.5	910.2	1020.9	1119.3	1193.1	1230.00
$M_1=M_{q_1}$ $+M_P+M_G$ $+M_{M_1}$	118.69	199.13	291.01	395.67	508.37	624.46	780.63	927.04	1073.66	1200.31	1295.00
$M_2=M_{q_2}$ $+M_P+M_G$ $+M_{M_2}$	99.84	180.28	272.16	375.52	486.91	601.71	755.92	900.39	1045.70	1172.35	1230.00

高、低水位下底板弯矩图分别如图 8-27、图 8-28 所示，高、低水位下底板剪力图如图 8-29、图 8-30 所示。

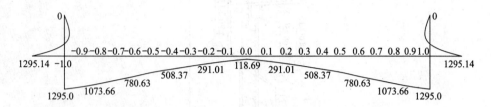

图 8-27　高水位下底板弯矩图（单位：kN·m）

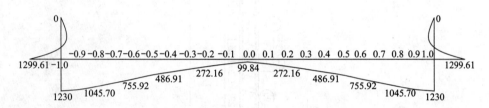

图 8-28　低水位下底板弯矩图（单位：kN·m）

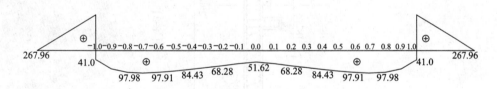

图 8-29　高水位底板剪力图（单位：kN）

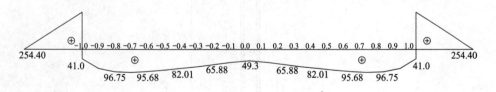

图 8-30　低水位底板剪力图（单位：kN）

配筋计算及施工图（略）

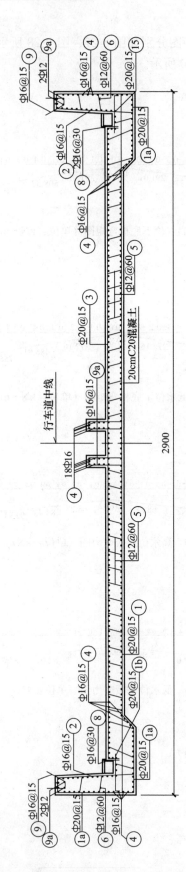

图 8-31 配筋图

本章小结

1. 本章介绍引道结构的特点和分类，介绍了不同引道结构的适用环境及其作用原理，在此基础上明确了引道结构的设计主要内容，了解了引道结构的主要功能；

2. 简要介绍了分离式引道支挡结构，对悬臂式引道结构的强度计算与稳定性验算进行了重点介绍；

3. 详细介绍了整体式引道结构的强度计算方法，特别是整体式引道结构的土压力分布特征，建立了整体式引道结构力学模型；

4. 简要介绍了引道结构防排水设计原则，对引道结构防水设计的重要性和设计内容进行了专门介绍，同时对引道结构排水方式和难点进行了阐述。

5. 通过算例介绍了整体式引道支挡结构的设计过程，增强了对整体式引道支挡结构受力特性的理解。

思考题

8-1 引道结构为何应设沉降缝及伸缩缝？

8-2 悬臂式支挡结构土压力怎么计算？其受力简图？

8-3 悬臂式支挡结构内力分析包含哪些内容？

8-4 整体式支挡结构设计要点有哪几个方面？

8-5 引道结构防水设计包含哪些部位？各部位防水设计及施工时应注意哪些内容？

8-6 引道排水设计有哪两方面的内容？为什么要针对这两方面设计？

8-7 墙形支挡结构种类有哪些？

8-8 加筋土型支挡结构的优点有哪些？

8-9 通常采用什么办法来满足 U 形支挡结构抗浮稳定的要求？

8-10 作用于悬臂式引道支挡结构上的土压力和水压力，在什么情况下按水土分算原则计算？在什么情况下按水土合算原则计算？

8-11 整体式引道支挡结构的应用具有哪些优点？

8-12 整体式引道结构支挡结构内力计算中，侧墙和底板分别简化为何种模式计算？

8-13 根据《室外排水设计规范》规定，引道排水的地面径流量计算宜符合哪些规定？

8-14 引道路面排水中常见的进水口形式有哪些？

8-15 某工程的引道采用悬臂式支挡，如图 8-32 所示，土层为均质的黏土，$\gamma=19.5\mathrm{kN/m^3}$，黏聚力 $c=10\mathrm{kPa}$，内摩擦角 $\varphi=18°$，不计地下水影响，计算其内力。

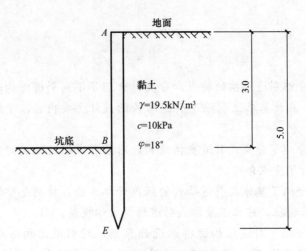

图 8-32 悬臂式支挡结构截面

8-16 图 8-33 所示为某工程的整体式引道结构截面，其截面尺寸和土层埋深及地质条件如图 8-33 所示，底板和侧墙均采用 C35 混凝土，计算其内力及配筋。

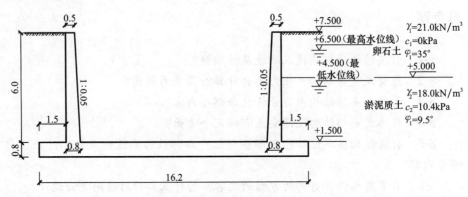

图 8-33 整体式引道结构截面

参 考 文 献

[1] 朱合华. 地下建筑结构. 第二版. 北京：中国建筑工业出版社，2011.

[2] 王树理. 地下建筑结构设计. 北京：清华大学出版社，2009.

[3] 陈建平，吴立. 地下建筑工程设计与施工. 北京：中国地质大学出版社，2000.

[4] 李国豪等. 隧道与地下工程/中国土木建筑百科辞典. 北京：中国建筑工业出版社，2008.

[5] 刘增荣. 地下结构设计. 北京：中国建筑工业出版社，2011.

[6] 向伟明. 地下工程设计与施工. 北京：中国建筑工业出版社，2013.

[7] 龚维明等. 地下结构工程. 南京：东南大学出版社，2004.

[8] 李志业，曾艳华. 地下结构设计原理与方法. 成都：西南交通大学出版社，2003.

[9] 耿永常等编. 城市地下空间建筑. 哈尔滨：哈尔滨工业大学出版社，2001.

[10] 陈建平，吴立，闫天俊等编著. 地下建筑结构［M］. 北京：人民交通出版社，2008.

[11] 门玉明，王启耀主编. 地下建筑结构［M］. 北京：人民交通出版社，2007.

[12] 北京市建筑设计标准化办公室编. 防空地下室结构设计手册［M］. 北京：中国建筑工业出版社 2008.

[13] 中华人民共和国建设部，中华人民共和国质量监督检验检疫总局编. 人民防空地下室设计规范（GB 50038—2005）［M］. 北京：中国建筑工业出版社，2011.

[14] 中国建筑设计研究院结构专业院，中国建筑标准设计研究院编. 钢筋混凝土门框墙图集（07FG04）［M］. 2007.

[15] 中华人民共和国行业标准. 公路隧道设计规范 JTG D70-2004. 2004.

[16] 中华人民共和国行业标准. 铁路隧道设计规范 TB 10003-2005. 2005.

[17] 钱福元. 土层地下建筑结构. 北京：中国建筑工业出版社，1982.

[18] 张四平. 基础工程. 北京：中国建筑工业出版社，2012.

[19] 张凤祥. 沉井沉箱设计、施工及实例. 北京：中国建筑工业出版社，2010.

[20] 葛春辉. 钢筋混凝土沉井结构设计施工手册. 北京：中国建筑工业出版社，2004.

[21] 刘建航等. 盾构法隧道. 北京：中国铁道出版社，1991.

[22] 廖少明. 软土盾构法隧道设计与施工的最新研究进展. ［J］地下空间，VOL，18，NO5，1998.

[23] 廖少明，黄钟辉. 关于我国盾构隧道采用错缝拼装技术探讨. ［J］现代隧道技术，2001，6.

[24] 吴能森，熊孝波，王照宇. 地下工程结构［M］. 武汉：武汉理工大学出版社，2010.

[25] 孙均，侯学渊. 地下建筑结构（上）［M］. 北京：科学出版社，1987.

[26] 孙均，侯学渊. 地下建筑结构（下）［M］. 北京：科学出版社，1991.

[27] 黄小广，郭建卿，张生华等. 现代地下工程［M］. 中国矿业大学出版社，2003.

[28] 关宝树，杨其新. 地下工程概论［M］. 成都：西南交通大学出版社，2001.

[29] 崔振东. 沉管结构［授课 ppt］. 中国矿业大学岩土工程研究所.

[30] 邓富甲，何伟奇. 沉管隧道的两种形式［J］. 隧道译丛.

317

318

［31］ 中国建筑科学研究院. 建筑基坑支护技术规程 JGJ 120—2012. 北京：中国建筑工业出版社 2012.

［32］ 华南理工大学，浙江大学，湖南大学编. 基础工程. 北京：中国建筑工业出版社 2003.

［33］ 李海光等编著. 新型支挡结构设计与工程实例（第二版）. 北京：人民交通出版社 2010.

［34］ 徐之伦. 弹性力学. 北京：人民教育出版社，1979.

［35］ 华东水利学院结构力学教研组编. 结构力学. 北京：水利水电出版社，1983.

［36］ 耿永常. 城市地下空间结构. 哈尔滨：哈尔滨工业大学出版社，2005.

［37］ 龙驭球. 结构力学 I：基本教程. 北京：高等教育出版社，2001.

高等学校土木工程学科专业指导委员会规划教材（专业基础课）
（按高等学校土木工程本科指导性专业规范编写）

征订号	书 名	定价	作 者	备 注
V21081	高等学校土木工程本科指导性专业规范	21.00	高等学校土木工程学科专业指导委员会	
V20707	土木工程概论（赠送课件）	23.00	周新刚	土建学科专业"十二五"规划教材
V22994	土木工程制图（含习题集、赠送课件）	68.00	何培斌	土建学科专业"十二五"规划教材
V20628	土木工程测量（赠送课件）	45.00	王国辉	土建学科专业"十二五"规划教材
V21517	土木工程材料（赠送课件）	36.00	白宪臣	土建学科专业"十二五"规划教材
V20689	土木工程试验（含光盘）	32.00	宋 彧	土建学科专业"十二五"规划教材
V19954	理论力学（含光盘）	45.00	韦 林	土建学科专业"十二五"规划教材
V20630	材料力学（赠送课件）	35.00	曲淑英	土建学科专业"十二五"规划教材
V21529	结构力学（赠送课件）	45.00	祁 皑	土建学科专业"十二五"规划教材
V20619	流体力学（赠送课件）	28.00	张维佳	土建学科专业"十二五"规划教材
V23002	土力学（赠送课件）	39.00	王成华	土建学科专业"十二五"规划教材
V22611	基础工程（赠送课件）	45.00	张四平	土建学科专业"十二五"规划教材
V22992	工程地质（赠送课件）	35.00	王桂林	土建学科专业"十二五"规划教材
V22183	工程荷载与可靠度设计原理（赠送课件）	28.00	白国良	土建学科专业"十二五"规划教材
V23001	混凝土结构基本原理（赠送课件）	45.00	朱彦鹏	土建学科专业"十二五"规划教材
V20828	钢结构基本原理（赠送课件）	40.00	何若全	土建学科专业"十二五"规划教材
V20827	土木工程施工技术（赠送课件）	35.00	李慧民	土建学科专业"十二五"规划教材
V20666	土木工程施工组织（赠送课件）	25.00	赵 平	土建学科专业"十二五"规划教材
V20813	建设工程项目管理（赠送课件）	36.00	臧秀平	土建学科专业"十二五"规划教材
V21249	建设工程法规（赠送课件）	36.00	李永福	土建学科专业"十二五"规划教材
V20814	建设工程经济（赠送课件）	30.00	刘亚臣	土建学科专业"十二五"规划教材